中国海洋发展报告

China's Ocean Development Report

（2015）

国家海洋局海洋发展战略研究所课题组

海洋出版社

2015年·北京

图书在版编目（CIP）数据

中国海洋发展报告．2015/国家海洋局海洋发展战略研究所课题组编著．—北京：海洋出版社，2015.5

ISBN 978－7－5027－9152－0

Ⅰ.①中…　Ⅱ.①国…　Ⅲ.①海洋战略－研究报告－中国－2015　Ⅳ.①P74

中国版本图书馆CIP数据核字（2015）第100366号

责任编辑：高朝君

责任印制：赵麟苏

海洋出版社　出版发行

http：//www.oceanpress.com.cn

北京市海淀区大慧寺路8号　邮编：100081

北京画中画印刷有限公司印刷

2015年5月第1版　2015年5月北京第1次印刷

开本：787mm×1092mm　1/16　印张：27.75

字数：537千字　定价：200.00元

发行部：62132549　邮购部：68038093

总编室：62114335　编辑室：62100038

《中国海洋发展报告（2015）》编辑委员会

序 言

党的十八大以来，我国海洋事业的发展获得前所未有的战略机遇。在党中央、国务院的正确领导下，在中央、国务院有关部门和沿海省市的大力支持下，全国各级海洋行政主管部门和全体海洋工作者开拓进取、奋发作为，海洋事业发展取得了显著成就。

海洋事业发展始终得到党中央、国务院的高度重视。2014 年 11 月 18 日，习近平总书记在访问澳大利亚期间亲自登上“雪龙”船，亲切慰问第 31 次南极科考队员，对海洋事业和极地工作做出重要指示。2014 年，适逢国家海洋局成立 50 周年，李克强总理、张高丽副总理专门做出重要批示，充分肯定海洋事业 50 年的辉煌成就，勉励广大海洋工作者继续为建设海洋强国做出新贡献。

回顾这一年，我国海洋发展战略和立法得到持续推进。海洋强国建设理论研究不断深化，海洋发展战略和规划的编制工作取得新进展，海洋立法和海洋法治工作不断推进。

我国海洋综合管理进一步强化。海洋生态文明体系建设不断深化，确定了以生态系统为基础的海洋综合管理新思路。强化海域综合管理，有序开展海域使用权市场化出让工作。加强海岛保护和管控，推动实现海岛监视监测网络全覆盖。海上综合执法工作不断强化，确保海洋开发和海上治安形势的总体平稳。

我国海洋经济平稳健康发展。海洋传统产业得到恢复性增长，海洋服务业稳中趋升，运输业缓慢复苏，滨海旅游业持续快速增长，涉海金融服务业逐渐起步，金融创新模式和产品层出不穷。通过海域空间资源管理，促进沿海地区产业结构调整。推进海洋战略性新兴产业发展，推动海洋科技成果转化和创新示范。

我国海洋事业发展综合能力显著提升。推动海洋科技向创新引领型转变，全面强化海洋行业公益专项管理。海洋防灾减灾服务水平不断提高，探索建立海上突发公共安全事件环境保障机制。开展海洋意识宣传教育和海洋文化建设工作，促进全民海洋意识进一步提高。

我国海洋国际合作亮点纷呈。成功主办 APEC 第四届海洋部长会议，通过了《厦门宣言》《APEC 海洋可持续发展报告》等积极成果，推动 APEC 在蓝色经济领域取得重要共识。落实“21 世纪海上丝绸之路”战略构想，巩固与有关国家及国际组织合作关系，加强与海洋大国的对话与合作。

我国极地大洋工作有效拓展。持续推进极地科学考察，不断提高国际极地事务参与度。进一步拓展走向深海大洋的能力和技术。

我国海上维权执法水平得到切实提高。继续发挥我局在海洋维权政策与法律研究方面的优势，深入参与维护海洋权益的政策研究和顶层设计，持续开展常态化维权巡航执法。

“不积跬步，无以至千里，不积小流，无以成江海。”对于海洋工作一年来方方面面取得的成效，有必要进一步深入研究和总结。国家海洋局海洋发展战略研究所发挥其长期开展海洋战略和海洋事务研究的优势，自 2006 年以来每年编撰出版《中国海洋发展报告》，至今已有整整 10 个年头。报告编写人员悉心收集过去一年海洋事业发展的重要进展和重大事件，结合国内外海洋事务发展趋势，力求全面把握我国海洋事业发展所面临的形势，认真分析海洋发展战略政策、经济与科技面貌、资源与环境状况等重要的理论与实践问题，为有关部门制订海洋政策规划提供参考，也为社会公众了解认识海洋提供信息。希望“报告”的出版，能对进一步推动海洋工作和提高公众海洋意识发挥应有的借鉴和应用价值。

国家海洋局局长：王宏

2015 年 5 月

编写说明

2006年以来，国家海洋局海洋发展战略研究所组织编写了关于中国海洋发展的系列年度报告。报告立足全面论述中国海洋事业发展的周边环境、海洋战略与政策、法律与权益、经济与科技、资源与环境等方面的理论与实践问题，客观评介海洋在建设和谐社会、实施可持续发展战略中的作用，系统报道国内外海洋事务的发展现状和趋势，向有关部门提出关于中国海洋事业发展的对策和建议，为社会公众普及海洋知识、提高海洋意识提供阅读和参考读本。

各版《中国海洋发展报告》的框架和结构大体不变。在《中国海洋发展报告（2015）》年度报告中，我们在既往篇章的基础上进行了适度调整，围绕党的十八大提出的建设海洋强国的战略部署和十八届四中全会关于全面推进依法治国若干重大问题决定的要求，结合2014年海洋事业的发展和海洋领域的重大事件，包括“一带一路”合作发展的理念和倡议，从中国海洋发展的宏观环境、加强海洋综合管理、发展海洋经济、提高海洋资源开发能力、保护海洋生态环境、维护国家海洋权益和建设海上丝绸之路七个部分展开论述。《中国海洋发展报告（2015）》还对社会和公众关注的一些海洋热点和难点问题进行了评述。

海洋发展战略研究所的科研人员承担了《中国海洋发展报告（2015）》的研究和撰写工作，各章执笔人如下。

第一部分　中国海洋发展的宏观环境
　第一章　国际海洋事务的发展　付玉
　第二章　中国海洋发展的周边环境　密晨曦
第二部分　加强海洋综合管理
　第三章　中国的海洋政策　李军
　第四章　中国的海洋管理　王芳
　第五章　中国的海上执法　赵骞
第三部分　发展海洋经济
　第六章　中国海洋经济总体情况　刘容子
　第七章　中国海洋产业的发展　刘堃
　第八章　区域海洋经济的发展　张平

第四部分　提高海洋资源开发能力
　第九章　中国的海洋资源开发利用　朱璇
　第十章　中国的海洋科技发展　刘明
第五部分　保护海洋生态环境
　第十一章　海洋生态文明建设　刘岩
　第十二章　中国的海洋生态环境保护　丘君
　第十三章　中国的海洋防灾减灾　郑苗壮
第六部分　维护国家海洋权益
　第十四章　中国的海洋法律　张颖
　第十五章　中国的海洋权益　吴继陆
　第十六章　中国的海洋安全　张丹
第七部分　建设海上丝绸之路
　第十七章　古代海上丝绸之路　陈波　刘岩
　第十八章　建设21世纪海上丝绸之路　李明杰
附　件　张小奕

中国海洋发展系列报告的研究和编写工作得到了国家海洋局的大力支持，王宏局长亲自做序。我们对国家海洋局各级领导的指导和关心，对全体编撰人员的辛勤劳动和贡献表示最诚挚的谢意。

此外，本书第六部分“维护国家海洋权益”、第七部分“建设海上丝绸之路”的编写受到国家社科基金重大项目“维护海洋权益与建设海洋强国战略研究”（13&ZD051）和国家社科基金重点项目“21世纪海上丝绸之路战略研究”（14AZD055）的资助。

我们希望把《中国海洋发展报告》做成一部面向广大社会公众和国家决策层的科学、权威性的海洋国情咨文，做成全面记载、客观反映和专业评述中国海洋事业发展进程和成就的系列报告。

本年度海洋发展报告中的述评仅是课题组的认识，不代表任何政府部门和单位的观点。作为学术研究成果，难免有不足之处，敬请读者批评指正。

《中国海洋发展报告（2015）》编辑委员会

2015年5月

目　录

第一部分　中国海洋发展的宏观环境

第二部分　加强海洋综合管理

第三部分　发展海洋经济

第四部分 提高海洋资源开发能力

第五部分 保护海洋生态环境

第六部分 维护国家海洋权益

第七部分 建设海上丝绸之路

附 件

第一部分
中国海洋发展的宏观环境

第一章　国际海洋事务的发展[①]

国际社会充分认识到海洋在交通运输、粮食安全和经济发展等方面的重大贡献，持续关注海洋生态环境的健康与可持续发展，不断推动重大海洋事务在全球范围内的开展。联合国 2014 年 6 月 8 日"世界海洋日"的主题即为"让我们携手确保海洋与我们同在"，以反映所有利益相关方的共同责任，为子孙后代维持海洋在可持续发展中的关键作用。在以联合国为代表的国际组织的协调推动以及各国的广泛参与下，国际海洋事务管理协调机制进一步发展健全，海洋环境保护、国际海底区域、外大陆架、公海渔业等方面的法律规则进一步细化和发展，国家管辖范围以外海域生物多样性（Marine Biodiversity beyond Areas of National Jurisdiction，BBNJ）等领域正在酝酿产生新的规则或管理机制。

当前，每届联合国大会都要通过两项重要海洋法决议：一是海洋和海洋法问题的决议；二是可持续渔业问题的决议。两项决议既是对全球海洋和海洋法工作的一年总结，又包含着重要的政策性规定，对国际海洋法及海洋管理的发展发挥导向性作用，对各国和国际涉海机构的工作都有重要影响。[②] 联合国大会还根据国际海洋事务发展的需要设立各种非正式机制，讨论、审议或评估海洋重点、热点问题。联合国大会于 1999 年建立了海洋和海洋法问题非正式磋商进程机制，以便于大会每年通过审议秘书长关于海洋和海洋法的报告，有效地、建设性地审查海洋事务的发展情况。联合国大会还于 2002 年建立了全球海洋环境报告与评估经常性进程，在现有区域评估的基础上对海洋环境做出全球报告。

一、国际海洋法的发展

1982 年《联合国海洋法公约》（以下简称《公约》）是当代国际海洋法律制度的主要内容。《公约》为几乎所有海洋活动提供了法律框架，在维护和加强海洋和平、安

---

① 本报告的主要参考文件之一为联合国秘书长《海洋和海洋法报告》，A/69/71/Add. 1，2014 年 9 月 1 日。该报告所述期间为 2013 年 9 月 1 日至 2014 年 8 月 31 日。本报告中所述一些重要事件和数据根据其他参考文献截止日期为 2014 年 12 月 31 日。

② 贾桂德，尹文强：《国际海洋法发展的一些重要动向》，载《太平洋学报》，2012 年第 1 期，第 12 页。

全、合作以及可持续发展等方面发挥关键作用[①]。2014 年 6 月 9 日，联合国举行《公约》生效 20 周年纪念活动。《公约》生效以来，国际海洋法律制度适用性不断加强，为各国所普遍接受并实施。随着各国相互联系的加深以及人类对海洋认识和利用程度的不断提高，海洋法领域亦不断面临新问题、出现新动向、酝酿产生新规则。联合国大会及其下设工作组、《公约》所设立的缔约国会议、国际海洋法法庭、国际海底管理局和大陆架界限委员会等机制和机构所开展的活动，反映了各国在海洋和海洋法问题上的关注和动向，也成为酝酿海洋法规则渐进发展的重要平台。

（一）《公约》所设机构及其工作进展

根据《公约》第一五六条、附件二和附件六的规定，国际海底管理局、国际海洋法法庭、大陆架界限委员会分别于 1994 年 11 月、1996 年 8 月、1997 年 3 月成立。这些机构是新海洋法制度的重要组成部分，在落实《公约》和规范海上活动方面发挥了重要作用。

1. 国际海洋法法庭

国际海洋法法庭（The International Tribunal for the Law of the Sea，ITLOS。以下简称“法庭”）是根据《公约》建立的独立司法机构，对有关《公约》解释和适用的争端具有管辖权。法庭近年来审理的案件日益增多，涉及的问题更加广泛。法庭除对《公约》缔约方开放外，还对符合规定的其他国家、组织和实体开放。根据《法庭规约》第二十条，对于《公约》第十一部分明文规定的有关国际海底区域的任何案件，或按照当事方接受的将管辖权授予法庭的其他协定所提交的案件，法庭也对缔约国以外的实体开放，包括非《公约》缔约方的国家、政府间组织、国有企业、私有实体。

法庭设海底争端分庭、简易程序分庭、特别分庭和专案分庭。常设特别分庭包括：渔业争端分庭、海洋环境争端分庭和海洋划界争端分庭。专案分庭是法庭经当事各方请求为处理特定争端而设立的。法庭由《公约》缔约国选举产生的 21 名法官组成。法庭法官于 1996 年 10 月在德国汉堡正式就职后，至今已有 23 个案件提交法庭审理。2014 年 4 月，法庭审结巴拿马诉几内亚比绍的 M/V “Virginia G” 号案，并于 2015 年 4 月就西非次区域渔业委员会提交的关于渔业问题的咨询意见案发表咨询意见。关于法庭对上述咨询意见案是否具有全庭咨询管辖权问题，《公约》缔约国之间存在较大分歧。

---

① Advance and unedited reporting material on oceans and the law of the sea (69th session of the General Assembly), 2014 - 09 - 04.

表 1-1　国际海洋法法庭受理案件一览

序号	当事国/机构	案件	案由	受理时间
1	圣文森特和格林那丁斯诉几内亚	“塞加号”案	迅速释放	1997 年
2	圣文森特和格林那丁斯诉几内亚	“塞加号”案（2）	临时措施 实质问题	1998 年
3	新西兰诉日本	南方蓝鳍金枪鱼案	临时措施	1999 年
4	澳大利亚诉日本	南方蓝鳍金枪鱼案	临时措施	1999 年
5	巴拿马诉法国	“卡莫科号”案	迅速释放	2000 年
6	塞舌尔诉法国	“蒙特·卡夫卡号”案	迅速释放	2000 年
7	智利诉欧盟	养护和可持续开发东南太平洋剑旗鱼种群案	实质问题	2000 年
8	伯利兹诉法国	“大王子号”案	迅速释放	2001 年
9	巴拿马诉也门	“契斯雷·雷夫 2 号”案	迅速释放	2001 年
10	爱尔兰诉英国	MOX 工厂案	临时措施	2001 年
11	俄罗斯诉澳大利亚	“奥尔加号”案	迅速释放	2002 年
12	马来西亚诉新加坡	新加坡在柔佛海峡围海造地案	临时措施	2003 年
13	圣文森特和格林那丁斯诉几内亚比绍	“朱诺商人号”案	迅速释放	2004 年
14	日本诉俄罗斯	“丰进丸”案	迅速释放	2007 年
15	日本诉俄罗斯	“富丸”案	迅速释放	2007 年
16	孟加拉诉缅甸	孟加拉与缅甸孟加拉湾海洋边界划界争端案	海域划界	2009 年
17	国际海底管理局	个人和实体的担保国对“区域”内活动的责任和义务	请求海底争端分庭提供咨询意见	2010 年
18	圣文森特和格林纳丁斯诉西班牙	M/V“Louisa”号案	迅速释放 临时措施	2010 年
19	巴拿马诉几内亚比绍	M/V“Virginia G”号案	实质问题	2011 年
20	阿根廷诉加纳	“ARA Libertad”号案	临时措施 实质问题	2012 年
21	次区域渔业委员会	相关渔业问题	咨询意见	2013 年
22	荷兰诉俄罗斯	“北极日出号”案	临时措施	2013 年

2. 国际海底管理局

根据《公约》建立的国际海底区域（以下简称“区域”）制度，国家管辖范围以外的海床和底土及其资源为人类共同继承的财产。由于大多数国家尚未确定其200海里以外大陆架的外部界限，“区域”的准确范围和面积现阶段仍无确定数据。根据学者的测算，即使扣除沿海国可主张的最大化的外大陆架面积，“区域”仍将包含世界海洋一半以上的海床及其底土。[①]“区域”资源勘探与开发以及“区域”的环境保护是国际海底区域事务的两条主线。目前受关注程度最高的区域资源主要有多金属结核、多金属硫化物和富钴结壳。

“区域”内的资源和相关活动由国际海底管理局（International Seabed Authority，ISA。以下简称“管理局”）代表国际社会进行管理。管理局是《公约》缔约国根据《公约》第十一部分安排和控制“区域”内活动、管理“区域”内资源的组织，还负责收缴沿海国开发200海里外大陆架的费用和实物，并根据公平分享的标准将其分配给《公约》缔约国以及制定适当的规则、规章和程序，保护海洋环境，防止、减少和控制“区域”内活动对海洋环境的污染等。

管理局于1994年成立至今共举行了20届会议，并先后制定通过了三部勘探规章，即《“区域”内多金属结核探矿和勘探规章》《“区域”内多金属硫化物探矿和勘探规章》与《“区域”内富钴结壳探矿和勘探规章》。这三个规章为“区域”内主要资源种

表1-2　“区域”三部勘探规章的主要内容[②]

	多金属结核规章	硫化物规章	富钴结壳规章
通过时间	2000年7月，2013年7月修订	2010年5月	2012年7月
区块	—	约100平方千米	约20平方千米
申请区面积	150 000平方千米	10 000平方千米	3 000平方千米
开发区面积	75 000平方千米	2 500平方千米	1 000平方千米
开发制度安排	保留区	保留区/联合企业	保留区/联合企业
申请费用	50万美元	50万美元/累进缴费制	50万美元

① ［澳］维克托·普雷斯科特，克莱夫·斯科菲尔德：《世界海洋政治边界》，吴继陆、张海文译，北京：海洋出版社，2014年，第22页。

② 国家海洋局海洋发展战略研究所课题组：《中国海洋发展报告（2014）》，北京：海洋出版社，2014年，第22页。

类的勘探活动规定了一整套系统的程序和规则，包括申请区块的大小、申请区面积、开发区面积和开发制度安排等，使《公约》规定的有关“区域”的原则和制度进一步具体化。

管理局与包括中国大洋矿产资源研究开发协会在内的多个承包者和国家签订了矿产勘探合同。截至2014年7月，管理局已核准26份勘探申请①，签订18份有效勘探合同，其中关于多金属结核的有12份，关于多金属硫化物的4份，关于富钴铁锰结壳的2份。② 2014年，管理局与日本、中国、韩国和法国的相关实体签订了勘探合同，体现了这些实体所在国对于人类共同继承财产概念的支持，管理局与这些实体的合作关系进一步加强。人类共同继承财产的实现有赖于“区域”矿产资源的商业性开发。管理局授予的第一批多金属结核勘探合同将于2016年到期。按照合同规定，这些合同将进入商业开发阶段。制定开发规章和延长勘探合同将是管理局2015年的工作重点。

表1－3　“区域”内矿区勘探申请及核准情况

序号	国家或实体	提交申请日期	管理局核准申请日期	矿区位置
多金属结核矿区情况				
1	南方生产协会（俄罗斯）	1997年	1997年	太平洋
2	国际海洋金属联合组织（保加利亚、古巴、斯洛伐克、捷克、波兰、俄罗斯）	1997年	1997年	太平洋
3	韩国政府	1997年	1997年	太平洋
4	中国大洋矿产资源研究开发协会（中国）	1997年	1997年	太平洋
5	深海资源开发公司（日本）	1997年	1997年	太平洋
6	法国海洋开发研究所（法国）	1997年	1997年	太平洋
7	印度政府	1997年	1997年	印度洋
8	德国政府	2005年	2005年	太平洋
9	瑙鲁海洋资源公司（瑙鲁）	2008年	2011年	太平洋

① International Seabed Authority. “Press Release of the Twentieth Session”, 14－25 July 2014, p. 2. http://www.isa.org.jm/files/documents/EN/Press/Press14/SB－20－17.pdf, 2014－11－08. 缔约国第二十四次会议报告，SPLOS/277，2014年6月9日至13日，第11页。http://daccess－dds－ny.un.org/doc/UNDOC/GEN/N14/467/73/PDF/N1446773.pdf? OpenElement, 2014－11－08.

② Statement by Nii Allotey Odunton, Agenda Item 74 (a) Oceans and Law of the Sea, 69th Session of the General Assembly of the United Nations, 2014－12－09.

续表

序号	国家或实体	提交申请日期	管理局核准申请日期	矿区位置
10	汤加近海采矿有限公司（汤加）	2008 年	2011 年	太平洋
11	英国海底资源有限公司（英国）	2012 年	2012 年	太平洋
12	马拉瓦研究与勘探有限公司（基里巴斯）	2012 年	2012 年	太平洋
13	G－TEC 海洋矿产资源公司（比利时）	2012 年	2012 年	太平洋
14	英国海底资源有限公司（英国）	2013 年	2014 年	太平洋
15	新加坡大洋矿产有限公司（新加坡）	2013 年	2014 年	太平洋
16	库克群岛投资公司（库克群岛）	2013 年	2014 年	太平洋
多金属硫化物矿区情况				
1	中国大洋矿产资源研究开发协会（中国）	2010 年	2011 年	印度洋
2	俄罗斯政府	2010 年	2011 年	大西洋
3	韩国政府	2012 年	2012 年	印度洋
4	法国海洋开发研究所（法国）	2012 年	2012 年	大西洋
5	印度政府	2013 年	2014 年	印度洋
6	地球科学和自然资源联邦研究所（德国）	2013 年	2014 年	印度洋
富钴结壳矿区情况				
1	中国大洋矿产资源研究开发协会（中国）	2012 年	2013 年	太平洋
2	日本石油天然气金属矿产资源公司（日本）	2012 年	2013 年	太平洋
3	俄罗斯政府	2013 年	2014 年	太平洋
4	海洋资源研究公司（巴西）	2014 年	2014 年	大西洋

资料来源：国家海洋局海洋发展战略研究所课题组《中国海洋发展报告（2014）》第二章以及国际海底管理局网站发布的信息。

3. 大陆架界限委员会

根据《公约》的规定，沿海国可以主张 200 海里大陆架，大陆架自然延伸超过自领海基线量起 200 海里的，可以主张 200 海里以外的大陆架。若划定 200 海里以外大陆架的外部界限，沿海国必须将确定外部界限的相关数据资料（简称“划界案”）提交大陆架界限委员会（Commission on the Limits of the Continental Shelf，CLCS。以下简称

"委员会"）审议。

委员会于1997年6月开始工作，由21名委员组成。根据《公约》规定，委员会的职能是：审议沿海国提出的200海里以外大陆架划界案，并提出建议；经沿海国请求为沿海国准备外大陆架划界案提供科学和技术咨询意见。截至2014年12月，委员会已举行34届会议，收到77项划界案、46项初步信息，提出21项划界案建议[①]。委员会的工作量持续增加，预计在未来几年中划界案的数量仍会增加。等待审议的划界案数量增多，在提交划界案后大概需要等待5年时间才能进入审议程序。委员会的工作量问题受到《公约》缔约国的持续关注，有关机制不断讨论改善措施，保证委员会能够加大审议力度。联合国的有关报告特别指出，直到目前，沿海国将根据委员会所作建议永久划定其大陆架外部界限的信息和数据在联合国备案的只有4例。[②]

（二）争端解决

《联合国宪章》和《公约》规定了和平解决与海洋法有关争端的机制，国际法院和国际海洋法法庭是国际海洋领域主要司法机构。2013年9月至2014年7月，国际法院和国际海洋法法庭分别做出了两项海洋领域案件判决[③]。根据《公约》附件七成立的仲裁法庭正在审理荷兰诉俄罗斯的"北极日出号"和菲律宾诉中国的案件[④]。

2014年，国际法院分别就秘鲁诉智利的海洋争端案、澳大利亚在新西兰支持下诉日本南极捕鲸案做出判决。在秘鲁诉智利案的判决中，国际法院划定的边界自秘鲁、智利边界一号界碑开始，水平向西延伸80海里，然后向西南方向转折，直到与智利陆地边界平行的200海里专属经济区边界相交处。此判决采取了折中的办法，既没有满足秘鲁由一号界碑直接向西南方向转折的要求，也没有接受智利由一号界碑向西水平延伸200海里的要求。该判决为智利保留了北部具有丰富渔业资源的渔场[⑤]。在日本于南极海域以"科学研究"名义开展捕鲸案中，国际法院在判决中明确指出日本在南大洋鲸鱼保护区海域开展的捕鲸活动非科学研究，从而未履行《国际捕鲸管制公约》所规定的相关义务，裁定日本停止在有争议的南大洋鲸鱼保护区海域开展捕鲸活动。

在荷兰诉俄罗斯的"北极日出号"案中，为抗议俄罗斯在北极开采石油，30名绿

---

① 联合国海洋和海洋法网站，http://www.un.org/Depts/los/clcs_new/commission_submissions.htm，2014－12－27。

② 联合国秘书长：《海洋和海洋法报告》，A/69/71/Add.1，2014年9月1日，第4页。

③ 参见www.icj－cij.org/docket/index.php? p1＝3&p2＝2，以及www.itlos.org/index.php? id＝35，2014－11－03。

④ 参见www.pca－cpa.org/showpage.asp? pag_id＝1029，2014－11－03。

⑤《海牙国际法院关于智利和秘鲁海洋划界的判决不会对智利北部主要渔业活动造成影响》，（智利）《信使报》，2014年1月28日。环球网，http://china.huanqiu.comNewsmofcom/2014－01/4802932.html，2014－11－08。

色和平组织成员乘坐“北极日出号”（又名“极地曙光号”）破冰船于2013年9月18日前往伯朝拉海，试图登上俄罗斯天然气股份有限公司的钻井平台。俄罗斯随即对该船舶采取了登临检查的执法措施，并将“北极日出号”拖到科拉湾，逮捕和扣押了船上人员和船只，并依据俄罗斯国内法以流氓罪对船上人员提起诉讼。荷兰作为“北极日出号”的船旗国，对俄方的抓扣行动提出强烈抗议，并于2013年10月4日依据《公约》第十五部分第二节的规定提起强制仲裁。同年10月21日，由于仲裁庭尚未成立，荷兰依据《公约》第二九〇条第5款的规定，请求国际海洋法法庭就采取临时措施做出裁定，迅速释放被扣押的船只和船上人员。“北极日出号”事件因此形成了一案两诉的局面。2013年11月22日，国际海洋法法庭颁布了临时措施，要求俄罗斯在荷兰提供360万欧元的担保金后，立即无条件释放“北极日出号”及船上所有人员。俄罗斯对此的立场是，俄在1997年批准《公约》时已按《公约》第二九八条的规定做出排除性声明，明确表示不接受在俄主权和管辖范围内的任何国际司法程序，该案发生在俄拥有主权权利的专属经济区内，国际海洋法法庭无权管辖，俄不会接受裁决、不会到庭、不会参与审理。①

二、海洋环境保护

海洋生态系统的健康受到多种来源于海洋污染的负面影响，尤其是氮和磷污染对全球生物多样性和生态系统服务造成了严重威胁。海洋环境中的塑料垃圾引起国际社会的持续关注。由于船舶设计和导航工具改进等原因，海上溢油造成的损害总体上似乎有所减少。另一方面，由于基础设施老化，主要设在陆地上的管道所造成的污染有所增加。

（一）海洋环境面临的压力和应对措施

塑料和塑料微粒、危险化学品和杀虫剂、水下噪声等对全球海洋环境造成持久压力。为应对这些压力，全球和区域两级正在采取各种措施处理不同来源的海洋污染，包括通过制定指南、进行利益相关者多方合作，并开展能力建设，以加强现有文书的执行。在有关陆上活动方面，为了促进执行《保护海洋环境免受陆上活动污染全球行动纲领》，2013年召开的第二次全球陆地－海洋联席会议，审议了建立全球利益相关者伙伴关系问题，以期应对三类主要污染来源：营养物、海洋垃圾和废水。

① International Tribunal for the Law of The Sea, “Statement by President of The International Tribunal for the Law of the Sea on the Report of the Tribunal at the Twenty－Fourth Meeting of States Parties to the United Nations Convention on the Law of the Sea”, 2014－06－09.

塑料和塑料微粒对人类和海洋生物的影响日益成为关注重点。塑料对海上搜索和救援行动的影响亦引起关注。马来西亚航空公司 MH370 航班悲剧发生之后，雷达、轮船和飞机发现的垃圾给搜索工作造成了误导。国际社会目前正在《生物多样性公约》、联合国粮农组织（FAO）、国际海事组织（IMO）和联合国环境规划署（UNEP）范围内制定全球海洋废弃物处理措施。在区域层面，2014 年 1 月，非洲联盟通过了 2050 年非洲海洋综合战略和行动计划，将保护和保全海洋环境确定为重要内容之一。

危险化学品和杀虫剂、持久性有机污染物以及汞的生物累积也对人类和海洋生物造成威胁，凸显出充分执行相关法律文书的必要性。在这方面国际社会实施了各种方案，以协助各国为《关于汞的水俣公约》的生效做好准备。2014 年 6 月，联合国环境大会还通过了一项特别方案，支持在国家一级加强机构建设，以执行《控制危险废物越境转移及其处置巴塞尔公约》《关于在国际贸易中对某些危险化学品和农药采用事先知情同意程序的鹿特丹公约》《关于持久性有机污染物的斯德哥尔摩公约》和《关于汞的水俣公约》。同时，联合国也在开展相关活动，研究整理关于人体、地面、水体和空气中持久性有机污染物浓度的监测数据，以了解水溶性持久有机污染物状况。

海底活动对环境的影响受到更多关注。2010 年墨西哥湾发生“深水地平线”号溢油事件之后，在近海石油和天然气工业管制方面发生了一系列变化，包括改变行政做法、将许可证签发机构与环境监管机构分离，以及在海洋保护区周围建立缓冲区等。有关部门预计经济和技术活动将很快在包括北冰洋在内的深水区域开展，在这方面制定适当规章的需要越来越迫切，一些区域已在考虑采取相应措施。海底采矿活动对环境的潜在影响也引起关切，国际海底管理局正在着力处理“区域”内采矿活动可能涉及的问题。

国际社会针对水下噪声的影响已经开展了大量研究，但还需对一些重大问题做进一步研究，包括水下噪声主要来源的特点、范围和规模、强度和空间分布以及水下噪声对生态系统和动物种群的潜在影响。若干论坛正在讨论如何处理水下噪声的影响，包括采取减少噪声的措施，如采用国际海事组织（IMO）核准的减少商船产生水下噪声的准则。而且，《生物多样性公约》框架也正在审议相关指南和工具包，以尽量减少和减轻源于人类活动的水下噪声对海洋生物多样性的重大不利影响。针对这方面问题的跨部门协调也继续进行。

（二）海洋环境管理工具

国际社会在治理海洋环境方面采用预防性原则和综合性方法，重视推广环境影响评价、基于生态系统的管理和海洋保护区建设。环境影响评价和战略环境评估向决策者提供必要的科学信息，在平衡兼顾经济发展需要与海洋环境保护方面具有重要作用。

为此，《公约》要求各国，在有合理理由相信其管辖或控制范围内的活动可能对海洋环境造成重大污染时，应在切实可行的最大范围内评估这类活动的潜在影响。目前，国际社会正越来越多地通过技术研究和管理措施促进环境影响评价的开展。

采用基于生态系统的方法管理海洋和海域可采取各种不同形式，例如海岸带综合管理和海洋空间规划。国际社会将海洋空间规划视为维持生态系统服务、实现可持续蓝色增长的手段加以推广。同时，国际社会意识到海洋空间规划原则不容易付诸实践，因此越来越多的活动侧重于收集海洋空间规划的应用经验以及制定指南和执行工具包。基于生态系统的管理已被纳入66个大型海洋生态系统，这些生态系统生产力较强，受人类消极影响也较大。2014年10月，第三次全球大型海洋生态系统会上讨论了气候变化对大型海洋生态系统生产力、复原力和治理的影响。全球环境基金（GEF）的跨界水域评估方案与联合国教科文组织（UNESCO）的政府间海洋学委员会（IOC）合作，正在对大型海洋生态系统内的环境状况进行全球比较基线评估。值得关注的是，将大型海洋生态系统管理与大型河流系统相联系的全流域办法日益受到重视。

划定海洋保护区的工作正在加速进行。各区域继续建立海洋保护区，包括全面保护区和允许有管制活动区，这些保护区目前约占世界海洋的2.8%。[①] 有国际组织推测，以目前的增长率，将无法实现到2020年至少保护海洋区域10%的“爱知目标”。[②] 区域一级也考虑了各种基于保护区的管理工具，包括南极海洋生物资源养护委员会（CCAMLR）和西北大西洋渔业组织（NAFO）正在推动保护区的建立。东北大西洋渔业委员会（NEAFC）和保护东北大西洋海洋环境委员会（奥巴委）已正式通过关于在东北大西洋国家管辖范围以外选定区域开展合作与协调的集体安排。为了确保海洋保护区等工具在保护生境日益分散的洄游物种方面发挥效力，国际社会正在考虑依照《养护野生动物移栖物种公约》[③] 对整个洄游路线加以保护，包括通过跨界保护区制度进行保护。同时，研究表明，海洋保护区仍然普遍未得到适当管理。强化现有海洋保护区的管理效力，应对引发环境退化的根本原因至关重要。

三、海洋资源开发与养护

各国越来越多地将海洋及其资源视为经济增长和社会进步之源，发展“蓝色经济”

① 见 www.protectplanetocean.org/official_mpa_map，2014-11-26。

② 见 UNEP/CBD/SBSTTA/18/2。“爱知目标”是于2010年10月30日在《生物多样性公约》第十次缔约国大会（COP10）上表决通过的，主要内容包括：在2020年之前，陆地生物资源保护区应达到17%、海洋保护区达到10%以及大幅度增加用于生物资源保护的政府及民间资金等。

③ 《养护野生动物移栖物种公约》，1979年6月23日通过，1983年12月1日生效。

和实现“蓝色增长”日益受到重视。《公约》为海洋及其资源的可持续发展订立了法律框架。一方面，人们需要通过利用海洋及其资源实现经济和社会发展，另一方面，人们又需要保护和保全海洋环境，养护和管理海洋资源。

（一）海洋矿产和能源的开发利用

有预测显示，随着陆上页岩开采业得到重视，今后对深水和极深水离岸油气开采业的投资可能会减少。[①] 海洋石油和天然气钻井平台等设施退役拆除问题引起国际社会严重关切。越来越多的研究显示，平台之类的结构为不同海洋生物群落的发展提供了场地。一些区域因此制定了条例，准许把平台改建为常设人工礁，作为完全拆除的例外情况。另一个日益增长的趋势是各国缔结合作开发或共同开发跨界矿藏的国际协定。目前向联合国大陆架界限委员会提交的一些外大陆架划界案是由数国共同提出的，因而这一趋势可能持续下去。

海底采矿继续受到广泛关注。除技术可行性外，海底采矿的动力仍然在于商业上可以维持的能力。有预期认为，由于陆地生产成本增加，未来海上生产的份额会增大。[②] 目前，几家承包者正在亚洲太平洋区域和红海的国家管辖范围内开展勘探和研究活动。为有效管理“区域”内可能出现的矿产资源商业开发活动，国际海底管理局正在研究制定开发规则。迄今为止，管理局已批准了在“区域”内进行开发的26份合同[③]。值得一提的是，提出开发申请的国家，其经济发展程度呈现多样化。在《国际海洋法法庭关于担保个人和实体从事“区域”内活动的国家所负责任和义务的咨询意见》（第17号案件）发表后，截至2014年5月30日，已有19个国家以及代表几个国家的一个政府间组织提供了旨在确保承包者履行其义务的相关国家立法和措施的资料或文本[④]。

海洋可再生能源是一个新生但不断发展的领域，包括海洋热能转化、盐差能、潮汐能和波浪能等，具有满足全球3/4能源需求的潜力，但现阶段利用得非常不充分，装机容量大约只有500兆瓦，[⑤] 不同海洋能源技术所处的商业和技术准备水平差距较大，海上风能和潮汐能的技术发展较为成熟。近海风能开发程度较高，2012年

---

① “Shale oil boom a threat to deepwater investment”, Deepwater International，第15卷，第17期（2013年9月）。转引自联合国秘书长：《海洋和海洋法报告》，A/69/71/Add. 1，2014年9月1日，第13页。

② “PT Timah modifies offshore tin dredge”, The ASIA Miner，第13卷（2013年3月）；亦见Business Monitor International，印度尼西亚开业报告，2014年第三季度，2013年5月。转引自联合国秘书长：《海洋和海洋法报告》，A/69/71/Add. 1，2014年9月1日，第14页。

③④ 联合国秘书长：《海洋和海洋法报告》，A/69/71/Add. 1，2014年9月1日，第15页。

⑤ 国际可再生能源机构：《2030年可再生能源规划：可再生能源路径图》（2014年6月，阿布扎比）。转引自联合国秘书长：《海洋和海洋法报告》，A/69/71/Add. 1，2014年9月1日，第15页。

年末装机容量约为6 000兆瓦，但仍属新兴领域。预期随着持续的开发，近海风能可能会逐步降低成本，到2030年，其装机容量会增至约230 000兆瓦①。国际可再生能源机构预测，到2030年在全球每年37 000太瓦·时的发电量中，近海风能可能占到2%②。

（二）海洋生物资源的养护和管理

海洋生物资源对于全球粮食安全的贡献受到联合国的充分重视。联合国大会在2013年12月9日第68/70号决议中决定，联合国海洋和海洋法问题不限成员名额非正式协商进程第十五次会议在审议秘书长关于海洋和海洋法报告时，重点讨论海产食品在全球粮食安全方面的作用，以提高国际社会对于海产食品重要性的认识，加强保障措施。

1. 海洋生物资源对于粮食安全的贡献

渔业提供的海产食品是主要的食物和营养来源之一，在全球粮食安全方面发挥重要作用。海产食品是指所有用作食物的海洋生物资源，包括鱼类、贝类、甲壳类、海洋哺乳动物、海龟和藻类。鱼类在为人类提供优质蛋白质、微营养素和脂质来源方面发挥极其重要的作用。鱼类占全世界动物蛋白质摄入量的大约17%，是30亿人的最主要动物蛋白质以及必需微营养素和脂肪酸来源③。根据联合国粮农组织（FAO）的统计数据，全球鱼类产量（含淡水渔业）2012年大约为1.57亿吨，其中海洋捕捞业和养殖业的产量大约为1亿吨。④ 随着鱼类产量的持续上升和分销渠道的改善，世界鱼类食品供应在过去50年中大幅度增长，1961—2009年期间，平均年增长率为3.2%，超过每年1.7%的世界人口增长率。海洋捕捞业产量近年来维持稳定（2007—2012年期间大约为每年8 000万吨），而水产养殖业的产量则强劲增长，稳定地满足了对鱼类和鱼类产品日益增加的需求。据估计，这一增长在1970—2012年期间达到平均每年8.1%⑤。世界人口预计将在2010—2030年期间增长20.2%，国际组织担心鱼类产量能否满足需求的增长。

---

①② 国际可再生能源机构：《2030年可再生能源规划：可再生能源路径图》（2014年6月，阿布扎比）。转引自联合国秘书长：《海洋和海洋法报告》，A/69/71/Add.1，2014年9月1日，第16页。

③ 粮农组织渔业委员会的水产养殖小组委员会："Global Aquaculture Advancement Partnership（GAAP）Programme"，粮农组织COFI：AQ/2013/SBD.2号文件以及粮农组织的其他资料。

④⑤ 联合国秘书长：《海洋和海洋法报告》，A/69/71，2014年3月21日，第7-8页。

表 1-4　2007—2012 年全球渔业产量（万吨）

	2007 年	2008 年	2009 年	2010 年	2011 年	2012 年*
捕捞渔业						
内陆	1 010	1 020	1 040	1 120	1 110	1 150
海洋	8 070	7 990	7 960	7 770	8 240	7 950
小计	9 070	9 010	9 000	8 900	9 350	9 100
水产养殖						
内陆	3 340	3 600	3 810	4 090	4 390	4 640
海洋	1 660	1 690	1 760	1 810	1 880	2 010
小计	4 990	5 290	5 570	5 900	6 270	6 650
合计	14 070	14 300	14 570	14 800	15 620	15 750

资料来源：联合国粮农组织提供的资料。转引自联合国秘书长：《海洋和海洋法报告》，A/69/71，2014 年 3 月 21 日，第 7-8 页。

*2012 年为估算值。

生态系统退化、不可持续的捕捞和生产方法是渔业面临的主要压力，影响到目前和今后海产食品在全球粮食安全中的产量和质量。据估计，全球鱼类种群几乎 1/3 遭到过度捕捞或捕捞程度达到了生物学上不可持续的程度。渔业生产满足人类社会当前和今后粮食安全及营养需求的能力还直接取决于生态系统的健康和活力。

2. 可持续渔业

为应对渔业发展所面临的挑战和压力，联合国呼吁确保相关国际文书的全面执行，尤其是《公约》的执行。《公约》规定了养护和管理海洋生物资源的总法律制度，包括船旗国和沿海国在各海区的权利和义务。

国际社会正在致力于改善船旗国的表现，尤其是在打击非法、不报告和无管制（IUU）捕鱼活动方面。FAO 最近通过的《船旗国表现自愿准则》是防止、遏制和消除非法、不报告和无管制捕鱼活动的又一项关键工具。FAO 和国际海事组织（IMO）也继续分阶段执行渔船、冷藏运输船和供应船综合性全球记录，包括全球独特的船舶识别标志。2013 年，IMO 大会同意将海事组织船舶识别编号办法在自愿基础上推广应用到总吨数达到或超过 100 吨的渔船。采用该编号办法后，不论国旗、所有权或名称发生什么变化，船只将终身拥有唯一的编号。

此外，FAO 还继续鼓励 2009 年《关于港口国预防、制止和消除非法、不报告、无管制捕鱼的措施协定》生效及实施，包括为此举行区域讲习班，帮助发展中国家加强和统一港口国措施。为了便利该协定的执行，东北大西洋渔业委员会编制了港口国管制电子系统，并正在分享有关经验。

遵照联合国大会相关决议和 2008 年 FAO《公海深海渔业管理国际准则》，各方面还继续采取各种行动，以应对底层捕捞对脆弱海洋生态系统和深海鱼类种群长期的影响。FAO 继续制定国家管辖范围以外区域深海渔业方案，包括为此举行关于脆弱海洋生态系统的讲习班，设立关于脆弱海洋生态系统的数据库等。

在区域一级，2014 年，西北大西洋渔业组织对其宣布禁止底层捕捞的 19 个区域进行了审查。该组织还制定了脆弱海洋生态系统指标物种综合清单，并且继续支持关于脆弱海洋生态系统的研究。东北大西洋渔业委员会在审查了 2012 年该组织底层捕捞管理情况后，通过了关于保护管辖区域内脆弱海洋生态系统的修正建议。

（三）海洋生物多样性养护

海洋生物多样性和生态系统是各种生态系统产出和服务的基础。联合国有关报告预测，海洋生物多样性承受的压力会越来越大，生物多样性减少的态势将会持续到 2020 年。

1. 海洋生态系统和物种养护

为应对海洋生物多样性所面临的各种威胁，如气候变化、水下噪声、海洋废弃物和野生动植物非法贸易，国际社会正越来越多地通过各种论坛，制定全球指南，并推行一系列管理工具，以支持各国履行各种海洋生物多样性相关文书确定的承诺和义务。同时还继续针对具体海洋生态系统和物种采取措施，特别是珊瑚礁和包括鲸目动物在内的海洋洄游物种。这些措施包括将具有重要文化和生态意义的物种和生境，列入《具有国际重要意义湿地拉姆萨尔名册》和《世界遗产目录》。

过去十年，联合国大会通过设立国家管辖范围以外区域海洋生物多样性（BBNJ）的养护和可持续利用问题不限成员名额非正式特设工作组，就 BBNJ 的养护和利用问题持续开展工作。这些工作推动了相关科学和技术工作的发展，有助于联合国大会审议这些问题，对与海洋生物多样性相关的一般问题也产生了外溢效应，并促使国际组织之间开展更多跨部门合作。例如，《生物多样性公约》开展具有重要生态或生物意义的海洋区域识别进程促进了各学科专家之间的科学信息分享和网络联系。又如，全球国家管辖范围以外区域可持续渔业管理和海洋生物多样性养护方案于 2014 年启动，该方案由全球环境基金（GEF）出资，汇集了粮农组织（FAO）、环境规划署（UNEP）和世界银行以及其他伙伴机构。

国际社会在划定具有重要生态或生物意义的区域方面特别加大了工作力度，该进程由《生物多样性公约》主导，现已接近完成。该进程迄今已覆盖全球大约70%的海域，共划定了207个区域，其中57个区域全部或部分位于国家管辖范围以外。[①] 在保护和保全海洋环境不受“区域”内活动影响方面，为了推进相关工作，国际海底管理局计划在2014年和2015年举办更多讲习班，以促进了解和确定与“区域”内各种矿物资源有关的生物群落的基准数据。此外，国际海底管理局正在将承包者提供的环境数据加以综合，以期建立一个基于生态系统的“区域”数据库。

2. 国家管辖范围以外区域海洋生物多样性

国家管辖外海域海洋生物多样性（BBNJ）养护及可持续利用问题涉及海洋遗传资源惠益分享和海洋保护区设立等问题，得到国际社会的普遍关注，成为国际海洋事务的一大热点。相关国际组织、沿海国及部分内陆国在联合国大会以及《公约》《生物多样性公约》和世界可持续发展大会等框架下，进行了激烈的讨论和磋商，在BBNJ养护及可持续利用方面形成了一些重要共识。

联合国大会是全球海洋和海洋法问题审查的权力机构，在推动BBNJ养护及可持续利用讨论进程中发挥主导作用，通过了多项涉及保护海洋环境和生物多样性的决议和决定。2004年，联合国大会通过第59/24号决议，决定设立不限成员名额非正式特设工作组，专门研究讨论BBNJ养护及可持续利用问题，推动相关合作与协调。该工作组的主要任务包括：① 回顾联合国和其他国际组织就BBNJ养护和可持续利用问题进行的活动；② 审查这些问题所涉及的科学、技术、经济、法律、环境、社会经济及其他方面的因素；③ 查明关键问题，开展详细的背景情况研究；④ 酌情指出促进BBNJ养护和可持续利用国际合作和协调的方式方法。截至2014年年底，该工作组已举办了八次会议。

特设工作组在于2014年6月举办的第八次会议上取得了重要进展。参会代表团除77国集团、中国、欧盟、美国、俄罗斯、日本等主要沿海国外，非洲集团、加勒比共同体和乌干达等内陆国首次参会。各方在会上就是否需要就BBNJ养护和可持续利用制定新的执行协定和新国际文书的法律效力等问题开展了激烈讨论。总体而言，参会各方在制定新文书方面的共识在扩大，启动新执行协定的谈判进程已基本确定。会议决定，准确反映特设工作组第七次和第八次会议的讨论成果，结合各代表团提交的书面

---

① UNEP/CBD/SBSTTA/18/4，转引自联合国秘书长：《海洋和海洋法报告》，A/69/71/Add. 1，2014年9月1日，第19页。

意见，由共同主席起草关于“BBNJ 养护及可持续利用国际文书的建议草案”，提交第六十九届联合国大会审议。

四、国际海运与海事

海运是国际贸易的中流砥柱，是最环保的大宗货物运输方式，与全球经济可持续发展密不可分。全球海运贸易和船只总吨位持续增长。国际海事组织等国际和区域性组织采取多种措施保障海事安全，包括推动各项相关文书的生效及执行，合作应对海盗和海上武装抢劫、非法贩运等违法行为。

（一）国际海运与造船

2012 年，在中国日益增长的需求以及亚洲内部贸易和南南贸易增长的驱动下，全球海运贸易增加了 4.3%，总量首次突破 90 亿吨。[①] 全世界海运总吨位继续增长，2013 年 1 月达到 16.3 亿载重吨位。但是，世界历史上最长的造船周期于 2012 年结束，新船交付量自 2001 年以来首次下跌，主要类别的船舶新订单大幅减少。过去十年中，大多数航运市场的竞争也呈下降趋势，船只在增大，公司数量在减少。海运贸易依赖于世界经济的发展，并易受其波动的影响。海运面临能源安全成本、气候变化以及环境可持续性问题等一系列挑战。

（二）海事安全

国际海事组织负责船舶和航行安全，制定航行安全方面的规则和标准。国际海事组织针对海上安全问题通过了很多国际航运规则和标准，包括关于船舶建造、设备和适航条件及人员配置、信号、通信、防碰撞、船舶航线安排以及船舶报告的标准和准则。国际海事组织各项文书的生效以及由其主持通过的各项规则和标准的执行问题受到越来越多的关注。为强调这一问题的重要性，国际海事组织 2014 年世界海事日的主题定为“海事组织公约：有效实施”。随着越来越多的国家重视北极水域的商业航行机会，国际社会认识到，有必要由国际海事组织起草《极地水域作业船舶强制性国际守则》（以下简称《极地守则》），全面涵盖船舶设计、建造、装备、操作、培训、搜救以及相关环境保护事项[②]。

海盗和海上武装抢劫、非法贩运麻醉药品和精神药物、针对航运和其他海事利益

---

① 联合国贸易和发展会议（贸发会议），《2013 年海洋运输述评》，联合国出版物，编号：E. 13. II. D. 9。转引自联合国秘书长：《海洋和海洋法报告》，A/69/71/Add. 1，2014 年 9 月 1 日，第 6 页。

② 联合国秘书长：《海洋和海洋法报告》，A/69/71/Add. 1，2014 年 9 月 1 日，第 7 页。

的恐怖行为以及非法移民偷运等非法行为，威胁海员的安全、国际海运以及地方和全球经济。海事安保方面的国际合作继续得到加强，尤其是在区域一级。合作举措正在越来越多地采取更加综合的方式来应对各种安全威胁，各国还在采取更多措施将海上犯罪定为刑事犯罪并起诉其行为人。例如，2050 年非洲综合海事战略涉及应对一系列海上犯罪活动并鼓励非洲联盟成员国制定法规，以便各国采取协调一致的海上干预措施并起诉嫌疑人。又如，2014 年 6 月 24 日通过的《欧洲联盟海事保安战略》，为协调一致地制定政策和共同应对海上威胁和风险提供了一个框架。2014 年 3 月，海事组织通过了一项战略，在西部和中部非洲执行可持续的海事保安措施，并且目前正与包括反恐怖主义委员会执行局等组织机构合作执行这一战略。

五、海洋科学和技术

科学和技术在增进对海洋及海气相互作用的了解等方面发挥关键作用，而且海洋开发养护、海洋管理、海洋防灾减灾等均离不开科学技术的发展。联合国强调在海洋科学技术领域开展区域和国际合作的重要性，推动全球层面的大型海洋科学研究项目的开展。在海洋自然资源勘探开发需求等因素的推动下，海洋技术继续取得进步。

（一）海洋科学研究

大型海洋研究项目大多费用高昂且后勤保障困难，各个层面的合作与协调是保障这些项目可持续开展的先决条件。在 2012 年召开的联合国可持续发展大会（又称“里约 + 20”峰会）的成果文件“我们期望的未来”中，各国确认开展国际合作的重要性，确认在科学基础上开展评估的重要性，并承诺积极参与科学技术和创新领域。同时，由于高昂的费用、具体学科之间缺乏融合等问题，全球范围内的海洋项目合作面临挑战，编制综合、协调一致的海洋统计数据和指标面临重大限制。针对在获得更多学科和综合数据集方面的需求，欧盟提出了由其资助的“信息海洋”（iMarine）倡议，旨在发展有利于新型科学数据共享和多学科协作的数据基础设施。目前新的自动化数据收集系统正提供前所未有的数据流量，联合国认为此倡议意义重大。

尽管存在挑战，越来越多的多学科国际合作项目在过去十年中不断出现，包括在新的海底电缆上配备传感器以创建一个可持续收集实时数据的全球网络，用于海洋和气候监测及灾害报警以及第二次国际印度洋考察队、国际极地伙伴关系倡议、管理深海资源开发影响项目以及研究气候、海洋变化和其他现象的国际海洋调查方案。此外，为实现可持续发展，并且日益深刻地认识到加强科学与政策互动及全球海洋评估的必要性，联合国已确定了若干举措，包括全球海洋环境状况报告和评估经常性程序计划（联合国全球海洋评估计划）。联合国大会将于2015年审议该计划的第一次全球综合评估成果。为支持全球海洋评估，有关机构对海底查勘技术和方法进行了重大改动，例如发布世界海洋数据库和展现全球海床地貌特点的勘查成果。

在全球范围内，人类在很多重要领域仍存在认知和科学研究方面的不足，主要包括：物种多样性、丰度和季节性、高度洄游鱼类分布格局和沿海区、开阔大洋及深海区域之间和海洋生态系统内部的生态关联性以及海山集群和热液喷口等具体特性方面。另外，关于某些海洋区域，特别是国家管辖范围外海域内大多数生态系统服务的数量和性质的科学资料有限。在这方面，海洋生态系统服务的经济估算（一种类似提法为“生态GDP”）日益受到关注，例如某机构发起了“海洋和沿海地区生态系统和生物多样性的经济学”研究活动。

（二）海洋技术发展

在拓展科学探索范围、解决环境问题和海洋自然资源勘探和开发等若干因素的推动下，海洋技术继续取得进步。例如，在潜水器自动化领域正在取得进展，有望使潜水器最终无须海面船只支持，每次可在海底工作数月甚至数年。新材料、电源和计算进步可扩大无人驾驶车辆和无人操作平台的数量。无人驾驶潜航器的增长正推动传感器的发展，特别是作业时间更长的低电耗传感器。自动潜航器除了更多地用于水下研究和探索领域外，还开始用于检查和维修任务，这可极大改善作业安全性、作业效率和成本。

六、气候变化与海洋

联合国政府间气候变化专门委员会（Intergovernmental Panel on Climate Change, IPCC）① 的评估资料证实，大气层和海洋变暖、海平面升高以及大气层和海洋中的温室气体浓度提高。该委员会认为，气候系统中储存的能量增加主要体现为海洋水温升高。由于海洋水温升高和海洋热膨胀，19世纪中期以来的海平面升高速度高于过去2 000年期间平均速率。全球平均海平面预计还将继续上升，未来海平面升高的速度可能超过1971—2010年期间的水平。由于人口增长、经济发展和城市化，预计海平面升高所带来的种种风险在未来几十年将大幅增加。此外，海洋吸收了约30%的人为二氧化碳

① 联合国政府间气候变化专门委员会，是世界气象组织（WMO）及联合国环境规划署（UNEP）于1988年联合建立的政府间机构。该委员会主要任务是为政治决策者提供气候变化的相关资料，本身不做任何科学研究，而是检查每年出版的数以千计有关气候变化的论文，并每五年出版评估报告，总结气候变化的“现有知识”。

排放量，造成海洋酸化。[①] 国际社会广泛认为，有必要在全世界范围收集海洋酸化及其影响的数据资料方面加强协调。

为减少温室气体排放，多年来，国际航运和渔业等与海洋有关的部门努力提高部门能源效率。国际海事组织在此领域现阶段的重点工作是收集船舶排放数据，于2014 年 4 月讨论了用于收集和报告船舶燃料消耗数据的框架，并着手制定与船舶能源效率措施有关的技术和业务措施。海事组织还通过了《1973 年防止船舶造成污染国际公约》附件六修正案，将能源效率设计指数的应用范围扩大到其他船舶类型。为了解和减少渔业活动带来的温室气体排放，联合国粮农组织制定了小型渔船节省燃料手册。

国际社会严格管理海洋地球工程。旨在有意改造自然系统以应对气候变化的方法称为地球工程，若干年来已成为国际社会研究和政策讨论的主题之一，包括海洋施肥在内的海洋地球工程须遵照《〈1972 年防止倾倒废物及其他物质污染海洋的公约〉1996 年议定书》2013 年修正案进行。用于科学研究的海洋施肥活动是目前唯一可发放许可的该类活动。除新附件四具体列出的项目之外，不得许可进行任何其他海洋施肥活动。为通过联合国系统建立一个关于地球工程研究和应用的国际评估机制，国际气象组织正与其他机构合作，根据当前的科学认识拟定一份地球工程立场文件。这些组织将提出研究行动计划，并可能建立管理这些活动的联合国全系统框架。

七、小结

在国际社会充分认识到海洋重要地位的背景下，在以联合国为主的国际组织大力推动下，国际海洋事务继续快速发展，在国际海洋法、海洋环境保护、海洋资源开发与保护、海事安全和海洋科学技术等领域取得了众多新进展，出现了一些重要发展趋势。

国际社会继续致力于海洋环境保护和海洋生物多样性养护，除关注传统的海洋污染源之外，近来关注重点转向海洋酸化、海洋垃圾、塑料微粒和海洋噪声等领域。应对这些海洋环境问题的重要科学基础是开展全球性的数据监测和收集，有关国际组织和国家正在联合国海洋和海洋法决议磋商进程等机制下讨论此方面议题。国家管辖以外海域海洋生物多样性养护及可持续利用问题是国际海洋事务的一大热点。相关国际

① 政府间气候变化专门委员会，“Summary for policy makers” in Climate Change 2013：The Physical Science Basis—Contribution of Working Group I to the Fifth Assessment Report of the Intergovernmental Panel on Climate Change。转引自联合国秘书长：《海洋和海洋法报告》，A/69/71，2014 年 3 月 21 日，第 26 页。

组织、沿海国及部分内陆国在联合国大会以及《公约》《生物多样性公约》和世界可持续发展大会等框架下，形成了一些重要共识，近期启动相关国际文书谈判的可能性增加。同时，海洋保护区作为海洋环境保护和生物多样性养护工具在全球范围内得到快速推动，但有数据显示，现有海洋保护区的管理效能尚需提高。

第二章　中国海洋发展的周边环境

随着国际形势的变化，海洋事务在各沿海国的发展战略和安全战略中的地位普遍提高。受国际战略环境、周边政治、经济等因素的影响，中国周边海上局势趋于复杂化，历史遗留的岛礁主权和海洋权益问题非一朝一夕能够解决。但中国与海上邻国的海洋低敏感领域合作正稳步推进并取得重大进展，相互间的经贸联系也更加紧密，互动空前频繁。中国与海上邻国的利益共享性增强，次区域对话合作机制不断建立和完善。

一、海上周边环境概况

进入21世纪以来，人类的可持续发展越来越多地依赖海洋。海洋在中国国家发展战略中的地位日益突出，东部沿海地区的可持续发展离不开海洋的支持，经济贸易的繁荣需要海上通道安全的保障。从自然地理、政治和经济环境看，中国虽然是在地理上处于不利的国家，但海洋对中国的长远发展至关重要。

（一）自然地理

中国是海陆兼备的国家。中国大陆东南两面为海洋环抱，濒临渤海、黄海、东海和南海，有着广袤的管辖海域。中国大陆岸线绵长，约18 000千米。面积达500平方米以上的海岛有6 900多个[①]。

中国的海洋地理环境不利。中国大陆东部四海环绕，四海之外有岛链环绕，海洋自然地理条件先天不利。中国东部海域属于太平洋的边缘海，呈大半径的弧状环绕着中国大陆，除台湾岛外，其他海域均不能直接面向大洋。渤海是中国的内海，黄海、东海和南海都属于闭海或半闭海。中国进出世界大洋要经过诸多海峡和水道。虽然中国的海岸线绵长，但海岸线与陆地国土面积之比低于世界大多数沿海国，中国可主张的管辖海域与陆地国土面积之比也低于世界平均水平。

中国周边海洋资源丰富。中国的海域处在中、低纬度地带，自然环境和资源条件比较优越。中国海域海洋生物物种繁多，已鉴定的超过20 000种。海洋生物种类以暖温性种类为主。由于中国周边海域具有半封闭海域特征，海洋生物种类具有地域性特

---

① 《国家海洋事业发展“十二五”规划》，北京：海洋出版社，2013年。

点，多为地方性种类以及少数定居种和特有种。中国海域有30多个沉积盆地，面积近70万平方千米，石油资源量约250亿吨，天然气资源量约8.4万亿立方米。中国沿海共有160多处海湾和几百千米深水岸线，许多岸段适合建设港口，发展海洋运输业。中国海域还有丰富的海水资源、海洋可再生能源以及多处旅游娱乐景观资源。①

（二）政治环境

冷战后，国际政治形势发生重大变化，和平、发展、合作成为时代主流。地缘政治观也随之转变，更加突出全球各国间的相互依存和共同合作。海洋成为世界各国在全球化时代的重要桥梁，外向型经济成为沿海国生存与可持续发展的重要内容。国际政治和安全形势的改善，为周边环境的总体稳定创造了条件，也为中国实行改革开放政策提供了契机，为中国走向海洋提供了保障。近年来，中国不断提升对外开放水平，积极推动与周边国家的互联互通。如今海洋成为中国实行“走出去”战略的窗口，海洋经济已成为中国经济发展的新增长点。中国经济的对外依存度已高达60%，对外贸易运输量的90%通过海上运输完成。中国的和平崛起，带动了海上周边国家的经济发展，对地区稳定和繁荣做出了积极的贡献。

中国海上相邻或相向国家众多，周边海洋政治环境复杂，中国的海洋发展受到影响。自北向南，中国与8个国家相邻或相向，它们是：朝鲜、韩国、日本、菲律宾、马来西亚、文莱、印度尼西亚和越南。这些国家社会制度各不相同，经济和社会发展程度差距较大，但均高度重视对海洋的开发、管理和利用。域外大国对海上邻国的影响，增加了周边海上形势的复杂性。

中国周边仍面临多元的海上威胁和挑战。中国周边的海区，是利益关系最复杂、海洋争议最庞杂以及域外因素介入最多的海域。中国需与朝鲜划分领海边界、专属经济区边界和大陆架边界；与韩国划分专属经济区边界和大陆架边界；与日本的未决问题既包括专属经济区、大陆架的划界，也包括历史遗留下来的钓鱼岛主权归属争议。南海问题牵涉六国七方，因岛礁主权归属引发的海洋权益问题盘根错节。亚太地区日益成为各方利益博弈的舞台。美国实施亚太再平衡战略，地区格局深刻调整。相关国家深化亚太军事同盟，扩大军事存在，频繁制造地区紧张局势。近年来，“法律战”也成为海上权益斗争形式之一。

（三）经济环境

在经济全球化和地区经济一体化的国际背景下，各国经济贸易依赖程度日趋强化，

① 中华人民共和国国务院新闻办公室：《中国海洋事业的发展》，1998年5月。

地缘经济和地缘政治的关系愈来愈紧密，地缘经济发展程度也成为影响地缘政治格局调整变化的关键因素。近年来，中国与海上邻国的经济依存度不断加强，在贸易和投资领域的联系日趋紧密。

就朝鲜半岛而言，自20世纪90年代以来，中朝经贸合作保持活跃，其间虽有起伏，但总体呈增长势头。中韩自建交以来，贸易额年均保持了20%以上的增速，双边贸易总额净增长55倍。2013年中韩贸易额达到2 742亿美元，超过韩国与美日贸易的总和。[①] 2014年11月10日，中韩两国结束中韩自贸区实质性谈判，实现了“利益大体平衡、全面、高水平”的目标。中韩自贸区的建立，意味着一个人口为13.5亿、国内生产总值（GDP）高达11万亿美元的共同市场将为中韩经济注入新活力。

中日两国经贸关系存在一定的互补性和依赖性。尽管在涉及钓鱼岛主权争议和历史认知等问题上，中日关系多次出现波折甚至危机，但中日经贸关系基本保持良性发展态势。2014年度，中日贸易呈现一些波动。日本由曾经的中国第一大贸易伙伴成为目前第五大贸易伙伴。根据中国海关总署11月8日公布的数据，中国进出口总值同比增长2.5%，而占中国外贸总值7.3%的中日双边贸易总值同期则下降0.1%。[②] 日本国内经济走势低迷是影响中日经贸的因素之一。

中国－东盟经贸关系稳步推进。过去十年，中国－东盟经贸关系保持了快速发展。南海周边五国均是东盟的成员国，在中国与东盟的经贸往来中占据重要的地位。在中国－东盟2014年前三个季度的贸易统计中，马来西亚依照金额排名第一，同时也是中国自东盟国家进口贸易进口额的第一名。在中国向东盟国家的出口贸易中，越南在中国前三季度出口额排名中位列第一。与2013年同期相比，中国投资增速最快的前四个国家依次为文莱、菲律宾、印度尼西亚、越南。[③]海洋承载着中国与东盟双向贸易活动最活跃的部分。伴随着“一带一路”的实施，中国与东盟的经贸合作将步上新台阶。

二、中国的周边海上形势

面对纷繁多变的周边形势，中国始终坚持走和平发展道路，继续奉行与邻为善、以邻为伴的周边政策，提出亚洲新安全观，倡导和平共赢，致力共同繁荣。中国同海

---

① 中韩自贸区将提升两国经济竞争力，2014－11－21，http：//economy.gmw.cn/newspaper/2014－11/21/content_102140677.htm，2014－12－01。

② 2014年前十月中日双边贸易总值下降0.1%，2014－11－11，http：//china.huanqiu.com/News/mofcom/2014－11/5198596.html，2014－12－01。

③ 2014年第三季度《中国－东盟自贸区季度报告》在京发布，2014－10－31，http：//www.cafta.org.cn/show.php? contentid＝73265，2014－12－01。

上周边国家的关系总体向好发展，相互间均有深化合作的意愿，与相关大国的关系也取得新的进展。

（一）周边海洋形势

中国经济的快速发展以及同周边国家和地区的经济交流与合作，带动了周边地区经济的持续发展，成为维护海上周边稳定的积极因素。但岛礁主权、海洋划界以及相关海洋权益等方面的争端与矛盾，对周边海上形势稳定产生了消极的影响。

1. 朝鲜半岛局势

黄海海洋形势相对平稳，影响黄海局势稳定的因素主要来自朝韩关系和朝核危机。朝鲜半岛南北双方均处于战略调整的关键时期。对外政策有所变化，双方之间关系微妙。域外大国在朝鲜半岛的利益博弈、南北双方与相关大国的关系互动，使朝鲜半岛成为影响黄海稳定的潜在因素。近年来，朝鲜半岛地区各种形式的军事演习不断，具有密度高、规模大的特点。基于朝鲜半岛南北双方复杂的历史和现状，高度频繁的军演对地区稳定造成了一定的影响。中国支持朝韩双方通过对话改善关系，推进双方和解合作。2014 年 2 月，韩朝举行了自韩国总统朴槿惠和朝鲜最高领导人金正恩执政以来的第一次高层会谈。尽管会谈未达成协议，但双方就共同关心的事项交换了意见。

朝核危机仍然存在，六方会谈举步维艰。中国正与有关各方积极沟通，酝酿新的倡议，推动早日重启六方会谈。2014 年 7 月，习近平主席对韩国进行国事访问期间，中韩在朝鲜半岛核问题上达成四点共识：“一是实现半岛无核化，保持半岛和平稳定，符合六方会谈成员国的共同利益，有关各方应通过对话协商解决以上重大课题。二是六方会谈成员国于 2005 年 9 月 19 日达成的共同声明和联合国安理会有关决议应予切实履行。三是为实现半岛无核化，有关各方应继续坚持不懈地推进六方会谈进程，加强双边和多边的沟通与协调。四是六方会谈成员国应凝聚共识，为重启六方会谈创造条件。双方支持六方会谈团长以多种形式进行有意义的对话，为推动半岛无核化取得实质进展做出努力。”① 为推动半岛无核化取得实质进展，各方外交磋商密集进行。韩国六方会谈代表团长分别与中国、俄罗斯、美国等国的代表团长就半岛局势和重启六方会谈等问题进行了交流。

2. 东海形势

影响东海形势的关键问题之一是钓鱼岛主权争议。2014 年 11 月 7 日，中日就改善

① 2014 年 7 月 4 日外交部发言人洪磊主持例行记者会，2014－07－04，http：//www.fmprc.gov.cn/mfa_chn/fyrbt_602243/t1171610.shtml，2014－12－08。

关系达成四点共识，为两国关系回暖创造了条件[①]。在钓鱼岛问题上，双方明确了中日在钓鱼岛及东海存在主权争端，强调双方存在不同主张。11 月 10 日，中日两国实现了自 2012 年“购岛”事件以来的首次首脑会谈，持续紧张的中日关系呈现缓和之势。

日本拒绝面对和正视历史，是中日关系一度跌至冰点的重要原因。近年来，日本不断挑战战后国际秩序，肆意歪曲历史，参拜靖国神社，修改教科书，宣传错误历史观，为地区动荡埋下隐患。为突破“和平宪法”，加强军力建设，日本营造舆论氛围，刻意曲解中国在东海的行动，煽动国民情绪。日本首相安倍晋三再度当选首相后，开展“穿梭外交”，遍访东盟国家，借南海问题拉拢相关国家，拼凑国际反华阵线。采取一系列单边挑衅行动，激化钓鱼岛争端。中日关系的未来走向，将取决于日本是否能够用实际行动诠释“正视历史、面向未来”。

3. 南海问题

南海原本是一片宁静的海域。然而，晚近以来的两个事态及其发展打破了南海的和平与安宁[②]：一是 20 世纪 70 年代一些沿岸国侵占中国南沙群岛一些岛礁，这一过程一直持续到 20 世纪末。二是近年来有关国家向大陆架界限委员会提交的 200 海里外大陆架划界案，揭开了南海错综复杂的海洋划界问题的面纱。2000 年以来，南海问题正在从海洋权益之争向有关国家战略利益博弈的方向发展。2014 年 12 月，美国违背其不持立场、不选边站队的承诺，发表《中国：在南海的海洋主张》[③]，从幕后走到台前，积极策应南海仲裁。

南海问题的核心包括两点：一是周边国家侵占中国南沙群岛一些岛礁而引发的领土主权争议；二是南海周边各国主张的管辖海域重叠而引发的海洋划界争议。资源开发等争议是基于上述核心问题引发的争议，需以解决领土主权归属和海洋划界争议为前提。航行自由是个伪命题，是域外国家介入南海问题的借口。近年来，有些大国以所谓的南海航行自由或航行安全问题为由挑动南海周边国家不断制造事端，导致南海成为国际热点海域，增添了解决南海问题的复杂性。南海问题涉及多个国家，有着复杂的历史原因和敏感的政治因素，并非简单的关于《公约》解释和适用的问题。中国与东盟国家经过多年谈判，在相互尊重、互谅互让的基础上达成《南海各方行为宣言》

---

① 中日就改善关系达成四点共识，2014－11－08，http：//news. sina. com. cn/o/2014－11－08/053031113506. shtml，2014－12－08。

② 高之国，贾兵兵：《论南海九段线的历史、地位和作用》，北京：海洋出版社，2014 年。

③ United States Department of State Bureau of Oceans and International Environmental and Scientific Affairs：No. 143 Limits in the Seas－China：Maritime Claims in the South China Sea，2014－12－05，http：//www. state. gov/e/oes/ocns/opa/c16065. htm，2014－12－11.

（以下简称《宣言》）。《宣言》中，有关各方承诺由直接有关的主权国家通过友好磋商和谈判解决领土和管辖权争议；承诺保持自我克制，不采取使争议复杂化、扩大化和影响和平与稳定的行动。各国尊重国际法，诚意履行《公约》义务，切实落实《宣言》，是营造周边友好合作氛围的前提。域外国家充分利用南海航行自由带来的便利，增进与地区国家的互利合作，才能真正地促进地区的和平与发展。

（二）国际战略环境

中国无论是处理和解决岛礁主权、海洋划界及其他海洋权益问题，还是推进区域经济合作和共同繁荣，均离不开稳定的国际战略环境。中国大周边范围内集中了美国、俄罗斯、日本、印度等当今世界主要大国，这些大国是影响中国所处的国际战略环境的重要因素。

近年来，俄罗斯实施重返大洋战略，步入民族复兴的重要时期。1996 年，中俄建立战略协作伙伴关系，2001 年 7 月，中俄签署《中俄睦邻友好合作条约》。2003 年 5 月，中俄双方签署《中华人民共和国与俄罗斯联邦政府关于海洋领域合作协议》，恢复了过去两国在海洋领域的合作与交流关系。2013 年中俄通过《〈中俄睦邻友好合作条约〉实施纲要（2013 年至 2016 年）》，签署了《中华人民共和国和俄罗斯联邦关于合作共赢、深化全面战略协作伙伴关系的联合声明》，标志着中俄全面战略协作伙伴关系步入新阶段。2014 年 5 月，中俄海军在东海进行了海上联合军事演习，涵盖了应对传统安全与非传统安全威胁的多个领域。① 两国在经济上也互为补充，特别是在能源合作方面取得实质进展。2014 年，中俄分别签署了《中俄东线供气购销合同》《关于沿西线管道从俄罗斯向中国供应天然气的框架协议》和《关于万科油田项目合作的框架协议》。随着两国战略伙伴关系的稳步推进、双边经贸合作稳定发展，两国在科技、通信、金融、交通等各领域的合作也取得丰硕成果。

美国是与中国签订政府间海洋合作协议最早的国家。早在 1979 年，国家海洋局与美国国家海洋与大气管理局签署了中美海洋与渔业科技合作议定书。2008 年，中美海洋领域合作被纳入中美战略经济对话机制“能源与环境合作”部分，使中美海洋领域合作迈向更高层次。2012 年，《中美海洋与渔业科技合作框架计划（2011—2015）》纳入中美战略与经济对话成果，双方同意合作开展南大洋、印度洋海洋观测、再分析与预测项目。② 但同一时期美国推行的“重返亚太”“亚太再平衡”战略，激化了中国与

① 中俄“海上联合 -2014”军事演习 26 日在上海落幕，2014 -05 -26，http://news.ifeng.com/a/20140526/40463519_0.shtml，2014 -12 -02。

② 周超：《积极参与国际海洋事务 全方位深化务实合作——国家海洋局海洋领域国际合作工作回眸》，载《中国海洋报》，2014 年 7 月 4 日。

日本、菲律宾等国的岛礁主权和海洋权益之矛盾，对影响亚太地区合作与安全带来负面影响。奥巴马第二任期开始后，美国对“亚太再平衡”战略进行了微妙的调整。中美关系有望步入新篇章，共同致力构建和平相处、合作共赢的新型大国关系。

中印两国积极发展面向和平与繁荣的战略合作伙伴关系。2014 年 2 月 10—12 日，在新德里举行的中印边界问题特别代表第 17 轮会晤期间，中方代表、中国国务委员杨洁篪邀请印度共建 21 世纪的“海上丝绸之路”。印方代表、印度安全顾问梅农对此做出积极评价。双方表示，中印是战略合作伙伴，加强中印关系，促进共同发展，符合两国和两国人民的共同利益。2014 年 9 月 17—19 日，中国国家主席习近平访问印度，就进一步发展中印面向和平与繁荣的战略合作伙伴关系达成重要共识。作为两个最大的发展中国家和新兴市场国家，中印和谐相处、共同发展，不仅能惠及两国人民，惠及广大发展中国家，也将对相关海区的稳定和发展起到促进作用。

三、中国致力于周边海洋的共同繁荣

走和平发展道路，是中国根据时代发展潮流和中国根本利益做出的战略抉择。这条道路具有科学发展、自主发展、开放发展、和平发展、合作发展和共同发展的鲜明特征。维护周边和平稳定是周边外交的重要目标，促进周边海上稳定和繁荣是实现中国周边稳定繁荣的重要方面。

（一）相关政策

面对新的周边环境和国际形势，中国的周边外交政策体现了亲、诚、惠、容的理念。中国奉行防御性的国防政策，倡导共同、综合、合作、可持续的亚洲安全观。这为中国周边海洋形势向好发展提供了政策保障，为促进地区稳定和繁荣营造了好的氛围。

1. 周边外交政策

2014 年 11 月中央周边外交工作座谈会的召开，是中国周边外交政策调整的集中体现。周边外交政策的调整主要表现为：中国与周边国家的经济关系由倡导“互利”到强调“惠及”，政策目标由维护周边稳定和密切经济合作提升为建设“命运共同体”。[①] 周边外交在外交全局中的地位提升，周边外交政策“升级”。座谈会系统阐述了中国周边外交的目标、方针和布局：战略目标是服从和服务于实现“两个一百年”奋斗目标、

① 陈琪，管传靖：《中国周边外交的政策调整与新理念》，载《当代亚太》，2014 年第 3 期，第 4－26 页。

实现中华民族伟大复兴，全面发展同周边国家的关系，巩固睦邻友好，深化互利合作，维护和用好我国发展的重要战略机遇期，维护国家主权、安全、发展利益，努力使周边同我国政治关系更加友好、经济纽带更加牢固、安全合作更加深化、人文联系更加紧密。基本方针是坚持与邻为善、以邻为伴，坚持睦邻、安邻、富邻，突出体现亲、诚、惠、容的理念。为维护周边和平稳定，促进周边共同发展，中国将着力于深化互利共赢格局，推进区域安全合作，加强宣传和人文联系。①

着力深化互利共赢格局。统筹经济、贸易、科技、金融等方面资源，利用好比较优势，找准深化同周边国家互利合作的战略契合点，积极参与区域经济合作；同有关国家共同努力，加快基础设施互联互通，建设好丝绸之路经济带、21世纪海上丝绸之路；以周边为基础加快实施自由贸易区战略，扩大贸易、投资合作空间，构建区域经济一体化新格局；不断深化区域金融合作，积极筹建亚洲基础设施投资银行，完善区域金融安全网络。加快沿边地区开放，深化沿边省区同周边国家的互利合作。

着力推进区域安全合作。坚持互信、互利、平等、协作的新安全观，倡导全面安全、共同安全、合作安全理念，推进同周边国家的安全合作，主动参与区域和次区域安全合作，深化有关合作机制，增进战略互信。

着力加强宣传和人文交流。加强对周边国家的宣传工作、公共外交、民间外交、人文交流，巩固和扩大中国同周边国家关系长远发展的社会和民意基础；全方位推进人文交流，深入开展旅游、科教、地方合作等友好交往；让命运共同体意识在周边国家落地生根。

2. 防御性国防政策

中国国防政策历经60多年来的调整，但战略防御始终是其基本原则。从新中国成立之初的以“巩固国防、反对侵略、争取和平”为核心的国防政策，到2013年4月16日发布的《中国武装力量的多样化运用》（以下简称“2013年国防白皮书”），战略防御的原则一直未变。2013年国防白皮书提出了新形势下寻求实现综合安全、共同安全、合作安全的必要性。在阐述“保卫边海防安全”时，2013年国防白皮书明确提出要“推进海上安全合作，维护海洋和平与稳定、海上航行自由与安全”。②

2013年国防白皮书中阐释的基本政策和原则主要包括以下方面：一是维护国家主权、安全、领土完整，保障国家和平发展。二是立足打赢信息化条件下局部战争，拓

① 习近平：《让命运共同体意识在周边国家落地生根》，2013－10－25，http：//news. eastday. com/c/20131025/u1a7735711. html，2014－10－15。

② 权威专家解读2013国防白皮书，2013－04－16，http：//mil. sohu. com/20130416/n372885089. shtml，2014－09－27。

展和深化军事斗争准备。三是树立综合安全观念，有效遂行非战争军事行动任务，包括参加和支援国家经济社会建设，执行和完成抢险救灾等急难险重任务等。四是深化安全合作、履行国际义务，重申坚持和平共处五项原则，全方位开展对外军事交往，发展不结盟、不对抗、不针对第三方的军事合作关系，推动建立公平有效的集体安全机制和军事互信机制。五是严格依法行动，严守政策纪律。①

3. 亚洲新安全观

新安全观可追溯至20世纪90年代。冷战结束后，国际政治安全、经济发展面临新的考验，国际形势发生较大变化，和平、合作、发展的需求在国家关系中日益显现。从90年代至今，针对复杂的亚洲地缘政治环境和地区形势，中国官方高层曾多次做出有关新安全观的表态。2002年7月31日，参加东盟地区论坛外长会议的中国代表团向大会提交了《中方关于新安全观的立场文件》，明确提出中国新安全观的核心内容是互信、互利、平等、协作。②

2014年5月21日，亚洲相互协作与信任措施会议第四次峰会在上海举行。习近平主席主持会议并发表主旨讲话，系统阐述了富有中国特色的、全新的亚洲新安全观。习近平强调，中国将同各方一道，积极倡导共同、综合、合作、可持续的亚洲安全观，搭建地区安全和合作新架构，努力走出一条共建、共享、共赢的亚洲安全之路。③

中国提出的亚洲新安全观是对传统安全观的一次革新。传统安全观表现为结盟对抗、零和博弈。新安全观以互信、互利、平等、协作为特征，它是中国长期坚持和平共处五项原则的必然选择，与中国倡导的睦邻、安邻、富邻一脉相承，与互利共赢、建立命运共同体、责任共同体的理念息息相通。④

（二）主要举措

在2014年11月28—29日召开的中央外事工作会议上，习近平总书记强调要坚持合作共赢，推动建立以合作共赢为核心的新型国际关系，坚持互利共赢的开放战略，把合作共赢理念体现到政治、经济、安全、文化等对外合作的方方面面。新型国际关

① 《中国武装力量的多样化运用》白皮书，2013-04-16，http：//www.gov.cn/jrzg/2013-04/16/content_2379013.htm，2014-12-01。

② 中国专家学者热议“亚洲新安全观”，2014-04-24，http：//news.xinhuanet.com/world/2014-04/24/c_126431692.htm? anchor=1，2014-10-16。

③ 习近平提出亚洲安全观，2014-05-22，http：//news.xinhuanet.com/world/2014-05/22/c_126531598.htm，2014-10-16。

④ 张洁：《中国提出“亚洲安全观”彰显负责任大国形象》，2014-05-23，http：//theory.people.com.cn/n/2014/0523/c148980-25054851.html，2014-10-16。

系的建立将促进周边海上问题的解决。

1. 共建“海上丝绸之路”

2013 年 10 月，习近平总书记出访东盟国家时提出，中国愿同东盟国家加强海上合作，发展海洋合作伙伴关系，共同建设丝绸之路经济带和 21 世纪海上丝绸之路。“一带一路”战略中的“一带”指“丝绸之路经济带”，“一路”指“海上丝绸之路”。建设 21 世纪海上丝绸之路的总体思路，是以海洋将东亚、东南亚、南亚、非洲、欧洲沿海各国连接起来，统筹沿线各国政治、经济、文化发展需求，以保障各国社会经济发展、推动全面合作、构建利益和命运共同体为目标，发展互利共赢的战略合作伙伴关系，逐步形成政治稳定、经济安全、文化包容的区域合作。

2. 树立命运共同体理念

中国支持东盟于 2015 年建成政治安全、经济、社会文化共同体，为地区稳定发展发挥积极作用。2014 年 11 月 13 日，国务院总理李克强在第九届东亚峰会上指出：“我们更应该珍视东亚来之不易的良好局面，把握好政治安全和经济发展‘两个轮子一起转’的大方向，促进地区和平安定，积极应对全球性挑战，深化经济社会等领域合作，为建设一个和平与繁荣的东亚地区而努力。”① 中国愿与地区国家一道，建设亚洲利益共同体、责任共同体和命运共同体。

3. 倡导多层面的务实合作

习近平主席倡导建设更为紧密的中国 – 东盟命运共同体，为中国 – 东盟关系的长远发展指明了方向。李克强总理进一步提出“2 + 7 合作框架”，为各领域务实合作做出规划。2014 年 8 月 9 日，中国外交部长王毅在中国 – 东盟（10 + 1）外长会上，分别就政治合作、地区合作、海上合作提出如下具体倡议。②

在政治合作层面，一是开展领导人之间更密切接触，增进信任，加强沟通，引领合作，愿结合中国 – 东盟博览会和博鳌亚洲论坛年会举行中国 – 东盟领导人非正式会议。二是推进商签“中国 – 东盟国家睦邻友好合作条约”，将中国 – 东盟关系建立在更加稳固的法律基础上，确保双方关系长期稳定发展。三是尽快签署《东南亚无核武器区条约》议定书。四是加强战略规划，启动制定《中国 – 东盟面向和平与繁荣的战略

---

① 新华网：《新华网评 打造东盟共同体需坚持“两个轮子一起转”》，2014 – 11 – 14，http：//news. xinhuanet. com/comments/2014 – 11/14/c_1113252629. htm，2015 – 02 – 10。

② 王毅：《建设更为紧密的中国 – 东盟命运共同体》，2014 – 08 – 09，http：//china. huanqiu. com/News/fmprc/2014 – 08/5100879. html，2014 – 12 – 11。

伙伴关系联合宣言》第三份行动计划（2016—2020）。

在地区合作层面，一是加快推进中国－东盟自贸区升级版谈判，与“区域全面经济伙伴关系”（RCEP）等区域自贸安排谈判协调推进。二是共同建设21世纪海上丝绸之路，就此提出新的合作设想。三是尽快成立亚洲基础设施投资银行，欢迎东盟各国作为首批成员国加入。四是加强中国与湄公河流域国家对话合作，召开澜沧江－湄公河六国高官会，缩小东盟发展差距。五是扩大安全领域合作，邀请并欢迎东盟各国防长2015年赴华举行首次中国－东盟非正式防长会晤。双方应着力加强防灾救灾、打击跨国犯罪等非传统安全领域合作。2014年10月24日，包括中国、印度、新加坡等在内的21个首批意向创始成员国的财长和授权代表在北京签约，决定成立亚洲基础设施投资银行，标志着由中国倡议设立的亚洲区域新多边开发机构的筹建工作迈向新阶段。[①]

在海上合作层面，一是2015年确定为“中国－东盟海洋合作年”，将海洋经济、海上联通、海洋环境、防灾减灾、海上安全、海洋人文等作为重点领域。二是加强南海沿海国对话合作，探讨大家都能接受的合作机制与模式。三是通过对话协商，推进海上共同开发。

4. 开展高层海洋外交

中国重视海洋领域的国际交流合作，积极开展高层海洋外交。在国家领导人的见证下，2003年中国同印度签署海洋科技领域合作谅解备忘录；2011年同印度尼西亚签署合作谅解备忘录，就进一步推动双边海洋合作达成高层共识；2012年与印度尼西亚签署了《中华人民共和国国家海洋局和印度尼西亚共和国海洋与渔业部关于发展中国－印尼海洋与气候中心的安排》；2013年与韩国签署了《中韩海洋科技合作谅解备忘录》等海洋领域合作协议。中国与泰国、冰岛、德国等海洋合作也取得积极进展。2014年，国家海洋局提出的多项海洋合作倡议被纳入习近平出席APEC领导人会议、李克强出席中国－东盟领导人会议清单。

5. 促进低敏感领域合作

2014年8月28日，亚太经合组织（APEC）第四届海洋部长会议在厦门举行，会议围绕“构建亚太海洋合作新型伙伴关系”的主题，重点讨论了海洋生态环境保护和防灾减灾、海洋在粮食安全及相关贸易中的作用、海洋科技创新、蓝色经济等四个重点议题。

---

① 《21国在京签约决定成立亚洲基础设施投资银行》，2014－10－11，http://news.xinhuanet.com/2014－10/24/c_1112965880.htm，2014－10－24。

“海洋生态环境保护和防灾减灾”议题涵盖生态系统的管理，预防和控制海洋污染，生物多样性保护，防灾减灾，气候变化，企业和社会参与等。“海洋在粮食安全及相关贸易中的作用”包括起草 APEC 海洋与渔业工作组粮食安全行动计划，促进可持续渔业资源管理和保护，鼓励应用环境友好和综合营养的渔业养殖技术，打击非法捕捞等。在“海洋科技创新”方面，鼓励海洋科学联合调查研究，鼓励海洋防灾减灾、环境友好型海洋技术和可再生能源领域科技创新合作，鼓励企业参与和投资，促进海洋科研人员和学生交流合作，设立 APEC 海洋日以加强海洋科普教育，帮助发展中成员提升海洋科技创新能力等。在中方力推的“蓝色经济”方面，鼓励各成员深化 APEC 蓝色经济共识，推动海洋事务在各成员的经济和社会发展中的主流化，促进海上互联互通，实施 APEC 蓝色经济示范项目，继续更新《APEC 海洋可持续发展报告》，吸引企业参与并发挥积极作用、举办蓝色经济论坛、鼓励发展环境友好型经济等。① 会议通过了指导 APEC 未来海洋合作的重要纲领性文件《APEC 第四届海洋部长会议厦门宣言》。

6. 采用“双轨思路”解决南海问题

“双轨思路”是指有关争议由直接当事国通过友好协商谈判寻求和平解决，而南海的和平与稳定则由中国与东盟国家共同维护。② “双轨思路”与《南海各方行为宣言》精神高度一致，对南海问题及地区局势的走向意义重大。

中国一贯主张通过直接磋商和谈判解决领土主权和海洋权益争议，这既符合国际法及国际实践，也是最易为当事国政府和人民所接受的和平争端解决方式。经过长期的外交努力和谈判，中国与 14 个陆地邻国中的 12 个国家妥善解决了边界问题，划定和勘定的边界线长度达 20 000 千米，占中国陆地边界总长度的 90% 。中国也积极采取措施推动与海上周边国家的合作。中国于 1997 年 11 月 11 日与日本签署了《中华人民共和国和日本国渔业协定》；2000 年 8 月 3 日与韩国签署了《中华人民共和国政府和大韩民国政府渔业协定》；2000 年 12 月 25 日与越南通过谈判签订了《中华人民共和国和越南社会主义共和国关于两国在北部湾领海、专属经济区和大陆架的划界协定》，划定了两国在北部湾的海上边界；2005 年 12 月 24 日与朝鲜签署了《中华人民共和国政府和朝鲜民主主义人民共和国政府关于海上共同开发石油的协定》，作为海域划界前的临时性安排；2011 年，与越南签署了《关于指导解决中越海上问题基本原则协议》。

---

① 亚太经合组织第四届海洋部长会议在厦门成功举行，2014－08－28，http：//www.soa.gov.cn/xw/ztbd/2014/2014apec/xwzx/201408/t20140828_33554.html，2014－10－09。

② 王毅：《以“双轨思路”处理南海问题》，2014－08－09，http：//www.mfa.gov.cn/mfa_chn/zyxw_602251/t1181457.shtml，2015－02－06。

中国与东盟国家在规则制定、机制建设及务实合作三方面取得显著进展。在规则制定方面，2002 年中国与东盟国家签署并落实《南海各方行为宣言》，并稳步推进“南海行为准则”的磋商进程。在机制建设方面，中国与东盟国家已就落实《宣言》建立了高官会和联合工作组机制，截至2014 年 11 月，已举行了 8 次高官会和 12 次工作组会，达成一系列重要共识。中国设立了 30 亿元人民币的“中国 - 东盟海上合作基金”，支持海上合作项目，加强海上互联互通。2011 年国务院批准发布《南海及其周边海洋国际合作框架计划（2011—2015）》后，越来越多的发展中国家参与框架计划的实施。在双边、多边以及国际组织框架下，中国先后与印度尼西亚、泰国、马来西亚、朝鲜、韩国等周边海上邻国签署了双边政府间或部门间海洋合作协议，或达成合作意向。[①]随着 21 世纪“海上丝绸之路”倡议的提出，该基金也将在建设“中国 - 东盟海洋伙伴关系”过程中发挥重要的作用。

四、小结

中国的和平发展加速了地区的力量对比变化，也加剧了个别国家对中国的疑虑。当前影响中国周边稳定的动荡因素主要来自海上，包括朝鲜半岛形势、日本右翼化、南海问题等。面对新的周边形势和国际环境，中国适时调整外交政策，树立命运共同体理念，努力使自身发展更好惠及周边国家，致力于周边地区的和平稳定、互利共赢。面对复杂的周边海上形势，中国积极推动朝鲜半岛无核化，提倡双轨思路解决南海问题，开展高层海洋外交，加强低敏感领域合作，提出 21 世纪“海上丝绸之路”的倡议，努力营造一个和平、稳定、繁荣的海上周边环境。

① 周超：《积极参与国际海洋事务　全方位深化务实合作——国家海洋局海洋领域国际合作工作回眸》，载《中国海洋报》，2014 年 7 月 4 日。

第二部分

加强海洋综合管理

第三章　中国的海洋政策

长期以来，中国的海洋政策主要由各涉海部门制定，其特征是分行业、分领域的海洋政策共同构成了海洋政策的整体。党的十八大报告系统提出了中国的海洋政策目标、方向及领域。这一目标就是“建设海洋强国”，实现这一目标必须“提高海洋资源开发能力”，“发展海洋经济”，“保护海洋生态环境”，“坚决维护国家海洋权益”，这是实现海洋强国目标的必要条件。习近平总书记在主持中共中央政治局第八次集体学习时强调，“要提高海洋资源开发能力，着力推动海洋经济向质量效益型转变”，“要保护海洋生态环境，着力推动海洋开发方式向循环利用型转变”，“要发展海洋科学技术，着力推动海洋科技向创新引领型转变”，“要维护国家海洋权益，着力推动海洋维权向统筹兼顾型转变”①。依据四个“推动”和四个“转变”，中国政府不断制定相应涉海政策，以保障“建设海洋强国”目标的实现。

一、推动海洋经济向质量效益型转变

推动海洋经济向质量效益型转变，就是通过政府制定政策不断降低海洋经济发展的资源、能源和环境等要素消耗，提高海洋经济的产出效率，优化海洋经济空间布局和产业结构，提高海洋经济发展质量。

（一）优化海域和海洋空间资源配置

通过严格的海洋功能区划优化海域和海洋空间资源配置。2013 年，中国开始实施新一轮全国及省级海洋功能区划，旨在强化海域海岸线资源存量管理和精细化配置，严格执行围填海计划，调节近岸区域用海方向和规模，提高单位岸线和用海面积的投资强度，打造美丽海洋。为严格实施省级海洋功能区划，国家海洋局分解和落实了全国和省级海洋功能区划的各项指标，及时向社会公布省级海洋功能区划成果，并开展形式多样的宣传活动，自觉接受社会和舆论监督。

大力推动海域和海洋空间资源的市场化配置。2012 年 12 月 28 日，国家海洋局印

① 《习近平在中共中央政治局第八次集体学习时强调　进一步关心海洋认识海洋经略海洋　推动海洋强国建设不断取得新成就》，载《人民日报》，2013 年 8 月 1 日 A1 版。

发了《关于全面实施以市场化方式出让海砂开采海域使用权的通知》，该通知明确了全面实施海砂开采海域使用权市场化配置工作的各项工作要求，并提出了妥善解决已经受理审查的海砂开采用海项目的处理政策。2013 年 1 月 1 日起，依据《关于在全国推行招拍挂出让海砂开采海域使用权的通告》，国家海洋局不再受理海砂开采海域使用申请，在全国范围内实施以拍卖挂牌等市场化配置方式出让海砂开采海域使用权。依据本通知，海砂开采海域使用权由沿海省（区、市）海洋行政主管部门以拍卖挂牌等市场化方式依法出让；海砂开采海域使用权一次性出让，年限最长不超过三年。本通知明确规定了各级海洋部门及其海监机构、纪检监察部门在海砂开采用海监督管理方面的职责和内容。国家海洋局行政主管部门负责宏观调控监督管理。沿海省（区、市）海洋行政主管部门具体负责对海砂开采用海行为的执法检查和动态监测工作。

全面实施以市场化方式出让海砂开采海域使用权标志着中国海域资源市场化工作迈出了坚实的一步，为全面深化海域和海洋空间资源市场化配置工作打下坚实基础。中国将进一步推进经营性围填海、养殖用海、旅游娱乐用海等类型的海域使用权招拍挂，深化海域管理领域行政审批制度改革。

（二）提高海洋资源开发能力

海洋是潜力巨大的资源宝库，是人类赖以生存的蓝色家园，也是经济社会实现可持续发展的重要载体和战略空间。中国高度重视海洋资源的可持续利用。根据海洋资源开发利用出现的新形势、新热点、新趋势，国务院海洋主管部门和相关机构继续完善海洋资源的开发利用政策，不断提高海洋资源的开发能力，为未来海洋资源开发做好储备。

1. 加大海洋能源开发力度

2013 年 1 月，国务院印发《能源发展“十二五”规划》，提出加大海洋能源开发的力度。在常规油气勘探开发上，要加大南方海相区域勘探开发力度，创新地质理论，突破关键勘探开发技术；加快海上油气资源勘探开发，坚持“储近用远”原则，重点提高深水资源勘探开发能力。在加快发展风能等其他可再生能源方面，要积极开展海上风电项目示范，促进海上风电规模化发展，稳步推进海洋能等可再生能源开发利用。同时，为适应海运原油进口需要，要加强沿海大型原油接卸码头及陆上配套管道建设。“十二五”期间，还将新增天然气管道 4.4 万千米，沿海液化天然气年接收能力新增 5 000万吨以上。

2. 提高海洋可再生能源开发能力

海洋可再生能源是指海洋中所蕴藏的潮汐能、潮流能（海流能）、波浪能、温差能、盐差能等，具有总蕴藏量大、可永续利用、绿色清洁等特点。中国海洋能资源丰富，具有很好的开发利用前景。2012 年国家海洋局和财政部联合启动海洋可再生能源专项资金项目，2012 年、2013 年连续两年印发《海洋可再生能源专项资金项目申报指南》（以下简称《指南》）2013 年 12 月国家海洋局印发了《海洋可再生能源发展纲要 2013—2016》（以下简称《纲要》），进一步明确了海洋可再生能源专项资金重点支持方向以及相关重点任务和保障措施。

依据《指南》，2013 年海洋可再生能源专项资金重点支持海洋能示范工程建设，建成具有公共试验测试泊位的兆瓦级潮流能、百千瓦级波浪能发电装置示范电站，优先支持技术成熟度高、基础好的波浪能和潮流能发电装置进行产品化设计建造；继续支持海洋能新技术、新装置及关键部件研发，积极推进综合支撑服务平台建设，为海洋能的产业化奠定技术基础。依据《指南》，海洋能电力系统示范工程包括珠海万山群岛波浪能示范工程总体设计、舟山潮流能示范工程总体设计、万千瓦级潮汐电站建设工程预可研三个项目任务；海洋能发电装备产品化设计制造包括波浪能工程样机设计定型及潮流能工程样机设计定型两个项目任务；海洋能综合开发利用技术研究与试验包括波浪能利用的新技术、新装置研究与试验，潮流能利用的新技术、新装置研究与试验，温差能综合利用技术研究与试验，盐差能新技术研究与试验四项任务。

《纲要》明确了中国海洋能发展的五项重点任务：一是突破关键技术，重点支持具有原始创新的潮汐能、波浪能、潮流能、温差能、盐差能利用的新技术、新方法以及综合开发利用技术研究与试验；二是提升装备水平，重点开展发电装置产品化设计与制造，优先支持较成熟的海洋能发电技术开展设计定型；三是建设海洋能电力系统示范工程和近岸万千瓦级潮汐能示范电站等示范项目；四是健全产业服务体系，制定海洋能资源勘察、评价、装备制造、检验评估、工程设计、施工、运行维护、接入电网等技术标准规范体系；五是在前期海洋能资源调查基础上，重点开展南海海域海洋能资源调查及选划。为确保工作取得实效，《纲要》还提出了五项保障措施，即优化海洋能激励政策环境、健全海洋能技术创新体系、加强海洋能开发利用管理、建立海洋能技术管理体系、形成国内外合作交流促进机制。

3. 加强对国际海域资源的调查研究

国际海底面积约 2.5 亿平方千米，约占地球表面积的 49%，蕴藏着十分丰富的战略资源，是人类共同的遗产。深入开展大洋和国际海底工作，是贯彻落实党的十八大提出的“建设海洋强国”战略部署的重要内容，也是人类科学认识海洋、和平利用海洋的重要途径。为履行《公约》赋予的权利与义务，中国积极开展国际海底资源勘探、矿区申请以及规范国内勘探行为等方面的工作。国际海底管理局理事会于牙买加当地时间2013年7月19日11时核准了中国大洋矿产资源研究开发协会在上年提出的富钴结壳矿区申请（同时获得核准的还有日本提出的申请）。这是继2012年《国际海底区域富钴结壳资源探矿与勘探规章》出台后，国际海底管理局首次核准的两份勘探申请。此次获得核准西北太平洋富钴结壳矿区面积3 000平方千米，是继2001年在东北太平洋获得7.5万平方千米的多金属结核勘探矿区、2011年在西南印度洋获得1万平方千米的多金属硫化物勘探矿区之后，中国在国际海底区域获得的第三块专属勘探矿区。

2013年5月，中国大洋矿产资源研究开发协会（以下简称“大洋办”）出台《国际海域调查航次管理暂行办法》（以下简称《办法》），用以解决中国大洋勘察任务繁重与航次资源不足的矛盾，进一步规范中国在国际海域实施的调查航次活动，加强和改善大洋航次组织管理工作。《办法》明确了国际海域调查航次的总体目标是维护中国在国际海域的权益，开辟中国在国际海域新的资源来源，促进中国在国际海域的科学研究，带动中国深海高新技术产业的形成与发展。《办法》规定，航次任务论证书由大洋办委托有关单位汇总编制，应明确航次目标与任务、实施计划、设备和船舶需求、预期成果和经费需求等。大洋办将根据航次调查专家委员会的评议意见，在协商确定航次组织实施单位（部门）后，以协会业务主管部门或协会名义下达航次任务书。《办法》适用于由国际海底区域资源研究开发项目支撑的在国际海域开展的相关专业调查，包括多金属结核资源、富钴结壳资源、多金属硫化物资源等矿产资源调查，深海生物及其基因资源调查，深海环境及地球科学等专业调查，所针对的是承担国家任务的中国国内相关部门在国际海域调查的航次管理工作。

（三）发展重点海洋产业

合理地规划和布局海洋产业是推动海洋经济向质量效益型转变的重要体现。中国政府对海洋工程装备业、海洋生物产业、海洋船舶工业以及海运业等重点海洋产业进行了规划部署。

1. 继续扶持海洋工程装备业发展

海洋工程装备业是新型海洋产业发展的重要基础。为贯彻落实《海洋工程装备产业创新发展战略（2011—2020）》的总体工作部署，国家发展和改革委员会继续对纳入到海洋工程装备研发及产业化专项的项目给予资金、政策等方面支持，并发布了《国家发展改革委办公厅关于组织实施2014年海洋工程装备研发与产业化专项的通知》（发改办高技〔2014〕1127号）。2014年专项重点支持主力海洋工程装备及配套设备和系统研发及产业化、新型海洋工程装备研发、海洋工程水下关键设备研发及产业化三方面内容。在主力海洋工程装备及配套设备方面，专项支持大型海上天然气浮式存储和再气化装置（LNG－FSRU）、深水半潜式生产平台（FRS）、深水浮式生产储卸装置（FPSO）、3 000 米深水完井修井船、超大型油轮用海上浮式系泊和原油输送装置以及海上油田溢油回收船。在新型海洋工程装备研发方面，专项支持新型立柱式生产平台（SPAR）和深海油气工程专用移动工作站。在海洋工程水下关键设备和系统研发及产业化方面，专项支持大型水下作业机器人（ROV）、水下生产系统连接设备以及海底管道检测系统。

2. 大力发展海洋生物产业

2013 年 4 月，国务院印发《生物产业发展“十二五”规划》（以下简称《规划》）将海洋生物产业列为重点发展领域之一。《规划》从四个方面要求加快开发海洋特有的生物资源：一是建设鼓励资源综合利用的产业聚集区，推动海水养殖、综合加工产业和远洋渔业快速发展；二是积极应用细胞工程和分子育种等现代生物技术开展种苗繁育和种质创新，大幅提升海水养殖新品种开发能力，加大推广应用新产品力度；加快海洋生物活性物质的开发应用，发展工业用酶、医用功能材料、生物分离材料、绿色农用生物制剂、创新药物等海洋新产品；三是建设海洋生物库等产业发展公共服务平台；四是提高海洋水产综合加工技术及加工废弃物高值化利用水平，加强远洋生物资源探捕开发，提高远洋新品种的利用水平。

3. 加快船舶工业结构调整

21 世纪以来，中国船舶工业产业规模迅速扩大，已经成为世界最具影响力的造船大国之一。但受国际金融危机、国际航运市场持续低迷等因素影响，新增造船订单严重不足，新船成交价格不断走低，导致中国船舶工业产能过剩矛盾加剧，产业发展面临前所未有的严峻挑战。为促进船舶工业持续健康发展，2013 年 7 月 31 日，国务院印发《船舶工业加快结构调整促进转型升级实施方案（2013—2015 年）》（以下简称《实施方案》）。

《实施方案》明确了今后三年船舶工业结构调整和转型升级的主要任务：一是加快科技创新，实施创新驱动，开展船舶和海洋工程装备关键技术攻关，培育提高科技创新能力；二是提高关键配套设备和材料制造水平，重点依托国内市场需求推进关键船周配套设备、海洋工程装备专用系统和设备以及特种材料的研发、制造；三是调整优化船舶产业生产力布局，严格控制新增产能，清理整顿违规建设项目，通过优化组织结构、兼并重组、转型转产等，整合优势产能，淘汰落后产能，推进产业布局调整；四是改善需求结构，加快高端产品发展，鼓励老旧船舶提前报废更新，加快发展海洋工程装备和高技术船舶，加强行政执法和公务船舶配置，实施渔船更新改造，推动船舶工业产品结构升级；五是稳定国际市场份额，鼓励金融机构加大信贷融资支持力度，支持企业开拓国际市场、引进核心人才和团队，开展海外产业重组和全球产业布局；六是推进军民融合发展，促进军民科研条件、资源、成果共享；七是加强企业管理和行业服务，引导船舶企业全面加强管理，加强船员队伍建设，发挥行业协会和专业机构在信息、技术、培训等方面的重要作用。

4. 促进海运业健康发展

2014 年 9 月，国务院印发《关于促进海运业健康发展的若干意见》，部署促进海运业健康发展，加快推进海运强国建设。依据本意见，中国海运业发展的目标是：到 2020 年基本建成安全、便捷、经济、绿色、高效的具有国际竞争力的现代海运体系，适应国民经济安全运行和对外贸易发展需要。

为保障目标实现，本意见提出了优化海运船队结构、完善全球海运网络、推动海运企业转型升级、大力发展现代航运服务业、深化海运改革开放、提升海运业国际竞争力以及推荐安全绿色发展七项重点任务。国家将健全运输保障机制，发挥财税政策的支持作用，加强和改进航运行业管理，加大科研投入，加快信息平台建设以及加强航运人才培养等措施保障目标的实现和任务的落实。

二、推动海洋开发方式向循环利用型转变

推动海洋开发方式向循环利用型转变是建设海洋生态文明重要路径，是在海洋的开发利用过程中，以尽可能小的资源消耗和环境消耗，获得尽可能大的经济和社会效益，达到海洋经济与海洋生态系统物质循环过程的和谐，促进海洋资源的可持续利用，维持海洋生态系统的健康发展，保护海洋生态环境。

（一）促进海洋渔业资源持续健康发展

2013 年 2 月 6 日国务院常务会议通过了《关于促进海洋渔业持续健康发展的若干意见》，明确了中国今后一段时期海洋渔业持续健康发展的目标、主要任务和相应的政策措施，确定中国海洋渔业持续健康发展的政策要点：一是要加强海洋生态环境保护，不断提升海洋渔业可持续发展能力；二是调整生产结构和布局，控制近海养殖密度，拓展海洋离岸养殖和集约化养殖；三是提高设施装备水平和组织化程度，加快渔船更新改造和渔业装备研发，加强渔港建设和管理，培育壮大渔民专业合作社和海洋渔业龙头企业；四是改善渔民民生，积极推进渔村建设，解决好饮水安全和用电等问题，拓宽渔民转产转业和增收渠道；五是加强渔政执法维权和涉外渔业管理，建立健全与

国际渔业管理规则相适应的远洋渔业管理制度。

2013 年 12 月 5 日，农业部发布《关于实施海洋捕捞准用渔具和过渡渔具最小网目尺寸制度的通告》。该通告指出，从 2014 年 6 月 1 日起将在黄渤海、东海、南海海区全面实施海洋捕捞准用渔具和过渡渔具最小网目尺寸制度，禁止使用小于最小网目尺寸的渔具进行捕捞。各省（自治区、直辖市）渔业行政主管部门，可在该通告规定的最小网目尺寸标准基础上，根据本地区渔业资源状况和生产实际，制定更加严格的海洋捕捞渔具最小网目尺寸标准。该通告规定，对主捕种类为颚针鱼、青鳞鱼、梅童鱼、凤尾鱼、多鳞鱚、少鳞鱚、银鱼、小公鱼等鱼种的刺网作业，由各省（自治区、直辖市）渔业行政主管部门根据此次确定的最小网目尺寸标准实行特许作业，限定具体作业时间、作业区域。主捕种类为鳀鱼的拖网作业，主捕种类为毛虾和鳗苗的张网作业以及主捕种类为青鳞鱼、前鳞骨鲻、斑鰶、金色小沙丁鱼、小公鱼等特定鱼种的围网作业，由各省（自治区、直辖市）渔业行政主管部门根据捕捞生产实际，单独制定最小网目尺寸，严格限定具体作业时间和作业区域。

（二）探索海岛开发与保护并重的生态型发展模式

为探索绿色、环保、低碳、节能的海岛开发与保护并重的生态型发展模式，2013 年 4 月，国家海洋局出台了《关于开展海岛生态建设实验基地试点工作的意见》。本意见提出在“十二五”期间中国将建立 15～20 个海岛生态建设实验基地，积极探索绿色、环保、低碳、节能的海岛开发与保护并重的生态型发展模式。本意见规定，海岛生态建设实验基地建设将坚持以海岛的实际需求为导向，坚持统筹兼顾，以促进海岛地区经济社会和生态保护协调发展；坚持因岛制宜，根据海岛自然条件与需求，合理确定实验基地的类型与内容；坚持技术引领，将创新与集成相结合，形成更多拥有自主知识产权的核心技术和产品；坚持政策驱动，将建立健全实验基地建设的管理制度与标准，充分发挥示范引导作用。为促进海岛生态建设实验基地的建立，国家海洋局将通过中央财政海域使用金、海岛使用金以及海岛保护专项资金等，加大对海岛生态建设实验基地的支持力度。与此同时，各地应积极争取财政资金投入，鼓励和引导民间投资和资本进入，多渠道筹措建设资金。

2015 年 1 月国家海洋局出台《关于建立县级以上常态化海岛监视监测体系的指导意见》，旨在逐步形成覆盖我国全部海岛的监视监测网络和监视监测技术支撑体系，摸清我国海岛及其周边海域生态环境基本情况、变化趋势和潜在危险。根据该意见，国家海洋局将全面推进海岛分类监视，要求县级以上主管部门对海岛公益设施、岸线、沙滩、红树林、珊瑚礁等现状与变化情况和排污、填海连岛工程建设等可能影响海岛及其周边海域生态环境的活动等进行监视，重点针对有居民海岛禁止开发、限制开发区域内的开发建设活动和无居民海岛建造建筑物或设施、采石、挖海砂、采伐林木、采集珍稀生物与非生物样本、处理与排放废水或固体废物以及其他生产、建设、旅游等开发利用活动和临时性用岛活动等进行监视。除此以外，国家海洋局还要求县级以上海洋主管部门深入开展海岛及其周边海域保护与利用等情况、领海基点所在海岛及其周边海域生态系统的监视和监测工作。

（三）修复近岸受损生态系统

维护自然再生产能力是生态文明建设的首要任务。要维护海洋自然再生产能力，必须保持整个海洋生态系统的平衡。

修复近岸受损生态实体是维持海洋生态系统平衡的重要手段。一是实施海岸带、重点海域及典型生态系统的专项整治，扩大海洋自然保护区面积，建立海洋生态文明建设示范区等措施，加快受损生态系统功能的恢复和保护；二是构筑海洋生态安全屏障，尽快建立和实施重点海域主要污染物总量控制制度，有效控制陆源污染物排海总量，建立陆海统筹、河海统筹协调机制，将控制指标落到实处；三是防控海上溢油等突发事件和赤潮等生态灾害，对重点河口、海区实施最严格的生态环境保护政策，建立生态红线制度。针对跨境污染事件，如对日本福岛核事故造成的污染影响要坚持监测，完善生态环境灾害的应急响应机制，加强信息交流，开展相关国际合作。①

（四）继续建设海洋生态文明示范区

为提高海洋生态文明建设水平，科学、规范、有序地开展海洋生态文明示范区建设，自 2012 年以来，国家海洋局相继出台了《关于开展海洋生态文明建设示范区建设工作的意见》《海洋生态文明示范区建设管理暂行办法》以及《海洋生态文明示范区建设指标体系（试行）》等一系列政策。为了保证海洋的生态安全，环保部也下发了《关于进一步加强近岸海域环境保护工作的指导意见》。依据海洋生态文明示范区建设的相关指标体系，2013 年 3 月，国家海洋局批准山东省威海市、日照市、长岛县，浙江省象山县、玉环县、洞头县，福建省厦门市、晋江市、东山县，广东省珠海横琴新区、南澳县、徐闻县为首批国家级海洋生态文明建设示范市、县（区）。12 个海洋生态文明示范市、县（区）共同特征包括四个方面：一是区域空间布局合理，发展理念先进，城乡一体化建设水平不断提升；二是坚持陆海统筹，积极推行绿色发展、循环发展和低碳发展，海洋战略性新兴产业和生态产业纵深发展势头良好；三是立足区域海洋自然资源禀赋优势，生态环境优美特色，坚持未来以滨海生态旅游和服务业为主

① 刘赐贵：《守护蓝色家园共建美丽中国》，载《求是》，2013 年第 11 期。

导发展；四是海洋优势特色凸显，区域海洋生态文明建设发展整体水平较高，有较强的示范作用和引领效应。

三、推动海洋科技向创新引领型转变

通过海洋科技自主创新，突破制约国民经济发展和海洋生态环境保护的瓶颈，形成新的海洋业态，以海洋科技创新引领海洋事业和海洋经济发展。海洋科技创新的体制机制是海洋科技创新的重要保障。近年来，中国政府通过各种平台不断聚集海洋科技创新的要素，部署海洋科技创新的重要领域以及促进海洋科技成果转化等政策，不断完善和优化海洋科技创新的体制机制和外部环境。

（一）提高海洋工程装备创新能力和技术水平

为进一步落实《“十二五”国家战略性新兴产业发展规划》和《海洋工程装备制造业中长期发展规划》，加快提升中国海洋工程装备制造业创新能力，提升行业技术水平，2013 年 5 月，工业和信息化部编制发布了《海洋工程装备科研项目指南（2013 年版）》。该指南从工程与专项、关键系统和设备、共性技术与标准三个方面，提出了深远海浮式基地、深海天然气浮式装备、水下油气生产系统三个工程与专项，并针对中国海洋工程装备制造业较为薄弱的关键系统和设备、共性技术和标准的研究给予了重点引导，将海洋平台及浮式储油卸油装置用大容量发电模块研制等十大系统和设备，海洋工程数据库研究开发、潜水器标准体系研究等共性技术和标准，列为重点研究方向。该指南还提出了“十二五”后三年海洋工程装备制造业的 40 余个重点科研方向。特别值得注意的是，该指南根据中国深海大型气田开发和海上液化天然气接收站建设的紧迫需求，特别明确了多个关于深海天然气浮式装备的设计、建造、集成和水下油气生产系统、控制系统、安防系统、铺管系统等方面的总体设计技术研究的重点课题，旨在通过这些项目的实施，大幅提升中国海洋工程装备制造业的创新能力。

（二）加快推进全国科技兴海产业示范基地的认定

国家科技兴海产业示范基地是指符合全国科技兴海、国家海洋高技术和战略性新兴产业发展需求，集研发、孵化、生产、交易、培训、服务为一体，对海洋科技成果转化、海洋高技术产业发展具有示范、支撑和带动作用的企事业（群）或者具有鲜明产业特色的区域，也是海洋科技创新的重要基地。2014 年，国家海洋局批准将青岛海洋新兴产业示范基地、厦门海洋生物产业示范基地和广州南沙新区科技兴海产业示范基地认定为国家科技兴海产业示范基地。加上 2013 年新增的辽宁大连现代海洋生物产业示范基地、江苏大丰海洋生物产业园和福建诏安金都海洋生物产业园以及2011批复的上海临港海洋高新技术产业化基地，至今，中国国家科技兴海产业示范基地数量上升为七个。

已批复的科技兴海示范产业基地依托各自的优势资源各具特色。青岛海洋新兴产业示范基地依托青岛蓝色硅谷建设，以推进海洋科技研发孵化和科技成果转化为主线，积极培育和发展海洋战略性新兴产业，将重点打造以海洋医药与生物制品、海洋工程装备、海洋新能源等为核心的海洋高技术企业孵化基地和高技术产业聚集区。厦门海洋生物产业示范基地以厦门生物医药港为基础，以体制机制创新、成果转化、园区建设、示范辐射为主线，联合同安轻工食品工业园区和厦门国家火炬高技术产业开发区火炬园、厦门海洋高新技术产业园，目标是建设成为全国海洋生物产业发展先导区、两岸海洋生物产业合作示范区。广州南沙新区科技兴海产业示范基地拟打造“一核四区”的基地布局，将重点围绕海洋高端工程装备制造、海洋生物育种、海洋医药和生物制品、现代海洋服务四个产业，目标是建成海洋科技创新和科技服务综合平台，形成海洋战略性新兴产业的集群。

（三）继续全面推进海洋经济创新发展区域示范建设

由财政部和国家海洋局组织沿海地区共同实施的海洋经济创新发展示范区建设，目的是突破制约产业发展的核心技术、转化重大技术成果，加快海洋生物产业及装备产业发展。2014年4月，财政部、国家海洋局联合下发《关于在天津、江苏实施海洋经济创新发展区域示范的通知》，决定在天津市、江苏省实施海洋经济创新发展区域示范，重点推动海水淡化、海洋装备等产业科技成果转化和产业化，并通过战略性新兴产业发展专项资金支持，推动产业向全球价值链高端跃升，培育新的区域经济带，形成新的区域海洋经济增长极。本通知要求，示范省（市）一是要搭建创新平台，创新体制机制，重点是做好顶层设计和科学规划，促进目前分散在相关部门和单位的资金、资源、人才等要素向海水淡化、海洋装备等产业集中；二是要结合产业发展的不同阶段和特点，运用补助、贴息、风险投资、担保费用补贴等多种有效方式，加强与所在地金融机构的衔接，创新金融产品，引导社会资金更多投向海洋经济；三是要按照产学研用一体化发展思路，以合理的利益分配为纽带，鼓励企业等各创新主体根据自身特色和优势，探索多种形式的协同创新模式；四是尽快推动某一领域率先突破，在海水淡化或海洋装备领域中选择最有基础和优势的作为示范重点；五是要编制实施方案，明确总体实施目标、分年度实施目标且便于考核。

四、推动海洋维权向统筹兼顾型转变

推动海洋维权向统筹兼顾型转变，就是在维护海洋权益的同时，要统筹维稳与维权两个大局，坚持维护国家主权、安全、发展利益相统一，维护海洋权益和提升综合国力相匹配。一方面，要坚持利用和平方式、谈判方式解决争端，努力维护南海、东海的和平，通过加强合作寻求和扩大共同利益的汇合点，为解决海上问题创造条件；通过加强安全对话，加强同有关方面的沟通和协调，努力化解分歧、消除误判。另一方面，要做好应对各种复杂局面的准备，加强海上维权执法力量建设，加快海军现代化建设步伐，提高海洋维权能力，坚决维护中国海洋权益。

（一）坚决维护海洋核心利益

中国坚决维护国家海洋核心利益。中国的核心利益包括：国家主权，国家安全，领土完整，国家统一，中国宪法确立的国家政治制度和社会大局稳定，经济社会可持续发展的基本保障。[①] 中国的岛礁主权以及与之相关的海洋划界、资源勘探开发、海洋科学研究属于国家核心利益在海洋领域的表现。中国坚决维护国家海洋核心利益，坚定捍卫包括岛礁在内的领土主权。

对于菲律宾非法侵占中国南沙群岛的部分岛礁，中方坚持一贯立场，维护国家领土主权。中方坚持从中菲双边关系和地区和平稳定的大局出发，按照国际法的有关规定和《南海各方行为宣言》的精神，通过双边谈判解决领土主权和海洋划界争议。2013 年 1 月 22 日，菲律宾就中菲有关南海“海洋管辖权”的争端递交仲裁通知，提起强制仲裁。2013 年 2 月 19 日，中国政府退回菲律宾政府的照会及所附仲裁通知。中国政府多次郑重声明，中国不接受、不参与菲律宾提起的仲裁。

2014 年 12 月 7 日，中国发表《中华人民共和国政府关于菲律宾共和国所提南海仲裁案管辖权问题的立场文件》。中国认为，菲律宾提请仲裁事项的实质是南海部分岛礁的领土主权问题，超出《公约》的调整范围，不涉及《公约》的解释或适用；以谈判方式解决有关争端是中菲两国通过双边文件和《南海各方行为宣言》所达成的协议，菲律宾单方面将中菲有关争端提交强制仲裁违反国际法；即使菲律宾提出的仲裁事项涉及有关《公约》解释或适用的问题，也构成中菲两国海域划界不可分割的组成部分，而中国已根据《公约》的规定于 2006 年做出声明，将涉及海域划界等事项的争端排除

① 中华人民共和国国务院新闻办公室：《中国的和平发展》，新华网，http://news.xinhuanet.com/politics/2011-09/06/c_121982103.htm，2014-11-21。

适用仲裁等强制争端解决程序。因此，仲裁庭对菲律宾提起的仲裁明显没有管辖权。基于上述并鉴于各国有权自主选择争端解决方式，中国不接受、不参与菲律宾提起的仲裁有充分的国际法依据。

（二）努力维护海洋和平与地区稳定

中国始终是维护地区与世界和平稳定的坚定力量，致力于通过友好谈判，和平解决同邻国的领土、领海、海洋权益争端，积极维护海洋稳定。中国“坚持与邻为善、以邻为伴、睦邻友好的方针，发展同周边国家和亚洲其他国家的友好合作关系，积极开展双边和区域合作，共同营造和平稳定、平等互信、合作共赢的地区环境”①。

中国愿意通过“海上丝绸之路”的建设等方式加强同东盟国家的海洋合作，发展好海洋合作伙伴关系。东南亚地区自古以来就是“海上丝绸之路”的重要枢纽，中国愿同东盟国家加强海上合作，使用好中国政府设立的中国－东盟海上合作基金，发展好海洋合作伙伴关系，共同建设21世纪“海上丝绸之路”。

中国不仅维护周边海洋稳定，还积极维护世界海洋稳定。中国具有悠久的航海历史，中华文明的发展过程也没有离开过海洋，中国“愿同世界各国一道，通过发展海洋事业带动经济发展、深化国际合作、促进世界和平，努力建设一个和平、合作、和谐的海洋”②。

（三）加强海上执法力量建设

中国将维护海洋权益和提升综合国力相匹配，分别从加强海洋维权执法力量建设、加快海军现代化建设步伐等方面提高海洋维权能力，做好应对各种复杂局面的准备。加强海洋维权执法力量建设，一方面是整合现有海上执法队伍，另一方面是不断加强新的执法力量建设。2013年，为解决中国海上执法力量分散、重复建设、执法效能不高和维权能力不足等问题，中国将国家海洋局及其中国海监、公安部边防海警、农业部中国渔政、海关总署海上缉私警察的队伍和职责成立中国海警局，将海警局作为中国海上统一执法的力量。2013年，中国海警新入列15艘执法船，9艘执法艇③。2014年，中国海警新入列20艘执法船，6艘执法艇，连云港维权执法基地5艘船建造工程

① 中华人民共和国国务院新闻办公室：《中国的和平发展》，新华网，http：//news. xinhuanet. com/politics/2011－09/06/c_121982103. htm，2014－11－21。

② 《李克强在中希海洋合作论坛上的演讲》，新华网，http：//news. xinhuanet. com/world/2014－06/21/c_126651068. htm，2014－11－21。

③ 国家海洋局海洋发展战略研究所课题组：《中国海洋发展报告（2014）》，北京：海洋出版社，2014年，第91页。

开工[①]。海军是中国海上维权的重要力量。海军战斗力的综合提升，为海洋维权提供了最重要、最根本的战略保障和战略威慑。

五、全面提升海洋公益服务能力和水平

为满足国防安全以及经济社会发展对海洋公益服务日益增长的需求，中国不断推动海洋公益服务向系统化、精细化转变。经过几十年的发展，中国建立了较为完善的海洋公益服务体系，为不断推动海洋公益服务向系统化、精细化转变提供了基础。在预报减灾管理体系上，国家海洋局拥有 2 个国家级预报机构和 3 个海区级预报机构，下属的 16 个中心海洋站也全部具备发布海洋预报警报的能力，沿海 11 个省（区、市）和超过 1/3 的地级市都有海洋预报机构。[②] 在硬件设施上，中国现已初步形成了由海洋站观测系统、雷达站和 GPS 站系统、浮标系统、断面及船只观测系统、航空遥感观测系统、卫星遥感观测系统等组成的岸基、海基、空基、天基的海洋立体观测网，为获取大量长时间序列的风、浪、潮、流、温、盐、湿、压数据提供了手段。

（一）提高海洋观测预报精细化程度

沿海地区经济社会的发展对海洋观测预报提出了更高的要求，与之相适应，中国致力于提高海洋观测预报的精细化程度，一方面，不断提高海洋观测能力，另一方面，提升海洋预报的精度和广度。

中国不断完善海洋卫星观测体系以提高海洋观测能力。海洋卫星作为认识海洋、利用海洋、生态海洋、管控海洋、和谐海洋的重要技术支撑和保障，也是海洋强国战略的重要组成部分。一是全面推进卫星地面应用系统建设。2013 年，中国加快了“海洋二号”卫星地面应用系统工程建设工作，全面推进“三站一中心”的基本建设，完成北京地面站征地和工程建设的相关准备工作，完成海南地面站主体工程建设，开展黑龙江牡丹江站相关附属配套工程建设。二是切实保障卫星业务化运行工作。国家海洋局启动了地面应用系统部分关键设备的扩容、升级和更新工作，加强了北京、海南三亚、黑龙江牡丹江和浙江杭州地面站的业务化运行管理以确保海洋卫星数据接收成功率，进一步完善了“HY－1B”和“HY－2”卫星的运控、接收、处理、存档分发等业务流程，提高了定量化应用水平。三是持续拓展遥感业务化应用领域，利用海洋卫星并结合其他卫星开展海温、海冰、赤潮、绿潮、溢油、极地服务保障和海洋动力环

① 该统计根据《中国海洋报》的报道整理。

② 《我国海洋防灾减灾能力正快速提升》，载《中国海洋报》，2013 年 5 月 9 日 A3 版。

境监测等卫星遥感业务化监测以及应急监测工作，加快推进 HY－1、HY－2 系列卫星应用产品为海洋业务的保障服务。

为满足社会经济和社会发展的需要，中国不断提高海洋预报的精度和广度，着力打造包括海洋灾害预警报、环境生态预报、目标保障预报、精细化预报、全球预报和海洋气候预测在内的现代海洋预报业务体系布局，着重提升南海区域海啸预警能力、海洋预报研发和业务转化能力、海洋环境专题服务能力、海洋灾害预警报和风险评估能力、海洋预报公共服务能力、海洋预报基础支撑能力、国家中心的业务指导能力以及专项技术服务保障工作八方面业务能力。全球业务化海洋学预报系统在框架结构上采取了国际主流的全球向区域再到近海逐步精细化、降尺度的方式，预报区域既涵盖全球大洋，又在印度洋、西北太平洋海域实现了较高的分辨率，在渤海、黄海、东海和南海区域实现了精细化网格，可以较好地满足公益预报和针对企业专项用户等不同层次的需求。全球业务化海洋学预报系统中国是首个涵盖全球大洋到中国海的综合业务化海洋学预报系统，体现了中国海洋数值预报技术的发展和进步，未来将为中国实施海洋强国战略及开发深远海资源、维护国家海洋权益、保护海洋生态环境提供保障。

（二）健全和完善海洋防灾减灾体系

随着中国海洋经济的快速发展，海洋防灾减灾需求不断增加。海洋防灾减灾不仅仅需要减少海洋灾害带来的损失，而且要服务于海洋经济发展、服务于海洋生态文明建设、服务于建设海洋强国的大局。

推进防灾减灾制度建设。《海洋观测预报管理条例》自 2012 年 6 月起施行，为海洋观测预报和防灾减灾工作确立了法律基础。为保障该条例有效实施，国家海洋局统筹规划了海洋观测预报和防灾减灾制度体系建设总体框架，并出台了《海洋台站信息管理系统运行管理》《海洋观测仪器设备运行维护责任制度》《海洋站（点）观测业务检查考核办法》《海洋站（点）观测业务运行管理规定》《全国海洋预警报会商管理规定》《全国海洋预警报视频会商暂行办法》《警戒潮位核定管理办法》《海洋灾情调查评估与报送规定（暂行）》等一系列规章制度，使海洋观测预报和防灾减灾管理体系更加规范化和制度化。此外，国家海洋局正在积极推进《海洋站（点）设立调整及保护管理规定》《海洋观测资料管理规定》《海上船舶和平台志愿观测管理规定》等条例配套制度的制定，完善防灾减灾制度体系建设。

全面打造海洋预报减灾的分级服务体系。国家海洋局全面调查梳理沿海重点港口、海湾、重大基础设施、关键经济目标和典型人口密集区的基本情况、环境保障和防灾减灾需求，根据保障类别确定预报机构分工，并针对每一个保障对象，收集整理岸线、水深、地形和企业分布等各类背景数据，补充完善海洋观测设施，在对现有预报系统进行优化完善的基础上，开发精细化的海洋预报方法，制作发布满足服务对象需求的海洋预警报产品，通过更加便捷、覆盖面更加广泛的渠道加以传播，推动了海洋预报减灾体系的分级分区服务。

提高海洋灾害应对能力。为服务沿海经济社会发展和保障人民生命财产安全，中国不断拓展海洋公益服务领域，加快推进海洋灾害风险管理、海洋灾害应急管理和海洋灾害恢复重建等海洋防灾减灾体系的建设。一是加强海洋灾害风险管理支撑能力建设。二是加强海洋灾害调查评估业务能力建设。三是加强海洋灾害应急处置支撑能力建设。建立应急预案管理制度，健全“统一领导、分级负责、条块结合、属地管理”的应急减灾工作机制。建立与国家减灾工作和海洋减灾职责相适应的国家海洋减灾辅助决策支持系统，实现国家级、海区级和省级三级部署与业务化运行，为全国海洋减灾工作的高效、科学开展提供技术保障。

探索开展海洋灾害直接经济损失评估。为规范海洋灾害应急处置阶段灾害损失评估工作，准确掌握灾害造成的经济损失与社会影响，开展海洋经济损失评估工作，为防灾减灾工作提供科学依据，国家海洋局以风暴潮灾害直接经济损失评估方法制定为切入点，研究风暴潮灾害直接经济损失调查统计技术方法，对灾害损失开展量化评估，逐步推进科学实用和严谨的灾害经济损失评估方法技术体系，为灾情信息报送、防灾减灾决策和社会经济管理服务。

（三）应对气候变化

2013 年 11 月 18 日，由国家发展和改革委员会、财政部、国家海洋局等九部门历时两年多联合编制完成的《国家适应气候变化战略》[①]（以下简称《战略》）在华沙气候大会上正式对外发布。这是中国第一部专门针对适应气候变化方面的战略规划，对于提高国家适应气候变化综合能力有重大意义。《战略》对海洋领域已开展的适应气候变化的相关工作予以肯定，并确定了海洋领域适应气候变化重点任务。

《战略》确定的海洋领域适应气候变化重点任务主要包括三个方面：一是合理规划涉海开发活动。建设覆盖海岸带地区及海岛的气候变化影响评估系统，开展海洋灾害风险评估与区划工作。新编或修编各类涉海规划时，充分考虑气候变化因素，引导各类沿海开发活动有序开展。二是加强沿海生态修复和植被保护。选划建设海洋保护区，实施典型海岛、海岸带及近海生态系统修复工程。保护现有海岸森林，加强海岸绿化和海岛植被修复，加大沿海防护林营造力度。三是加强海洋灾害监测预警。依托现有

---

① 《国家适应气候变化战略》，中国政府网，http://www.gov.cn/gzdt/att/att/site1/20131209/001e3741a2cc140f6a8701.pdf，2014-11-21。

海洋环境保障项目，完善覆盖全国海岸带和相关海域的海平面变化和海洋灾害监测系统，重点加强风暴潮、海浪、海冰、赤潮、咸潮、海岸带侵蚀等海洋灾害的立体化监测和预报预警能力，强化应急响应服务能力。

根据《战略》，中国将以海南省为试点，针对海南省海岸带侵蚀、海洋灾害频发、海岸生态系统脆弱等问题，开展相关生态修复与海洋灾害应急适应示范工程。其中包括以海洋生态修复、灾害防御工程建设和沿岸土地治理为重点，推广海岸带和岛屿适应气候变化的经验；组织海岸带脆弱性评估，开展海岛生态修复，保护和修复海口东寨港等红树林、三亚蜈支洲等珊瑚礁、陵水黎安港等海草床生态系统；开展防御风暴潮设施系统建设，完善海洋灾害观测系统；健全海岛防风、防浪、防潮工程，加强避风港、渔港、锚地、防波堤、海堤、护岸等设施建设；开展城区防潮防洪排涝，建设一批对海岛地区发展具有全局性、基础性、关键性的防灾减灾工程；加强沿岸土地治理和海岸带土地侵蚀与盐渍化整治，阻挡海水入侵，防治海岸带土壤质量下降。

六、小结

中国高度重视海洋的开发利用和保护，党的十八大报告从战略高度对海洋事业发展做出了全面部署，提出了“建设海洋强国”的战略目标，为海洋事业的发展提供了方向和指引。针对海洋事业发展的新形势、新趋势，围绕着建设海洋强国的战略目标，中国以四个“推动”和四个“转变”作为海洋政策制定的重要依据，出台了一系列涉及海洋经济健康发展、海洋资源开发与配置、海洋生态环境保护与修复、海洋科技发展、海洋权益维护、海洋公益服务以及应对气候变化等政策和措施，切实推动海洋经济向质量效益型转变，推动海洋开发方式向循环利用型转变，推动海洋科技向创新引领型转变，推动海洋维权向统筹兼顾型转变，为海洋事业的继往开来、为建设海洋强国战略目标的逐步实现奠定了良好的政策基础。

第四章　中国的海洋管理

海洋管理是各级海洋行政主管部门代表政府履行的一项基本职责。中国走过了从分散型海洋管理到综合海洋管理的历程，在全球治理大背景下，中共十八届三中全会提出国家治理体系和治理能力现代化之后，目前海洋治理的理念逐步完善，使得海洋综合管理的概念和内涵更加丰富和充实。

一、海洋管理体制

从海洋综合管理定义来看，海洋管理应从国家的海洋权益、海洋资源、海洋环境的整体利益出发，通过方针、政策、法规、区划、规划的制定和实施以及组织协调、综合平衡有关产业部门和沿海地区在开发利用海洋中的关系，以达到维护海洋权益，合理开发海洋资源，保护海洋环境，促进海洋经济持续、稳定、协调发展的目的。可以看出，管理的对象涉及面宽泛，管理方式多样。完善的海洋管理体制和机制是海洋管理工作的基本保障。

（一）国家海洋管理体制概况

自新中国成立以来，特别是国家海洋局成立以后，中国海洋管理体制历经变革，目前形成了国家海洋行政主管部门的综合协调与渔业、海事和海洋矿产资源等行业管理相结合的管理体制，海洋管理的综合协调能力不断加强，在体制上为海洋综合管理创造了良好条件。

1. 发展历史回顾

新中国成立至20世纪80年代末，海洋管理以行业管理为主，这一时期涉海行业部门的主要职能是进行生产管理。中央和各级政府的渔业部门负责海洋渔业的管理，交通部门负责海洋交通安全的管理，石油部门负责海上油气的开发管理，轻工业部负责海盐业的管理，旅游部门负责滨海旅游的管理等。海洋开发和利用水平不高、力度不大，在这一历史时期，各涉海行业之间以及行业内部的矛盾也不突出。

随着国家政治经济的发展，中国政府认识到海洋对于国家社会经济的重要性，于1964年成立了国家海洋局。国家海洋局的成立结束了中国没有专职管理国家海洋事务行政职能部门的历史。国家海洋局从成立伊始，即组建了一支基本的海洋工作力量，负责统一管理国家海洋资源和海洋环境调查资料收集整编和海洋公益服务，并成立了三大海区管理机构，组建了海洋观测、预报、科学研究机构。开展周期性的海洋调查，形成了覆盖全国沿海的调查机构、调查力量和科研力量。

从20世纪80年代起，中国海洋事业快速发展，海洋管理体制日益完善。1983年国务院批准的国家海洋局机构改革方案，明确了国家海洋局是国务院管理全国海洋工作的职能部门。1988年，国家海洋局海洋综合管理由两个层次的管理拓展成四个层次，形成了国家海洋局、海区海洋分局、海洋管区、海洋监察站的四级管理系统。各海区和地方的海洋管理由其派出的分局和管区来承担。在1989年的海洋管理体制改革中，中国沿海省、市、区逐步建立起地方海洋行政管理机构，为实行分级管理创造了必要的条件，开始地方用海、管海的新阶段。目前，中国所有沿海省、自治区、直辖市及计划单列市和沿海县（市）都设立了海洋管理职能部门，承担相应的海洋综合管理任务。

在1998年的机构改革中，海洋行政主管部门的基本职责发展为海域使用管理、海洋环境保护、海洋科技、海洋国际合作、海洋防灾减灾及海洋权益维护六个方面。2008年机构改革，作为海洋行政主管部门的国家海洋局主要职责进一步拓展，从七条增加到十一条，并授予国家海洋局“加强海洋战略研究和对海洋事务的综合协调”的职责，标志着中国海洋管理正在朝着实现海洋综合管理目标迈进。

2. 海洋管理体制现状及特点

近年来，海洋资源开发与环境保护矛盾愈加突出，海洋权益之争愈演愈烈，海上热点问题层出不穷，对海洋行政管理和海洋维权管理提出了新要求。为加强海洋资源合理开发利用与保护，切实有效维护国家海洋权益，2013年的十二届全国人大一次会议提出，重新组建国家海洋局，推进海上统一执法。将原国家海洋局及其中国海监、公安部边防海警、农业部中国渔政、海关总署海上缉私警察的队伍和职责整合，重新组建国家海洋局，由国土资源部管理。国家海洋局以中国海警局名义开展海上维权执法，接受公安部业务指导。此轮改革将海上执法队伍和职责初步整合，是推进海上统一执法，解决现行海上执法力量分散、执法效能不高、维权能力不足等问题的有效办法，对于加强海洋资源保护和合理利用，维护国家海洋权益具有重要意义。

同时，为加强海洋事务的统筹规划和综合协调，国务院要求设立高层次议事协调机构——国家海洋委员会，负责研究制定国家海洋发展战略，统筹协调海洋重大事项。国家海洋委员会的具体工作由国家海洋局承担。此外，由于近年来中国周边海域海洋权益热点问题突出，为高效应对海上突发事件，还成立了维护海洋权益的高层次协调机构——中央外办海权局，负责协调国家海洋局、外交部、公安部、农业部和军方等涉海部门，统筹管理海洋权益事宜。

目前，在管理体制上，纵向来看，中国海洋管理层次主要分为国家—海区—地方三级，国家海洋局和地方政府对海洋的管理体现了分级管理的特点。在横向上，除海洋行政主管部门外还由其他相关部门承担相应涉海职能，如国家发展和改革委、外交部、国土资源部、环境保护部、科技部、交通部、农业部、水利部、公安部、工业和信息化部、国家旅游局、国家林业局、国家文物局和海关总署等多个政府部门都具有涉海行政管理职能。可以看出，中国海洋管理体制呈现出海洋综合管理与行业管理相结合，部门机构与协调机制相辅相成的特点，可以使海洋管理有效实现“平日各行其责，战时重拳出击”的目标。

（二）地方海洋管理体制现状

中国的地方海洋管理始于20世纪80年代末。1989年海洋管理体制改革后，地方海洋管理机构陆续成立，开启了地方用海管海的新阶段[①]。目前，中国地方海洋管理机构设置主要是海洋与渔业管理相结合模式，另外还有一些特殊的管理形式。

在全国沿海省、自治区、直辖市和计划单列市中，“海+渔”的管理模式最为普遍，有11个海洋管理机构采用海洋与渔业管理相结合的方式。自北向南分别为：辽宁、大连、山东、青岛、江苏、浙江、宁波、福建、厦门、广东和海南。管理机构名称一般为海洋与渔业厅（局）。地方海洋与渔业厅（局）兼有海洋综合管理与渔业行业管理的两种管理职能，受国家海洋局和农业部渔业渔政管理局的双重指导。

此外还有一些特殊的管理模式，例如，上海市将与国家海洋局东海分局合并的原上海市海洋局职责划入上海市水务局，上海市海洋局和上海市水务局合署办公。天津市海洋局主管该市海洋行政事务，为市政府职能部门。广西壮族自治区海洋局于2010年成立，承担自治区原国土资源厅的海洋行政管理（含执法监察）职责。河北省将地矿、国土和海洋管理职能合并，成立了国土资源厅，其中内设的海洋部门负责海洋综合管理和海上执法工作。深圳市在2011年将该市农业和渔业局（市海洋局）承担的海洋规划、海洋资源管理及海洋环境保护等职责划入市规划和国土资源委员会，市规划和国土资源委员会加挂市海洋局牌子。

---

① 鹿守本：《海洋管理通论》，北京：海洋出版社，1997年，第80页。

二、海洋管理制度

海洋管理制度是在海洋领域所形成的法律、规章及行动规程，约束和规范人们的涉海活动。科学合理的海洋管理制度安排，影响着国家的海洋政治与经济利益，并推动海洋事业的协调发展及全面进步。

（一）海洋管理制度建设回顾

自新中国成立以来，中国的海洋法律制度建设可划分为三个阶段，各时期因关注重点和发展目标不同，颁布了具有不同侧重点的法律和行政法规。

第一阶段：从中华人民共和国成立到改革开放初期，中国在大力发展海洋水产业的基础上，更为关注和重视海防建设。由于建国之初百废待兴，这一阶段，海洋法律与制度建设虽比较滞缓，但也发布了一些重要制度。为了表明中国维护国家主权和领土完整的严正立场，1958 年 9 月 4 日发布了《中华人民共和国政府关于领海的声明》，初步建立了中国的领海制度。为促进海洋水产业的发展，还发布了一些关于海洋渔业资源保护的法规，1955 年国务院发布了《关于渤海、黄海及东海机轮拖网渔业禁渔区的命令》，1979 年 2 月，国务院颁布《水产资源繁殖保护条例》等。

第二阶段：改革开放以后，海洋事业步入快速发展的历史新阶段。为了给海洋经济快速可持续发展提供法制保障，这一阶段海洋管理制度建设取得了很大进展，例如：1982 年出台了《中华人民共和国海洋环境保护法》；1983 年颁布《中华人民共和国海上交通安全法》；1986 年颁布《中华人民共和国渔业法》；1992 年颁布了《中华人民共和国领海及毗连区法》；1994 年颁布了《中华人民共和国自然保护区条例》；1996 年批准了《联合国海洋法公约》；1996 年颁布了《中华人民共和国政府关于领海基线的声明》；1998 年颁布了《中华人民共和国专属经济区和大陆架法》等。

另外，为规范海上活动秩序，协调渔业、交通运输、矿产资源开发等行业用海矛盾，1983—1990 年，陆续颁布了《中华人民共和国海洋石油勘探开发环境保护管理条例》《中华人民共和国海洋倾废管理条例》《海洋自然保护区管理办法》《海砂开采使用海域论证管理暂行办法》《中华人民共和国铺设海底电缆管道管理规定》《中华人民共和国水下文物保护管理条例》《中华人民共和国渔港水域交通安全管理条例》《中华人民共和国防治陆源污染物污染损害海洋环境管理条例》《中华人民共和国防治海岸工程建设项目污染损害海洋环境管理条例》《中华人民共和国海上交通事故调查处理条例》等。此外，这一时期研究制定并发布了《90 年代中国海洋政策和工作纲要》《全国海洋开发规划》及《中国海洋 21 世纪议程》《中国海洋事业的发展》白皮书等多项政策性文件。

第三阶段：进入21世纪，中国开发利用海洋进入一个新的时代，保护海洋环境及其资源的可持续利用被列为海洋管理的重要内容之一。这一阶段中国海洋法律制度开始向海洋综合管理的方向发展，陆续颁布了《中华人民共和国海域使用管理法》（2001年）、《中华人民共和国环境影响评价法》（2002年），2003年颁布了《无居民海岛保护与利用管理规定》《倾倒区管理暂行规定》《海底电缆管道保护规定》《中华人民共和国渔业船舶检验条例》《中华人民共和国港口法》，2006年批准了《〈防止倾倒废物及其他物质污染海洋的公约〉1996年议定书》，颁布了《防治海洋工程建设项目污染损害海洋环境管理条例》《海域使用权管理规定》《海域使用权登记办法》，加入了《南极海洋生物资源养护公约》，2009年颁布了《中华人民共和国海岛保护法》《防治船舶污染海洋环境管理条例》等。另外，还先后批准了《全国海洋功能区划》《全国海洋经济发展规划纲要》《国家海洋事业发展规划纲要》等，为海洋事业大发展提供了基本的法制保证。①

（二）现行主要海洋管理制度

依法治国，建设社会主义法治国家，是新时期党和国家重要的治国方针。近年来，国家依法治海，强化管理，逐步完善海洋法律法规体系，不断加强海洋管理制度建设，为推进海洋事业发展提供了基本保障。

1. 海域管理“三项制度”

2002年开始实施的《海域使用管理法》（以下简称《海域法》）是中国颁布的第一部规范海域资源开发利用、全面调整海域权属关系的全国性法律。《海域法》明确规定了海域管理的基本制度，包括海洋功能区划制度、海域权属管理制度和海域有偿使用制度等三项基本制度，以及围填海计划制度和区域用海规划制度等。《海域法》首次明确规定海域所有权属于国家所有，国务院代表国家行使海域所有权。任何单位和个人使用海域，必须符合海洋功能区划，依法取得海域使用权，并进行海域使用权登记。依法取得和登记的海域使用权受法律保护。单位和个人使用海域，应当按照国务院的规定缴纳海域使用金。②

海洋功能区划制度是中国实施海洋综合管理的重要制度保障和途径。《海域法》规定，国家海洋行政主管部门会同国务院有关部门和沿海省、自治区、直辖市人民政府，

① 张晏玱，赵月：《两岸海洋管理制度比较研究》，载《中国海商法研究》，2014年第25卷第2期，第74－83页。

② 《中华人民共和国海域使用管理法》，2001年。

编制全国海洋功能区划。沿海县级以上地方人民政府海洋行政主管部门会同本级人民政府有关部门，依据上一级海洋功能区划，编制地方海洋功能区划。全国和省级海洋功能区划报国务院批准。近年来，海洋功能区划制度已逐步完善，沿海地方相继开展了省、市、县三级海洋功能区划的编制和报批工作。

随着海域权属管理不断推进，海域权属管理制度得到进一步完善。国务院批准发布了《关于沿海省、自治区、直辖市审批项目用海有关问题的通知》《报国务院批准的项目用海审批办法》等规范性文件，制定并发布了《海域使用权管理规定》《海域使用权登记办法》等文件，建立了海域使用权价值评估体系，完善了海域使用权出让制度。

海域属于国家所有，有偿使用海域是《海域法》的明确规定。海域有偿使用是指国家出让海域使用权、海域使用权人向国家缴纳一定费用的制度。国家先后发布了《海域使用金减免管理办法》《关于加强海域使用金征收管理的通知》等规范性文件，出台了全国统一的海域使用金征收标准，全面规范了海域使用金征收、管理和减免行为。

2. 海洋环境管理制度

1982 年颁布的《中华人民共和国海洋环境保护法》（1999 年和 2013 年两次修订）以及多部配套法规建立了海洋环境保护的基本制度，主要包括：重点海域排污总量控制制度、海洋污染事故应急制度、海洋倾废管理制度、陆源污染防治制度、海岸工程建设海洋污染防治制度、海洋工程建设海洋污染防治制度、船舶油污损害民事赔偿制度等。为实施《海洋环境保护法》，国务院先后颁布、修订了多个配套条例。

一是入海污染物总量控制制度。总量控制制度是环境保护领域的一项基本制度，也是各国普遍实施的一项制度。当前中国实施的入海污染物总量控制制度主要是通过行政计划的方式分解指标进行。2013 年 12 月修订的《中华人民共和国海洋环境保护法》第三条规定：“国家建立并实施重点海域排污总量控制制度，确定主要污染物排海总量控制指标，并对主要污染源分配排放控制数量。”落实入海污染物总量控制制度是抓好海洋环境污染防控工作的根本，要坚持陆海统筹，建立各有关部门联合监管陆源污染物排海的工作机制。

二是海洋生态保护红线制度。“生态保护红线”是继“18 亿亩[①]耕地红线”后，另一条被提到国家层面的“生命线”。海洋生态红线是指为维护海洋生态健康与生态安全，将重要海洋生态功能区、生态敏感区和生态脆弱区划定为重点管控区域，实施严

① 亩为非法定计量单位，1 亩≈666.7 平方米。

格分类管控的制度安排。针对渤海部分海域环境污染严重等问题，国家海洋局于2012年提出在渤海建立渤海海洋生态红线制度，将渤海海洋保护区、重要滨海湿地、重要河口、特殊保护海岛和沙源保护海域、重要砂质岸线和重要渔业海域等区域划定为海洋生态红线区。渤海海洋生态红线制度的建立是加强海洋生态环境保护和管理的重要举措和创新，今后将继续完善海洋生态保护红线制度，逐步在全海域实施海洋生态保护红线制度。

三是海洋自然保护区制度。自然保护区制度是自然环境资源保护的重要制度之一。海洋自然保护区是指“以海洋自然环境和资源保护为目的，依法把包括保护对象在内的一定面积的海岸、河口、岛屿、湿地或海域划分出来，进行特殊保护和管理的区域”。[①] 中国海洋自然保护区的设立、管理主要依据是《海洋环境保护法》《自然保护区管理条例》《海洋自然保护区管理办法》。海洋自然保护区制度对于海洋环境资源的生态保护具有重要意义。

3. 海岛开发与保护制度

《中华人民共和国海岛保护法》确立了海岛规划、生态保护等基本制度，将海岛分为有居民海岛、无居民海岛和特殊用途海岛三种不同类型进行管理。2012 年 4 月，国务院印发了《全国海岛保护规划》，依据科学规划、保护优先、合理开发、永续利用的原则，实行海岛保护规划制度，加强有居民海岛的合理开发和无居民海岛的保护，强化特殊用途海岛管理。根据中国的海岛保护规划制度，全国海岛保护规划应当与全国城镇体系规划和全国土地利用总体规划相衔接。在无居民海岛管理方面，近年来，国家海洋局制定出台了《无居民海岛保护和利用指导意见》《无居民海岛使用金征收使用管理办法》等20多项法律配套制度。2014 年 12 月，国家海洋局《海岛统计报表制度》获批执行。建立海岛统计制度，是深入落实《海岛保护法》的一项重要举措，同时也是加强海岛管理的重要基础性工作。

4. 海洋资源管理制度

中国海洋资源种类丰富，开发方式各有不同，管理制度各有特点。海洋矿产资源、海洋渔业资源和海洋交通运输安全的管理制度是其中最重要海洋资源管理类别。

针对海洋矿产资源开发活动的管理，1996 年颁布的《中华人民共和国矿产资源法》是规范中国矿产资源勘查、开发利用和保护工作的基本法律，《中华人民共和国对外合作开采海洋石油资源条例》（2013 年 7 月第四次修订）规定了同外国企业合作开

① 国家海洋局：《海洋自然保护区管理办法》第二条，国家海洋局1995 年 5 月颁布。

采海洋石油的管理制度。这两项法规是规范中国矿产资源勘查、开发利用和保护工作的基本制度，确立了海洋矿产资源属于国家所有，在中国领海及其他管辖海域开采矿产资源，实行审批许可等项制度。对于海砂开采活动，国土资源部于2007年发布《关于加强海砂开采管理的通知》，确定了海砂开采总量控制、采矿权固定年限出让和海砂（砾）采矿权以招标拍卖挂牌方式出让等项制度。

对于海洋渔业活动的管理，主要体现在《中华人民共和国渔业法》（1984年颁布，2000年、2004年及2013年修订）及其实施细则中。2013年12月，第十二届全国人民代表大会常务委员会第六次会议决定对《中华人民共和国渔业法》做出修改，将第二十三条第二款修改为："到中华人民共和国与有关国家缔结的协定确定的共同管理的渔区或者公海从事捕捞作业的捕捞许可证，由国务院渔业行政主管部门批准发放。海洋大型拖网、围网作业的捕捞许可证，由省、自治区、直辖市人民政府渔业行政主管部门批准发放。其他作业的捕捞许可证，由县级以上地方人民政府渔业行政主管部门批准发放；但是，批准发放海洋作业的捕捞许可证不得超过国家下达的船网工具控制指标，具体办法由省、自治区、直辖市人民政府规定。"① 中国通过实行捕捞许可、伏季休渔和海洋捕捞渔船总量和功率总量控制等制度控制海洋渔业捕捞强度，保障海洋渔业资源的可持续利用。沿海各地逐步建立了渔业用海占用补偿制度，对依法使用的渔业海域由建设单位在工程实施前进行补偿，切实起到了保护渔业生产者合法权益的作用。为了加强捕捞渔具管理，保护海洋渔业资源，2013年12月5日，农业部发布了《关于实施海洋捕捞准用渔具和过渡渔具最小网目尺寸制度的通告》，该通告指出，为加强捕捞渔具管理，清理整治违规渔具，保护海洋渔业资源，从2014年6月1日起在黄渤海、东海、南海海区全面实施海洋捕捞准用渔具和过渡渔具最小网目尺寸制度，禁止使用小于最小网目尺寸的渔具进行捕捞。②

海上交通运输安全制度是为了维护海上交通航行安全和秩序而制定的管理制度。1983年颁布的《中华人民共和国海上交通安全法》对沿海水域内一切航行、停泊、作业及其他与海上交通安全有关的活动做出管理规定。之后，国务院、交通主管部门先后制定了《海上航行警告和航行通告管理规定》（1993年）、《船舶登记条例》（1995年）、《航道管理条例》（2009年）、《水上水下活动通航安全管理规定》（2011年）等多部配套法规。2014年8月15日，国务院印发了《关于促进海运业健康发展的若干意见》（〔2014〕32号）。交通运输部也发布了实施方案，提出具体任务和措施，着力促

---

① 中国人大网：全国人大常委会关于修改《海洋环境保护法》等七部法律的决定，www.npa.gov.cn，2015-01-10。

② 国务院：《国务院关于促进海洋渔业持续健康发展的若干意见》（国发〔2013〕11号），中国政府网，2013-03-08，http://www.gov.cnzwgk2013-06/25/content_2433577.htm，2014-07-01。

进海运发展提质增效，切实把国家海运发展战略部署落到实处。[①]

（三）制度建设方向

制度建设是保障海洋管理的重要工作，从国际管理理念发展及中国海洋管理现实来看，中国的海洋管理制度建设将更加理性和完善。

1. 从海洋管理到海洋治理

“治理”一词来源于公共管理领域，根据全球治理委员会的定义，治理是各种公共的、私人的机构和个人，管理共同事务诸多方式的总和。在治理过程中，政府的宏观调控职能、企业的市场主体作用、社会组织的网络能力，能够相互配合、彼此补充，协同推进社会发展。“管理”与“治理”，虽一字之差，但是其中的深意却大有不同。首先，治理与管理的主体不同，管理的主体是政府，而治理的主体除了政府之外，还有相关的社会组织和个人可以作为治理的主体，例如，各种公共组织、民间组织、非营利组织、行业协会、科研学术团体、社会个人等。其次，治理与管理的方式不同。管理通常采用的方式是运用政府的政治权威，通过发号施令、制定政策和实施政策对社会事务进行自上而下的纵向管理、单向管理、垂直管理；治理则通过合作、协商、自治等手段来进行上下互动的交叉管理。第三，治理与管理的权威基础不同，管理的权威基础是政府的法规命令，而治理除了法律法规之外，也包括法治、德治、自治、共治等权威基础。[②] 全球治理理论，对于分析全球海洋治理问题以及提高中国海洋治理能力具有重要参考和现实指导意义。

基于生态系统管理方法（EBM）的海洋综合管理（ICOM）是当前全球海洋治理的具体技术方法和主要目标之一。[③] 国家海洋治理能力是国家统筹各涉海领域的治理，使其相互协调、共同发展的能力。根据治理理论，在社会管理网络中，多元主体的地位并不是完全平等的，政府虽不再具有最高绝对权威，但是依然占据着优势；而且，其他社会行为主体在作为公共事务治理的参与者的同时，还保留着作为普通社会行为主体的角色，仍要接受政府的管理。因此，在海洋管理转向海洋治理的现阶段，政府管理机构的职责任务依然重大。各级海洋行政管理机构在海洋事务管理活动中仍应起着主导性作用。

---

① 交通运输部：《加快建立中国海洋运输保障机制》，新华网，2014－11－06，http：//www. chinanews. com/gn—11－06/6760392. shtml，2014－12－16。

② 姜照辉：《创新社会治理体制》，http：//sdxjw. dzwww. com/lvyj/shjs/201312/t20131217＿9241943. htm，2014－10－09。

③ 黄任望：《“全球海洋治理”概念初探》，载《海洋开发与管理》，2014 年 3 月。

2. 简化行政审批许可

简政放权是党的十八大和十八届二中、三中全会部署的重要改革，直接涉及法律关系的重大调整和权利义务、职权职责的重新配置。探索推进简政放权的过程，也是探索推进法治政府建设的过程。[①] 简化行政审批许可以提高工作效率，提升行政效能，发挥各级海洋部门及相关单位的积极性。2014 年 12 月，国家海洋局印发《国家海洋局机关提高效率简政放权部分职责事项清单》进一步简政放权，简化工作程序。文件指出，沿海地方海洋行政主管部门和国家海洋局所属有关单位在承担简政放权的各项职责事项中，要依法依规建立相应的规章制度，规范办事程序，明确岗位职责，健全监督机制，切实将简政放权事项落到实处。[②]

3. 推动海洋公益服务制度化发展

海洋公益服务是为认识海洋环境、减轻和预防海洋灾害、保障海上活动安全而为社会提供的公共服务。《国家海洋事业发展“十二五”规划》将“海洋公共服务能力明显优化”作为一项重要发展目标。随着海上开发利用活动的形式不断增多，对海洋生态环境及海洋灾害预防提出了更高要求，海洋防灾减灾和海上活动安全保障等公共服务工作得到了越来越多的重视，将催生海洋公益服务制度、海底文物保护制度等一些新的管理制度逐渐形成，并成为海洋法律制度的重要组成部分。不断建立健全海洋观测预报和防灾减灾业务体系，大幅提高海上救助、安全保障管理与服务能力，推进海洋信息服务、海洋标准计量不断取得新进展，强化公益服务对国家海洋事业的支撑作用，是今后海洋公益服务的发展方向。推动海洋防灾减灾工作体系建设，需要一整套完善的制度设计，一是建立灾害风险评价制度，二是灾情调查统计制度，三是应急预案管理制度。另外，构建政府部门之间灾害损失风险共担以及政府、社会和受灾群众为核心的风险分摊机制。

4. 建设和完善生态文明制度体系

党的十八届三中全会确立了生态文明制度体系，要把制度建设摆在突出位置，坚持以实践基础上的理论创新推动制度创新，坚持和完善现有制度，及时制定新制度，构建系统完备、科学规范、运行有效的制度体系。海洋生态文明制度体系主要包括海洋资源资产产权制度、海洋生态补偿制度、海洋环境损害赔偿制度等。海域资源是最

---

① 夏勇:《坚守法治原则，推进简政放权》，载《求是》，2014 年第 21 期。

② 《国家海洋局印发清单对一批职责事项简政放权》，载《中国海洋报》，2014 年 12 月 26 日。

典型的自然资源，海洋资源资产产权制度是海洋生态文明制度体系中的基础性制度。今后，中国海域管理工作将着力健全海域资源资产产权制度和用途管制制度，大力推动海域资源配置市场化机制建设。[①]

为落实党的十八大和十八届三中全会系列部署，目前国家正积极推进海洋生态环境保护制度体系建设。2014 年 9 月，国家海洋局印发了《国家海洋局关于建立海洋生态环境质量通报制度的意见》，实施面向沿海地方政府的海洋生态环境质量通报制度。该通报制度是海洋部门履行法律赋予的海洋环境监督管理职责的一项重要制度创新，是切实落实海洋生态环境保护责任制的制度保证。加快推进海洋生态文明体制改革，有步骤、分阶段建立健全海洋生态文明制度体系是今后中一定时期的重要工作之一。今后，将陆续出台一批新制度和规范性文件。

三、海洋管理实践

海洋管理是各级海洋行政部门代表政府履行的一项基本行政职责。党的十八大提出创新社会治理体系现代化，推动国家海洋治理能力的现代化是建设中国特色海洋强国的必然要求。随着海洋强国建设的推进，海洋管理的任务越来越重，2014 年，全国海洋工作者不懈努力，在海洋管理方面取得较大成就。[②]

（一）海洋经济管理

近年来，国家在着力促进海洋经济发展方式的转变，稳步推进海洋产业的结构调整等方面不断努力，制定政策与规划，推动海洋经济示范区建设，以政策引领发展，以服务促进发展，海洋经济总量稳步增长。

1. 加强海洋经济宏观调控

参照全国主体功能区规划，国家海洋局组织开展了海洋主体功能区规划研究，将海域划分为优化开发区、重点开发区、限制开发区和禁止开发区进行管理。此外，还开展了海洋经济可持续发展战略、海洋产业发展分析与评估、沿海区域经济与产业布局等研究，为国家宏观调控海洋经济发展提供依据。2013 年 6 月，为进一步摸清我国海洋经济“家底”，国家海洋局组织开展第一次全国海洋经济调查。

① 郑苗壮，刘岩：《关于建立系统完整海洋生态文明制度体系的思考》，载《海洋发展战略研究动态》，2014 年第 9 期。

② 此部分内容除特殊说明，均来源于国家海洋局网站“工作动态”栏目，http：//www. soa. gov. cn/xw/dfdwdt/。

2. 推进国家海洋经济运行监测与评估能力建设

国家采取多种措施对沿海地区海洋经济规划的落实进行督促检查，制定并实施海洋经济信息发布制度，发布年度《中国海洋经济统计公报》，编制出版《中国海洋统计年鉴》。2013 年，国家海洋局印发了《海洋经济监测和评估标准体系》《海洋高技术产品分类》《海洋经济统计指标》等行业标准，为各级政府、部门单位和科研院所搭建了统一的标准平台。

3. 强化海洋经济发展督促与指导

2012 年，国家海洋局联合财政部下发了《关于推进海洋经济创新发展区域示范的通知》，并与国家开发银行签署战略合作协议，支持山东、青岛、浙江、宁波、福建、厦门、广东、深圳等省市开展海洋经济创新发展区域示范，依托示范补助资金，重点支持海洋生物高效健康养殖、海洋生物医药以及海洋装备研制等。2014 年，河北、山东、江苏、浙江、福建、广东等省都陆续实施了适合本省特点的海洋资源市场配置的招、拍、挂等制度。

（二）海域使用管理

《海域使用管理法》规范了海域使用活动。近年来，国家坚持依法行政，科学管海，目前已形成了“区划统筹、规划引导、计划调节、科学论证、严格审批、强化监管”的海域使用管理体系，保障了海洋经济的持续、健康、协调发展。

1. 规范海洋功能区划工作

为规范海洋功能区划工作，国家海洋行政主管部门发布了《海洋功能区划管理规定》，修订了《海洋功能区划技术导则》（GB/T 17108—2006）国家标准，制定了市县海洋功能区划技术规程等。① 2013 年，中国开始实施新一轮全国及省级海洋功能区划，通过严格海洋功能区划来优化海域和海洋空间资源配置。2013 年 12 月，国家海洋局下发了《关于组织开展市县级海洋功能区划编制工作的通知》，部署开展市县级海洋功能区划编制工作，同时，还印发《市县级海洋功能区划编制技术指南》，加强对市县级海洋功能区划编制工作的指导。

---

① 《国家海洋局正式印发〈省级海洋功能区划〉成果》，2012 - 11 - 23，中国新闻网，2014 - 12 - 05。

2. 完善海域权属管理制度

随着海域权属管理不断推进，海域权属管理制度得到进一步完善，制定并发布了《海域使用权管理规定》《海域使用权登记办法》等规范性文件，建立了海域使用权价值评估体系，完善了海域使用权出让制度。2013 年，落实国家宏观调控和产业政策，规范海域使用申请审批，依法推进海域使用权招标、拍卖、挂牌，提高海域资源配置和保障能力。全国批准海域使用申请并颁发了海域使用权证书 3 881 本，确权海域面积 349 587.57 公顷。优先保障了国家重大基础设施、重点海洋产业等用海需求，全年报国务院批准重大项目用海 27 个。全国通过招标、拍卖、挂牌颁发海域使用权证书 56 本，确权海域面积 5 391.76 公顷，征收海域使用金 10 081.54 万元。①

表 4－1　2013 年全国海域使用申请审批情况

地区	经营性项目		公益性项目	
	证书（本）	面积（公顷）	证书（本）	面积（公顷）
辽宁	860	144 527.79	1	333.50
河北	74	1 651.13	6	49.41
天津	40	893.52	5	608.70
山东	1 104	125 932.10	17	747.52
江苏	287	46 571.43	4	19.22
上海	1	70.60	3	8.41
浙江	279	6 225.88	29	997.28
福建	288	6 851.02	22	780.46
广东	224	5 914.78	17	63.04
广西	457	3 547.11	27	636.30
海南	126	2 122.98	5	792.31
省（区、市）以外	5	243.08	—	—
全国	3 745	344 551.42	136	5 036.15

资料来源：《2013 年海域使用管理公报》。

① 国家海洋局：《2013 年海域使用管理公报》，2014 年 3 月 17 日。

2013 年各用海类型确权海域面积为：渔业用海 323 707.11 公顷，工业用海 12 776.40公顷，交通运输用海 10 151.91 公顷，旅游娱乐用海 2 584.88 公顷，海底工程用海 495.19 公顷，排污倾倒用海 29.20 公顷，造地工程用海 3 257.61 公顷，特殊用海 1 316.63 公顷，其他用海 660.40 公顷。

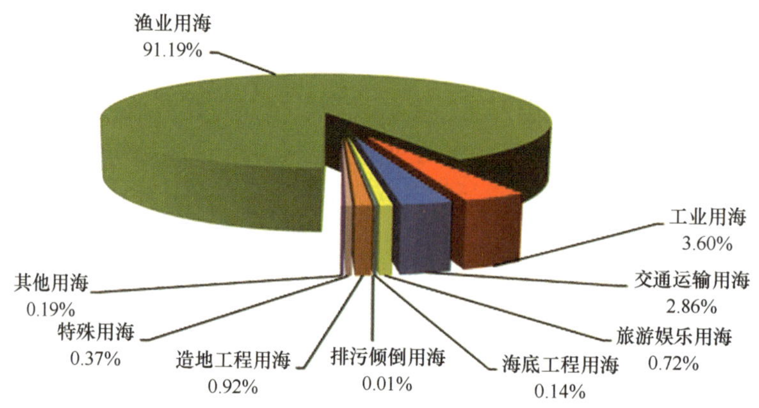

图 4－1 2013 年全国各用海类型确权海域面积百分比

2014 年进一步健全海域资源配置的市场化机制，开展招、拍、挂方式出让海域使用权，旅游、海砂开采用海、经营性围填海招拍挂实践。海域使用权抵押政策，出租、抵押和转让。截至 2014 年底，全国发放海域使用权证书 1 104 本，确权海域面积 38 364.41公顷。

3. 强化海域使用金征收管理

为规范海域使用金征收管理，国家出台了全国统一的海域使用金征收标准，全面规范了海域使用金征收、管理和减免行为。2013 年全国征收海域使用金 1 089 241.12 万元。其中，缴入中央国库 326 772.33 万元，缴入地方国库 762 468.79 万元。各用海类型海域使用金征收金额为：渔业用海 65 504.97 万元，工业用海 314 295.07 万元，交通运输用海 322 040.82 万元，旅游娱乐用海 149 171.00 万元，海底工程用海 4 802.18 万元，排污倾倒用海 458.94 万元，造地工程用海 218 873.22 万元，特殊用海11 858.72 万元，其他用海 2 236.20 万元。至 2014 年底，全国累计征收海域使用金 52 897.07 万元。

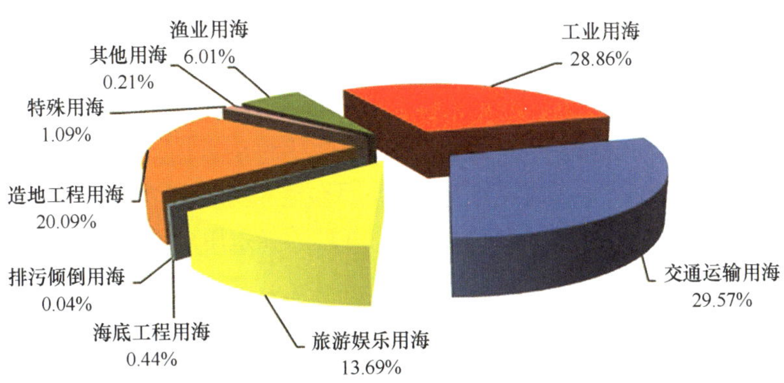

图 4－2　2013 年全国各用海类型海域使用金征收金额百分比

表 4－2　2013 年全国海域使用金征收、减免情况

地区	海域使用金征收金额（万元）			海域使用金减免金额（万元）
	总计	原有项目	新增项目	
辽宁	143 238.89	28 175.86	115 063.03	0.33
河北	47 436.71	6 375.95	41 060.76	6 386.03
天津	105 237.45	6 745.68	98 491.77	54.46
山东	146 269.31	16 417.59	129 851.72	1196
江苏	80 428.25	5 635.44	74 792.81	567.97
上海	1 452.87	1 289.34	163.53	8.73
浙江	281 278.41	70 294.40	210 984.01	839.09
福建	55 731.89	3 573.85	52 158.04	15 543.41
广东	98 383.97	11 514.81	86 869.16	960.55
广西	39 598.56	1 087.59	38 510.97	137.01
海南	79 632.97	1 179.39	78 453.58	1 221.25
省（区、市）以外	10 551.84	8 572.01	1 979.83	—
全国	1 089 241.12	160 861.91	928 379.21	26 914.83

资料来源：《2013 年海域使用管理公报》。

4. 加强养殖用海管理

为落实中央“三农”政策，近年来国家海洋局先后组织开展了海域使用管理百县示范活动、养殖用海普查登记和专项执法工作，依法将所有用海项目纳入了管理范围。2013 年 4 月，福建省出台了《福建省养殖用海承包管理办法》，对在本省行政区毗邻海域由农村集体经济组织或者村民委员会经营、管理的养殖用海承包活动进行管理。

5. 严格重大项目和区域用海管理

为了引导沿海地方政府对区域内的建设项目进行合理布局开发，国家海洋局出台的《关于加强区域建设用海管理工作的若干意见》，对连片开发、需要整体围填用于建设的海域实行总体规划管理。为保证国家重大项目用海，在重大项目用海审批过程中，充分发挥海籍调查、审查审核、公示公告、争议调处等管理机制的作用，科学论证和严格审查，截至 2014 年 6 月先后报请国务院批准了上海洋山深水港、曹妃甸首钢搬迁、杭州湾跨海大桥等 225 个国家重大建设项目用海，切实保障了国家和地方重大项目用海建设。

6. 加强围填海总量控制管理

为合理开发利用海域资源，国家建立了围填海年度计划指标制度，纳入了国民经济和社会发展年度计划，通过计划手段控制围填海规模。2013 年，国家海洋局严格执行围填海计划，规范了审批流程，加大了审查力度，切实加强围填海管理，全年共安排了建设用围填海计划指标 18 382. 47 公顷，农业用围填海计划指标 1 607. 32 公顷，优先保障了国家重点基础设施、产业政策鼓励发展项目和民生领域项目，围填海计划执行情况良好。优化围填海计划管理台账管理，实现了中央及地方围填海计划指标下达、安排和核减的动态监管。①

7. 实施海域使用动态监视监测管理

中国建设了国家海域使用动态监视监测业务管理系统，设立了国家、省、市三级海域动态监管中心。自 2009 年启动业务化运行以来，利用卫星遥感、航空遥感、远程视频监控和现场监测等手段，对全部管辖海域尤其是近岸海域进行动态监视监测。2013 年，完成了两次全海域 30 米分辨率卫星遥感监测，对近岸海域开展了一次 2. 5 米分辨率高精度卫星遥感监测。通过卫星遥感监测，发现了海域使用疑点疑区 47 个。组

① 国家海洋局：《2013 年海域使用管理公报》，2014 年 3 月 17 日。

织省级、市级海域动态监管中心开展了重点项目用海现场监测，监测重点用海项目566个，监测海域面积451.40平方千米。

图4-3　国家海域使用动态监视监测业务管理系统

2014年海域动态监视监测工作以建立全覆盖、高精度、立体化的海洋综合管控体系为目标，重点推进系统升级改造，完善系统运行机制，规范监测业务流程，加大用海监测频次，提升行政管理效能，为海域综合管理提供有力的技术支撑和决策支持服务。2014年6月，为加强海洋综合管控，有效实施全海域动态监视监测，国家海洋局组织开展了海南省三沙市海域动态监视监测管理系统建设。截至年底，三沙市海域动态监视监测管理系统开通了海洋领域首条连接至三沙市的4M专线，在永兴岛建立了视频会商系统和远程视频监控系统，初步实现了对三沙市周边海域的实时监控，为全面实现南海海域的综合管控奠定了基础。

（三）海岛开发与保护管理

海岛在国民经济和社会发展中具有战略地位，国家对海岛管理非常重视，近年来全面开展海岛规划、立法、政策研究和保护区建设等工作，海岛综合管理取得显著成效。

1. 建立和完善海岛管理体系

近年来，国家全面推动海岛保护和开发利用管理工作，建立和完善海岛管理体系，海岛生态与人居环境得到逐步改善，无居民海岛使用确权登记工作继续推进。2013年11月，国家海洋局出台了《海岛保护与利用规划编制技术指南》，针对单个可利用无居民海岛保护与利用规划提出了“三区六线”控制体系。[①] 自《全国海岛保护规划》开始实施以来，到2014年底，中国建成了包括83%的海岛航空数字正射影像在内的海岛基础数据库，完成了441个节点的部署，开展了海岛航空与卫星遥感监测；加强了配套制度建设，无居民海岛开发秩序逐步规范；海岛人居环境明显改善，海岛地区交通、电力、淡水、防灾减灾能力不断提升；沿海各省（区、市）组织开展了领海基点保护范围选划工作，特殊用途海岛得到有效保护。[②] 在国家海岛管理制度规范下，地方海岛管理工作也在稳步开展。继厦门、宁波制定了无居民海岛地方法规之后，浙江省人民政府印发了《关于进一步加强无居民海岛管理工作的通知》，建立了无居民海岛管理联席会议制度，在全国起到了示范和先导作用。

2. 完善海岛监视监测与管理系统

2014年5月，国家海洋局下发《关于建立县级以上常态化海岛监视监测体系的指导意见》，要求各地建立县级以上常态化海岛监视监测体系，完善信息公开制度，满足公众知情权。该意见明确要求建立海岛监视监测分级管理责任制以及与其相适应的工作机制，目前已建立了以航空监测为主要手段，卫星、无人机、船舶巡航、登岛核实等作为辅助的监视监测体系，实现了省、市、县三级联网运行，服务支撑能力逐步体现，极大地提升了海岛管理的科学化水平。上线运行了中国海岛网，开设了“图说中国钓鱼岛及其附属岛屿”等专题，引起了社会的强烈反响。

（四）海洋生态环境保护管理

中国始终坚持在开发中保护、在保护中开发、开发与保护并重的方针，不断强化海洋环境保护管理，加强海洋开发与海洋环境保护调控力度，努力减轻海洋污染，控制生态破坏和生境损害，修复和维护海洋的可持续利用能力。

1. 完善海洋环境监测体系

经过多年努力，中国的海洋环境监测手段日益多样化，由岸基站、船舶、飞机、

① 《海岛保护“新常态”》，载《中国海洋报》，2014年11月18日A1版。

② 《我国海岛开发利用初具规模》，载《中国国土资源报》，2014年11月19日。

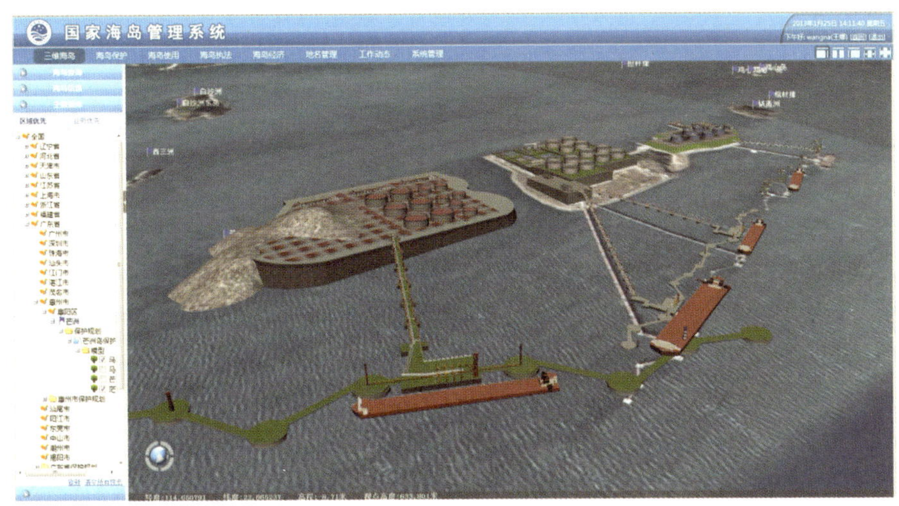

图 4－4　国家海岛管理系统

卫星、浮标和雷达等组成的立体海洋环境监测体系基本形成，在部分重点海域实现了多种监测技术的综合运用。根据《全国海洋生态环境监测工作任务》规定，2014 年海洋环境监测工作包括海洋生态环境监测、海洋环境监管监测、公益服务监测、海洋生态环境风险监测、海洋资源环境承载能力试点监测五个方面。国家海洋局各分局、监测中心分别选择一个试点海域（海湾、河口、滨海湿地等）开展资源环境承载能力试点监测，鼓励沿海各省、自治区、直辖市及计划单列市开展所辖海域试点监测，以生态安全和生态健康为目标，为监测预警机制的建立奠定基础。2014 年 11 月，国家海洋局印发了《加强海洋环境监测（中心）站建设有关工作的通知》，旨在进一步提升海洋环境监测（中心）站的监测能力，完善海洋生态环境监测业务体系。

2. 加强海洋污染防控管理

近年来，国家全面加强入海污染源排放的监督管理，启动了污染物排海总量控制试点、海洋环境保护联合执法和陆源排污口监督管理等工作，海洋污染物防治工作取得显著进展。为进一步防范海洋石油勘探开发的环境风险，国家海洋局于 2014 年 11 月 2 日向各海洋勘探开发石油企业印发了《关于加强海洋石油勘探开发溢油风险防范工作的紧急通知》，切实落实海洋石油勘探开发海洋生态环境保护和环境风险防范措施。对海洋倾废的管理，已逐步建立、健全了海洋倾废管理体系，严格海洋倾废的核准和审批，鼓励对废倾物的无害化处理，强化对海洋倾废监督管理。此外，启用了海洋倾倒许可证签发管理信息系统，及时将海洋工程和倾废管理工作的审批情况向社会公布。

3. 推动海洋生态文明建设

国家不断加大海洋生态系统保护与修复工作力度，积极推进海洋生态文明示范区、滨海湿地固碳示范区和海洋保护区建设，编制《中国海洋生物多样性保护战略与行动计划（2013—2030）》，建设海洋生态环境保护体系。2013 年，财政部批准了中央分成海域使用金项目 1 个，安排补助资金 3 000 万元。自海域海岸带整治修复专项启动以来，国家累计批准了海域海岸带整治修复项目 74 个，中央财政累计补助资金达 16.75 亿元。2014 年 4 月，国家海洋局印发《国家海洋局关于批准建立盘锦鸳鸯沟国家级海洋公园等 11 个国家级海洋特别保护区（海洋公园）的通知》，新增 11 个国家级海洋特别保护区（海洋公园）。至此，中国已有国家级海洋特别保护区 56 处，总面积达 6.9 万平方千米，其中包括海洋公园 30 处。11 月，国家海洋局印发《国家级海洋保护区规范化建设与管理指南》，该指南对管护设施、科研监测设施以及宣传教育设施三大类保护区基础设施提出了规范性要求，同时，对保护区管理工作及各类保护区内的有关保护活动，分别提出了具体要求。

中国的海洋生态文明制度建设与示范初现成效。目前，已在环渤海三省一市推行海洋生态红线制度，山东将全省 40% 以上的渤海管辖海域化为生态红线区，辽宁、江苏和厦门沿海开展了滨海湿地恢复整治项目，福建实施治理海岛生态破坏的“封岛栽培”工程，开展了“碧海银滩生态行”清洁海滩行动。广东和浙江实施人工鱼礁工程，广西沿海开展了人工种植红树林项目，海南开展了人工恢复珊瑚礁试点等等，为海洋生态保护和修复提供了支撑。

2014 年 10 月，国家海洋局印发了《海洋生态损害国家损失索赔办法》，这是指导各级海洋行政主管部门开展海洋生态损害索赔工作的规范性文件。该办法共包含十六条，重点围绕海洋生态损害国家索赔的目的依据、适用范围、索赔内容、索赔主体、索赔途径、保全措施、信息公开、赔偿金用途等方面提出了明确的规定和要求。①

（五）海洋公益服务

海洋公益服务主要包括海洋防灾减灾及海洋信息服务等方面。海洋防灾减灾是海洋公益服务的重点内容，在整个海洋防灾减灾工作体系中，观测是基础，预报是手段，减灾是目的。2014 年，国家海洋公益服务管理工作成效显著。

① 《海洋生态损害国家损失索赔办法》解读，国家海洋局网站，2014 年 10 月 31 日。

1. 强化海洋环境观测预报服务

近年来，国家加强海洋观测预报基础能力建设，建设了一批岸基海洋观测站点和离岸观测设施，对数据传输网进行了升级换代和扩容。建设部署了一批雷达站、GPS站、移动观测平台和海啸预警观测台等新型观测设施。初步建立了由岸站、浮标、潜标、船舶、卫星、雷达等多种手段共同组成的立体海洋观测网。截至2013年年底，国家海洋局完成了75个海洋台站升级改造，新增29个长期验潮站，业务化海洋观测领域逐步由近海向深海大洋延伸，岸基和离岸海洋观测能力进一步增强。2014年，积极推进海洋气候观测工作，完成了21个新建验潮站建设和85个海洋站（点）升级改造，提升了岸基海洋气候观测能力。组织浙江、福建等地开展海岛防灾减灾应急救助体系及应急设施示范建设。开展了短期气候预测、二氧化碳通量监测和湿地固碳等领域的科学研究，强化应对气候变化科技支撑。同时，还建立了“中国海洋与气候变化信息网”，广泛宣传海洋领域应对气候变化工作。[①]

在海洋预报服务方面，各级海洋预报机构不断开拓预警报产品服务的工作领域，在向社会公众提供中国管辖海域的各类海洋要素预报的基础上，新开发了全球18个大洋渔场、22个重点沿海城市和中国沿海各种航线舒适度、游泳舒适度、晕船指数、沙滩娱乐指数等生活指数预报产品。从2013年开始，国家海洋局又组织各级海洋预报机构在沿海选择了24个核电、港口和石化园区项目，开展了面向这些重点保障目标的精细化预报试点工作。2014年国家着力推进海洋气候监测和影响评估工作，进一步加强海洋预报与防灾减灾和海平面变化监测工作。开展了面向沿海重点保障目标的精细化预报工作，向沿海24个重点保障目标范围内的相关单位每日发布周边海域风暴潮、海浪、潮流/海流预报，提高了预报服务保障能力，进一步完善了海洋渔业生产安全环境保障服务系统。

2. 加强海洋灾害风险管理

海洋灾害风险管理是防灾减灾工作的重要支撑，2013年，国家海洋局发布了《海洋灾情调查评估与报送规定（暂行）》，建立海洋灾情信息初报、续报、核报、补报和季报制度、半年报制度和年报制度，保证海洋灾情信息及时、快速、准确地报送。初步建成中国海洋减灾网和海洋灾情报送信息系统，推进海洋灾情信息存储、加工、发布的流程化管理和业务化运行，大幅提高了海洋灾情信息报送效率。2014年，国家海洋局下发了《关于做好“海洋减灾综合示范区”建设工作的通知》，在海洋减灾综合示范区内，对现有的观测预警、风险防范、应急响应、决策服务等工作成果进行整合、

① 国家发展和改革委：《中国应对气候变化的政策与行动2014年度报告》，2014年11月。

集成和检验，加强精细化预警报能力建设，推动建立海洋灾害风险管理、应急预案管理、海洋灾情统计、地方决策服务等海洋减灾综合管理体系，探索建立海洋灾害损失评价制度、灾损风险转移机制，健全海洋防灾减灾救灾业务体制机制，为全国海洋减灾工作提供示范。①

3. 完善海洋信息服务和标准化工作

经过多年的努力，中国建成的以数字海洋为核心的海洋信息服务体系已进入业务化试运行阶段。“数字海洋”建立了覆盖11个沿海省（市）和18个海洋局局属单位的“数字海洋”主干网和远程视频会商系统。“数字海洋公众版”信息服务系统成为普及海洋知识、宣传海洋文化的公共海洋信息共享平台。② 近年来，国家海洋标准计量与规范工作发展迅速。海洋标准化规章制度和组织机构不断完善，目前，全国海洋技术机构通过国家计量认证评审的单位已发展到60多家。此外，国家标准委批准建立了海洋环境保护、海洋观测及海洋能源开发利用、海域使用管理、海洋调查技术与方法、海洋工程勘察与测绘、海洋生物资源开发与保护、滨海湿地七个标准化分技术委员会，建立了“海洋标准专家库”。

四、小结

党的十八大提出建设海洋强国的战略目标，2014年全国两会政府工作报告对海洋事业发展进行明确部署：要坚持陆海统筹，全面实施海洋战略，发展海洋经济，保护海洋环境，坚决维护国家海洋权益，大力建设海洋强国。海洋综合管理是推动海洋事业发展的重要保障。基于生态系统管理方法的海洋综合管理成为当前全球海洋治理的具体技术方法和主要目标之一。近年来，中国的海洋管理体制改革不断推进，海洋管理制度逐步调整和完善，正在向海洋治理方向转变。2014年，经过全国海洋系统的共同努力，不断提高海洋资源开发管控能力，努力加强海洋环境保护管理，强化海洋经济运行监测与指导，形成了“区划统筹、规划引导、计划调节、科学论证、严格审批、强化监管”的海域使用管理体系，海岛规划、立法、政策研究和保护区建设成效显著，海洋环境监测体系逐步完善，海洋污染防控力度不断加强，生态文明建设取得显著成绩。

---

① 《浙江福建广东海洋减灾综合示范区建设方案获批》，载《中国海洋报》，2014年10月29日。

② 参考引用了国家海洋局有关工作总结部分公开内容。

第五章　中国的海上执法

海上执法是指为实现海洋行政管理的目的，国家海上执法队伍依照法定职权和法定程序，执行海洋法律、法规和规章，实施的直接影响海洋行政相对人权利义务的行为。中国海上执法队伍是维护国家海洋权益和实施海洋综合管理的重要保障。党的十八届四中全会对全面推进依法治国做出重要论述和部署，法治是用海、管海、护海的有效方式。全面推进海上执法的重点应该是保证海洋法律严格实施，做到“法立，有犯而必施；令出，唯行而不返”。中国海上执法队伍在法治轨道上开展工作，不断推进综合执法，严格执法责任，努力创建权责统一、权威高效的执法体制。

一、海上执法体制改革

中国海上执法队伍依据法律法规在管辖海域内进行执法活动，维护海洋秩序、国家主权和海洋权益。2013 年，为推进海上统一执法，提高执法效能，中国将原中国海监、公安部边防海警、农业部中国渔政、海关总署海上缉私警察的队伍和职责整合，形成了相对集中的海上执法体制。党的十八大四中全会强调根据不同层级政府的事权和职能，按照减少层次、整合队伍、提高效率的原则，合理配置执法力量。2014 年，中国海警指挥中心合署办公，北海、东海和南海三个海区的海上执法队伍整合全面推进。

（一）重新组建国家海洋局

2013 年 3 月 10 日，第十二届全国人大一次会议第三次全体会议在人民大会堂召开。根据提请全国人大会议审议的《国务院机构改革和职能转变方案》，国务院重新组建国家海洋局，由国土资源部管理。重新组建的国家海洋局主要职责是，拟订海洋发展规划，实施海上维权执法，监督管理海域使用、海洋环境保护等。国家海洋局以中国海警局名义开展海上维权执法，接受公安部业务指导。

（二）国务院“三定”规定

2013 年 7 月 9 日，国务院发文《国家海洋局主要职责内设机构和人员编制规定》

（简称“三定”规定）。[①] 按照“三定”规定，国家海洋局加强海洋综合管理、生态环境保护，加强海上维权执法，统一规划、统一建设、统一管理、统一指挥中国海警队伍，维护海洋秩序和海洋权益。

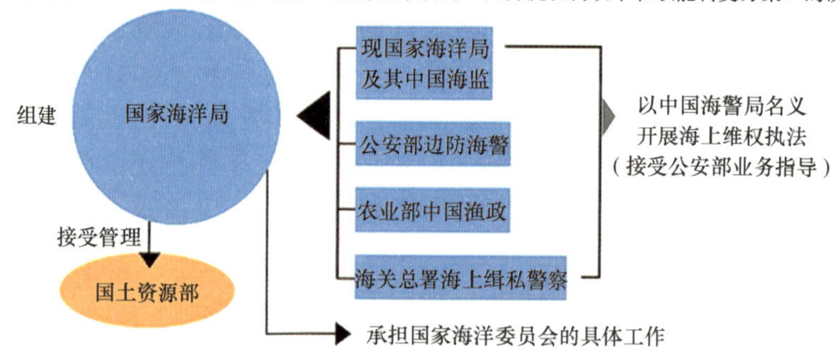

图 5－1 重新组建国家海洋局架构图[②]

1. 执法机构职责

国家海洋局负责组织拟订海洋维权执法的制度和措施，制定执法规范和流程。在中国管辖海域实施维权执法活动。管护海上边界，防范打击海上走私、偷渡、贩毒等违法犯罪活动，维护国家海上安全和治安秩序，负责海上重要目标的安全警卫，处置海上突发事件。负责机动渔船底拖网禁渔区线外侧和特定渔业资源渔场的渔业执法检查并组织调查处理渔业生产纠纷。负责海域使用、海岛保护及无居民海岛开发利用、海洋生态环境保护、海洋矿产资源勘探开发、海底电缆管道铺设、海洋调查测量以及涉外海洋科学研究活动等的执法检查。指导协调地方海上执法工作。参与海上应急救援，依法组织或参与调查处理海上渔业生产安全事故，按规定权限调查处理海洋环境污染事故等。

2. 执法机构设置

国家海洋局内设 11 个机构。其中三个司级部门行使海警局职责，包括：海警司、

① 《国务院办公厅关于印发国家海洋局主要职责内设机构和人员编制规定的通知》（国办发〔2013〕52 号），中央人民政府网站，http://www.gov.cn/zwgk/2013－07/09/content_2443023.htm；国家海洋局网站，http://www.soa.gov.cn/zwgk/fwjgwywj/gwyfgwj/201307/t20130709_26463.html，2014－12－23。

② 《图表：（五）重新组建国家海洋局》，中央人民政府网站，http://www.gov.cn/jrzg/2013－03/10/content_2350547.htm，2014－11－15。

海警后勤装备部和海警政治部。海警司（海警司令部、中国海警指挥中心）负责组织起草海洋维权执法的制度和措施，拟订执法规范和流程，承担统一指挥调度海警队伍开展海上维权执法活动具体工作，组织编制并实施海警业务建设规划、计划，组织开展海警队伍业务训练等工作。海警后勤装备部与国家海洋局财务装备司合署办公，负责起草并组织实施海警队伍基建、装备和后勤建设的规划、计划，拟订经费、物资、装备标准及管理制度，组织实施装备物资采购。海警政治部与国家海洋局人事司合署办公，负责组织起草海警队伍党的组织建设、干部队伍建设的政策规定，指导开展思想政治工作，承担海警队伍干部考核、任免等工作。国家海洋局北海分局、东海分局、南海分局，履行所辖海域海洋监督管理和维权执法职责，对外以中国海警北海分局、东海分局、南海分局名义开展相应海区海上维权执法。三个海区分局在沿海省（自治区、直辖市）设置11个海警总队及其支队。

3. 执法分工合作

“三定”规定也明确了国家海洋局与公安部、农业部、海关总署和交通运输部执法分工合作。国家海洋局以中国海警局名义开展海上维权执法，接受公安部业务指导。国家海洋局参与拟订海洋渔业政策、规划和标准，参与双边渔业谈判和履约工作，根据双边渔业协定对共管水域组织实施渔业执法检查，组织和协调与有关国家和地区对口渔业执法机构的海上联合执法检查。海关与中国海警建立情报交换共享机制，海关缉私部门发现的涉及海上走私情报应及时提供给中国海警，中国海警开展海上查缉并反馈查缉情况，按照管辖权限办理案件移交。交通运输部与国家海洋局共同建立海上执法、污染防治等方面的协调配合机制并组织实施。

（三）“中国海警局”挂牌

2013年7月22日，“中国海警局”正式挂牌。根据国务院批准的《国家海洋局主

图5－2　中国海警标识

要职责内设机构和人员编制规定》，重新组建的国家海洋局在海洋综合管理和海上维权执法两个方面的职责得到加强。

2014 年，中国海警指挥中心合署办公，北海、东海和南海三个海区的海上执法队伍整合全面推进。中国海警是一支以行政执法为主，防范打击走私、偷渡、贩毒、非法捕捞等刑事犯罪案件的综合性执法队伍。

二、海上执法制度

中国海上执法队伍依据法律法规开展海上执法活动，严格遵守海上执法程序，根据不同执法活动类型和海上情形采取相应执法措施。加强海上执法监督，提高依法行政水平。

（一）海上执法法律依据

海洋执法活动应当具有严格的法定性，必须遵守依法行政的基本要求。中国海上执法队伍严格依据法律的规定，有法必依、执法必严、违法必究。中国海上执法的法律依据，主要包括法律法规、部门规章、其他规范性文件及有关国际公约和国际协定等。

表 5－1　综合性法律法规一览

法律类别	法律法规
海洋综合性法律法规	全国人民代表大会常务委员会关于批准《联合国海洋法公约》的决定
	中华人民共和国政府关于领海的声明
	中华人民共和国政府关于中华人民共和国领海基线的声明
	中华人民共和国领海及毗连区法
	中华人民共和国专属经济区和大陆架法
	中华人民共和国海上交通安全法
	中华人民共和国海洋环境保护法
	中华人民共和国水污染防治法
	中华人民共和国环境影响评价法
海洋行政处罚与监督	中华人民共和国行政处罚法
	中华人民共和国行政复议法
	中华人民共和国行政诉讼法
	中华人民共和国国家赔偿法

海上执法队伍的职责、任务以及分工的不同，其管辖对象和管理内容所依据的法律法规也有所不同。在依据综合性法律的同时，其也应遵守相关的法律法规。中国海上执法队伍以各自领域法律法规作为依据，在职责范围内开展执法活动。

表5－2　相关海上执法的法律法规一览

执法队伍	相关法律法规
中国海警	中华人民共和国海域使用管理法
	中华人民共和国海岛保护法
	中华人民共和国人民警察法
	中华人民共和国渔业法
	中华人民共和国矿产资源法
	中华人民共和国野生动物保护法
	中华人民共和国治安管理处罚法
	中华人民共和国海关法
	中华人民共和国刑法
	中华人民共和国刑事诉讼法
	铺设海底电缆管道管理规定
	中华人民共和国涉外海洋科学研究管理规定
	海洋观测预报管理条例
	海底电缆轨道保护规定
	海关行政处罚实施条例
	中华人民共和国知识产权海关保护条例
	中华人民共和国防治海洋工程建设项目污染损害海洋环境管理条例
	中华人民共和国海洋倾废管理条例
	中华人民共和国海洋石油勘探开发环境保护管理条例
	中华人民共和国自然保护区条例
	公安机关海上执法规定
	中华人民共和国渔业法实施细则
中国海事	中华人民共和国船舶登记条例
	中华人民共和国船舶载运危险货物安全监督管理规定
	中华人民共和国船舶签证管理规则
	中华人民共和国船舶安全检查规则
	国际海运危险货物规则

（二）海上执法方式

根据中国法律法规的规定，并结合国际法，中国海上执法队伍在中国管辖海域内可采取以下措施。

1. 宣示性措施

宣示性措施是确认相对方的身份特征或者向相对方宣示主张，该措施以喊话或者其他宣示性行为予以表现。海上执法中，可以表现为喊话确认相关船舶的国籍归属，向相对方宣示主权，在中国管辖岛屿环岛巡视等。

2. 责令性措施

责令性措施是执法机关作出的具有要求相对方作为或者不作为一定行为的意思表示。在海上执法中，可以表现为责令临时停航、责令驶离指定地点、责令停产作业、责令回航或者改航、责令改正或者限期改正等。

3. 强制措施

为制止违法行为或者在紧急、危险等情况下依法对违法人的人身自由或者财产实施的控制性措施。分为三种：对人身自由的限制；对物的扣留使用、处置或者限制其使用；强行进入设施、场所、船舶或其他处所及其他依法定职权的必要处置。如登临、扣押等。

（三）海上执法程序

海上执法程序作为行政程序的一种特别程序，是中国海上执法队伍在行使海上执法权力、实施海上管理和服务过程中所遵循的步骤、方式、顺序及时限的总称。

海上执法与普通执法相比，具有主体特定，执法范围、领域广泛和涉外性等特点。海上综合执法需要遵守《中华人民共和国许可法》《中华人民共和国行政处罚法》和《中华人民共和国行政强制法》中关于行政许可、行政处罚和行政强制程序的规定，也应遵守《中华人民共和国刑事诉讼法》关于侦查程序的规定。

海上巡航执法具有涉外性特点。海上巡航执法不仅要遵循国内法程序，也要依据国际条约和国际习惯的程序性规定。中国现行法律只有关于海上巡航执法的原则规定，并无工作内容、管辖对象、执法程序等具体内容，中国应着手制定并出台有关海上巡航执法条例或者部门规章，执法机构制定可操作性的执法指南和示范守则等。

（四）海上执法监督

根据监督主体与监督对象是否属于同一组织系统，海上执法监督可以分为内部监督和外部监督两种形式。海上行政系统内部监督是指海洋行政主管部门系统内部上下级之间的监督以及系统内部设立的专门监督机关对其他行政机关的监督。外部监督是指国家权力机关、司法机关、社会组织或人民群众对海上执法进行监督。

建设和完善海洋督察制度是执法监督工作的一项重要内容，是内部监督的重要形式之一。建立和推进海洋督察制度是提高依法行政水平，加强法治政府建设，履行好国家海洋局和地方海洋部门职责的重要举措。2014 年 5 月，福建省海洋与渔业执法总队派出两个督察组在省内沿海五市及平潭综合实验区的海洋与渔业执法机构开展执法督察工作，重点督察各单位查办海洋与渔业行政违法案件情况、渔船检验工作情况、渔业油价补助发放工作情况。[①] 运用法治思维和法治方式解决海上执法问题。国家审判机关的监督属于外部监督，主要以行政诉讼的方式进行。2014 年 12 月，广东汕尾市海丰县海丽国际高尔夫球场有限公司诉国家海洋局环保行政处罚案入选最高人民法院环境保护行政案件十大案例。[②]

海丽公司与海丰县政府签订合同约定“征地范围南边的临海沙滩及向外延伸一公里海面给予乙方作为该项目建设旅游的配套设施”。海丽公司在海丰县后门镇红源管区海丽国际高尔夫球场五星级酒店以南海域进行涉案弧形护堤的建设。2009 年 3 月 9 日，涉案弧形护堤部分形成。2010 年 3 月 19 日，海监部门在执法检查中发现该公司未取得海域使用权证擅自建设涉案弧形护堤，涉嫌违反《中华人民共和国海域使用管理法》第三条的规定。经逐级上报，国家海洋局立案审查。国家海洋局于 2012 年 7 月 25 日做出海监七处罚（2012）003 号行政处罚决定书。海丽公司不服，提起行政诉讼，请求法院撤销海监七处罚（2012）003 号行政处罚决定书。

北京市第一中级人民法院一审判决驳回海丽公司的诉讼请求。海丽公司上诉后，北京市高级人民法院判决驳回上诉，维持原判。

本案中，虽然海丰县政府与海丽公司签订了合同，允许其使用涉案海域，但依照海域法等有关规定，该公司仍需依法向项目所在地县以上海洋行政主管部门提出申请，并按照《广东省海域使用管理规定》第十一条规定的批准权限逐级上报，由批准机关

---

① 《省总队正在各地开展执法督察工作》，福建省海洋与渔业厅网站，http：//www.fjof.gov.cn/xxgk/hydt/jcdt/201406/t20140617_56092.htm，2014－11－24。

② 《最高人民法院公布环境保护行政案件十大案例》，中国法院网，http：//www.chinacourt.org/article/detail/2014/12/id/1519119.shtml，2014－12－23。

的同级海洋行政主管部门发给海域使用证。本案的处理对于厘清地方政府与海洋行政主管部门的法定职权，对于相关行政执法和司法实践有着积极示范意义。

三、海上执法能力建设

提升执法人员能力，加强执法装备建设，发展执法技术装备是中国海上执法队伍全面履行职责的必然要求和重要保障。加强海上执法能力，有利于维护国家海洋权益，规范海洋开发秩序，保护海洋生态环境和推动海洋经济持续健康发展。

（一）提升执法人员能力

中国海警以提高执法人员能力素质为重点，以正规化、专业化、规范化管理为手段，全面加强队伍组织建设、思想建设、作风建设、业务建设和廉政建设，打造成为一支具有鲜明中国特色、能够有效履行使命的现代化海洋执法力量。

2014 年，中国海警加强队伍业务培训。先后举办了初任执法人员培训班、全国海洋资源环境执法业务骨干培训班，组织总队机关干部系列培训，积极开展远程教育工作和网络学堂教育工作，参加“全国百家网站暨中国普法官方微博宪法知识竞赛”活动，起到了树立法治意识、增强法治观念的作用。根据海上执法工作实际和任务需求，中国海警队员通过个人自学、集中培训等方式，学习业务理论、提高执法装备操作技能和加强体能礼仪训练。

中国海事“三化”建设全面铺开。全国海事系统首次对新录用人员集中进行一年的培训，旨在提高新任公务人员履职能力，打造高素质的人才队伍，快速适应航运和海事的新发展。海事局统一部署，采取片区集中和直属海事局自行开展相结合的方式开展培训工作。①

（二）加强执法装备建设

中国海上执法队伍加强海上执法装备建设，推进实施工程装备项目，以应对更加复杂的海上形势，更好地完成海上执法任务。2014 年，中国海警新入列 22 艘执法船，6 艘执法快艇。②

---

① 《直属海事系统新进人员集中培训一年》，交通运输部网站，http：//www. moc. gov. cn/zhuzhan/jiaotongxinwen/xinwenredian/201408xinwen/201408/t20140814_1670052. html，2014 - 12 - 22。

② 该数据为《中国海洋报》的报道整理，可能小于实际数据。

表 5－3　2014 年中国海警入列船艇、飞机和维权执法基地建设

时间	事件
2014 年 1 月 10 日	“中国海警 3401”船完成建造并正式入列南海总队。该船是国家海洋局重组以来首艘完成建造并正式入列的新型 4 000 吨级、多功能海洋执法船
2014 年 1 月 14 日	“中国海监 7018”船正式入列中国海监舟山市支队
2014 年 1 月 23 日	“中国海警 2401”船完成建造并交付东海总队，该船是国家海洋局重组以来第二艘完成建造并交付的新型 4 000 吨级多功能海洋执法船
2014 年 2 月 28 日	山东省海洋与渔业监督监察总队石岛支队的 300 吨渔政船“中国渔政 37015”成功下水
2014 年 3 月 8 日	福建省最大海洋综合执法船“中国海监 8001”建成，该船设有直升机起降平台
2014 年 3 月 20 日	“中国海监 8027”船正式交付厦门市支队使用
2014 年 3 月 21 日	“中国海警 2113”船（原“中国海监 5001”船）建造项目通过验收组验收
2014 年 3 月 26 日	“中国海警 2115”船入列福建省海洋与渔业执法总队
2014 年 4 月 1 日	中国海监河北省总队建造的“中国海监 2030”船交付使用
2014 年 5 月 21 日	两艘千吨级新建海监船“中国海监 4001”“中国海监 4002”入列中国海监山东省总队
2014 年 6 月 5 日	广西最大的两艘 1 000 吨级渔政船“中国渔政 45005”船、“中国渔政 45013”船下水
2014 年 6 月 13 日	1 500 吨级“中国海监 3015”船入列天津海监
2014 年 6 月 23 日	辽宁省首艘省级千吨级海监维权执法船“中国海监 1002”船交接入列
2014 年 7 月 11 日	“中国渔政 32528”船入列江苏省渔政执法船
2014 年 7 月 25 日	“中国海警 3306”船入列南海总队
2014 年 7 月 31 日	3 000 吨级多功能海洋执法船“中国海警 2305”船入列中国海监第四支队
2014 年 8 月 6 日	“中国渔政 32157”执法艇在盐城市蟒蛇河首航成功
2014 年 9 月 1 日	6 艘渔政执法快艇正式入列中山渔政执法队伍
2014 年 9 月 10 日	5 000 吨级“中国海警 2501”船顺利下水
2014 年 9 月 17 日	江苏省总队连云港维权执法基地 50 米趸船建造工程举行开工仪式
2014 年 10 月 14 日	1 500 吨级海监船“中国海监 9010”船入列广东省海洋与渔业局
2014 年 10 月 16 日	“中国海警 1306”船入列中国海监北海总队
2014 年 10 月 31 日	中国海监南通维权执法基地维修改造项目陆域工程开工仪式
2014 年 11 月 18 日	中国海监山东龙口支队 300 吨级渔政执法船“中国渔政 37005”成功试航

航空执法是中国海上执法队伍对中国管辖海域实施空中巡航监视、查处侵犯海洋权益、违法使用海域、损害海洋环境与资源、破坏海上设施、扰乱海上秩序等违法违规行为的重要手段之一。2014 年 5 月，山东省 3 架“海巡者”无人机进入列装准备阶段，“海巡者”无人机是一款先进的小型中低空近程无人机，可满足 4 小时巡航任务要求。[①] 飞机上可搭载高倍照相机和摄像机两种取证设备，能够按预定航线自主飞行、摄像、拍照，并实时传输视频监控数据。

航空支队在海洋行政执法、海洋维权巡航、海洋公益服务工作中充分发挥航空执法手段和高科技装备的优势，加强海空协同配合，为国家海洋权益维护、海域使用管理、海洋环境保护以及海洋灾害监视监测提供技术支撑。2014 年，南海航空支队将历年来获取的海域、海岛的遥感正射影像、航拍照片等资料整编成册，编撰了《广西海域使用项目航空监视监测图集》《西沙海域海岛变化航空遥感监测图集》等图册，将遥感和航空摄影测量技术引入海洋监管，为海域使用、海岛保护和海洋资源与环境保护工作提供了科学指导依据，为海洋行政执法提供了精确和直观的数据，有利于对违法用海行为的有效查处。[②] 12 月，南海航空支队与广东海洋大学开展利用航空高光谱遥感、快速监测分析沿岸水质和植被健康状况试验的外业数据采集工作全部完成。[③]

（三）发展执法技术装备

中国海警综合执法的技术条件持续改善，研发、采购、配备了一系列高技术海洋执法专用设备器材，建设运用溢油检验鉴定等执法业务系统，侦查、监视、取证、对抗等各项能力不断提高。持续完善升级现代化指挥信息系统，建成中国海警专网，拥有光纤、短波、超短波和卫星等多种指挥通信手段，海上执法行动指挥控制效能大幅跃升。依托涉海科研单位，建立中国海警信息中心、遥感中心、检验鉴定中心等 9 个技术中心，形成比较完备的执法技术支撑体系。中国海警为一线执法部门配备电脑、数码相机、数码摄像机、GPS 测量仪等现场监察、取证设备以及其他必要的检验、检测设备，数据、图像采集处理与传输设备，以满足执法业务的需要。

中国海事研发应用国内航行海船电子签证系统，研发应用首艘具有自主知识产权的无人测量艇，完成无线电指向标差分北斗播发系统研制和测试。2014 年 5 月，中国首个海上北斗地基增强系统“渤海湾北斗地基增强系统建设及无验潮水深测量应用研

---

① 《山东将构建海洋空中监管体系》，国家海洋局网站，http：//www. soa. gov. cn/xw/dfdwdt/dfjg/201405/t20140516_31837. html，2014 - 12 - 20。

② 《南海航空支队探索构建“空地一体”执法新格局》，载《中国海洋报》，2014 年 9 月 5 日 A3 版。

③ 《南海航空支队海洋环境遥感试验顺利推进》，国家海洋局网站，http：//www. soa. gov. cn/xw/dfdwdt/jsdw_157/201412/t20141225_34744. html，2014 - 12 - 25。

究”项目通过专家组验收，其服务区域内实时动态海上定位精度进入“厘米”时代。[①] 9月，交通运输部、解放军总装备部联合启动基于“北斗”的中国海上搜救信息系统示范工程。[②] 海上险情发生后，救助船舶在接近遇险船舶和个体约30千米即能准确定位，搜寻时间大大缩短。

四、海上执法实践

维护国家海洋权益，着力推动海洋维权向统筹兼顾型转变。统筹维稳和维权两个大局，坚持维护国家主权、安全、发展利益相统一，维护国家海洋权益和提升综合国力相匹配。中国海上执法队伍依据相关法律、法规和规章开展管辖海域执法活动，并取得成效。

（一）海上维权执法

海上执法队伍忠实履行职责，在中国管辖海域内开展定期维权巡航执法和专项维权执法，切实维护国家海上秩序和海洋权益。

2014年，中国海警严格履行依法维护国家海洋权益职能，在中国管辖海域实施定期维权巡航执法，对在中国管辖海域进行非法调查、测量作业的外籍船只进行监视和驱离，护卫企业勘探开发活动。例如：在中建南钻探项目[③]实施过程中，中国海警编队有效阻止越南的大规模破坏行动。中国海警持续开展钓鱼岛常态化维权巡航，继续保持黄岩岛优势管控，有效值守仁爱礁、南北康暗沙海域。

2014年3月，中国海警船编队在仁爱礁海域发现两艘悬挂菲律宾国旗并装载施工材料的船舶靠近仁爱礁，经向两船进行喊话后，两船离开。

2014年5月，中国企业所属“981”钻井平台在中国西沙群岛毗连区内开展钻探活动，旨在勘探油气资源。中方作业开始后，越方即出动包括武装船只在内的大批船只，非法强力干扰中方作业，冲撞在现场执行护航安全保卫任务的中国政府公务船，还向该海域派出“蛙人”等水下特工，大量布放渔网、漂浮物等障碍物。针对越方在海上的挑衅行动，中方保持了高度克制，派遣公务船到现场保障作业安全，有效地维护了

---

① 《我国首个海上北斗地基增强系统通过验收 海上定位进入“厘米”时代》，中央政府网站，http://www.gov.cn/xinwen/2014-05/10/content_2676965.htm，2014-12-15。

② 《北斗海上搜救信息系统示范工程启动》，中央政府网站，http://www.gov.cn/xinwen/2014-09/30/content_2759006.htm，2014-12-20。

③ 系指中国石油天然气集团公司于2014年5月至7月，由“海洋石油981”钻井平台承担的在南海西部陆架-陆坡区的中建南盆地进行以地震为主的地球物理勘探工作。

海上生产作业秩序和航行安全。

2014 年 6 月 25 日和 7 月 3 日，中国海警分别在海南三亚中国领海内查获正在非法作业的越南渔船“QB93256TS”号（船上 7 人）和“QNG－94912－TS”号（船上 6 人）。根据中国渔业相关法律规定，中国海警依法做出处罚决定，没收其中一艘渔船及两艘渔船上的渔具、渔获物。越南渔船船长承认违法事实并接受处罚决定。7 月 15 日，中国海警将越南“QB93256TS”号渔船及 13 名越南渔民在海上予以遣送出境。

中国海事维护国家海洋权益，开展海上救援、保障航行安全、保护海洋环境、便利水上运输。2014 年 1 月，海南海事局与三沙市政府签订战略合作框架协议，共同打造安全、畅通、高效、和谐的海洋环境，联手为海南打造海上丝绸之路重要战略支点做出贡献。南海海事局在三沙市配备 5 000 吨级海事巡逻船，逐步建立三沙定期巡航制度，共同维护国家海洋权益。9 月，海南海事局进行南海海域例行巡航，旨在维护海南海事局辖区的海上通航环境和通航秩序，强化海事保障水上交通安全、防止船舶污染海洋的职责，进一步提升海事的动态执法能力。

2014 年全年，中国海警执法船在中国钓鱼岛领海内巡航共 32 次，保持 2 艘以上船舶有效常态化巡航，每月定期巡航 2～3 次。

表 5－4　中国海警钓鱼岛维权巡航执法①

时间	维权巡航执法
2014 年 1 月 12 日	中国海警 2506、2113、2166 公务船编队继续在中国钓鱼岛领海内巡航
2014 年 1 月 27 日	中国海警 2337、2112、2151 公务船编队继续在中国钓鱼岛领海内巡航
2014 年 2 月 2 日	中国海警 2350、2166、2506 公务船编队继续在中国钓鱼岛领海内巡航
2014 年 2 月 17 日	中国海警 2151、2113、2102 船编队在中国钓鱼岛领海内巡航
2014 年 2 月 23 日	中国海警 2151、2113、2102 船编队在中国钓鱼岛领海内巡航
2014 年 3 月 15 日	中国海警 2350、2166、2506 船编队在中国钓鱼岛领海内巡航
2014 年 3 月 29 日	中国海警 2401、2151、2101 船编队在中国钓鱼岛领海内巡航
2014 年 4 月 12 日	中国海警 2337、2113、2506 船编队在中国钓鱼岛领海内巡航
2014 年 4 月 26 日	中国海警 2401、2166 船编队在中国钓鱼岛领海内巡航
2014 年 4 月 29 日	中国海警 2401、2102、2166 船编队在中国钓鱼岛领海内巡航
2014 年 5 月 2 日	中国海警 2401、2102、2166 船编队在中国钓鱼岛领海内巡航

① 依据国家海洋局网站相关信息整理。

续表

时间	维权巡航执法
2014年5月31日	中国海警2151、2146船编队在中国钓鱼岛领海内巡航
2014年6月6日	中国海警2151、2101船编队在中国钓鱼岛领海内巡航
2014年6月20日	中国海警2146、2102船编队在中国钓鱼岛领海内巡航
2014年6月30日	中国海警2146、2102船编队在中国钓鱼岛领海内巡航
2014年7月5日	中国海警2151、2101船编队在中国钓鱼岛领海内巡航
2014年7月12日	中国海警2151、2101船编队在中国钓鱼岛领海内巡航
2014年8月6日	中国海警2151、2101、2112船编队在中国钓鱼岛领海内巡航
2014年8月12日	中国海警2151、2101、2112船编队在中国钓鱼岛领海内巡航
2014年8月24日	中国海警2305、2146、2102、2113船编队在我钓鱼岛领海内巡航
2014年9月1日	中国海警2146、2305、2113船编队继续在中国钓鱼岛领海内巡航
2014年9月10日	中国海警2350、2166、2101、2337船编队继续在中国钓鱼岛领海内巡航
2014年9月20日	中国海警2401、2151、2115船编队继续在中国钓鱼岛领海内巡航
2014年10月3日	中国海警2350、2146、2113船编队在中国钓鱼岛领海内巡航
2014年10月18日	中国海警2305、2101、2112船编队在中国钓鱼岛领海内巡航
2014年10月30日	中国海警2305、2101、2112船编队在中国钓鱼岛领海内巡航
2014年11月3日	中国海警2401、2305船编队在中国钓鱼岛领海内巡航
2014年11月25日	中国海警2337、2151、2102船编队在中国钓鱼岛领海内巡航
2014年11月29日	中国海警2337、2151、2102船编队在中国钓鱼岛领海内巡航
2014年12月19日	中国海警2401、2166船编队继续在中国钓鱼岛领海内巡航。
2014年12月23日	中国海警2401、2166船编队在中国钓鱼岛领海内巡航
2014年12月30日	中国海警2401、2166、2102船编队在中国钓鱼岛领海内巡航

（二）海上综合执法

海上综合执法涉及领域广泛，是维持中国管辖海域内的海洋渔业管理、海域管理、海岛保护、海上秩序的重要保障。①

① 本节界定的海上综合执法包括海洋行政执法、海洋渔业执法、海上治安管理、海上缉私执法、海上安全监管等内容。

1. 海洋渔业执法

中国海警开展专项整治，组织开展违规违禁渔具专项执法检查。突出执法重点，严厉打击海上暴力抗法行为；加强伏季渔业管理。2014 年全年查处违规渔船 645 艘，收缴罚款 1 500 万元。①

2014 年 6—7 月，浙江省海洋与渔业执法总队启动了国内最大规模的海洋伏季休渔暨打击非法捕捞海、陆、空立体执法行动，在浙江省沿海各地起了极大的震慑作用。10—11 月，又开展了违规违禁渔具专项执法检查，对查获的“绝户网”渔具进行集中销毁。

2014 年 9 月，福建省海洋与渔业执法总队在闽东和闽中开展省、市、县三级海陆联合执法行动，严厉打击违反休渔规定行为，查处“三无”船舶从事海洋渔业生产行为、外省渔船非法入闽作业行为、使用违规渔具行为以及其他非法渔业生产行为等。11 月，“中国渔政 35001”船在闽东海域开展渔船管控及打击非法捕捞专项行动。

2. 海洋行政执法

（1）海域使用执法

“海盾”专项执法行动从 2003 年开始实施。“海盾”专项执法行动以查处非法填海造地、大型非法围海行为以及中国海警挂牌督办的案件为主。2014 年全年检查海域使用项目 26 504 个，发现违法行为 975 起，收缴罚款 15.57 亿元。②

2014 年 7 月，中国海警局印发《关于开展“海盾”2014 专项执法行动的通知》，启动“海盾 2014”专项执法行动。截至 9 月底，全国“海盾”案件共立案 39 起，做出行政处罚决定 36 件，结案 22 起，决定罚款 54 032.5 万元，实际收缴罚款 23 796.99 万元。③

（2）海洋环境保护执法

“碧海”行动于 2009 年在全国范围内首次开展大型海洋环保专项执法，主要针对海洋自然保护区、海洋特别保护区、海洋生态监控区、重点排污口等，以全面防治海洋工程建设项目污染损害海洋环境为重点内容。2014 年全年检查环境保护项目 8 681 个，发现违法行为 693 起，收缴罚款 4 920 万元。④

2014 年 7 月，中国海警局印发《关于开展“碧海 2014”专项执法行动的通知》，启动“碧海 2014”专项执法行动。截至 10 月底，立案 567 件，下发行政处罚决定书

---

①②④ 《深化改革 依法治海推动海洋强国建设实现新跨越》，载《中国海洋报》，2015 年 2 月 10 日 A2 - A3 版。

③ 《“海盾 2014”专项执法行动取得新成果》，载《中国海洋报》，2014 年 10 月 31 日 A1 版。

525 件，结案 495 件，收缴罚款 3 539.47 万元。各地海洋资源环境类案件总计立案 612 件，结案 532 件，收缴罚款 3 615.49 万元。①

2014 年 7 月，中国海警启动北戴河海域海洋环境保护专项执法工作。中国海警北海分局和中国海监河北省总队采取卫星遥感、船舶巡航、航空巡视、浮标监测和陆岸巡查五位一体的立体化、全天候、全覆盖监视检查手段，重点对北戴河海域及邻近海域海洋工程建设项目、海洋石油勘探开发工程、采砂、海水养殖、海洋倾废等进行执法检查，对入海河口、排污口海域海洋环境状况实施监视。截至 10 月底，中国海警局北海分局和河北省海监总队及时制止海洋违法行为 9 起，清理非法养殖浮球 1 800 余个，清理非法占用海域面积 2 000 余亩，立案查处非法用海案件 3 件，海域环境总体情况明显好于往年。②

针对非法采砂等问题，南海区相关单位在非法采砂较为猖獗的地区展开了专项执法行动，有效震慑了违法行为。10 月 20—26 日，南海分局筹备组组织海监第十支队、南海航空支队和海南总队筹备组及其所属海警一支队，开展了琼州海峡西南浅滩非法开采海砂专项执法，查获非法采砂船舶 3 艘。南海分局筹备组和海南总队筹备组分别对海洋和治安违法行为进行立案查处。

3. 海岛保护执法

2014 年全年检查海岛使用项目 7 862 个，发现违法行为 66 起，收缴罚款 420 万元。③

2011 年，国家海洋局印发《国家海岛监视监测系统总体实施方案》，明确要求中国海监总队承担航空遥感工作，每三年覆盖一次民用载人航空器可以抵达的所有海岛，获取高精度地形数据和遥感影像数据。

截至 2014 年 2 月，中国海监航空执法队伍历时 3 年，对中国海岛地名名录中禁飞区以外的 10 500 余个海岛进行了全覆盖飞行，获取了高精度地形数据和遥感影像数据，首次系统、全面地掌握了海岛航空监视监测资料。④ 海岛航空监视监测工作迈入业务化运行阶段。中国海警与国家海洋局海岛管理部门和国家海洋信息中心共同研究建立相关工作机制，明确各级海警机构在国家海岛监视监测系统运行中信息共享的权限。

---

① 《“碧海 2014” 专项执法行动扎实推进》，国家海洋局网站，http://www.soa.gov.cn/xw/dfdwdt/jgbm_155/201411/t20141121_34150.html，2014－12－20。

② 《管控能力有效提升 违法行为显著减少》，载《中国海洋报》，2014 年 11 月 7 日 A2 版。

③ 《深化改革 依法治海推动海洋强国建设实现新跨越》，载《中国海洋报》，2015 年 2 月 10 日 A2－A3 版。

④ 《我国首次系统全面掌握海岛航空监视监测资料》，国家海洋局网站，http://www.soa.gov.cn/xw/hyyw_90/201402/t20140228_30618.html，2014－12－10。

2014 年 6 月，中国海监海南省总队联合中国海监第 10 支队、海南省海洋与渔业厅海岛处开展联合巡查执法，对西沙海域 18 个岛屿进行巡航监视和实地登岛检查，全面了解和掌握西沙海岛开发使用现状，建立和健全西沙海岛基础信息档案。

4. 南海执法专项行动

2014 年 9 月，中国海警局南海分局筹备组印发了《关于开展南海区海洋专项执法行动的通知》，9—11 月开展专项执法行动，打击各类海上违法行为，规范海洋开发利用秩序，推进海警队伍统一执法制度建立。①

本次专项执法行动包括：一是在广东珠江口海域开展的打击非法倾废行为；二是在海南琼州海峡西南浅滩开展的打击非法开采海砂行为；三是在广西沿岸海域开展的海岛核查执法行动。

5. 海上治安执法

2014 年，中国海警依规履行职责，积极查办刑事违法案件，在查处抢劫、偷盗、贩毒、故意伤害等违法行为中，充分发挥刑事处罚作用，制止了多起非法捕捞、抢夺他人网具和渔获物，违反伏季休渔管理制度的偷捕行为。2014 年福建省福州沿海各县（市、区）强化综合治理，建立三级负责制，严打海上违法犯罪，重点打击电炸毒鱼、海上盗抢、违法采砂以及非法改装船舶等违法犯罪行为，坚决取缔“三无”船舶及无证或违规修造船厂（点）。② 公安机关对未设边防派出所的沿海乡镇（村居），视情设立边防派出所并组织邻近边防派出所与当地行政派出所签订海上治安防控协议，严防发生海上偷渡、走私、毒品犯罪及涉台涉外敏感事件。

6. 海上缉私执法

2014 年，中国海关开展“守卫者”和“绿风”等专项行动，打击濒危物种和疫区肉类的走私活动。4 月，开展打击农产品走私“绿风”专项行动，其中肉类走私尤其是疫区肉类走私是打击重点之一。6 月，开展“守卫者”专项行动，打击濒危物种及其制品走私。

7. 海上安全执法

2014 年，中国海上执法队伍全力推进海上搜救和重大海上溢油应急处置制度化，

---

① 《中国海警局南海分局筹备组启动南海区海洋专项执法行动》，国家海洋局南海分局网站，http://www.scsb.gov.cn/Html/2/13/article-1134.html，2014-12-25。

② 《福州建立三级负责制 严打海上违法犯罪》，载《中国海洋报》，2014 年 2 月 12 日 A2 版。

为海上丝绸之路和海洋强国建设提供可靠的海上应急保障，强化能力建设，推进搜救队伍装备正规化。强化体系建设，推进搜救决策指挥科学化。

3 月 8 日 1 时 20 分，马来西亚航空 MH370 航班在越南胡志明市管制区失去联系。中国海警指挥中心立即启动一级应急机制，立即调派“中国海警 3411”船全速赶赴相关海域。截至 8 日 19 时，在搜救范围内航行 60 海里，搜索面积约 200 平方千米。3 月 10 日中午，“中国海警 3411”船在马航客机疑似失联海域附近发现两条较大面积油污带，并完成采样，送往权威部门进行技术鉴定。3 月 10 日晚，“中国海警 3411”船赶赴疑似海域，搜索约 4 小时，航程 56 海里，搜索面积 150 平方千米。11 日下午，“中国海警 3411”船返回核心区域，与其他搜救船只继续全力搜索。2015 年 1 月 29 日，马来西亚民航局宣布，马航 MH370 航班失事，并推定机上所有 239 名乘客和机组人员已遇难。①

（三）海上执法合作

中国海上执法队伍推动执法合作和执法交流，与部分国家和地区开展执法合作，构建交流合作机制，对于维护海洋权益具有重要意义。

2014 年 7 月 9—10 日，第六轮中美战略与经济对话期间，中美就海关执法合作、渔业联合执法、海事安全执法等执法合作的具体成果和领域达成共识。②

2014 年 8 月，海峡两岸在妈祖水域举行主题为“携手海上应急，共建平安海峡”大规模海陆空联合搜救演练，以客船发生事故后大规模人员疏散逃生作为重点，针对救助力量组织、搜救力量展示等 8 个项目展开演练。

2014 年 9 月，第十一届中国 - 东盟博览会在广西南宁举行。会议以共建 21 世纪海上丝绸之路为主题，探讨将 2015 年确定为“中国 - 东盟海洋合作年”，建立海上执法机构间交流合作机制。③

五、小　结

2014 年中国海警指挥中心合署办公，北海、东海、南海等分局的海上执法队伍整合全面推进。中国海上执法工作稳步推进，执法能力不断提高。中国海上执法队伍开

---

① 《马来西亚民航局宣布 MH370 失事　推定机上人员全部遇难》，新华网，2015 - 03 - 01。

② 《第六轮中美战略与经济对话框架下战略对话具体成果清单》，新华网，http：//news. xinhuanet. com/fortune/2014 - 07/12/c_1111579285. htm，2014 - 12 - 25。

③ 《张高丽出席第十一届中国 - 东盟博览会开幕式并演讲》，中央政府网，http：//www. gov. cn/guowuyuan/2014 - 09/16/content_2751445. htm，2014 - 12 - 20。

展管辖海域的定期维权巡航执法，持续进行钓鱼岛、黄岩岛专项维权执法活动，护卫企业勘探开发活动；实施海域使用常规检查、违法用海专项检查，规范海域使用秩序；加强海洋工程建设、海洋倾废、海洋自然保护区、北戴河海域环境保护和南海海域的专项执法，保护海洋生态环境。开展海岛定期巡航执法工作，维护海岛开发利用秩序，全面掌握海岛航空监视监测资料。加强巡航护渔执法，维护渔民切身利益，开展打击“绝户网”行动，维护渔业生产秩序。查办刑事犯罪案件，维护海上治安秩序；开展缉私行动，打击不法走私行为；巡视通航环境，维护良好的通航环境和通航秩序。地区间、国家间的执法协作取得新进展。

第三部分

发展海洋经济

第六章　中国海洋经济总体情况

在深入贯彻落实党的十八大及其三中全会关于“加快推进海洋经济发展方式转变、建设海洋强国”目标的大形势下，从中央到沿海各省市大力推进“十二五”海洋经济发展规划实施进程。过去一年，全国及沿海各地的海洋经济发展总体势头良好，部分领域进展突出，海洋经济发展态势总体平稳，海洋经济结构已进入加速调整期。2014年，全国海洋经济生产总值近6万亿元，总体保持平稳运行，并先于国民经济进入深度调整阶段。海洋经济政策体系更趋系统、细化，海洋经济发展规模和质量有所提高，对世界和中国的经济社会发展作用都越来越大。

一、海洋经济发展举措

中国海洋经济政策体系大体包括国家、部门行业和地方三个维度，共同构成了海洋经济整体发展的政策保障。“十二五”以来，中国海洋经济政策体系逐步健全，海洋经济发展上升为国民经济发展战略，在国民经济中的地位和作用越来越重要。党的十八大提出“发展海洋经济、建设海洋强国”重大决策，积极推进海洋经济向质量效益型转变、大力推进海洋新区建设，成为这一时期中国海洋经济政策的主线。

（一）积极推进海洋经济质量效益转型

党的十八大报告对国民经济调整的核心要点是“稳增长、调结构、促改革”，遵循这一宏观政策导向，党和国家提出了“海洋经济向质量效益型转变”的明确要求，相关部门、行业积极进行政策调整，编规划、上项目、找抓手，初步形成了推进海洋经济向质量效益转型的政策体系。

1. 促进海洋经济区域创新发展

自2011年始，国务院密集批复一系列沿海区域海洋经济发展规划。随后，国家财政部和国家海洋局于2012年联合启动了海洋经济发展区域创新示范工作①，旨在通过示范，探索出协同创新的新模式与新机制，突破一批制约海洋生物等战略性新兴产业

① 《财政部、国家海洋局关于推进海洋经济创新发展区域示范的通知》（财建函〔2012〕12号）。

发展的核心和重大技术，成功转化一批重大技术成果，发展壮大一批战略性新兴产业示范企业，培育若干个特色明显、优势突出的战略性新兴产业集聚区，促进海洋经济实现跨越式发展。创新示范的重点领域包括海洋生物育种和健康养殖、海洋高端工程装备、海洋医药和生物制品等战略性新兴产业的技术经济活动。

2012—2013 年，财政部和国家海洋局先后共同批复了四省四市的创新示范区建设，包括山东、浙江、福建和广东以及青岛、宁波、厦门和深圳。中央财政每年直接投入约 2 亿元，来源包括战略性新兴产业发展专项资金、海域使用金、海洋公益性行业科研专项经费。示范省、市政府分别建立多部门协调机制，统筹使用中央专项资金和地方配套资金，并结合自身实际，创新支持“区域示范”的财税、金融、土地等资金政策，促进多年来分散在相关部门和单位的资金、资源、人才等要素向重点产业领域集中。通过设立海洋经济发展专项资金，与银行建立“财银合作”机制，签署“推进区域示范战略合作协议”等多种方式，引导社会资金共同投向重点领域海洋战略性新兴产业及其行业骨干企业。各大商业银行等金融机构积极参与，针对各类战略性新兴产业发展的不同阶段和特点，运用补助、贴息、风险投资、担保费补贴等多种有效方式，加强与所在地金融机构的衔接，创新金融产品，引导社会资金更多投向海洋经济。按照产学研用一体化发展思路，以合理的利益分配为纽带，鼓励企业等各创新主体根据自身特色和优势，探索多种形式的协同创新模式，支持海洋经济发展区域创新示范。

2012—2013 年，中央财政整合相关专项资金 20 亿元，总体带动社会资金投入近 900 亿元。2014 年，财政部、国家海洋局①决定在天津市、江苏省实施海洋经济创新发展区域示范，重点推动海水淡化、海洋装备等产业科技成果转化和产业化，并通过战略性新兴产业发展专项资金支持，推动产业向全球价值链高端跃升，培育新的区域经济带，形成新的区域增长极。

2014 年，国家海洋局先后出台《关于进一步支持福建海洋经济发展和生态省建设的若干意见》《关于支持青岛（西海岸）黄岛新区海洋经济发展的若干意见》，与江苏省人民政府达成共同推进海洋强省建设的合作框架协议，大力推动沿海地区的区域海洋经济创新发展。

2. 大力推进海洋战略性新型产业发展

2003 年，国家为加速推进高技术产业化进程，开始了高技术产业基地建设。国家高技术产业基地是指在信息、生物、航空航天、新材料、新能源、海洋等高技术产业领域，经国家发展改革委认定的，对高技术产业发展和区域经济发展具有支撑、示范

① 财政部、国家海洋局 2014 年 4 月 16 日印发《关于在天津、江苏实施海洋经济创新发展区域示范的通知》。

和带动功能的特色高技术产业集聚区[①]。

2012 年年底，国家发展改革委高技术产业司、国家海洋局科学技术司联合启动海洋领域高技术产业化工作[②]。先期聚焦山东、天津、浙江、福建和广东五省市开展试点工作。海洋高技术产业基地遴选与建设工作，依据资源条件和比较优势，通过先行先试，完善体制机制，加强政策引导，促进产业集聚，在关键领域集中突破，加快建立健全海洋高技术产业体系，促进海洋高技术成果转化，培育龙头企业，提高市场竞争力。试点工作的目的是实现全面提升海洋高技术产业自主创新能力，壮大海洋高技术产业规模，带动重点地区海洋经济发展方式转变，优化海洋高技术产业发展布局。至 2014 年 4 月，首批天津、青岛、烟台、威海、舟山、厦门、广州和湛江 8 个城市获批为“国家级海洋高技术产业基地”。试点聚焦 7 个重点领域：海洋生物育种与健康养殖产业、海洋医药和生物制品产业、海洋高端装备制造产业、海水利用业、海洋可再生能源产业、深海战略资源勘探开发和海洋高技术服务业。

按照国家有关政策规定，对列入国家高技术产业发展项目计划的项目，给予国家投资补助或贷款贴息[③]。国家高技术产业基地享有一系列特殊政策。国家海洋高技术产业基地享有同等政策。另外，针对海洋领域特点，有关部门还将制定专项特殊政策。

3. 全面推进科技兴海

中国实施科技兴海战略始于 20 世纪 90 年代初。1997 年 7 月，国家科委、国家海洋局、国家计委、农业部联合印发了《“九五”和2010 年全国科技兴海实施纲要》，标志着中国科技兴海战略新的起点，具有里程碑意义。

2008 年 8 月，国家海洋局印发《全国科技兴海规划纲要（2008—2015 年）》[④]。宗旨是为全面贯彻科学发展观，落实中央关于“实施海洋开发”和“发展海洋产业”的战略部署，促进海洋科技成果转化和产业化，增强海洋资源与生态环境可持续利用能力，提高为海洋经济服务的保障支撑水平，带动海洋经济又好又快发展。经过 5 年多实践，全国科技兴海工作全面铺开，科技兴海战略理念深入人心，海洋科技创新成果丰硕，海洋技术产业化进程迅速，沿海地区的科技兴海工作成效显著。规划实施总体进展顺利，各项规划任务按时有序推进，各项规划目标大部分如期实现，为推进创新

---

① 国家发展改革委《关于加快国家高技术产业基地发展的指导意见》（发改高技〔2009〕3211 号）。

② 2012 年 12 月，国家发改委高技术产业司、国家海洋局科学技术司联合发出《关于开展国家海洋高技术产业基地发展试点工作的通知》。

③ 具体参见国家发改委 43 号令《高技术产业发展项目管理暂行办法》（2006 年出台，2014 年修订中）；国家发改委 52 号令《国家工程研究中心管理办法》（2007 年）；国家发改委 53 号令《国家认定企业技术中心管理办法》（2007 年）。

④ 国家海洋局《关于印发〈全国科技兴海规划纲要（2008—2015 年）〉的通知》（国海发〔2008〕21 号）。

驱动发展战略与海洋强国建设战略奠定了坚实基础。

科技兴海政策体系基本形成。从中央到沿海地方，科技兴海的规划体系完整，政策脉络逐步清晰，有力地促进了全国海洋经济持续、快速增长。科技兴海政策体系主要包括：加强组织领导，建立科技兴海长效机制；优化政策环境，建立产业发展激励机制；强化融资引导，建立多元资金投入机制；加快人才培养，完善成果转化市场机制；加强合作交流，形成国际合作促进机制。

2011 年 4 月，为促进海洋高技术产业发展，加强国家科技兴海产业示范基地建设和管理，国家海洋局出台了《国家科技兴海产业示范基地认定和管理办法（试行）》。[①] 示范基地以提高海洋高新技术产业化规模和促进产业聚集为目标，主要任务是培育和发展海洋高端工程装备制造业、海洋生物育种与健康养殖业、海洋医药和生物制品业、海水利用业、海洋可再生能源电力业、海洋新材料、深海战略资源勘探开发业和现代海洋服务业等高技术产业。2011 年底，首个国家级科技兴海产业示范基地落户上海临港区。此后，江苏大丰、辽宁大连、福建诏安等相继获批。2014 年，青岛蓝色硅谷、福建厦门、广东南沙区等先后获批。目前，已有 7 个国家科技兴海产业示范基地。国家海洋局通过项目、政策等形式支持国家科技兴海产业示范基地建设。同时，鼓励示范基地所在地各级人民政府给予项目、资金、政策等多形式的支持，对社会各种资本开放投入。

4. 促进金融保险与海洋经济衔接

为探索开发性金融促进海洋经济发展的经验与模式，加快推进海洋产业结构调整，扩大有效需求，促进海洋经济向质量效益型转变，2014 年底，国家海洋局与国家开发银行联合印发《关于开展开发性金融促进海洋经济发展试点工作的实施意见》。试点工作重点支持海洋传统产业改造升级、海洋战略性新兴产业培育壮大、海洋服务业积极发展、海洋经济绿色发展以及涉海重大基础设施建设 5 个领域。预期，到“十二五”末期，国家将为海洋经济发展提供 100 亿 ~200 亿元的中长期贷款额度。重点扶持涉海中小企业，促进海洋经济发展方式转变，形成引导、推进开发性金融参与海洋经济建设的良好局面。目前，在广东，海洋部门已与国家开发银行签订备忘录，5 年内授信 550 亿元，支持广东海洋强省建设。

2014 年 8 月，国务院发布了《关于加快发展现代保险服务业的若干意见》，对完善海洋经济金融服务体系具有重要意义。后续，有关部门对涉海企业、渔民生产的保险

---

① 国家级科技兴海产业示范基地是指符合全国科技兴海、国家海洋高技术和战略性新兴产业发展需求，集研发、孵化、生产、交易、培训、服务为一体，对海洋科技成果转化、海洋高技术产业发展具有示范、支撑和带动作用的企事业（群）或者具有鲜明产业特色的区域。

救助、台风等巨灾的保险制度建设方面或将有新举措。

沿海各地针对涉海中小企业融资难等问题，也进行了探索与实践。青岛市政府有关部门积极引导金融机构围绕蓝色经济产业布局，创新金融产品，大力支持蓝色经济重点项目信贷、海洋渔业产业链延伸、涉海项目风险保障等。青岛银行、兴业银行青岛分行、交通银行青岛分行等根据《青岛市海洋产业发展指导目录（试行）》，有针对性地加大对鼓励类行业企业的放贷规模；国家开发银行青岛分行重点支持董家口港区、蓝色生物医药产业园孵化中心、鲁海丰食品人工鱼礁等重大项目建设；交通银行针对涉海企业采取了灵活的授信模式；农联社积极开展面向渔民的信贷产品咨询和相关政策宣传，大力拓展“自主可循环”授信模式，采取一次核定、随用随贷、余额控制、周转使用、整贷零还等灵活的贷款和还款方式，方便渔民和渔业融资，降低融资成本；青岛银行与山东省渔业互保协会合作，启动渔船船东小额贷款业务试点工作，并推出“渔民小额贷款”；民生银行青岛分行专门成立海洋渔业部，成为国内第一个为海洋渔业企业提供金融服务的专营机构，形成远洋渔业、海洋捕捞、水产加工等多个节点的全产业链综合化金融服务模式。

（二）逐步完善现代海洋产业政策体系

涉海产业及相关领域包括传统能源、新能源、海洋工程装备制造、海洋交通运输、港口经济、基础设施建设、沿海石化工业、生产性服务、科技服务等。“十二五”以来，国务院及有关部门密集出台了发展规划、建设方案、指导意见等政策性文件，重点在产业结构调整和区域空间布局，特别是有关加大开放、税收减免、多元投融资等鼓励措施，从高层面、多角度起到了强力推动海洋经济质量效益转型进程的作用。

1. 滨海旅游业

国务院于2009年发布的《关于加快发展旅游业的意见》提出要有序推进十大旅游区域发展，包括：香格里拉、丝绸之路、长江三峡、青藏铁路沿线和东北老工业基地、环渤海地区、长江中下游地区、黄河中下游地区、泛珠三角地区、海峡西岸、北部湾地区，其中6个涉海。要求这十大旅游区所在地区，今后要完善旅游交通、信息和服务网络，通过经济结构调整，提升旅游发展水平。该意见特别提出要积极支持边远海岛等开发旅游项目。

2. 海洋生物产业

国务院于2013年印发的《生物产业发展规划》明确提出，要推进海洋生物资源的产业化开发和综合利用，在“加强海洋生物资源开发利用”专门章节提出：加快开发海洋特有的生物资源，建设鼓励资源综合利用的产业聚集区，推动海水养殖、综合加工产业和远洋渔业快速发展。积极应用细胞工程和分子育种等现代生物技术开展种苗繁育和种质创新，大幅提升海水养殖新品种开发能力，加大力度推广应用新产品。加快海洋生物活性物质的开发应用，发展工业用酶、医用功能材料、生物分离材料、绿色农用生物制剂、创新药物等海洋新产品。建设海洋生物库等产业发展公共服务平台。提高海洋水产综合加工技术及加工废弃物高值化利用水平，加强远洋生物资源探捕开发，提高远洋新品种的利用水平。

3. 海洋渔业

国务院于2013年印发了《关于促进海洋渔业持续健康发展的若干意见》，旨在促进海洋渔业持续健康发展。提出在2013—2020年，要以加快转变海洋渔业发展方式为主线，坚持生态优先、养捕结合和控制近海、拓展外海、发展远洋的生产方针，着力加强海洋渔业资源和生态环境保护，不断提升海洋渔业可持续发展能力；着力调整海洋渔业生产结构和布局，加快建设现代渔业产业体系；着力提高海洋渔业设施装备水平、组织化程度和管理水平，不断提高海洋渔业综合生产能力、抗风险能力和国际竞争力；着力加强渔村建设和优化渔民就业结构，切实保障和改善民生。该意见就“加强海洋渔业资源和生态环境保护，调整海洋渔业生产结构和布局，提高海洋渔业设施和装备水平，进一步改善渔民民生，提高海洋渔业组织化程度和管理水平”等方面提出了15条重点任务和政策措施。

4. 海洋交通运输业

2014年，国务院、交通运输部先后发布关于海洋交通运输业发展的政策性文件。政策要点包括：中国海运业要以转变发展方式为主线，以促进海运业健康发展、建设海运强国为目标，以培育国际竞争力为核心，为保障国家经济安全和海洋权益、提升综合国力提供有力支撑。中国建设海运强国的近期发展目标是：到2020年，基本建成安全、便捷、高效、绿色、具有国际竞争力的现代海运体系，适应国民经济安全运行和对外贸易发展需要。今后要重点着力于优化海运船队结构、完善全球海运网络、推动海运企业转型升级、大力发展现代航运服务业、深化海运业改革开放、提升海运业国际竞争力和推进安全绿色发展。要发展邮轮运输业，积极培育邮轮市场，完善邮轮港口功能，加强邮轮运输行业监管，提升邮轮服务水平，推动平安绿色发展，增强国际竞争力，促进邮轮经济发展。

5. 海洋工程装备产业

2014年，国家发展改革委、财政部、工业和信息化部联合发布了政策性文件，推进海洋工程装备发展。重点要突破深远海油气勘探装备、钻井装备、生产装备、海洋工程船舶、其他辅助装备以及相关配套设备和系统的设计制造技术，加强创新能力建设和工程示范应用，促进第三方中介服务机构发展，全面提升我国海洋工程装备自主研发设计、专业化制造及系统配套能力，实现海洋工程装备产业链协同发展。主要政策内容包括：加快主力装备系列化研发，形成自主知识产权；加强新型海洋工程装备开发，提升设计建造能力；加强关键配套系统和设备技术研发及产业化，提升配套水平；加强海洋工程装备示范应用，实现产业链协同发展；加强创新能力建设，支撑产业持续快速发展。

6. 海洋能源产业

2014 年，先后有国务院办公厅、国家能源局、国家海洋局发布涉及海洋能源产业的多项政策性文件。分别在近海油气田建设发展、深海油气资源开发、海上风电项目建设、沿海地区核电项目建设等多个领域提出了发展目标和重大建设任务。国务院办公厅发布的《能源发展战略行动计划（2014—2020 年）》，提出我国将在未来几年内持续加快海洋石油开发、不断扩大液化天然气（LNG）进口规模、大力发展海上风电以及加快海洋能等清洁能源的利用。要加快海洋石油开发，按照“以近养远、远近结合，自主开发与对外合作并举”的方针，加强渤海、东海和南海等海域近海油气勘探开发，加强南海深水油气勘探开发形势跟踪分析，积极推进深海对外招标和合作，尽快突破深海采油技术和装备自主制造技术，大力提升海洋油气产量。要积极发展海洋能，重点突破关键技术、提升装备水平、开展海洋能发电示范工程建设。将重启东部沿海地区新的核电项目建设。要继续积极发展海上风电，2014—2016 年海上风电建设项目 44 个，总容量 1 053 万千瓦。2014 年 6 月，国家发展改革委“关于海上风电上网电价政策的通知”明确提出，鼓励通过特许权招标等市场竞争方式确定海上风电项目开发业主和上网电价。

7. 海洋生产性服务业

2014 年国务院发布了《加快发展生产性服务业指导意见》，2015 年初交通运输部发布了《关于加快现代航运服务业发展的意见》，为海洋生产性服务业展示了宽广的产业前景。生产性服务业涉及国民经济的各行各业的众多环节，具有专业性强、创新活跃、产业融合度高、带动作用显著等特点，是全球产业竞争的战略制高点。海洋经济几乎覆盖国民经济的所有产业门类，涉海经济活动环节多，是国际竞争的主要领域之一。海洋生产性服务业主要包括研发设计、第三方物流、融资租赁、信息技术服务、节能环保服务、检验检测认证、电子商务、商务咨询、服务外包、售后服务、人力资源服务和品牌建设等。在海洋经济转型升级、海洋产业结构调整过程中，海洋生产性服务业将有产业化发展的广阔前景。

8. 海洋科技服务业

2014 年国务院发布了《关于加快科技服务业发展的若干意见》，为海洋科技服务业带来发展机遇。随着海洋经济发展领域范围越来越宽广，海洋科技服务的范围、内容、业态也将越来越多，将会形成一系列海洋科技服务新业态，主要有海洋信息服务、海洋技术研发孵化、海洋技术交易、海洋检测检验认证、海洋数据分发共享、海洋科技成果转化推介、海洋研发共享服务、海洋科技咨询服务和海洋科普文化宣传等。伴随海洋科技体制改革，通过海洋科技创新总体规划的编制实施，在海洋科技服务业方面，将大力培育和壮大海洋科技服务的市场主体，创新海洋科技服务模式，延展海洋科技创新服务链，促进海洋科技服务向专业化、网络化、规模化、国际化发展，为建设海洋强国提供科技创新型发展保障。

表 6－1　“十二五”以来有关海洋产业/行业的政策性文件一览

政策性文件名称	发布部门	文号	发布时间
关于加快发展旅游业的意见	国务院	国发〔2009〕41 号	2009 年 12 月 1 日
关于加快发展海水淡化产业的意见	国务院办公厅	国办发〔2012〕13 号	2012 年 2 月 6 日
全国海洋经济发展“十二五”规划	国务院	国发〔2012〕50 号	2012 年 9 月 16 日
生物产业发展规划	国务院	国发〔2012〕65 号	2012 年 12 月 29 日
关于促进海洋渔业持续健康发展的若干意见	国务院	国发〔2013〕11 号	2013 年 3 月 8 日
海洋可再生能源发展纲要（2013—2016 年）	国家海洋局	国海科字〔2013〕781 号	2013 年 12 月 27 日
关于促进我国邮轮运输业持续健康发展的指导意见	交通运输部	交水发〔2014〕68 号	2014 年 3 月 7 日
海洋工程装备工程实施方案	国家发展改革委财政部 工业和信息化部	发改高技〔2014〕784 号	2014 年 4 月 24 日
能源发展战略行动计划（2014—2020 年）	国务院办公厅	国办发〔2014〕31 号	2014 年 6 月 7 日
加快发展生产性服务业指导意见	国务院	国发〔2014〕26 号	2014 年 7 月 28 日
关于加快发展现代保险服务业的若干意见	国务院	国发〔2014〕29 号	2014 年 8 月 10 日

续表

政策性文件名称	发布部门	文号	发布时间
关于促进海运业健康发展的若干意见	国务院	国发〔2014〕32号	2014年8月15日
关于加快科技服务业发展的若干意见	国务院	国发〔2014〕49号	2014年10月9日
全国海上风电开发建设方案（2014—2016）	国家能源局	国能新能〔2014〕530号	2014年12月8日
关于海上风电上网电价政策的通知	国家发展改革委	发改价格〔2014〕1216号	2014年6月5日
关于加快现代航运服务业发展的意见	交通运输部	交水发〔2014〕262号	2015年1月5日

（三）大力推进海洋新区建设

“十二五”以来，国家在区域经济布局方面呈现大手笔，突破传统行政管理机制，多个以海洋经济、海洋产业为主体内容的新区获批，上升为国家战略，成为国家层面经济调整策略的重要举措。国务院先后批复了《舟山群岛新区发展规划》《广州南沙新区发展规划》《青岛西海岸新区总体方案》等，这些规划范围框定的区域和地区，成为特别行政新区。通过国务院批复规划、有关部门出台实施意见、指导意见、重大项目安排等，大力推进新区建设，为进一步的经济体制改革提供试验示范。

1. 舟山群岛新区

2011年6月30日，国务院批复（国函〔2011〕77号）同意设立浙江舟山群岛新区。这是国务院批准的首个以海洋经济为主题的国家战略层面新区。舟山群岛新区的设立，对于实施国家区域发展总体战略和海洋发展战略，加快转变浙江经济发展方式，建设海洋经济发展示范区，具有重大战略意义。同年11月，国家海洋局提出“关于支持浙江舟山群岛新区建设的若干意见”，明确提出要在用海项目审批效率、海洋科技专项项目、海洋人才和智力支撑、海洋生态文明建设、促进海洋科研创新、支持海洋环境监测预报减灾体系与数字海洋建设和加强海洋综合执法能力建设8个方面的15项内容上给予新区建设倾斜支持。

2013年1月23日，国务院批复《浙江舟山群岛新区发展规划》（国函〔2013〕15号）。新区发展战略定位为浙江海洋经济发展的先导区、长江三角洲地区经济发展的重要增长极和海洋综合开发试验区。规划提出了新区建设八大任务：建设大宗商品储运中转加工交易中心、建设东部地区重要的海上开放门户、建设现代海洋产业基地、建设海洋综合开发试验区、建设陆海统筹发展先行区、建设海洋海岛综合保护开发示范区、建设海洋科教文化基地和建设文明富裕的和谐海岛。

2013 年 12 月 2 日，国务院（国办函〔2013〕115 号）同意建立由国家发展改革委牵头的浙江舟山群岛新区建设部省际联席会议制度。联席会议由发展改革委、教育部、科技部、工业和信息化部、公安部、民政部、人力资源社会保障部、国土资源部、环境保护部、住房城乡建设部、交通运输部、水利部、农业部、商务部、文化部、人民银行、海关总署、税务总局、工商总局、质检总局、林业局、旅游局、法制办、银监会、证监会、保监会、能源局、海洋局、铁路局、民航局、总参谋部和浙江省人民政府组成。

2014 年 6 月《浙江舟山群岛新区海洋产业集聚区（核心区）企业发展扶持政策（试行）》正式出台，规定自 2014 年起，集聚区管委会每年安排 4 500 万元以上的财政专项资金（含科技创业扶持种子基金 500 万元），连续 3 年，对发展效益好、科技含量高、建设速度快的区内优质企业（项目）予以扶持奖励，以“创新红利”鼓励引导企业加快转型升级，开辟舟山群岛新区经济新增长点。2014 年 6 月《舟山群岛新区海洋灾害预警报体系建设总体方案》出台，提出舟山新区将投入超过 1 亿元建设和完善舟山海洋灾害预警报体系、数据汇集及管理系统，提升海洋灾害预警报服务能力、海洋环境监测及评价能力、海洋综合观测能力。

2. 广州南沙新区

2012 年 9 月 6 日国务院批复（国函〔2012〕128 号）建立广州南沙新区，并批复《广州南沙新区发展规划》。要求新区建设要以深化与港澳全面合作为主线，以生态、宜居、可持续为导向，以改革、创新、合作为动力，大力推进粤港澳全面合作示范区建设，努力把南沙新区建设成为粤港澳优质生活圈、新型城市化典范、以生产性服务业为主导的现代产业新高地、具有世界先进水平的综合服务枢纽和社会管理服务创新试验区，为全面推动珠三角转型发展、促进港澳地区长期繁荣稳定、构建我国开放型经济新格局发挥更大作用。

2012 年 9 月 12 日国家发展改革委印发《广州南沙新区发展规划》（发改地区〔2012〕2915 号）。新区规划定位于立足广州、依托珠三角、连接港澳、服务内地、面向世界，把南沙新区建设成为粤港澳优质生活圈、新型城市化典范、以生产性服务业为主导的现代产业新高地、具有世界先进水平的综合服务枢纽、社会管理服务创新试验区，打造粤港澳全面合作示范区。值得特别关注的是，国家给予南沙新区在“一国两制”框架下建设粤港澳优质生活圈特殊政策。重点推进粤港澳产业深度合作、融合发展，积极承接港澳产业转移，拓展港澳产业发展空间，促进港澳企业转型升级，加快形成以生产性服务业为主导的现代产业体系，成为引领大珠三角乃至华南地区产业转型升级的新高地。

3. 青岛西海岸新区

2014 年 6 月 3 日国务院批复（国函〔2014〕71 号）同意设立青岛西海岸新区。要求新区要以海洋经济发展为主题，服务于青岛建设区域性经济中心和国际化城市的发展定位，把建设青岛西海岸新区作为全面实施海洋战略、发展海洋经济的重要举措，为促进东部沿海地区经济率先转型发展、建设海洋强国发挥积极作用。

2014 年 6 月 13 日国家发改委印发《青岛西海岸新区总体方案》。规划对新区的战略定位是：海洋科技自主创新领航区，深远海开发保障基地，军民融合创新示范区，海洋经济国际合作先导区，陆海统筹发展试验区。新区建设重点任务包括：① 大力推进海洋科技自主创新，做强海洋基础科研平台，提升应用技术创新平台，打造海洋科技成果孵化与企业培育平台，强化创新要素支撑。② 打造现代海洋产业体系，依靠科技创新，大力提升发展海洋工程装备、海洋生物、新一代信息技术三大新兴产业，壮大发展港口航运、海洋文化旅游、涉海金融三大海洋现代服务业，创新发展军民结合产业和现代海洋渔业。③ 建设东北亚国际航运枢纽，推进港口联动发展，完善航运服务功能。④ 推进沿海地区新型城镇化，构建新型城镇体系，统筹城乡基础设施建设，创新城镇化发展机制。⑤ 扩大对外对内开放，通过全面深化改革促进对外开放，深化与日韩的经贸金融合作，加强与欧美和新兴经济体合作，创新区域合作模式。⑥ 建设美丽海洋经济新城，构筑生态屏障，加强海岸带和海岛保护，加强环境保护。

（四）全面推进海洋经济管理

海洋经济管理是国家宏观经济管理的重要内容之一。通过掌握分析海洋经济发展形势、存在问题，针对海洋经济体系和海洋经济活动，由国家海洋局行使控制、指导、调节、监督的职能，并提出完善制度机制和改进工作的建议。

1. 全力推进首次全国海洋经济调查

2012 年 12 月 17 日，国务院批准同意开展“第一次全国海洋经济调查”。旨在摸清海洋经济“家底”，实现海洋经济基础信息数据在全行业、全国范围内的全覆盖和一致性，有效满足海洋经济统计分析、监测预警和评估决策等的数据信息需求，对宏观指导的支持能力显著提高，为科学谋划海洋经济长远发展、实现海洋强国建设目标奠定基础。

2014 年，全国海洋经济调查领导小组第一次会议召开。调查工作总体方案和管理办法（征求意见稿）发送17个国务院部门、11个沿海地方人民政府以及涉海单位、机构等。编制完成《海洋及相关产业分类》（调查用）。

在海洋经济调查工作推进过程中，《全国海洋经济调查区域分类》《海洋及相关产业分类（调查用）》和《主要海洋产品分类目录（调查用）》三项标准规范印发使用。《全国海洋经济调查区域分类》规定了11个沿海省市和4个非沿海省乡级及乡级以上行政区分类与代码、行政区名称与代码，适用于调查对行政区域进行标识、信息处理和数据交换等工作。《海洋及相关产业分类》规定了我国海洋及相关产业的分类及代码，适用于调查对海洋及相关产业进行的行业类别划分。《主要海洋产品分类目录》规定了我国海洋产品的分类原则、编码方法和代码结构、分类代码等内容，适用于调查对主要海洋产品进行的分类与统计工作。这三项标准规范的正式使用将提高调查的科学性、系统性、规范性，确保调查数据质量，实现海洋经济基础数据在全国全行业的一致性。另外，其他涉及数据采集、处理、检验、质量控制等调查用标准规范正在研究编制中。

2. 稳步推进国家海洋经济运行监测与评估

2011年，国家海洋局启动了海洋经济运行监测与评估系统建设工作。财政部、国家海洋局在中央分成海域使用金项目中将省级海洋经济运行监测与评估系统建设列为重点支持方向，共安排11个沿海省、自治区、直辖市和5个计划单列市系统建设经费1.751 5亿元。该系统范围将覆盖11个沿海地区、51个沿海城市、242个沿海地带，建设内容主要包括海洋经济运行监测系统、海洋经济评估系统、海洋经济GIS展示系统、海洋经济信息服务与发布系统和应用支撑平台等。

2012年，国家海洋局先后批准了沿海各地上报的《海洋经济运行监测与评估系统建设实施方案》。自此，全国省级海洋经济运行监测与评估系统建设工作全面铺开。该系统的建设将为地方各级政府提供更为准确、及时、全面的决策依据，并为全国海洋经济战略转型提供有力保障。

至2014年底，国家海洋经济运行监测与评估系统能力建设已经基本完成布局，沿海11个省级海洋经济运行监测与评估系统初步建成。预期该工作完成后，将建立起国家、海区、沿海省（含计划单列市）三级分布式信息节点，建成海洋经济运行监测系统、海洋经济评估系统、海洋经济信息数据库系统和信息服务平台，形成全国海洋经济运行监测与评估系统。

3. 推动海洋经济试点工作

国家发展改革委和国家海洋局牵头40余个相关部门，共同建立促进海洋经济发展部际联席会议制度。召开了全国海洋经济调查领导小组第一次会议，向国务院报送了《全国海洋经济试点阶段性评估报告》。

4. 加快完善海洋经济标准体系

2014 年，海洋经济管理工作有序推进，先后修订完成了《海洋及相关产业分类》国家标准，印发实施《海洋经济运行监测和评估标准体系》《海洋高技术产品分类》《海洋经济统计指标》等行业标准。

二、海洋经济发展水平

中国海洋经济连续多年保持良好发展态势，成为国民经济特别是沿海地区经济新的增长点。2014 年，海洋经济总体保持稳步增长，增速略高于同期国民经济增长，海洋产业体系进一步扩展，产业结构平稳并进，涉海就业稳定，涉海行业高技术产业化进程提质加快，海洋经济效率进一步提升，海洋经济强国建设成就显著。

（一）海洋经济总体规模稳中有升

2014 年，全国海洋生产总值（GOP）达到 59 936 亿元，比上年增长 7.7%，海洋生产总值对全国 GDP 贡献约为 9.4%。

海洋生产总值①是对海洋经济发展总体规模的数字化表征。中国海洋经济统计自 2001 年开始采用海洋生产总值统计口径，至 2014 年已经获得 14 年的连续统计数据。2001 年，全国海洋生产总值为 9 518.4 亿元，2002 年即突破万亿元大关，达到 11 270.5 亿元；五年后即 2006 年跃上两万亿台阶，达到 21 260.4 亿元；又三年即 2009 年再跃三万亿台阶，达到 31 964 亿元；之后，几乎每年以 5 000 多万亿元的净增量直线增长，2011 年直升四万亿台阶，达到 45 496 亿元，2012 年突破五万亿，达到 50 087 亿元。最近两年，增速减缓，年净增量降至 4 000 亿元水平，2013 年达到 54 313 亿元。到 2014 年趋近 6 万亿元大关。

近 10 年，全国海洋生产总值（GOP）总体保持高于同期国民生产总值（GDP）增速，最高年份的 2004 年高出 6.8 个百分点，只有 2013 年略低 0.1 个百分点。2014 年海洋生产总值增速与同期国民生产总值增速相比，高出 0.3 个百分点。

年均增长率是反映一定时期经济发展水平变化程度的动态指标，也是反映一个国

① 海洋生产总值是海洋经济生产总值的简称，系指按市场价格计算的沿海地区常住单位在一定时期内海洋经济活动的最终成果，是海洋产业和海洋相关产业增加值之和。

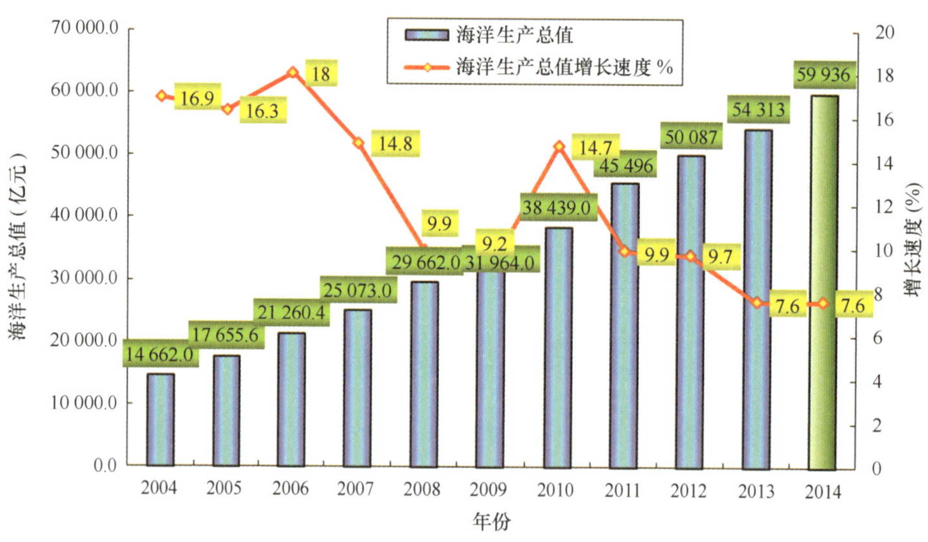

图 6－1　全国海洋生产总值（GOP）及增速

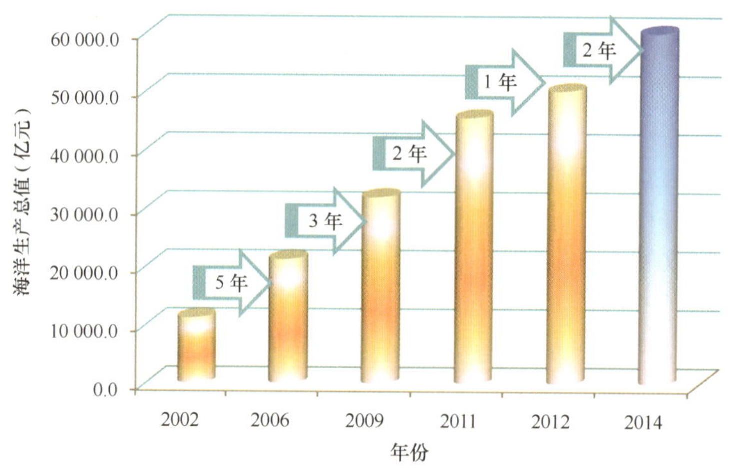

图 6－2　全国海洋生产总值万亿大关跃升年限

家经济是否具有活力的基本指标。考察多年海洋生产总值年均增速，可以表征海洋经济发展的动态水平变化程度，其数值及其与同期国民经济增长率的比值则可以成为海洋经济作为国民经济新增长点的显著指征。统计分析 2004—2014 年数据，GOP 年均增长率比全国 GDP 高出 0.59 个百分点。统计分析“十二五”期间数据，GOP 年均增长

图 6－3　全国 GDP 和海洋 GOP 同比增速

率比全国 GDP 高出 0. 22 个百分点。由此可见，海洋经济是中国整体经济中颇具活力的经济领域，其发展水平高于同期国民经济整体进程。

（二）海洋经济三次产业平稳并进

海洋经济结构表征海洋经济发展进程与水平。可以通过海洋生产总值的三次产业结构表达，反映海洋经济的全部生产和服务活动按三次产业划分的结构比例。

多年统计数据显示，中国海洋经济结构整体保持平稳发展，整体增速均衡，波动不大。海洋三次产业增长态势略有不同，其中，第一产业发展平稳，第二产业显著提高，第三产业波动上升。

2014 年，中国海洋经济三次产业发展特征主要表现如下：

1. 海洋传统产业得到恢复性增长

海洋渔业经济继续保持较快发展①。产值产量持续增长，同比增长 2. 4% 左右，海洋渔业全年实现增加值 4 293 亿元，比上年增长 6. 4% 。海水养殖业产量稳步提高，增速继续快于捕捞业，海洋渔业内部结构进一步优化，基础设施和装备条件显著提升，

① 农业部渔业渔政管理局局长赵兴武在全国渔业渔政工作电视电话会议上的讲话，载《中国渔业报》，2015 年 1 月 19 日。

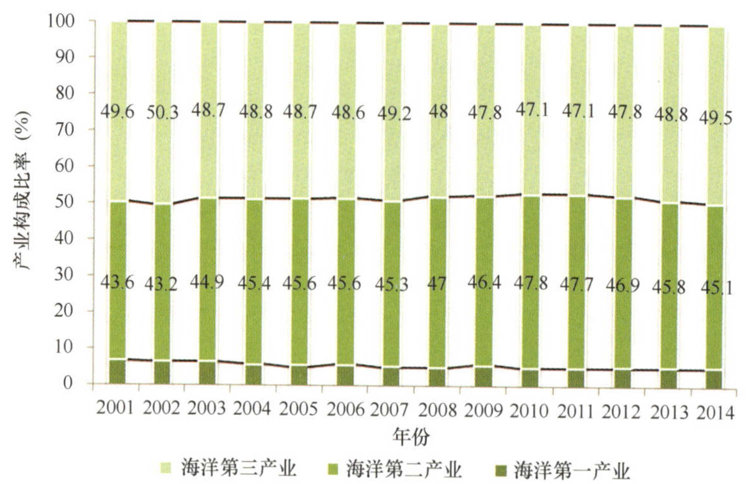

图 6－4　全国海洋生产总值三次产业构成（2001—2014 年）

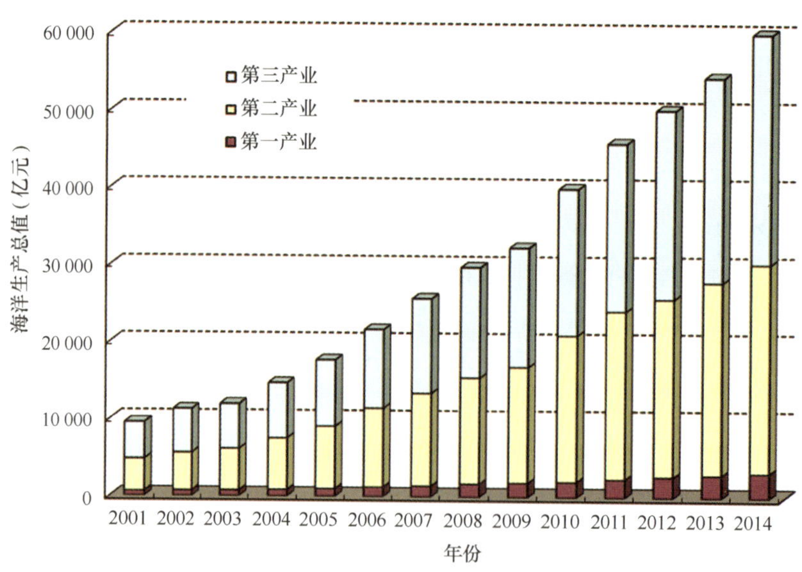

图 6－5　全国海洋生产总值三次产业增长（2001—2014 年）

科技支撑力增强，海洋渔业资源环境保护工作力度不断加大。远洋渔业快速发展，全年共投产远洋渔船 2 470 艘，同比增加 311 艘，增长 14.4%，其中，新建投产渔船 285 艘。远洋渔业快速发展，产量 190 万吨，同比增长 40%。

海洋船舶业在国际市场“悲情”中独占鳌头，三大造船指标两升一降，造船完工量 3 630 万载重吨，同比下降 16%，承接新船订单 5 100 万载重吨，同比增长 9.4%，手持船舶订单 1.497 亿载重吨，同比增长 16.3%，三大造船指标分别占世界市场份额的 39.9%、46.5% 和 47.3%，后两项指标更是与日本、韩国两国指标之和相当①。

海洋油气业连续四年实现“保增长”目标②，产量、产值双双实现 5 000 亿元和 5 000万吨水平。2014 年，国际油气行业整体处于大震荡、大调整、大转折态势，市场失衡导致油价大幅跳水；天然气消费量 33 760 亿立方，产量 35 700 亿立方，市场出现供大于需迹象。同时，中国石油消费增速开始换挡，石油需求保持低位增长，天然气出现供大于求，供需宽松常态化。

2. 战略性海洋新兴产业发展强劲

伴随着海水利用技术、海洋可再生能源利用技术、深远海生物资源利用及海洋药物开发技术、深海油气勘探开发技术等海洋高新技术的进一步发展与推广应用，海水利用业、海洋可再生能源业、海洋生物制品与医药业、深海产业以及海洋高技术服务业等战略性海洋新兴产业逐步发展起来，丰富了海洋产业类群，推动了人类全面开发利用海洋时代的到来。

“十二五”期间，中国的海洋战略性新兴产业年均增速达 20% 以上，预计 2014 年比 2010 年翻一番。2013 年，海洋生物制品和医药业快速发展，实现增加值 224 亿元，同比增长 20.7%；海洋电力业发展较快，实现增加值 87 亿元，同比增长 11.9%；海水利用业仍处于起步阶段，实现增加值 12 亿元，同比增长 9.9%③。以高技术、市场前景广阔为特征的海洋战略性新兴产业成为带动海洋经济向质量效益转型、提高中国海洋产业核心竞争力的新动力。

值得提出的是，2014 年全球海洋工程装备新接订单规模为 416 艘、340 亿美元，中国以 139 亿美元的订单总额居首，市场份额由 2013 年的 24% 上升到 2014 年的 41%，首次超过韩国，位列世界第一④。

3. 海洋服务业发展势头良好

传统海洋服务业指包括海洋旅游业和海洋交通运输业的海洋第三产业。现代海洋服务业是指为海洋开发提供保障服务的新兴海洋产业，主要类型有海洋信息服务、海

---

① 《中国船舶报》，2015 年 1 月 9 日。

② 《中国海洋石油报》，2015 年 1 月 29 日。

③ 何广顺：《提升海洋经济竞争力 培育战略性新兴产业》，载《中国海洋报》，2015 年 1 月 8 日。

④ 中国海洋工程装备网，http：//www.cnoee.com/news/a/20150309/18108.html。

洋技术服务和海洋社会服务。

2013 年，传统海洋第三产业继续保持较高的增长态势。海洋旅游业持续快速增长。邮轮、游艇、休闲渔业等新型业态规模迅速扩大，海洋文化节庆活动精彩纷呈，优秀海洋文化作品不断涌现，助推了海洋旅游业的发展。全年实现增加值 7 851 亿元，同比增长 13.26%，海洋旅游业对东部沿海地区经济增长的拉动作用更加凸显。海洋交通运输业平稳增长。全年实现增加值 5 111 亿元，同比增长 7.5%，沿海港口生产保持增长，航运市场缓慢复苏，助推海洋交通运输业实现稳步增长。

现代海洋服务业以高技术服务为主体。围绕海洋防灾减灾、海洋管理、海洋环境保护、海洋矿产资源勘探与开发、应对气候变化和海洋国防建设等国家需求，中国的海洋高技术服务业以沿岸和海上安全、环境保护、气候变化、灾害应急等为核心，向政府、企事业单位、社会公众提供海洋监测、预报警报、信息公益服务和专项服务，形成了国家与地方相结合的四级海洋服务格局。中国海洋观测能力得到不断增强，海洋卫星监测应用实现业务化运行及系列卫星监测计划正在实施，岸站观测能力和密度不断提高，离岸观测能力稳步发展，常规和非常规的海洋资料获取和应用能力显著增强。

（三）海洋产业结构进一步优化

海洋产业①是海洋经济的核心部分。2002 年以来，纳入全国海洋经济统计的主要海洋产业有 12 个。主要海洋产业多年保持在占全国海洋生产总值（GOP）比重 41% 水平上。按三次产业划分的结构比例可以直观反映海洋经济发展的真实水平。2013 年主要海洋产业的三次结构比例为 17.1∶25.8∶57.1。2014 年，我国海洋产业总体保持稳步增长。其中，主要海洋产业增加值 25 156 亿元，比上年增长 8.1%；海洋科研教育管理服务业增加值 10 455 亿元，比上年增长 8.1%。

多年来，全国主要海洋产业的三次结构变化显著。2003—2014 年，第一产业占比由 24.1% 到 17.1%，下降 7 个百分点；第二产业占比由 15.8% 至 25.8%，上升 10 个百分点；第三产业由 50.1% 至 57.4%，上升 7 个百分点。由此可见，海洋第二产业成长迅猛，海洋产业的工业化进程加速提升，海洋第三产业强势上升，对经济结构转型升级的牵引拉动作用大。

---

① 海洋产业：开发、利用和保护海洋所进行的生产和服务活动，包括海洋渔业、海洋油气业、海洋矿业、海洋盐业、海洋化工业、海洋生物医药业、海洋电力业、海水利用业、海洋船舶工业、海洋工程建筑业、海洋交通运输业、滨海旅游等主要海洋产业以及海洋科研教育管理服务业。

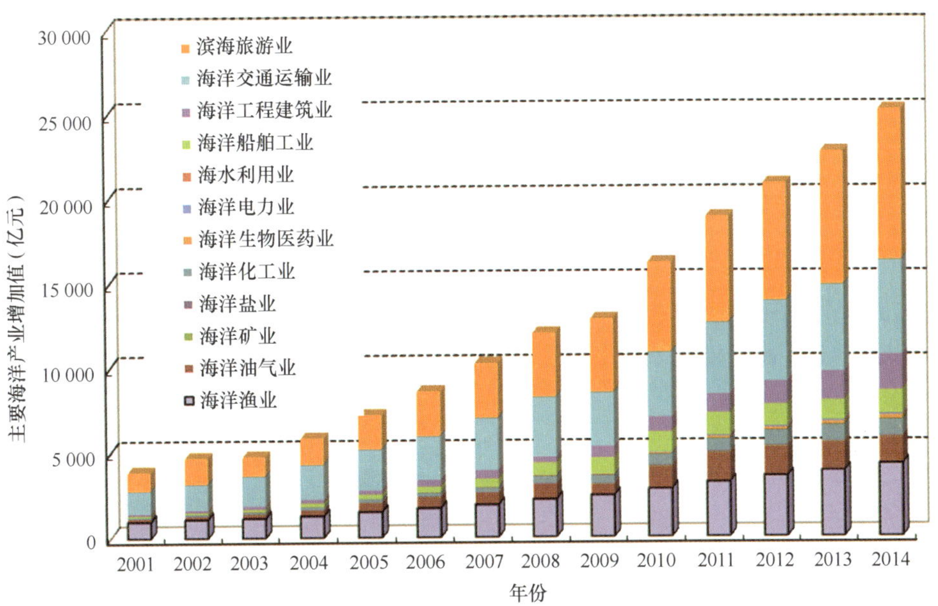

图 6－6　全国主要海洋产业增加值（2001—2014 年）

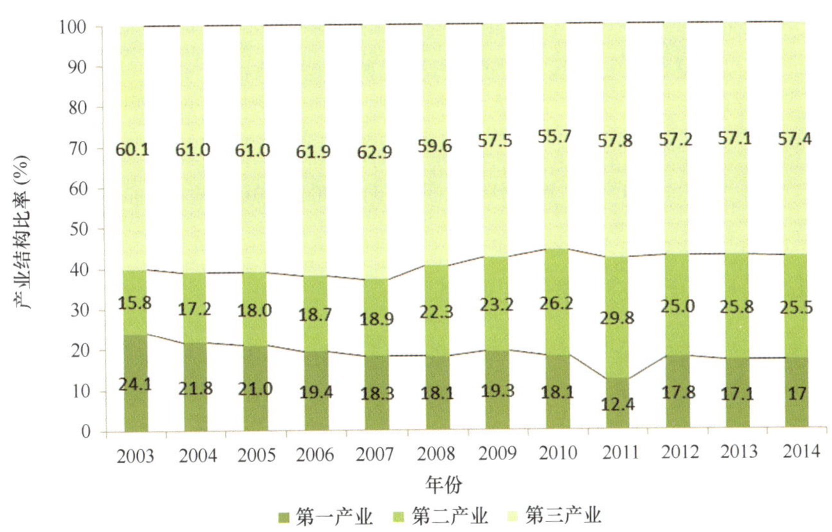

图 6－7　全国 12 个主要海洋产业三次产业结构（2003—2014 年）

（四）涉海就业稳定增长

涉海就业反映主要海洋产业吸纳劳动力就业情况。通过考察总量数、年际变化、地区分布、产业分布以及对全国劳动就业贡献度，可以对全国涉海就业情况有个比较全面的了解。

1. 涉海就业规模逐年提高

2013 年，全国涉海就业人员 3 513 万人，比上年增加 44 万人。2014 年 3 554 万人，比上年增加 41 万人。相比 2001 年，净增就业 1 446.4 万人，年均增长率约 3.8%。

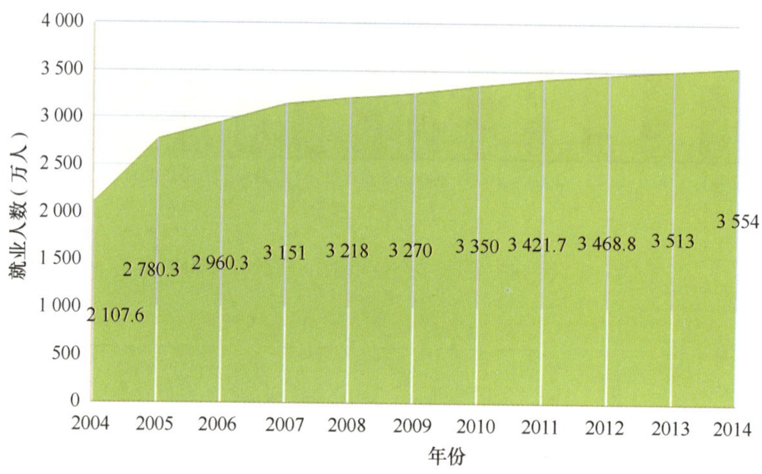

图 6－8　涉海就业人员数量（2004—2013 年）

2. 涉海就业增幅大于全国劳动就业增速

从涉海就业人员数占全国年末劳动就业人口比重看，过去 10 年逐年提高。从 2004 年的 2.8% 上升到 2014 年的 4.6%，提高幅度较大。由此可见，涉海就业对全国劳动就业贡献逐年提高。

3. 涉海就业地区分布差异大

从涉海就业人员地区分布看，总量规模和增长速度差距均较大。2001 年，最高省份为广东，达到 500 万人规模；到 2012 年，达到 500 万人规模的省份包括广东和山东。最高的广东省达到 831.6 万人，其次为山东省 526.5 万人，最低的省份为河

图 6－9　近 10 年涉海就业人员数占全国比重（2004—2014 年）

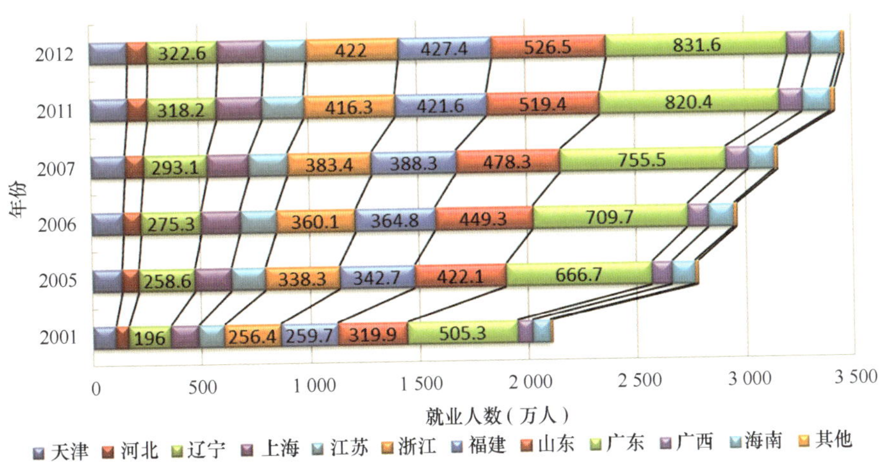

图 6－10　多年涉海就业地区人员分布增长变化（2001—2012 年）

北，仅为 95.5 万人。

4. 涉海就业产业吸纳强度差异巨大

从涉海就业对不同产业的就业带动方面看，差异较大。2012 年，吸纳就业超百万的海洋产业有海洋渔业及其相关产业、滨海旅游业；超 50 万的产业有海洋交通运输业和海洋工程建筑业。通过对比历史数据，中国每年新增就业岗位最多的依然是传统海洋产业，累计吸纳就业人口最多的也是传统产业。从涉海就业人员行业占比看，多年来占比几无变化。海洋渔业及相关产业劳动就业人员总量最大，始终占涉海就业总人数的49%，滨海旅游业吸纳就业人数次之，占11%。

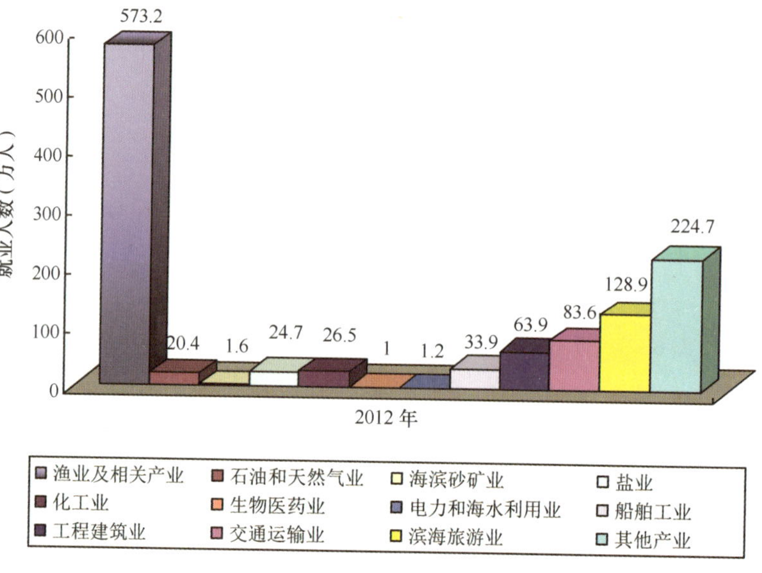

图6－11　主要海洋产业就业规模（2012年）

（五）海洋经济效率情形看好

海洋经济效率反映海洋经济发展质量和产业进步程度。可以用三个层面的指标表征，一是海洋经济全员劳动成产率，二是主要海洋产业全员劳动生产率，三是海洋经济密度。总体上看，海洋经济效率逐年提高，质量效益转型已经起步。

1. 海洋经济全员劳动生产率逐年提高

全员劳动生产率指根据产品的价值量指标计算的平均每一个从业人员在单位时间内的产品生产量。海洋经济全员劳动生产率可以用涉海从业人员数与海洋生产总值的比率来表征。“十二五”以来，海洋经济产出效率发生重大变化，每万人产出规模从不到7万元增长到16.9万元，实现效率翻番。海洋经济全员劳动生产率的大幅度提高主要源于海洋科技进步、涉海从业人员素质提高和海洋制造产业自动化水平的提高等牵引拉动。随着技术密集型、资本密集型海洋产业的快速发展，海洋经济产出效率还将

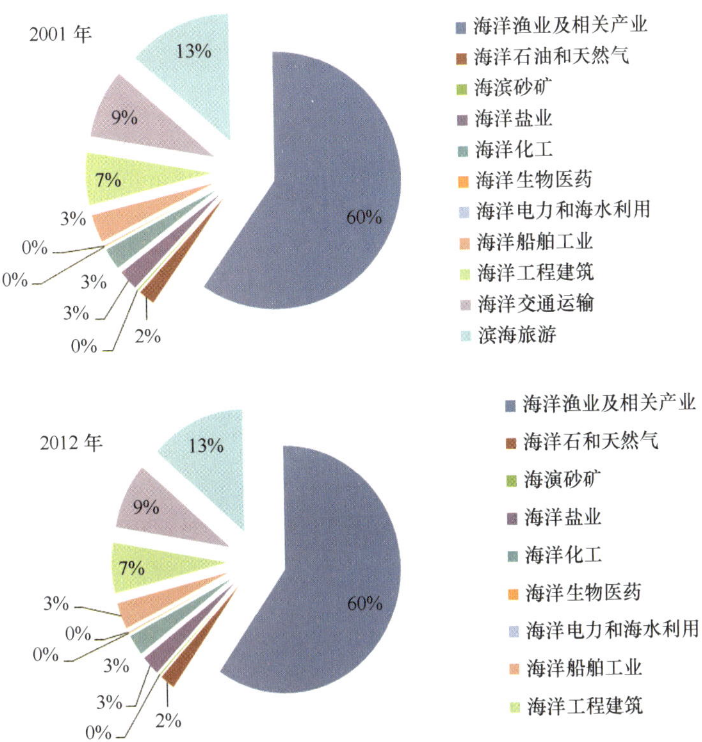

图 6－12　2001 年与 2012 年涉海就业人员行业集聚对比

有大幅提升的空间。

2. 海洋产业全员劳动生产率梯级分队

主要海洋产业全员劳动生产率表征海洋经济核心产业的经济效率。可以用 12 个主要海洋产业增加值与涉海产业就业人员数之比来表达。考察多年海洋产业内部全员劳动生产率指标，结果显示，不同海洋产业类型的全员劳动生产效率具有显著差异。资源利用型产业如渔业、海洋矿业、海洋盐业的产出效率较低；制造型海洋产业如海洋化工业、海洋矿业、海洋船舶业的产出效率处于第二梯队；滨海旅游业、海洋电力与海水利用、海洋交通运输业、海洋石油和天然气、海洋生物医药等服务型产业和新兴产业的产出效益较高。

不同海洋产业的生产效率增速也有差异。海洋电力和海水利用、海洋石油和天然气、海洋矿业、海洋船舶工业增长较快，渔业、盐业、交通运输业增幅较小。过去几年，多数海洋产业产出效率都有相应提高，但增长幅度表现不一，最重要的原因就是

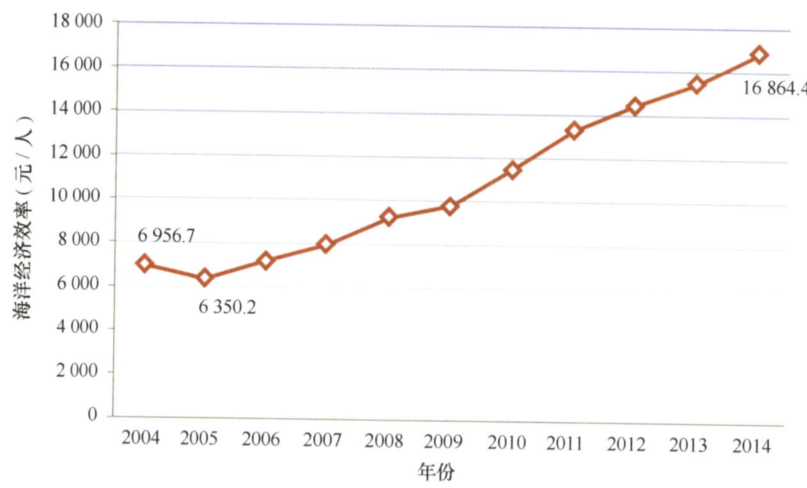

图 6－13　多年海洋经济效率变化情况（2004—2014 年）

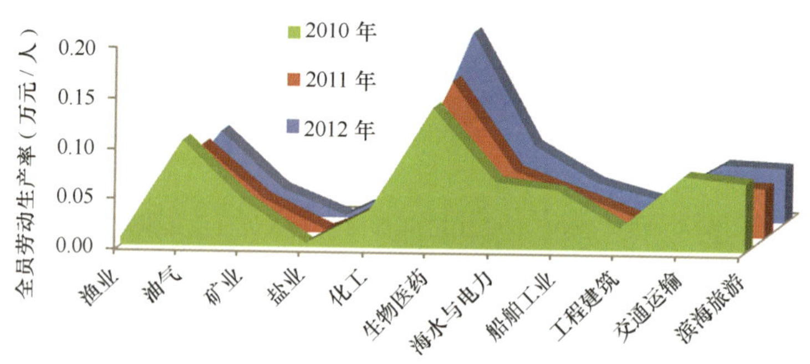

图 6－14　主要海洋产业全员劳动生产率（2010—2012 年）

不同产业的技术、资本投入效率的不同。

3. 海洋经济密度大幅提升

经济密度是指区域国民生产总值与区域面积之比。一般是指单位面积土地上经济效益的水平，以每平方千米土地的产值来表示。它表征了一定区域范围内单位面积上经济活动的效率和土地利用的密集程度。海洋经济密度可以用单位岸线长度对应相应区域的海洋生产总值来表现。单位岸线海洋经济密度反映的是海洋生产总值与岸线长度的比值，是分析海洋经济效率的方法之一。

全国海洋经济密度增长显著。用全国海洋生产总值与大陆岸线长度的比值表征全

图 6－15　主要海洋产业全员劳动生产率变化情况（2010—2012 年）

国海洋经济密度的增长变化情况。2006 年单位岸线海洋经济密度为 1.13 亿元/平方千米，到 2012 年达到 2.66 亿元/平方千米，提高一倍。

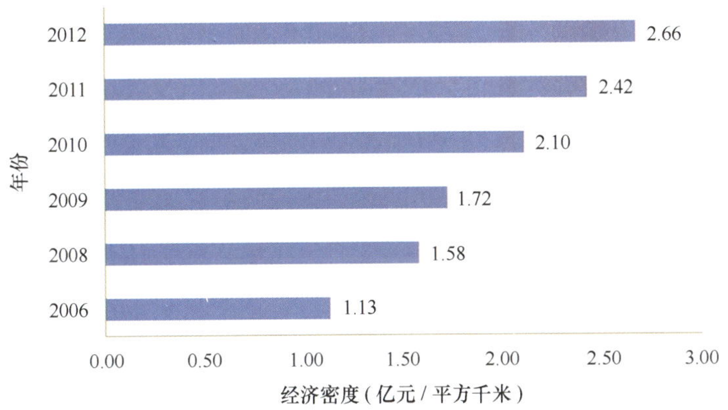

图 6－16　全国海洋经济密度增长情况（2006—2012 年）

4. 沿海地区海洋经济效率差距大

沿海各地海洋经济效率差距巨大，但普遍呈逐步提高态势。上海、天津的海洋经济效率始终处于远超后继状态，为第一梯队，海洋经济密度是全国平均值的二三十倍；河北、江苏、山东、广东处于第二梯队位置，海洋经济密度超全国平均值一倍左右；

浙江、辽宁、福建、海南、广西处于第三梯队，海洋经济密度低于全国平均值。

“十一五”初期，渤海沿海地区临海工业密集布局，拉升了单位岸线产出，到了“十一五”中后期，江苏、广东省沿海开发不断升温，海洋经济密度增长较快，进入“十二五”阶段，除上海、天津继续超级领跑，江苏、山东、广东的海洋经济密度提升显著。

表 6－2　沿海地区单位岸线海洋经济密度（2006—2012 年）

地区	单位岸线海洋经济密度（亿元/千米）					
	2006 年	2008 年	2009 年	2010 年	2011 年	2012 年
上海	23. 1	27. 8	24. 4	30. 3	32. 6	34. 5
天津	8. 9	12. 3	14. 1	19. 7	23. 0	25. 7
河北	2. 2	2. 9	1. 9	2. 4	3. 0	3. 3
江苏	1. 3	2. 2	2. 8	3. 7	4. 5	5. 0
山东	1. 2	1. 8	1. 9	2. 3	2. 7	3. 0
广东	1. 2	1. 7	2. 0	2. 5	2. 7	3. 1
浙江	0. 8	1. 2	1. 5	1. 8	2. 1	2. 2
辽宁	0. 7	1. 0	1. 0	1. 2	1. 5	1. 6
福建	0. 6	0. 9	1. 1	1. 2	1. 4	1. 5
海南	0. 2	0. 3	0. 3	0. 3	0. 4	0. 5
广西	0. 2	0. 3	0. 3	0. 3	0. 4	0. 5
全国平均	1. 1	1. 6	1. 7	2. 1	2. 4	2. 7

从沿海地区海洋经济密度排名看，总体顺序变化不大，个别省份有升降。2012 年，河北从上年的第 3 位下降至第 4 位，江苏、广东分别从第 4 位、第 6 位上升至第 3 位、第 5 位。

表 6－3　单位岸线海洋经济密度地区排名变化（2006—2012 年）

地区	排名					
	2006 年	2008 年	2009 年	2010 年	2011 年	2012 年
上海	1	1	1	1	1	1
天津	2	2	2	2	2	2

续表

地区	排名					
	2006 年	2008 年	2009 年	2010 年	2011 年	2012 年
河北	3	3	6	5	4	4
江苏	4	4	3	3	3	3
山东	6	5	4	6	6	6
广东	5	6	5	4	5	5
浙江	7	7	7	7	7	7
辽宁	8	8	9	8	8	8
福建	9	9	8	9	9	9
海南	10	10	10	10	10	11
广西	11	11	11	11	11	10

三、海洋经济发展贡献

中国海洋经济在保持自身持续快速增长的同时，对全国经济特别是沿海地区经济的发展具有牵引拉动作用。中国的主要海洋产业位居世界前列，对全球海水产品供给、国际贸易、新能源等方面的贡献与日俱增。展望前景，中国海洋经济将继续保持良好发展势头，对全球经济可持续发展的地位和作用也将越来越重要，在中国经济“新常态”形势下，对“保增长、调结构、促发展”经济转型中的作用也是不可替代的。

（一）中国对世界海洋经济发展贡献巨大

近年来，中国积极开发海洋资源，培育现代海洋产业体系，发展海洋经济，推进“陆海统筹”蓝色经济发展，在世界范围内推动了“蓝色经济”新趋势。中国海洋经济总量巨大，部分海洋产业位居世界前列，引领“蓝色经济”的发展方向。

1. 中国引领世界“蓝色经济”发展

随着中国“一带一路”建设务实起步，2014 年中国对“一带一路”沿线国家或地区出口增长超 10%，进口增长约为 1.5%；与“一带一路”国家或地区进出口双边贸易值接近 7 万亿元人民币，增长 7% 左右，占同期我国外贸进出口总值的 1/4。21 世纪海上丝绸之路建设带动中国的海洋经济在更为广阔的蓝色经济领域展开，有关部门、沿海省市先后出台各类政策，各种项目相继铺开，结合海洋强国建设、海洋强省建设，积极参与21世纪海上丝绸之路建设，加大力度推动“走出去”和“引进来”，有利于中国涉海企业拓展活动空间，有利于牵引带动沿路国家和地区的海洋经济发展。中国要以和谐海洋为基本愿景，走一条以海强国、人海和谐、合作共赢、和平开发利用海洋的发展道路。

2. 中国主要海洋产业位居世界前列

当前，世界主要海洋产业总产值约为2万亿美元，中国主要海洋产业增加值约为2.2万亿人民币，折合美元约3 700亿，中国对世界的贡献率将近20%。但是，中国海洋产业竞争力整体偏弱，高新技术产业占比不到20%，与世界先进水平差距明显。

（1）中国保持世界第一海洋渔业大国地位

中国已经连续20多年稳居世界水产品生产第一大国，也是世界海洋渔业第一大国，特别是海水养殖业领先世界，对全球水产品供给做出巨大贡献。世界海洋水产品总产量保持在9 000万吨上下，中国海洋水产品总产量保持在3 000万吨水平，占世界总量的40%上下；世界海水养殖产品总量3 000万吨左右，中国贡献了80%。但是，从渔业生产率［吨/（人·年）］来看，欧洲为25.7，北美为18，中国则为2.1，还存在很大差距。

（2）中国是世界第一海运大国

全球前十大海港，中国占7席；全球海运贸易量在100亿载重吨上下，中国约占20%；全球集装箱运量7 000万标准箱上下，中国占50%以上。

（3）中国稳居世界第一造船大国地位

2014年，全球造船完工量9 090万载重吨，同比下降15.5%；承接新船订单量1.097亿载重吨，同比下降24.2%。2014年底手持船舶订单量3.169亿载重吨，同比上升11.5%。其中，中国造船完工量3 630万载重吨，占全球的39.9%；承接新船订单5 100万载重吨，占全球的46.5%；2014年底手持船舶订单1.497 0亿载重吨，占全球的47.3%①。据中国船舶工业行业协会《2014年船舶工业行业发展情况报告》，全球船舶市场新船订单量呈现前高后低态势，海洋工程装备市场一路下滑。2014年，全国造船完工3 905万载重吨，同比下降13.9 %；全国承接新船订单5 995万载重吨，同比下降14.2%，世界市场份额从上年度的47.9%上升到50.5%，继续保持世界第一。全国手持订单量14 890万载重吨，同比增长13.7%。全年新承接订单5 995万载重吨，

① 数据来源：英国克拉克松公司。《中国船舶报》，2015年2月6日8版。

承接各类海洋工程装备订单31座、海洋工程船149艘，接单金额147.6亿美元，占全球市场份额的35.2%，比2013年提高了5.7个百分点，位居世界第一。

表6-4　2014年世界主要造船国家和地区三大指标

国家/地区	造船完工		承接新船订单		手持船舶订单	
	吨位（万载重吨）	占世界份额（%）	吨位（万载重吨）	占世界份额（%）	吨位（万载重吨）	占世界份额（%）
中国	3 630	39.9	5 100	46.5	14 970	47.3
韩国	2 590	28.5	3 080	28.1	8 270	26.1
日本	2 260	24.9	2 250	20.6	5 960	18.8
欧洲	100	1.1	250	2.3	580	1.8
其他	510	5.6	290	2.6	1 910	6.0
合计	9 090	100	10 970	100	31 690	100

数据来源：英国克拉克松公司。

（4）中国海洋油气工业后势待发

2013年，全球海洋石油产量逾15亿吨，海洋天然气产量10 000亿立方米；中国海洋石油产量将近7 000万吨，约占世界5%，海洋天然气产量将近200亿立方米，约占世界2%。中国海洋石油总公司（简称“中海油”）在世界最大50家石油公司排名第32位。中国是世界液化天然气第三大进口商。中海油在国内近海在生产的油田93个、气田13个，海上生产平台200座。2014年，全球海工市场波动下行，国际油价持续暴跌，但市场调整期既给全球海洋油气资源开发带来挑战，也提供机遇。作为全球海洋油气产业链上的主要企业，在相对弱态的市场环境下，中海油调整发展战略，重视发挥技术创新的引领作用，不断向深水进军，有望大幅提升自身效率，提高国际市场竞争力。但是，我国在全球海洋油气资源竞争中处于劣势，全球40%新增油气来自深海，而我国深海油气核心技术仍依赖进口。

（5）中国快速提升为全球主要滨海旅游目的地

2000年，在世界旅游榜单上，中国还只有800万游客，到2010年，中国已经成为世界第四大最受欢迎的旅游目的地。据国家旅游局、世界旅游组织（UNWTO）等有关机构统计，中国是全球入境旅游目的地与出境旅游客源地双重大国。据UNWTO发布的《2013世界旅游统计和旅游景气报告》，2013年全球国际旅游人数总计达10.87亿人次，较2012年增长5%，增加5 200万，并初步预期，2014年增速可达4.5%。2012

年，中国25个主要沿海城市接待入境旅游者人数4 548.9万人次，收入290.83亿美元。据万事达全球旅游目的地指数报告，2014年最受欢迎的132个旅游目的地城市中，亚洲占42席，中国的香港和上海位列第9位和第16位。

（二）海洋经济对中国经济发展贡献举足轻重

海洋经济贡献度表征了海洋经济在国民经济中的地位和作用，可以从两个层次表达；一是海洋经济总贡献度，以海洋生产总值（GOP）与国内生产总值（GDP）的比值表达海洋经济活动最终结果的总和对全国经济的贡献，二是区域海洋经济贡献度，以海洋生产总值（GOP）与沿海地区国内生产总值（GRP）比值表达海洋经济对沿海地区经济的贡献。海洋经济的核心内容是主要海洋产业，海洋产业贡献度可以更真实地表征海洋经济对国民经济和沿海地区经济的直接贡献，海洋产业贡献度同样可以从两个层次表达，一是海洋产业总体贡献度，二是区域海洋产业贡献度，分别以主要海洋产业增加值对GDP及GRP的比值来表达。

1. 海洋经济贡献率

数据结果显示，海洋经济总贡献率由2001年的8.7%提高到2014年的9.4%，平均每五年提高1个百分点。从海洋经济总贡献率绝对值看，海洋经济对全国国民经济具有举足轻重的地位和作用。从多年海洋经济总贡献率变化来看，波动不大，稳重有升。区域海洋经济贡献率值显示，海洋经济对沿海地区经济的贡献颇高，2001年为

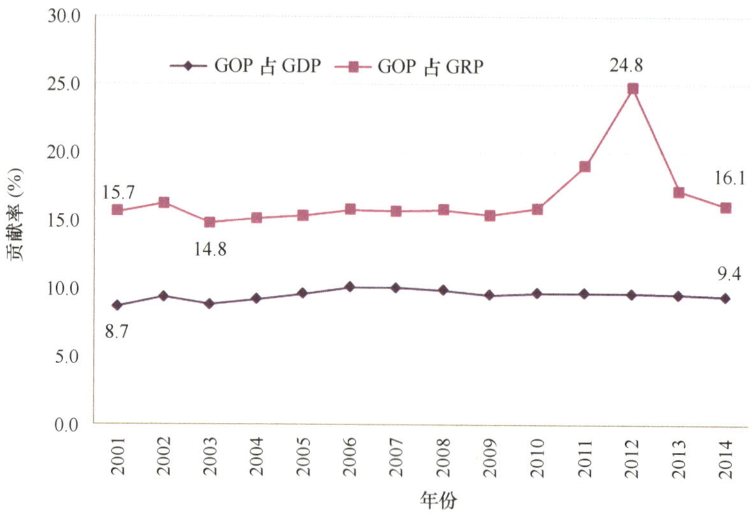

图6－17　海洋生产总值（GOP）对全国GDP和沿海GRP的贡献

15.7%，2003 年最低为 14.8%，2012 年最高达到 24.8%。2014 年海洋经济区域贡献率达到 16.1%。海洋经济已经成为国民经济特别是沿海地区经济的重要组成部分。

2. 海洋产业贡献率

海洋产业贡献率数据结果显示，10 多年来，12 个主要海洋产业对全国经济发展贡献保持在 4% 左右，对沿海地区经济发展的贡献总体上保持在 6.5% 上下。海洋产业已经成为国民经济和沿海地区经济的支柱产业。

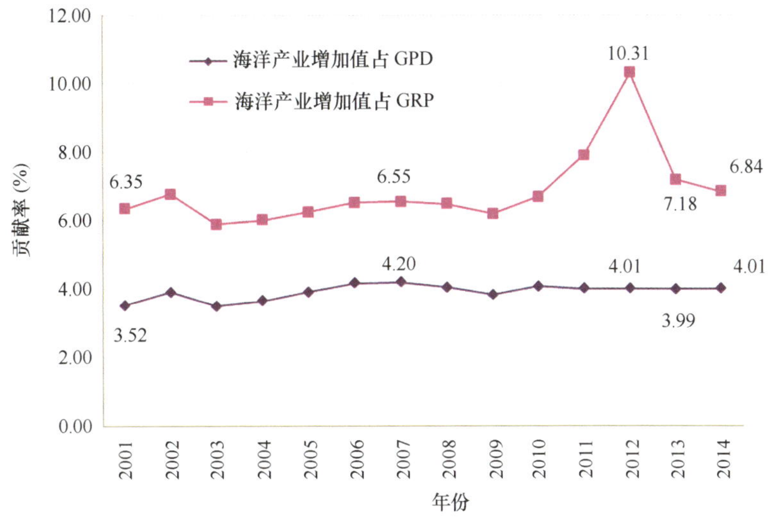

图 6－18　主要海洋产业增加值对全国 GDP 和沿海地区 GRP 的贡献（2001—2014 年）

四、小结

海洋经济是中国国民经济的重要组成部分，其总体发展态势良好，贡献大，前景可观。中国已经建立由国家、部门行业和地方三个维度贯通协同的海洋经济政策体系，共同从宏观政策上保障海洋经济的运行发展。经过多方共同努力，现已在海洋产业政策、区域海洋经济发展政策、海洋经济宏观协调管理、海洋经济服务各方面建立起具有中国特色的海洋经济政策体系。随着海洋生产活动的不断扩展、不断强化，海洋经济政策内容会更加多样，并在海洋经济实践中逐步健全。

中国海洋经济规模不断提高，在发展中还存在一些问题。如海洋三次产业结构有待进一步优化，战略性海洋新兴产业面临巨大发展空间，发展海洋高技术服务任重道远，海洋经济面临整体性质量效益转型的重大转折。但从未来看，中国海洋经济对国民经济及世界蓝色经济发展的作用前景可观。海洋产业门类不断扩展，随着新兴海洋产业的培育壮大，海洋产业将成为国民经济特别是沿海地区经济的主导产业之一。涉海就业规模、新增就业均大于全国平均水平，在海洋领域将会培养更多、更高水平的劳动大军。现代海洋产业基于海洋高新技术的发展，海洋经济效率总体情况良好。在中国经济增长进入“新常态”情形下，海洋经济的地位和作用将越来越重要。

第七章　中国海洋产业的发展

2013年，中国海洋经济继续保持了良好的发展势头，但增速趋缓，海洋经济已由高速增长期进入增速“换挡期”，正处于向质量效益型转变的关键阶段①。海洋产业作为实现海洋经济向质量效益型转变的基本载体和具体表现形式，总体上保持稳步增长态势，全年实现增加值31 969亿元。其中，主要海洋产业增加值22 681亿元，比上年增长6.7%；海洋科研教育管理服务业增加值9 288亿元，比上年增长7.3%。

一、海洋产业体系发展概述

近年来，中国海洋资源开发利用步伐不断加快，海洋经济已经成为国民经济新的增长点，现代海洋产业体系的基本特征初步显现，主要表现在以下三个方面。

一是建立起基本完备且动态发展的海洋产业体系。海洋产业体系随着海洋经济的发展而不断壮大。最初纳入统计的海洋产业只有6类，到20世纪90年代达到7类，再到如今主要海洋产业共12类，海洋科研教育管理服务业9类，海洋产业体系框架基本完善。随着海洋科技创新发展与市场需求牵引，未来一些战略性海洋新兴产业规模体量也会不断增大，可能纳入海洋经济的统计范畴。比如海洋生物育种与健康养殖、深海矿产资源开发、大洋生物基因资源开发等。

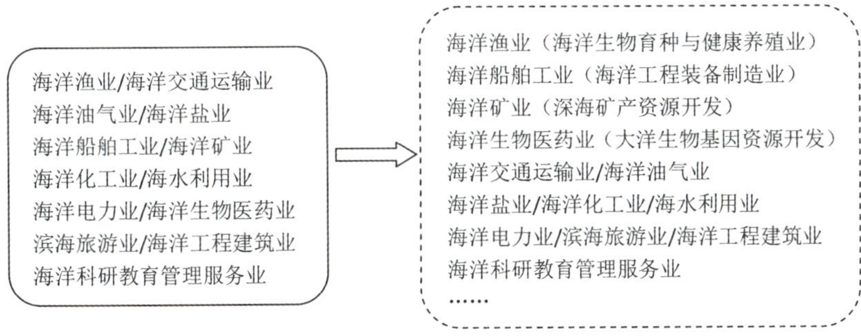

图7－1　海洋产业体系的动态变化

① 因数据发布时间的限制，本报告采用数据以2013年为主，部分更新到2014年。

二是海洋产业结构不断优化。按照产业发展时序与技术进步程度，海洋产业可以划分为海洋传统产业、海洋新兴产业和未来海洋产业三大类。2013 年，海洋传统产业稳中有降，海洋新兴产业迅猛发展，未来海洋产业有序储备。传统产业中除海洋渔业、海洋交通运输业、海洋油气业保持增长态势，海洋船舶工业、海洋盐业增加值都呈现不同程度的下降。以海洋生物育种与健康养殖业、海洋药物和生物制品业、海水利用业、海洋可再生能源业为代表的战略性海洋新兴产业增长势头强劲。海水灌溉农业、深海矿产资源勘探开发等领域的高新技术实现突破，为未来海洋产业发展奠定了良好的技术基础。

三是海洋科技成果产业化水平大幅提升。随着科技兴海战略的深入实施，海洋科技创新步伐加快，对海洋产业发展的贡献率显著加大①。海洋传统产业加快绿色转型，现代渔业、精细化工实现突破发展，海洋船舶工业造船效率持续提高，平均油耗和船舶能效设计指数（EEDI）有所下降。海洋能源利用技术、海水资源综合利用技术、海洋生物资源开发技术等高新技术产业化成效显著，培育和发展战略性海洋新兴产业的基础进一步夯实。

二、海洋传统产业的发展

海洋传统产业一般是指20 世纪60 年代以前已经形成一定开发规模且不完全依赖现代高新技术的海洋产业，主要包括海洋渔业、海洋交通运输业、海洋船舶工业、海洋油气业、海洋盐业和盐化工、海洋矿业等。2013 年，主要海洋产业增加值中海洋传统产业增加值超过 50% 。

（一）海洋渔业

海洋渔业包括海水养殖、海洋捕捞、海洋渔业服务和海洋水产品加工等活动，是现代农业和海洋经济的重要组成部分，也是解决沿海地区劳动力就业的重要产业门类。2012 年，海洋渔业及相关产业共带动就业人数 573 万人，比 2011 年增长 7. 7 万人。

近五年来，全国海水产品产量总体上呈现递增态势。2013 年，海洋渔业平稳较快增长，全年实现增加值 3 872 亿元，比上年增长 5. 5% ②，占主要海洋产业增加值比重约 17% 。其中，海洋捕捞实现增加值 1 057 亿元，海水养殖实现增加值 1 482 亿元，捕

① 以创新链建设现代海洋产业体系，中国社会科学网，http：//www. cssn. cn/sf/201408/t20140805_1280257. shtml，2015 - 01 - 14。

② 《2013 年中国海洋经济统计公报》。

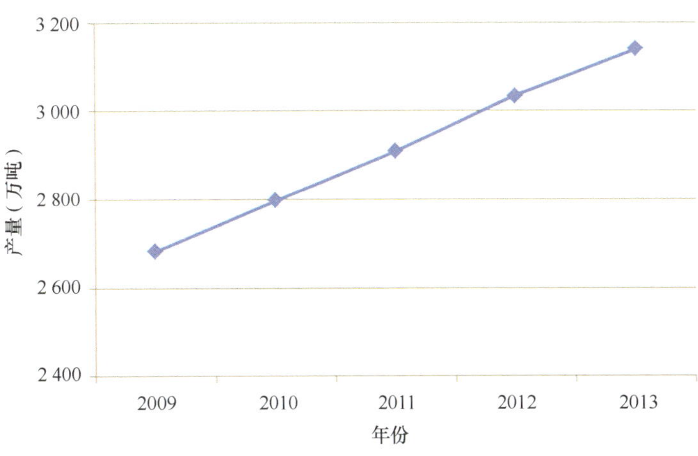

图 7－2　2009—2013 年全国海水产品产量

捞与养殖的增加值比例为 42∶58[①]。

相比于淡水渔业，海洋渔业产量较高，2013 年海洋渔业产量比淡水渔业高 106 万吨，海水产品与淡水产品的产量比例为 51∶49。但是，海洋渔业增加值较淡水渔业增加值低 300 多亿元。

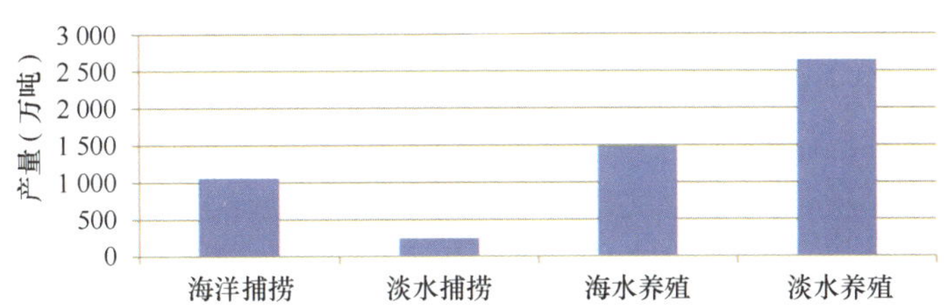

图 7－3　2013 年海洋与淡水渔业养殖捕捞增加值对比

海水养殖面积略有减少。2013 年，全国海水养殖面积 231.6 万公顷，同比减少 6.2%，占水产养殖总面积 28%。

单位面积产出效益呈现增长态势。随着工厂化循环水、深水抗风浪网箱等绿色、健康、高产的养殖技术得到进一步推广，2013 年单位海水养殖面积产生增加值 64 万元/公顷，较 2012 年增长 6.7%。

海外渔业实现较快发展。2013 年，全国远洋渔业总产量和总产值分别达到 135 万

---

① 《2013 年全国渔业经济统计公报》。

吨和143亿元，比“十一五”末增长20%；作业远洋渔船达到2 159艘，比“十一五”末增长30%；远洋渔业运回自捕水产品81万吨，比“十一五”末增长33%①。此外，部分沿海省份也加快了海外渔业发展步伐。2015年1月，福建省海洋与渔业厅印发了《福建省海外渔业发展规划（2014—2020年）》，提出到2020年基本形成远洋捕捞、海外养殖、加工物流并举，布局合理、装备精良、配套完善、管理规范、支撑有力的现代海外渔业产业体系。

（二）海洋交通运输业

海洋交通运输业是指以船舶为主要工具从事海洋运输以及为海洋运输提供服务的活动，包括远洋旅客运输、沿海旅客运输、远洋货物运输、沿海货物运输、水上运输辅助活动、管道运输业、装卸搬运及其他运输服务活动。

2013年，中国沿海港口生产形势总体良好，航运市场依旧持续低迷，海洋交通运输业增长继续放缓。全年实现增加值5 111亿元，比上年增长4.6%，占主要海洋产业增加值比重约23%。全年沿海规模以上港口货物吞吐量73亿吨，同比增长9.3%；集装箱吞吐量1.7亿标准箱，同比增长7.3%。据统计，目前全国有240多家海洋交通运输企业，海运船队总运力规模达1.42亿载重吨，占世界海运总运力的份额约为8%，位列全球第四。但是，与发达国家相比，中国海洋交通运输业大而不强，还不能完全适应经济社会发展和海洋强国建设的需要。例如，中国海运服务贸易长期处于逆差状态，高端服务业竞争力较弱；海运企业承运本国进出口货运量的总体份额目前仅占进出口货物总量的1/4，保障中国经济安全运行的总体能力不足，有待提高。

2014年9月，国务院印发《关于促进海运业健康发展的若干意见》，部署促进海运业健康发展，加快推进海运强国建设。这是中国第一次在国家层面发布海运发展战略，也是第一次对海运业长远发展制定的系统性政策文件。该意见对于推进海运企业深化改革，调整运力结构，实现转型升级；对于大力发展现代航运服务业，加快推进国际航运中心的建设都将具有重要的指导意义。10月底，交通运输部印发贯彻落实《国务院关于促进海运业健康发展的若干意见》的实施方案。该实施方案以国务院提出的“到2020年基本建成安全、便捷、高效、绿色、具有国际竞争力的现代海运体系”为目标，从加快海运结构调整、加快航运服务业转型升级、努力提升运输服务保障能力等九个方面提出60条具体措施，将更加有利于《国务院关于促进海运业健康发展的若干意见》的落实，加快推动海运强国建设。

---

① 全国远洋渔业工作座谈会召开，中国远洋渔业信息网，http：//www.cndwf.com/bencandy.php？fid=7&id=8619，2014-11-08。

（三）海洋船舶工业

海洋船舶工业是以金属或非金属为主要材料，制造海洋船舶、海上固定及浮动装置的生产活动以及对海洋船舶的修理及拆卸活动。

2013 年，海洋船舶工业实现增加值 1 183 亿元，比上年减少 7.7%，占主要海洋产业增加值比重约 5%。虽然受宏观经济环境的影响，2013 年中国船舶工业生产经营形势严峻，经济效益持续下滑。2013 年 1—11 月，全国规模以上船舶工业企业共 1 664 家，实现主营业务收入 6 001 亿元，同比下降 3.6%。其中，船舶制造企业 4 071亿元，同比下降 6.2%；船舶配套企业 932 亿元，同比下降 2.1%；船舶修理企业 225 亿元，同比增长 11.4%。规模以上船舶工业企业实现利润总额 252 亿元，同比下降 13.1%。其中，船舶制造企业 171 亿元，同比下降 18.3%；船舶配套企业 47.2 亿元，同比增长 7.8%；船舶修理企业 4.2 亿元，同比增长 13.1%。全国船舶出口金额为 267.4 亿美元，同比下降 26.9%，出口船舶产品中散货船、油船和集装箱船仍占主导地位。

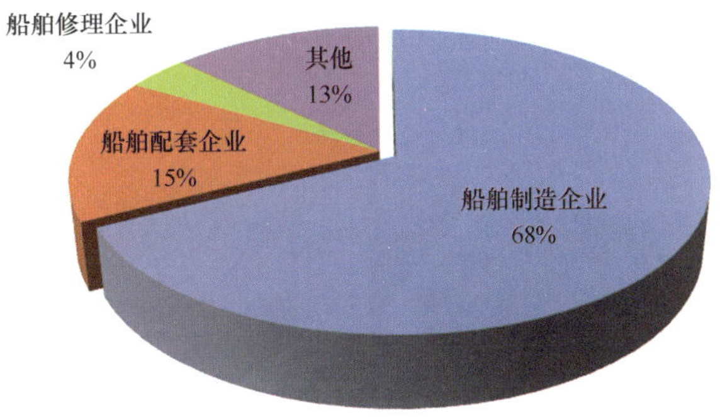

图 7－4　全国规模以上船舶工业企业主营业务收入占比（%）

其中也不乏一些亮点。例如，船舶和海洋工程装备骨干企业抓住市场机遇，全年新接船舶订单 6 984 万载重吨，同比增长 242%，占世界新船订单的 47.9%，以载重吨计，继续保持全球第一。再如，骨干企业和研究单位强化市场需求引导，加强绿色环保主流船舶开发，加快高技术船舶、海洋工程装备研发，取得新的进展、新的突破。据不完全统计，全年新推出 100 多种绿色环保船型，优化和研发了大型液化天然气（LNG）船、大型液化气船（VLGC）、超大型系列集装箱船、汽车滚装船、双相不锈钢化学品船、海洋执法船、公务船、远洋渔船等高技术船舶和特种船舶，大多数船型获

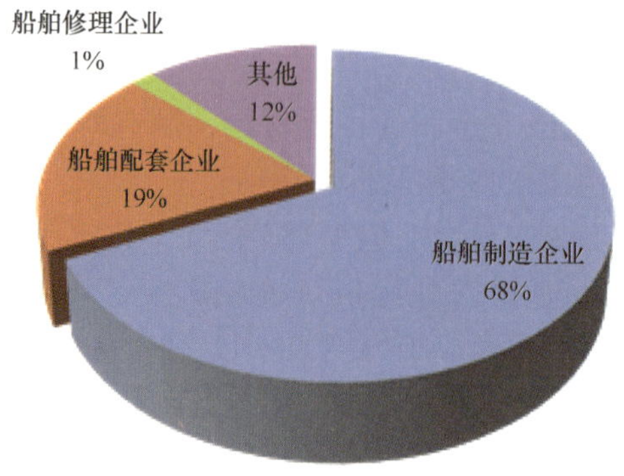

图 7-5　全国规模以上船舶工业企业实现利润占比（%）

得批量订单①。

2014 年 1—10 月份，中国造船企业各项指标保持平稳，新承接船舶订单和手持船舶订单同比继续增长，三大造船指标均位居世界第一。但受全球经济增长趋缓、运力过剩难以改观、航运市场低位徘徊的影响，船市成交量下滑趋势明显，新船价格上涨受阻，船舶市场依然严峻。

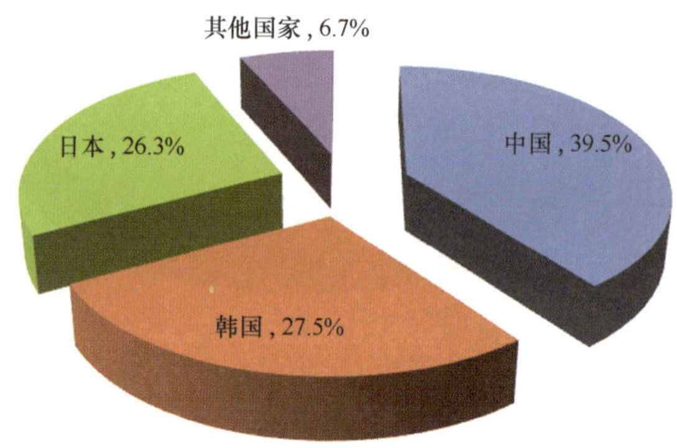

图 7-6　2014 年 1—10 月世界造船完工量占比（%）

（四）海洋油气业

海洋油气业是指在海洋中勘探、开采、输送、加工原油和天然气的生产活动。

① 2013 年船舶工业经济运行分析，中国船舶工业在线，http：//www. shipol. com. cnztlmcbxyyxfxysczsyxfx286742. htm，2014-08-24。

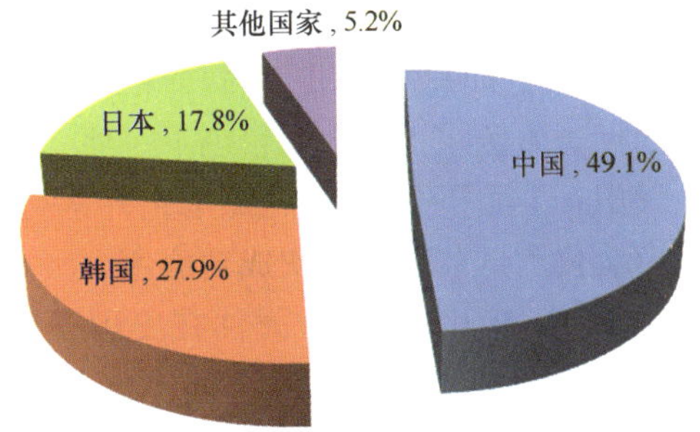

图 7－7　2014 年 1—10 月世界新接订单量占比（%）

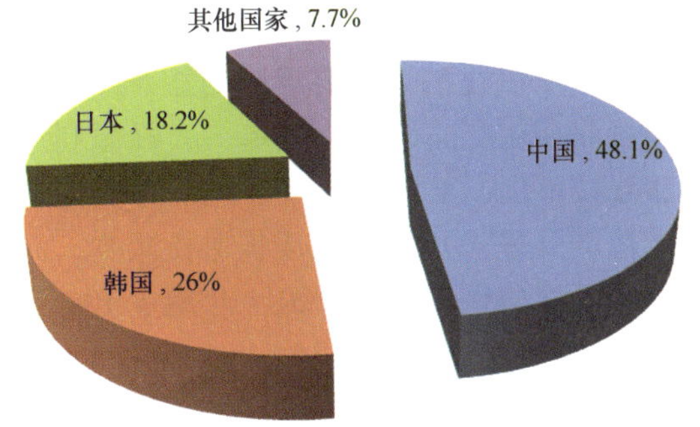

图 7－8　2014 年 1—10 月世界造船手持订单量占比（%）

2013 年，海洋油气业保持稳定发展，全年实现增加值 1 648 亿元，比上年增长 0.1%。海洋原油产量 4 540 万吨，比上年增长 2%，海洋天然气产量 120 亿立方米，比上年减少 4%。2014 年上半年，海洋油气业实现恢复性增长，海洋油气业实现增加值 849 亿元，同比增长 14.7%①。海洋原油产量 2 213 万吨，同比减少 2.2%，天然气产量 61 亿立方米，同比增长 4.7%。

目前，中国近海油气田的开发主要集中在渤海、珠江口、琼东南、莺歌海、北部湾和东海六个含油气盆地。随着国家海洋油气勘探开发战略的推进以及一批先进钻井平台装备如“海洋石油 981”“海洋石油 201”等陆续投入使用，深海油气勘探开发面临重要的发展机遇。2014 年 8 月，深水钻井平台“海洋石油 981”在南海北部深水区陵水 17－2－1 井测试获得高产油气流。据测算，陵水 17－2 为大型气田，是中国海域

① 海洋油气业实现恢复性增长，国家发展和改革委，http：//www.sdpc.gov.cn/fzgggzdqjjzhdt/201412/t20141202_650774.html，2014－12－20。

自营深水勘探的第一个重大油气发现[①]。本次测试是“海洋石油981”平台建成以来的首次测试作业，创造了中国海洋石油总公司（简称“中海油”）自营气井测试日产量最高纪录。该井测试的成功标志着陵水17－2项目创下三项“第一”：中海油深水自营勘探获得了第一个高产大气田；“海洋石油981”深水钻井平台第一次深水测试获得圆满成功；自主研发的深水模块化测试装置第一次成功运用。

海外油气勘探取得重大成果。2013年，中海油在美国墨西哥湾勘探获得新发现，在西非刚果（布）勘探项目钻探获得新发现，在北非阿尔及利亚再获3个新发现，在东非乌干达获得2个新发现，为公司在海外建立生产基地奠定了更加坚实的基础[②]，也意味中国海外自主勘探取得了实质性的突破。

（五）海洋盐业和盐化工

海洋盐业是利用海水生产以氯化钠为主要成分的盐产品的活动，包括采盐和盐加工。长期以来，中国海洋盐业存在产品结构比较单一、资源利用水平低、生产粗放等问题。特别是近年来，随着城市化、工业化进程加快，海盐生产面临的外部环境压力越来越大，浅层地下卤水过度开采，盐田面积逐步退让减少，海盐产量也呈现下降态势。2012年，全国海盐产量为2 986万吨，比2011年减少10%。各沿海省（市）海盐产量也同比减少。

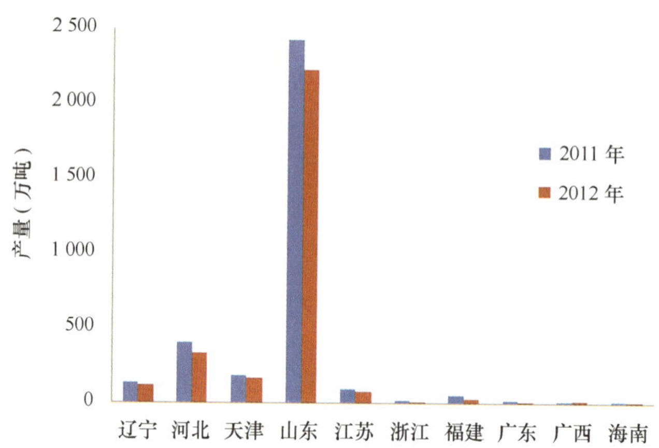

图7－9 2011—2012年沿海地区海盐产量比较

① 《南海深水钻探发现大气田》，载《人民日报》海外版，2014年9月1日1版。
② 中国海洋石油总公司2013年度报告。

2013 年，海洋盐业呈现负增长，全年实现增加值 56 亿元，比上年减少 8.1%，占主要海洋产业增加值比重约 0.3%。2014 年，海洋盐业结构调整成效初现。上半年盐业实现增加值 29 亿元，同比增长 6.9%。山东省是中国原盐生产的主要产区，海盐产量占全国海盐产量超过 70%，其海盐的生产进度、天气变化情况、工业盐的价格走势直接影响全国工业盐市场变动。

海盐化工业，指以海盐、溴素等直接从海水中提取的物质作为原料进行的一次加工产品的生产，如烧碱、纯碱等碱类的生产以及以制盐副产物为原料进行的氯化钾和硫酸钾的生产。提高氯碱行业的准入门槛，化解过剩产能是当前氯碱行业发展的首要任务。新一轮修订的《氯碱行业准入条件》主要在能耗、环保、健康、安全这些方面要求从严。可以预见，今后推行循环经济理念、生产环节中实施热电联产和废水、废渣综合利用的氯碱企业将获得更大的发展机会，而环境污染严重、能源消耗高的企业产能将面临更多的限制。目前，虽然海盐产量和生产面积都有所下降，但海盐化工的工艺技术、节能降耗、综合利用、生产装备等方面的生产和技术改造均取得了一定突破，海水化学资源综合利用技术除用于盐田技术改造和产业升级之外，还用于高含盐废水综合利用，初步实现了海洋资源高效利用技术向内陆地区相关企业的转移，有望产生更大的社会经济效益。

（六）海洋矿业

海洋矿业包括海滨砂矿、海滨土砂石、海滨地热、煤矿开采和深海采矿等采选活动。通常情况下，将海洋矿产资源按其分布区位划分为海滨矿产资源和深海矿产资源，《海洋及相关产业分类》（GB/T 20794—2006）将海洋矿业也相应地分为海滨矿业开采与深海矿产开采两类。但是，世界范围深海矿产仍处于技术研发与矿产勘探阶段，很难确定何时能进入规模化的产业开发阶段，所以，一般将深海矿产资源开发列为未来海洋产业。目前，中国可以进行产业化开发的海洋矿产仍是海滨砂矿开发，主要包括海洋砂砾开采和海滨金属及非金属矿产开发，主要开发地点分布于浙江、福建、广东、广西、山东、海南等地区。国内砂矿生产多限于近岸，多数采矿场为中小型，年产量在几千吨到万吨以内。总的来看，国内海滨砂矿开发在整个海洋经济体系中所占的比重还非常小，海洋矿业增加值占主要海洋产业增加值比例一般在 0.2% 左右。

2013 年，海洋矿业继续保持平稳发展，海砂开采管理力度不断加强，产业秩序得到进一步规范。全年实现增加值 49 亿元，比上年增长 13.7%。当前和今后一段时期，中国海滨砂矿发展单一的局面较难改变，在日益增加的环保压力下，海洋矿业转型升级形势依然严峻。

三、海洋新兴产业的培育

海洋新兴产业是在20世纪60年代以后至21世纪初形成，由于科学技术进步发现了新的海洋资源或者拓展了海洋资源利用范围而成长起来的产业，现阶段主要包括海洋生物育种与健康养殖业、海洋工程装备制造业、海洋医药和生物制品业、海洋可再生能源业、海水利用业、滨海旅游业、海洋工程建筑业、海洋科研教育管理服务业等。

（一）海洋生物育种与健康养殖业

海洋生物育种与健康养殖是指综合利用现代育种技术、养殖技术和疾病防控技术，培育高产优质新品种，并实施健康、环保的养殖模式。

目前，在海洋生物育种方面，中国构建了主要海水养殖品种的种质库和繁育技术体系；研发形成一批环境友好型高效人工饲料、病害防控与质量安全以及高效健康养殖的技术成果，建立了优质、安全的海水养殖鱼类产业链技术的研发体系，初步形成系统推广能力，具有广阔的应用前景。

据不完全统计，全国现有海洋生态高效养殖企业100余家。工厂化循环水等健康养殖模式在辽宁、天津、山东等地的应用规模持续扩大，大大减少了疾病的发生，降低了渔药使用率，且养殖过程不向外界排放任何污染物，实现了水产养殖环保、高效的目标，受到了众多企业和养殖户的一致好评，应用前景良好。

目前，全国共有1万多只抗风浪网箱投入生产，主要建立了冷水性鱼类抗风浪网箱养殖产业基地、大黄鱼抗风浪网箱养殖产业基地、卵形鲳鲹及军曹鱼抗风浪网箱养殖产业基地，浙江、广东、海南等地已基本形成深水抗风浪网箱养殖产业群。苗种、饲料、养殖、加工、流通等抗风浪网箱产业链环节都得到迅速发展，抗风浪网箱养殖新增经济效益累计超过160亿元。抗风浪网箱养殖工程技术的推广应用，使中国海水鱼类养殖由内湾、浅海水域逐步推向外海，有效促进了中国海洋渔业增长方式的转变，既改善了养殖环境，又拓展了养殖空间，保障了国家食物的安全供应。此外，沿海各省份还积极推行滩涂和浅海生态养殖模式，建立起多营养层次生态养殖新模式，大幅度提高了海洋生态环境容量和生产效率。

（二）海洋工程装备制造业

海洋工程装备制造业是指以金属或非金属为主要材料制造海洋工程装备的产业活动，其中，海洋工程装备主要指海洋资源（现阶段主要包括海洋油气资源、海上风电资源）勘探、开采、加工、储运、管理、后勤服务等方面的大型工程装备和辅助装备。

2013 年，中国海洋工程装备市场保持稳定增长。全年共承接各类海洋工程装备订单超过 180 亿美元，约占世界市场份额的 29.5%，已超过新加坡，位居世界第二。其中，新接各类海洋工程平台订单共 61 座和 1 艘钻井船，其中自升式钻井平台 49 座，占世界市场总量的一半以上。值得注意的是，中国虽在浅海钻井装备建造上已占半壁江山，但深海开发装备与国外相比还存在很大差距，尚不具备 100 米以上水深自升式钻井平台、深水半潜式平台、深水 FPSO 等装备，以及具有国际市场竞争力的深海海洋工程辅助船的自主设计能力。此外，中国深水钻井装备的整体配套能力不足，大多数配套设备依赖国外进口，国内生产的配套产品技术指标相对较低，深海系泊系统、FPSO 单点系泊系统、动力定位系统等高端设备的设计制造基本被持有专利技术的国外供应商所垄断。

2014 年 5 月，由国家发展改革委、财政部、工业和信息化部、国家海洋局等九部门联合编制的《海洋工程装备工程实施方案》正式发布，明确指出“海洋工程装备工程”将从深海油气资源开发装备创新发展、深海油气资源开发装备应用示范、深海油气资源开发装备创新公共平台建设三方面组织实施，旨在突破深远海油气勘探装备、钻井装备、生产装备、海洋工程船舶、其他辅助装备以及相关配套设备和系统的设计制造技术。方案的实施将全面提升中国海洋工程装备自主研发设计、专业化制造及系统配套能力，实现海洋工程装备产业链协同发展。

2014 年 6 月，国内最先进的自升式钻井平台“凯旋一号”在南通中远船务启东海工基地命名交付。该平台由工银金融租赁有限公司通过其东疆保税区项目公司向中海油田服务股份有限公司交付使用，已转场至东海进行钻井作业。该平台作业水深 122 米，钻井深度 10 670 米，具有广泛的适用性，技术水平和建造质量均处于全球领先水平。

图 7－10　停靠在南通中远船务启东海工基地的“凯旋一号”

2014 年 12 月 29 日，工业和信息化部发布《海洋工程装备（平台类）行业规范条件》，明确了海洋工程装备（平台类）行业的基本要求、技术创新与质量控制、项目管理、设施与设备、规范管理等细则，有利于进一步加强海洋工程装备行业管理，引导海洋工程装备生产企业持续健康发展。

（三）海洋医药和生物制品业

海洋医药和生物制品业以海洋生物资源为研发对象，以海洋生物技术为主导技术，以海洋药物为主导产品，包括海洋创新药物、生物医用材料、功能食品等产业体系。

近年来，作为战略性新兴产业的重要组成部分，海洋医药和生物制品业发展迅速，已成功开发了一批农用海洋生物制品、海洋生物材料、海洋化妆品及海洋功能食品、保健品等。2013 年，海洋医药和生物制品业持续较快发展，全年实现增加值 224 亿元，比上年增长 20.7%，占主要海洋产业增加值比重约 1%。在国家、地方政府的大力支持下，通过海洋经济创新发展区域示范等项目的实施，企业积极改进关键技术和生产工艺，生物医药产品研制进展顺利，生物制品类向高端化发展，带动产业链强化延伸。国家一类戒毒药物替曲朵辛（河豚毒素）已完成Ⅱ期临床研究，国家二类新药海洋生物抗病毒藻糖蛋白进入了Ⅲ期临床研究。早期肾损伤诊断试剂盒等进入三甲医院，国内市场份额连年增长。国内首个海水养殖鱼类重要疾病高效疫苗取得了农业部批准的生产许可证，现已正式投产。

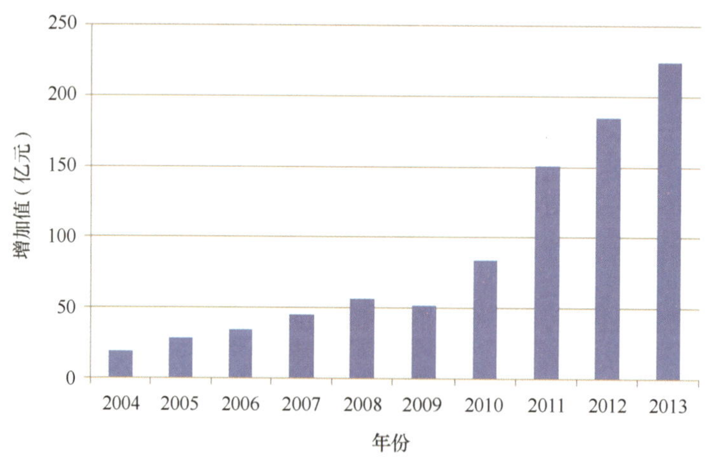

图 7－11　2004—2013 年海洋医药和生物制品业增加值

图7－12　戒毒新药——替曲朵辛进入Ⅲ期临床研究

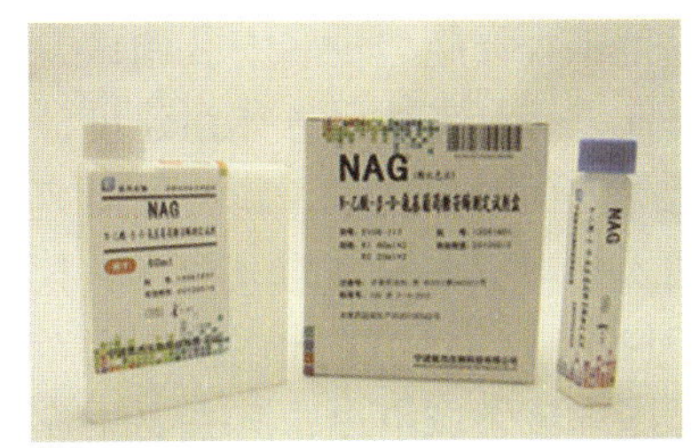

图7－13　N－乙酰－β－D－氨基葡萄糖苷酶测定试剂盒

（四）海洋可再生能源业

海洋可再生能源业是指在沿海地区利用海洋能、海洋风能进行的电力生产活动，不包括沿海地区的火力发电和核力发电。其中，海洋能通常是指海洋本身所蕴藏的能量，主要包括潮汐能、潮流能（海流能）、波浪能、温差能、盐差能等，不包括海底储存的煤、石油、天然气等化石能源和“可燃冰”，也不含溶解于海水中的铀、锂等化学能源。

2013年，海上风电项目有序推进，海洋可再生能源业稳步发展。全年实现增加值87亿元，比上年增长11.9%，占主要海洋产业增加值比重约0.4%。截至2013年年底，中国已建成海上风电装机容量39万千瓦①。山东、江苏、广东、辽宁风能发电能力位居全国前列。

2014年6月，国家发展改革委下发《关于海上风电上网电价政策的通知》，对潮间带风电和近海风电分别确定上网电价为0.75元/千瓦·时和0.85元/千瓦·时。12月，国家能源局发布《全国海上风电开发建设方案（2014—2016）》，涉及44个海上风电项目，共计1 053万千瓦的装机容量。海上风电价格政策及建设方案的出台，将促进海上风电产业发展，进一步优化能源结构。同时，有利于优化海上风电项目布局，鼓励投资者优先开发优质海洋风能。

据《中国海洋可再生能源发展年度报告（2013年）》显示，中国海洋能总体发展形势良好。其中，低水头、大容量、环境友好型技术已成为未来潮汐能技术发展方向；波浪能技术日趋多样化，部分技术已具备产品化能力；潮流能逐步向大型化发展，单机功率进一步扩大；温差能技术得到重视，盐差能技术启动研究。未来3年，中国将在广东万山、浙江舟山地区分别完成具有公共测试功能的百千瓦级波浪能、兆瓦级潮

① 国家能源局新能源司：《海上风电开发建设方案及有关管理要求》，2014年8月22日。

流能示范工程设施建设、安装调试、运行维护等工作，并实现示范运行。将继续完善国家海洋能综合支撑服务体系建设，积极推进海上试验场建设，开展潮汐能、波浪能、温差能等方面的新技术、新装置研究试验，研发自主技术装备。此外，海洋能技术发展也纳入中国正在编制的《海洋科技创新总体规划》。

2014 年 11 月，首个国家浅海综合试验场正式落户威海市褚岛北部海域。该试验场填补了国内该领域空白，其主要用途之一在于为海洋能设备中试试验提供示范基地与公共试验平台。试验场的建设将促进海洋可再生能源领域研发成果的转化与产业化，有效提高海洋可再生能源的商业化开发速度。

（五）海水利用业

海水利用业是指对海水的直接利用和海水淡化活动，包括利用海水进行淡水生产和将海水应用于工业冷却用水和城市生活用水、消防用水等活动，不包括海水化学资源综合利用活动。2013 年，海水利用业较快发展，产业技术应用和推广不断加快，产业化水平进一步提高。全年实现增加值 12 亿元，比上年增长 9.9%，占主要海洋产业增加值比重约 0.1%。

近年来，全国已建成海水淡化工程总体规模不断增长。全国已建成海水淡化工程 103 个，产水规模约 90 万吨/日，较 2012 年增长了 16%。其中，2013 年，全国新建成海水淡化工程 8 个，新增海水淡化工程产水规模约 13 万吨/日。截至 2013 年年底，全国已建成万吨级以上海水淡化工程 26 个，产水规模 80 万吨/日；千吨级以上、万吨级以下海水淡化工程 31 个，产水规模 9 万吨/日；千吨级以下海水淡化工程 46 个，产水规模 9 000 吨/日。全国已建成最大海水淡化工程规模 20 万吨/日①。受工程规模、技术选择、能源价格、维护成本、人工费用等因素的影响以及产水成本计算方法的不同，2013 年国内海水淡化工程产水成本在 5 ~ 8 元/吨，接近国际水平。其中，万吨级以上海水淡化工程平均产水成本 6.95 元/吨，千吨级海水淡化工程平均产水成本 8.15 元/吨。全国已建成海水淡化工程的能源主要由电力提供。其中，反渗透海水淡化工程能源以电力为主，一类是由国家电网提供，占工程数量的 63.9%；另一类是由电厂自发电设备提供，占工程数量的 36.1%。低温多效和多级闪蒸海水淡化工程主要采用电力与蒸汽相结合的能源利用形式，电力和蒸汽均来自其所依托的电厂。同时，沿海依托各自能源优势，积极探索太阳能、风能等可再生能源与海水淡化技术的耦合以及多种能源互补技术。2013 年，建成 30 吨/日基于线性菲涅尔太阳能聚光光热多效蒸馏海水淡化装置和 5 吨/日风光柴储一体化海水淡化装置。

---

① 资料来源：国家海洋局：《2013 年全国海水利用报告》。

图 7－14　基于线性菲涅尔太阳能聚光光热蒸馏海水淡化装置

全国海水淡化工程在沿海 9 个省市都有分布，主要是在水资源严重短缺的沿海城市和海岛。北方以大规模的工业用海水淡化工程为主，主要集中在天津、河北、山东等地的电力、钢铁等高耗水行业；南方以民用海岛海水淡化工程居多，主要分布在浙江、福建、海南等地，以百吨级和千吨级工程为主。

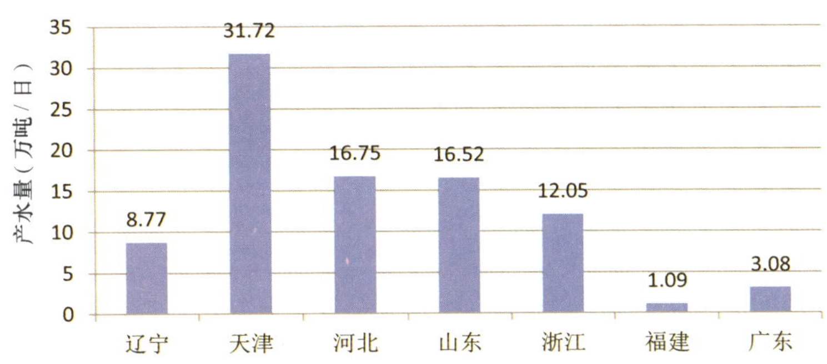

图 7－15　全国主要沿海省（市）海水淡化工程产水规模

海水直接利用主要包括海水直流冷却、海水循环冷却和大生活用海水等，并以海水直流冷却为主。2013 年，中国沿海火电、石化、核电等行业普遍采用海水作为工业冷却水，海水直流冷却技术得到了广泛应用，年利用海水量稳步增长。11 个沿海省区市均有海水直流冷却工程分布。截至 2013 年年底，全国年利用海水作为冷却水量约

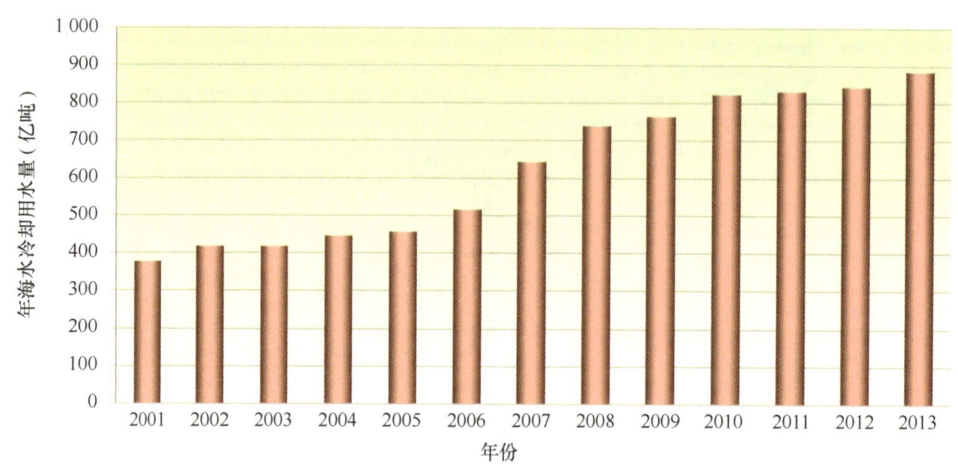

图 7－16　2001—2013 年全国海水冷却工程年海水利用量

883 亿吨。其中，2013 年新增用量 42 亿吨。

（六）滨海旅游业

滨海旅游包括以海岸带、海岛及海洋各种自然景观、人文景观为依托的旅游经营、服务活动。主要包括：海洋观光游览、休闲娱乐、度假住宿、体育运动等活动。

近十年来，滨海旅游业产业规模持续增大，已成为海洋产业体系中重要的支柱产业，在主要海洋产业增加值中占比维持在 30% 左右。2013 年，滨海旅游业继续保持良好发展态势。全年实现增加值 7 851 亿元，比上年增长 11.7%。2014 年上半年，滨海旅游业持续快速增长，邮轮、游艇、休闲渔业等新型业态规模迅速扩大。滨海旅游业实现增加值 3 966 亿元，同比增长 9.7%，对东部沿海地区经济增长的拉动作用更加凸显。

目前，国内的滨海旅游以海滨旅游为主，大部分沿海地区的滨海旅游活动发生在海滨陆地和海岛，而海上旅游产品还有待进一步普及推广。邮轮巡游、游艇、帆船、海上垂钓、冲浪、潜水等高端海上观光与度假旅游产品仍处在起步阶段，未来发展潜力巨大。以邮轮游艇产业为例，世界邮轮游艇产业发展呈现由冷门向热门产业发展、由贵族群体向大众化方向发展、由欧美向全球化方向发展的趋势。随着中国经济快速发展，国民消费能力日益增强，邮轮游艇产业已成为沿海地区争相发展的新型产业。歌诗达邮轮公司、皇家加勒比邮轮公司、丽星邮轮公司相继开辟了由中国港口出发的东北亚和东南亚新航线。国内的游艇消费还处于初级阶段，但随着政府引导发展游艇产业，游艇码头建设正呈现从上海、浙江、广东、深圳、厦门、海口、三亚等沿海、

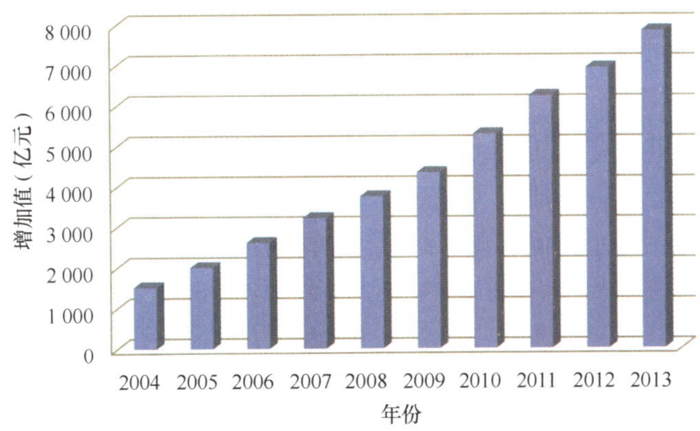

图 7-17　2004—2013 年中国滨海旅游业增加值

沿江地区向内陆地区逐步扩散的局面，预计游艇业在未来 5~10 年内将会蓬勃发展。

（七）其他产业

海洋工程建筑业是指在海上、海底和海岸所进行的用于海洋生产、交通、娱乐、防护等用途的建筑工程施工及其准备活动，包括海港建筑、滨海电站建筑、海岸堤坝建筑、海洋隧道桥梁建筑、海上油气田陆地终端及处理设施建造、海底线路管道和设备安装，不包括各部门、各地区的房屋建筑及房屋装修工程。海洋工程建筑业是海洋经济发展的基础产业，伴随着海洋经济的快速发展，海洋工程建筑业也保持平稳增长，特别是改革开放后，沿海地区加快基础设施建设步伐，多座跨海大桥和港口改扩建工程相继施工。2013 年，海洋工程建筑业保持稳步增长，实现增加值 1 680 亿元，比上年增长 9.4%。

海洋科研教育管理服务业是开发、利用和保护海洋过程中所进行的科研、教育、管理及服务等活动，包括海洋信息服务业、海洋环境监测预报服务、海洋保险与社会保障业、海洋科学研究、海洋技术服务业、海洋地质勘查业、海洋环境保护业、海洋教育、海洋管理、海洋社会团体与国际组织等。近年来，海洋信息服务、海洋环境监测预报服务等产业发展迅速，为海洋经济、海洋管理、公益服务和海洋安全提供了海洋信息的业务保障和技术支撑。从事海洋保险的机构不断增加，承保范围不断扩大，保障程度不断加深，海洋保险已成为涉海金融领域中的重要一环。海洋科研实力显著增强，海洋科技成果转化率不断提高，产学研用协同创新模式更加多样，涉海高校、科研机构等为海洋经济提质增效发挥着越来越重要的支撑作用。2013 年，海洋科研教育管理服务业增加值 9 288 亿元，比上年增长 7.3%。

四、未来海洋产业的展望

未来海洋产业是指正处于技术储备阶段或已初步显现潜在开发前景的海洋生产活动，一旦技术成熟，就可以成长为海洋新兴产业。结合现阶段海洋科技发展实际，未来海洋产业主要包括海水灌溉农业、深海矿产资源勘探开发等。

（一）海水灌溉农业

海水灌溉农业是以经济盐生植物和盐生作物为生产对象，以土地为载体运用海水进行浇灌或以海水无土栽培方式进行的生产活动。目前，以海水蔬菜种植为重点的海水灌溉农业在世界滨海地区受到了广泛关注。其意义在于增辟可耕地资源，修复盐土环境，节约淡水资源，尤其对于沿海淡水资源匮乏的地区，是未来增加蔬菜供给，提高农业产出，增加农民收入的重要途径。

驯化野生盐生植物是现阶段培育海水灌溉农业作物的主要途径，海水蔬菜的首选植物海蓬子就是由野生盐生植物驯化而来。中国沿海地区的盐碱地分布有大量盐生野菜品种，其中许多是“药食同源”的珍贵野菜，例如盐地碱蓬嫩苗可作蔬菜，含有丰富的氨基酸、维生素、纤维素、盐元素等，具有抗病保健功能。这些分布在盐渍地区的盐生野菜为开发海水蔬菜新品种、促进海水蔬菜业发展提供了种质资源基础。

中国海水蔬菜种植整体仍处于起步阶段，具体表现在种植规模小、发展模式不成熟和市场认可度低等方面。现阶段，国内涉足海水蔬菜种植企业为数不多，未来要实现海水蔬菜规模化、产业化生产，尚有相当长的距离。

（二）深海矿产资源勘探开发

世界范围深远海矿产仍处于技术研发与矿产勘探阶段，很难确定何时能进入规模化的产业开发阶段。中国当前主要进行了前期勘探与开采的技术研发与储备工作。2014 年 4 月，中国大洋矿产资源研究开发协会与国际海底管理局在北京正式签订了国际海底富钴结壳矿区勘探合同，标志着中国继 2001 年在东北太平洋获得 7.5 万平方千米多金属结核矿区、2011 年在西南印度洋获得 1 万平方千米多金属硫化物矿区之后，获得的第三块具有专属勘探权和优先开采权的富钴结壳矿区已经完成所有法律程序，也意味着中国成为世界上首个对 3 种主要国际海底矿产资源均拥有专属勘探矿区的国家。

积极推进深海矿产资源勘探开发有利于提高对深海的科学认知水平和有效保护海底环境，有利于带动和促进有关深海技术装备研制迈上新台阶，也有利于实现《联合国海洋法公约》所确立的国际海底活动服务于全人类利益的宗旨。尽管中国深远海勘探技术通过引进、吸收和开发，逐步形成了自主发展的能力，部分设备已经在大洋资源调查和基地考察中作为常规设备列装，但总体上处于边试用、边改进阶段，实现产业化还需要国家扶持和政策引导。

五、小结

"十二五"以来，中国海洋经济增速明显趋缓，已由高速增长期过渡到增速"换挡期"。为主动适应"增速放缓、转型换挡、结构优化、全面提质"的海洋经济发展新常态，要以推动海洋经济向质量效益型转变为核心目标，把转方式、调结构放在更加突出的位置，积极促进从要素驱动、投资驱动向创新驱动转变。

围绕着海洋经济的提质增效，海洋渔业、海洋船舶工业等传统的资源和劳动密集型产业将面临更加严峻的挑战，而具有物质资源消耗低、成长潜力大、综合效益好等特征的海洋新兴产业、未来海洋产业将逐步成为海洋资源环境可持续利用的重点领域。在"十三五"时期，要大力培育和发展战略性海洋新兴产业、未来海洋产业，逐步将海洋经济增长点从传统产业转向新兴产业；积极推动传统产业的技术转化和优化升级，加快绿色转型步伐。

第八章　区域海洋经济的发展

当前是《全国海洋经济“十二五”发展规划》执行的关键时期，在国家各项区域发展战略的引领和指导下，沿海地区海洋经济发展成效显著，较好地实现了预期发展目标。北部经济区、东部经济区、南部经济区空间开发格局持续优化，海洋经济规模和增长质量不断提高，重要海岛开发建设有序推进。

一、北部海洋经济区

北部海洋经济区由辽宁、河北、天津、山东组成，包括辽东半岛、渤海湾、山东半岛沿岸及海域。区内共有17个沿海市。2013年，本区海洋生产总值19 734亿元，占全国海洋生产总值的36.3%，比上年提高了0.5个百分点。① 该区海水养殖产业、海洋油气业、海洋化工业和海洋交通运输业较为发达。

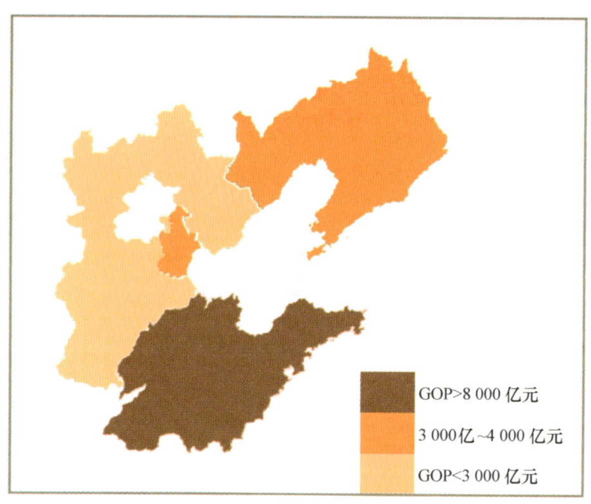

图8-1　北部海洋经济区示意

数据来源：《中国海洋统计年鉴2013》

① 数据来源：《2013年中国海洋经济统计公报》。

（一）辽宁

辽宁省共有 6 个沿海地级市。作为北方重要的水产养殖基地、海洋工程装备基地，辽宁省海洋经济继续保持较快速度增长，对区域经济和社会发展的带动作用日益凸显。2013 年，海洋生产总值 4 065 亿元，比上年增长 11.8%，占全省生产总值的 15%，涉海就业人员达到 322.6 万人。①

经过多年发展，辽宁省形成了海洋渔业、海洋交通运输业、滨海旅游、船舶工业、海洋化工业和海洋油气业等六大海洋产业。特别是海洋渔业，其海水养殖面积位居全国第一。海洋三次产业结构由 2006 年的 10∶54∶37 转变为 2012 年的 13∶40∶47，海洋第二产业比重下降 14 个百分点，海洋第三产业比重上升 10 个百分点，海洋产业结构调整效果初步显现。

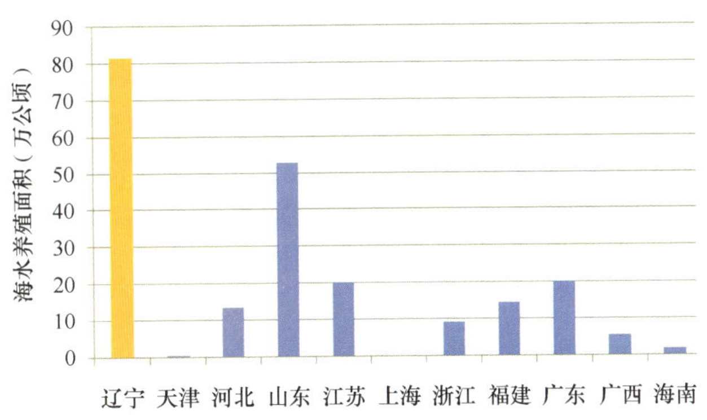

图 8－2　沿海地区海水养殖面积

数据来源：《中国海洋统计年鉴 2013》

在沿海经济带开发战略推动下，辽宁省制造业、重化工业向沿海聚集，基本形成了以大连为中心，分别向渤海、黄海扩展的半岛空间发展格局。作为区域核心城市，2013 年大连实现海洋经济总产值 1 157.5 亿元，比上年增长 14.03%；完成水产品出口额 19.7 亿美元，增长 4.6%；渔民人均收入 2.4 万元，增长 14.3%。大连是中国北方重要的远洋渔业和健康增养殖基地。2013 年，该市新建远洋渔船 57 艘；新增部级水产健康养殖示范场 40 个；启动 2 处国家级海洋牧场建设项目；建立 3 个国家和省级水产品出口示范区。獐子岛集团股份有限公司大连海珍品原良种场等 4 家企业被评为“中

① 资料来源：国家发改委网站，http://dqs.ndrc.gov.cngzdt201403/t20140303_589235.html，2014－08－26。

国现代渔业种业示范场”。①

（二）天津

海洋经济在天津社会经济中发挥着重要作用。2012 年，天津海洋生产总值 3 939.2 亿元，占地区生产总值的 30.6%，涉海就业人员 175.1 万人。海洋三次产业比例为 0.2∶66.7∶33.1。天津临港工业发达，单位岸线海洋生产总值为 30 亿元，是全国平均水平的 10 倍，海洋油气、海洋盐业、海洋化工产业规模位居全国前列。

天津是投资拉动型海洋经济的代表。“十一五”期间，投资领域主要集中在临海电力、能源、石化和交通运输。进入“十二五”，天津积极探索转变海洋经济发展方式，以项目为抓手推动传统产业升级和战略性新兴产业培育，依托现有海洋工业基础，积极扶持培育绿色、环保、节能等海洋高技术产业，提高天津海洋经济增长后劲。

2014 年 4 月，国家发展改革委、国家海洋局联合下发《关于在广州等 8 个城市开展国家海洋高技术产业基地试点的通知》，决定在天津开展国家海洋高技术产业基地试点工作。天津发展海洋高技术产业的基本思路是依托现有海洋政策和产业基础，结合国内外海洋产业的发展潮流与趋势，重点打造天津海洋高端装备制造、海水综合利用、海洋工程、海洋新材料、海洋高技术服务产业。随着上述海洋高技术产业的快速崛起，天津市海洋产业结构和水平将得到进一步优化和提升。

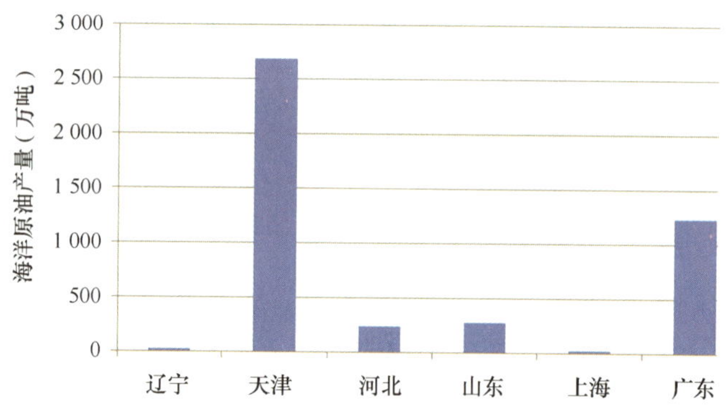

图 8－3 沿海地区海洋原油产量

数据来源：《中国海洋统计年鉴 2013》

① 资料来源：中国农业部官网，http：//www.moa.gov.cn/fwllm/qgxxlb/ln/201403/t20140302_3800858.htm，2014－12－22。

（三）河北

河北省共有秦皇岛、唐山、沧州 3 个沿海地级市。2012 年，河北实现海洋生产总值 1 622 亿元，涉海就业 95.5 万人。海洋经济三次产业结构为 4:54:42，海洋第二产业较为发达，增加值占比在中国沿海省份中仅次于天津。

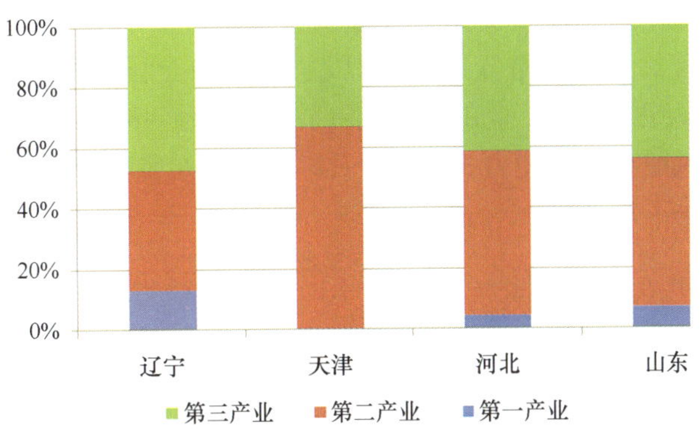

图 8－4　北部经济区四省市海洋产业结构

数据来源：《中国海洋统计年鉴 2013》

河北省按照“以港建区、以区促港、以港兴城、以港兴市”的发展思路，大力发展临港工业和沿海基础设施建设。2010 年，全省沿海港口生产性泊位 116 个，较 2005 年增加 36 个；2013 年河北全省港口新增生产性泊位 18 个，总数达到 158 个，较 2010 年增长 42 个。

根据河北对三个沿海核心港的定位，秦皇岛港在合理控制煤炭运输能力的基础上，加快转型升级，实施西港搬迁改造工程，向多功能现代化大港转变。唐山港以发展煤炭、铁矿石、原油等大宗散货运输为重点，目标是建成国家级主要港口、东北亚地区经济合作的前沿枢纽、国际综合大港。黄骅港以发展铁矿石、车辆滚装、集装箱、液体化工、煤炭、原油为重点，拓展综合运输、临港工业、仓储、物流等现代港口功能，目标是建成国家级主要港口、北方国际散货石化大港。

2014 年底出台了《河北省人民政府关于加快沿海港口转型升级为京津冀协同发展提供强力支撑的意见》，提出海运业新发展目标，到 2020 年，港口生产性泊位达到 290 个以上，通过能力、吞吐量均突破 15 亿吨，集装箱突破 1 000 万标准箱。

（四）山东

山东省共有 7 个沿海城市，位于北部海洋经济区的南部，是中国海洋经济发展试点省份之一。多年来，山东省海洋经济总规模居全国第二。2012 年，山东省海洋生产总值突破 8 972. 1 亿元，占地区生产总值的 17. 9%，海洋三次产业结构为 7∶49∶44，涉海就业 526. 5 万人。

山东省海洋经济基础好，产业体系完备，海洋渔业、海洋化工、海洋交通运输、滨海旅游、海洋船舶工业等在中国具有举足轻重的地位。进入“十二五”，山东省充分发挥海洋科技的引领作用，注重提高科技成果转化率，推动海洋服务业、海洋新兴产业不断壮大。2012 年，山东省海盐产量 2 219 万吨，占全国产量的 74. 3%；海洋化工品产量 841. 4 万吨，占全国产量的近一半；海水养殖 436. 2 万吨，占全国产量的 26. 5%；沿海地区风能年发电能力 534 万千瓦，占全国总量的 39. 5%。

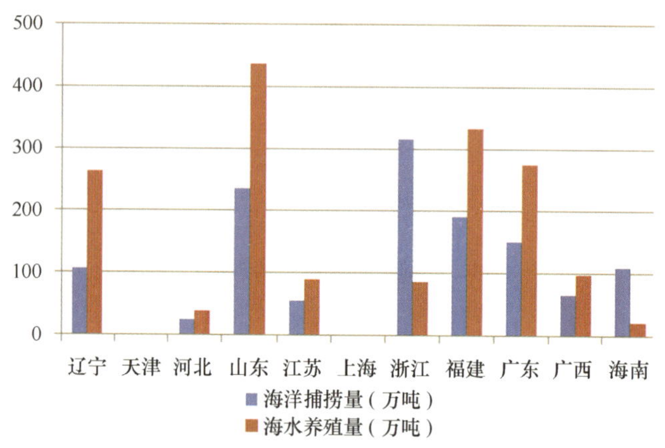

图 8 – 5　沿海地区海洋捕捞量、海水养殖量

数据来源：《中国海洋统计年鉴 2013》

（五）区域特点小结

综合来看，北部海洋经济区的海洋第二产业比重较大，产业结构呈现“二、三、一”格局，天津、河北、山东全员劳动生产率较高。从国家多年重大建设项目投资情况看，该地区汇集了较多的交通、能源、石化、钢铁等产业项目，海洋经济发展以投资和海域资源投入驱动为主。随着中国增长方式转变和经济增长“新常态”的确立，北部海洋经济区也将探索出新的增长道路。

表 8－1　北部海洋经济区内各省市海洋经济发展情况

地区	海洋生产总值（亿元）	产业结构	劳动生产率（亿元/万人）	劳动生产率全国排名
辽宁	3 391.7	13.2:39.5:47.3	10.513 64	8
天津	3 939.2	0.2:66.7:33.1	22.496 86	3
河北	1 622	4.4:54:41.6	16.984 29	5
山东	8 972.1	7.2:48.6:44.2	17.041 03	4

二、东部海洋经济区

该地区包括三个沿海省、直辖市，11 个沿海地级市。2013 年，海洋生产总值 16 485亿元，占中国海洋生产总值的比重为 30.4%，比上年回落了 0.9 个百分点。[①] 东部海洋经济区在海洋船舶工业和海洋工程装备制造业方面处于领先地位，是中国主要的海洋工程装备及配套产品研发与制造基地。

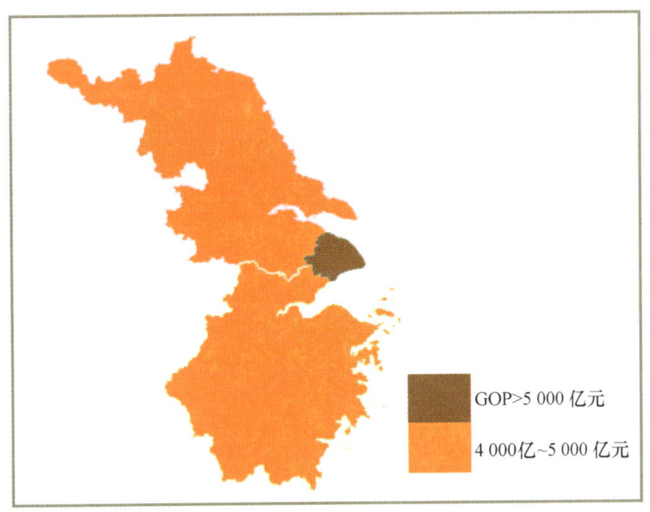

图 8－6　东部海洋经济区示意

数据来源：《中国海洋统计年鉴 2013》

① 数据来源：《2013 年中国海洋经济统计公报》。

（一）江苏

江苏省共有3个沿海市。沿海地区北接环渤海经济圈，南连长江三角洲核心区域，在中国海洋经济发展中具有重要地位。2012年，江苏省海洋生产总值4 722.9亿元，占全省地区生产总值的8.7%。涉海就业192.4万人。

江苏海洋经济较为发达，海洋交通运输业规模处于国内领先地位，海洋船舶修造、海洋工程装备制造也很发达。2012年海洋三次产业结构为5∶51∶44。江苏省海水养殖面积达19.9万公顷，占全国海水养殖面积的近一成，位居中国第四，文蛤、条斑紫菜的品质和质量均列中国第一。

江苏省海洋能电力、海洋化工业、海洋交通运输业、海洋船舶制造具有较强竞争力。2012年，江苏省沿海地区风能发电230.6万千瓦，占中国年风能发电量的17%；海洋化工品产量209万吨，较上年增长18.6%；造船完工量2 155万综合吨，占中国总造船完工量的37.8%。

（二）上海

2012年，上海海洋生产总值5 946.3亿元，占地区经济比重为29.5%。涉海就业209.8万人。

上海市海洋产业结构呈现“三、二、一”格局，海洋第一产业比重不足1%，海洋第三产业比重超过60%。尽管第一产业产值规模不大，但远洋捕捞业在中国具有重要地位，年产量居全国第五位，达11万吨，占全国远洋渔业捕捞量的9%。海洋制造业方面，船舶工业发达，2012年造船完工量达1 045万综合吨，位列沿海省市第三位。作为中国东部沿海的核心城市和对外开放的窗口，上海航运业、旅游业十分发达。2012年，港口货物吞吐量6.3亿吨，集装箱运量达2.6亿标准箱，集装箱吞吐量位居世界第一。依托便利的交通和完善的基础设施，2012年接待入境旅游者651万人次，实现国际旅游收入54.9亿美元。

（三）浙江

浙江省有7个沿海市。作为5个国家级海洋经济示范区之一，拥有丰富的港口、渔业、旅游、油气、滩涂、海岛、海洋能等海洋资源，组合优势明显，发展海洋经济潜力巨大。2012年，浙江省海洋生产总值4 947.5亿元，占地区生产总值的14.3%，海洋三次产业结构为8∶44∶48，涉海就业422万人。

浙江省海洋渔业和滨海矿业十分发达。海洋渔业以海洋捕捞为主。2012年，海洋捕捞产量316万吨，远洋捕捞产量29万吨，分别占全国总捕捞量的24.9%、

23.7%。浙江是海洋矿砂的主要产区，产量一直维持在270万吨左右，超过全国总产量的50%。

浙江船舶制造以中小型船舶为主。2012年，修船完工量3 511艘，造船完工量1 161艘，均位居全国第一。海洋运输以散货和大宗商品为主，年货物吞吐量9.2亿吨，位居全国第三。

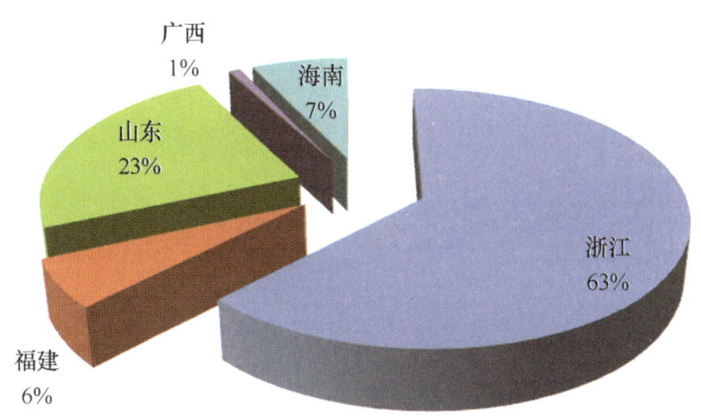

图8－7　主要沿海省（区）海洋矿业产量比重

数据来源：《中国海洋统计年鉴2013》

（四）区域特点小结

综合来看，东部海洋经济区是中国重要的海洋经济集聚区。该区远洋渔业、海洋高端装备制造、海洋现代服务业较为发达，海洋第三产业比重较大，海洋产业结构呈现“三、二、一”格局。无论是资源型海洋产业，还是制造型、服务型海洋产业，本区的技术经济和产出效率都较其他地区同类型产业更为突出。

表8－2　东部海洋经济区内各省市海洋经济发展情况

地区	海洋生产总值（亿元）	产业结构	劳动生产率（亿元/万人）	劳动生产率全国排名
上海	5 946.3	0.1:37.8:62.1	28.342 71	1
江苏	4 722.9	5:51:44	24.547 3	2
浙江	4 947.5	8:44:48	11.723 93	7

三、南部海洋经济区

南部海洋经济区海洋生产总值 17 280.7 亿元，占中国海洋生产总值的 34.5%。[①] 本区在远洋渔业、滨海旅游、海洋交通运输、海洋医药和生物制品等领域具有较强竞争力，是中国主要的海洋工程装备及配套产品研发与制造基地。

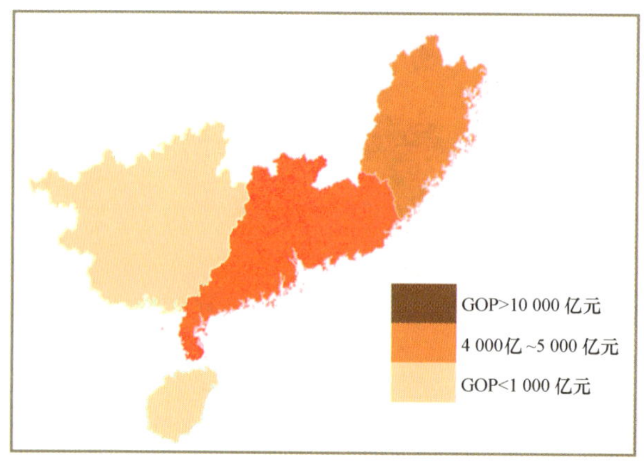

图 8-8 南部海洋经济区示意

数据来源：《中国海洋统计年鉴 2013》

（一）福建

福建省有 6 个沿海市，位于台湾海峡西岸，是国家海洋经济示范区之一。2012 年，海洋生产总值 4 482.8 亿元，占地区生产总值的 22.8%，居中国第四位。涉海就业 427.4 万人。

福建省海洋经济的三次产业发展相对均衡，海洋三次产业比例为 9:41:50。福建省海洋渔业以海水养殖和远洋捕捞为主。海水养殖产量、远洋捕捞量分别为 332.7 万吨、21.2 万吨，均居全国第二位。海洋新兴产业特别是海洋生物医药业发展迅猛，增速位居全国前列。滨海旅游业较强，厦门、福州两市国际旅游年收入均超过 10 亿美元。

（二）广东

广东省有 14 个沿海市，是中国海洋经济第一大省。2012 年，广东省实现海洋生产

① 数据来源：《2013 年中国海洋经济统计公报》。

总值 10 506.6 亿元，占地区生产总值的 18.4%，占中国海洋生产总值的近 20%。涉海就业人员约 831.6 万人。海洋经济已成为广东省地区经济的重要组成部分，为地区经济社会平稳较快发展做出了突出贡献。

广东海洋产业基础雄厚、产业体系完善，无论是资源型产业，还是制造型海洋产业、服务型海洋产业，均处于较高水平。2012 年，三次海洋产业结构为 2∶49∶49。广东省海洋渔业以近海捕捞和近海养殖为主，2012 年海洋水产总量 433 万吨。海洋原油产量 1 222 万吨，位居全国第二，海洋天然气产量 82.4 亿立方米，占全国总产量的 67%。港口货物吞吐量 12.1 亿吨，位居全国首位。港口集装箱吞吐量 4.4 亿标准箱，位列全国首位。

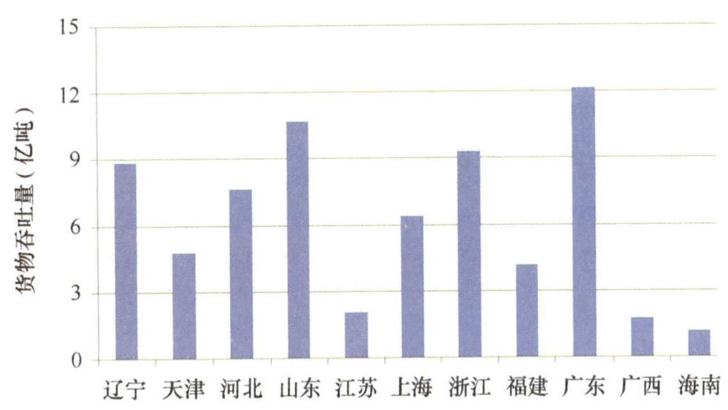

图 8－9　沿海港口货物吞吐量

数据来源：《中国海洋统计年鉴 2013》

滨海旅游业发达。广州、深圳两市年接待入境旅游者约 2 000 万人次，国际旅游外汇收入分别为 51.4 亿美元、43.2 亿美元，分别位列全国第二、第三位。

从空间发展看，广东省基本形成“三区”发展格局。“三区”为珠江三角洲海洋经济优化发展区、粤东海洋经济重点发展区和粤西海洋经济重点发展区三大海洋经济区，包括广州、深圳、珠海、江门、东莞、中山、惠州 7 市海域及陆域。珠江三角洲海洋经济区拥有良好的经济发展基础，毗邻港澳的区位优势，较为完善的海洋产业体系，是全省海洋经济发展水平最高的区域。2013 年，该区海洋生产总值达 9 429 亿元，占地区生产总值的 21.2%。粤东区是广东海洋经济发展的重要引擎。2013 年，海洋生产总值达 824 亿元，占地区生产总值的 17.8%。粤西区包括湛江、茂名、阳江 3 市海域及陆域，是广东海洋经济发展的另一增长极。该区拥有良好港口资源、滩涂浅海资源、海洋生物资源，具有大西南出海口的区位优势。该区重点发展临海重化工业、临海钢铁工业和配套产业，初步形成了以钢铁、石化、现代物流等为主的湛江海洋产业集群和以石化、滨海旅游为主的茂名—阳江产业集群。2013 年，粤西区海洋生产总值达 1 031 亿元，占地区生产总值的 19.6%。

（三）广西

广西有 3 个沿海市，位于华南经济圈、西南经济圈和东盟经济圈的结合部，是西南地区重要的陆海通道。2012 年，广西海洋生产总值 761 亿元，占地区生产总值的 5.8%。涉海就业人员约 113.4 万人。

广西海洋经济的发展主要依靠海洋渔业、海洋交通运输业和滨海旅游业，海洋三次产业结构为 19∶40∶41。海洋第一产业比重高于全国平均水平，海洋第二、第三产业低于全国平均水平。

由北海、钦州、防城港组成的北部湾海洋经济区在海洋文化、海洋渔业、海洋工艺品生产方面具有较好的发展基础，在海洋交通运输业、临港工业、海洋会展、滨海旅游产业方面具有后发优势。在国家提出“一路一带”战略背景下，广西积极探索中国同东盟在海洋资源、交通、科技、人才领域的互联互通，共同建设海洋产业转移基地、海洋工程装备制造基地、海上邮轮游艇基地，加快现代海洋产业集聚。

（四）海南

海南省有 3 个沿海市。海南处于中国最南端，区位优势独特。自 2010 年初国务院发布《国务院关于推进海南国际旅游岛建设发展的若干意见》以来，海南省的基础设施建设和以滨海旅游业为代表的现代服务业保持快速增长态势，并带动了海洋渔业和热带农业的发展。2012 年，海洋生产总值 752.9 亿元，海洋三次产业结构比重为 22∶19∶59。涉海就业人员约为 132.7 万人。

海南省海洋服务产业面临转型升级。未来将重点打造邮轮经济和会展产业，从注重追求国内外旅游人数总量到注重游客体验和人均消费量，打造高端服务品牌和差异化服务，实现海洋服务业的二次起飞。

（五）区域特点小结

综合来看，南部海洋经济区的海洋养殖与捕捞、海洋装备制造、海洋工程建筑业、海洋现代服务业较为发达。区内各省海洋经济发展各具特色，差异显著。广东省海洋产业门类齐全，海洋经济综合实力强，产业规模一直处于全国首位；海南、广西的海洋生物资源和景观资源丰富，第一产业和第三产业比重较高。

表 8－3　南部海洋经济区内各省市海洋经济发展情况

地区	海洋生产总值（亿元）	产业结构	劳动生产率（亿元/万人）	劳动生产全国排名
广东	10 506.6	2:49:49	12.634 2	6
福建	4 482.8	9:41:50	10.488 54	9
海南	752.9	22:19:59	5.673 7	11
广西	761	19:40:41	6.710 758	10

四、重点海岛经济区

海岛是拓展海洋开发的空间支点，是海洋经济发展的主要载体。舟山、平潭、横琴、三沙是现阶段中国海岛开发的重点。依据不同区位优势、资源禀赋，四个海岛新区（新市）选择和制定了各自的发展模式、发展方向，已经进入发展快车道。

（一）舟山

舟山位于长三角核心区，两大黄金水道交汇处，西靠上海、杭州、宁波等大中城市和长江三角洲辽阔腹地，东临太平洋，是江海联运和长江流域走向世界的主要海上门户，是我国大宗商品优越的中转集散地。随着舟山跨海大桥、东海大桥、杭州湾大桥的相继通车，舟山作为中国东南海陆联动交通重镇的区位优势愈发凸显。

舟山是典型的海岛城市，海域面积远远大于其陆域面积。舟山陆域面积 1 440 平方千米，海域面积是陆域面积的近 15 倍。

海洋经济是舟山市国民经济的重要组成部分和增长动力，对推动当地经济社会发展和人民生活水平的改善起到了积极作用。海洋渔业方面，舟山积极进行渔业结构优化调整，形成了捕捞、养殖、专业市场、生产加工、市场营销等较为完整的产业链，成为我国最大的海水产品生产、加工、销售基地。船舶修造业方面，经过多年的发展，已经具备建造 30 万载重吨以下常规船舶、修理 30 万载重吨以下各类船舶和海上石油、天然气钻井平台的能力，形成了以海洋石油平台、5 000 车位滚装船、集装箱船、大型散货船、特种船舶等为主打产品的海洋船舶工业体系。

整体而言，舟山具有较为强大的传统海洋产业作为支撑。并且，作为国家海洋高技术产业基地试点城市，其传统的海洋产业如海洋渔业、船舶修造业正在扩大规模、提升技术水平和管理水平，逐渐向价值链的高端部分转移。

（二）平潭

平潭综合实验区位于台湾海峡中北部，行政区划陆域面积392.92平方千米，人口39万人，是大陆距台湾本岛最近的地区。平潭综合实验区是国家首次赋予一个地区独有的对台优惠政策，目前拥有台资企业261家。

平潭岸线资源丰富，拥有良好的港湾和优越的深水岸线，适宜建设大中型港口。此外，旅游资源独具特色，拥有平潭海岛国家森林公园和海坛国家重点风景名胜区。《平潭综合实验区总体发展规划》中提出，要发挥平潭旅游资源优势，加强两岸旅游合作，推动旅游线路对接延伸，共同打造“海峡旅游”品牌，将平潭建设成为国际知名的海岛旅游休闲目的地。2012年平潭接待游客128万人次；2013年接待游客141万人次；2014年前10个月，已接待游客超过160万人次，呈逐年递增态势，显示了当地旅游业的蓬勃之势。

平潭的发展得到党和国家领导人的关心。2014年11月1日，习近平总书记赴平潭考察时指出，平潭综合实验区是闽台合作的窗口，也是国家对外开放的窗口，一定要创新体制，保护好生态，深化两岸经济和产业合作，真正建成两岸同胞合作建设、先行先试、科学发展的共同家园。根据《中共福建省委、福建省人民政府关于深化对台交流合作推动平潭科学发展跨越发展的意见》提出的目标，未来五年平潭综合实验区GDP年均增长20%左右，到2018年达到450亿元左右；全社会固定资产投资累计新增3 000亿元，年均增长20%以上；财政总收入年均增长30%以上，到2018年达到60亿元左右；城乡居民收入和基本公共服务水平超过全省平均水平。初步形成与国际投资贸易通行规则相衔接的基本制度框架，在两岸交流合作和对外开放中的作用进一步显现。

（三）横琴

横琴岛位于珠江口西岸，是珠海地域范围中最大的海岛，处于珠海市南部，毗邻港澳，由大横琴岛和小横琴岛组成，陆地面积106.46平方千米，相当于澳门的3倍，香港的1/10。新区设立之前，90%的土地未开发，常住人口0.7万人。2009年8月14日，国务院正式批准实施《横琴总体发展规划》，将横琴岛纳入珠海经济特区范围，要逐步把横琴建设成为“一国两制”下探索粤港澳合作新模式的示范区。不到5年时间，横琴实现了跨越式发展。2013年，全区实现地区生产总值36.5亿元，同比增长61%；完成固定资产投资204亿元，同比增长23.6%；实现公共财政预算收入8.9亿元，同比增长 109%；实际利用外资 1.5 亿美元，同比增长 45.4%。[①] 横琴新区自 2009 年建区以来，学习借鉴世界先进地区和港澳先进经验，开展了一系列实践和探索基础设施建设稳步推进，一批商务、旅游、口岸服务、国际居住等基础设施完成或者在建，城市框架初步显现；海洋生态文明示范区获批，成为首批 12 个国家级海洋生态文明示范区之一；海洋经济特别是滨海旅游业发展迅猛，新区海洋产业增加值占地区生产总值已达到 17%。

表 8－4　横琴重点项目建设情况

序号	项目名称	总投资（亿元）	建筑面积（万平方米）	定位功能
1	长隆横琴湾酒店		30	珠海长隆国际海洋度假区设施。国内最大的单体酒店，
2	天然气利用工程	约 2		年供气量为 5 357 万标立方米
3	污水北送工程	0.7		
4	珠海市区至珠海机场城际轨道交通工程	131.5		广珠城际轨道的延长线，起于广珠城际珠海站，终于珠海机场
5	水质净化厂	2.97	14.5	
6	澳门商贸中心	16	约 6	具有南欧特色的高级商业中心
7	富盈商务度假中心	约 50	约 26	
8	华融大厦	13.5	约 10	
9	广东省客家商会总部	75	25	客家商会会员企业总部聚集地
10	中大金融大厦	约 11	11	金融产业发展平台、金融总部基地、国际学术论坛及金融人才培养基地
11	神华南方总部大厦	30	24	神华集团华南总部和研发基地
12	高金集团横琴总部	约 15	15	建设高金技术产业集团中国总部及创新中心、金融投资中心
13	横琴发展大厦		18.4	标志性智能办公楼
14	横琴国际金融中心大厦	18	18.3	国际甲级写字楼、配套会展、商务公寓及商业服务设施
15	洲际航运中心	13	13	高级办公楼、酒店和商业

① 数据来源：《广东省海洋经济发展报告》。

（四）三沙

三沙市位于中国南海，是中国最南端的地级市。三沙市隶属海南省，下辖西沙群岛、南沙群岛和中沙群岛的全部岛礁及其海域。三沙市全部岛屿陆域面积超过10平方千米。三沙市人民政府驻地位于永兴岛，是西沙群岛同时也是整个南海诸岛中面积最大的岛屿。

作为中国最南端的地级市，现阶段城市发展以基础设施建设为主。污水处理厂一期工程、海水淡化设施等已投入使用，电网升压改造、西沙人民医院等工程建设也在有序推进，城市功能处于加速完善中。根据三沙市发展相关规划，未来的发展仍以基础设施、公共产品、公共服务为基点。首先完善港口基础设施建设，在永兴岛建设综合港口及补给基地，逐步将西沙群岛建设成为西南中沙群岛开发的中转枢纽。其次是建设军民两用机场，为南沙群众生产提供空中补给服务。三是建设供水、供电、通讯等设施，继续实施海水淡化工程，开发利用海洋新能源。

五、小结

中国区域海洋经济的发展主要是在“三区”即北部海洋经济区、东部海洋经济区和南部海洋经济区，可称为海岸带型海洋经济区；“四岛”是指舟山、平潭、横琴和三沙，属于海岛型海洋经济新区。当前“三区、四岛”海洋经济发展平稳健康。

北部海洋经济区是中国海洋化工产业基地、海水养殖基地、北方船舶制造基地，同时也是大型港口最为密集的区域。近些年，该区在临港工业建设方面发展迅猛，重化工业集聚式发展，经济规模大幅度提高的同时，海洋环境压力也在不断凸显。

东部海洋经济区是中国重要的港口物流、船舶工业、高端装备制造、海洋捕捞与加工业产业基地。江苏依靠丰富的滩涂资源大力发展港口、临港工业、海洋风电产业；上海努力实现海洋经济转型升级，大力发展海洋金融等现代服务业和高端装备制造业；浙江则在积极推动海洋交通运输业的发展。

南部海洋经济区是中国与我国台湾地区、港澳地区、东盟地区交流的窗口和平台，是中国滨海旅游业、远洋渔业、热带水产养殖业最为发达的地区，也是中国重要的船舶工业、海洋交通运输业基地。

目前，海洋经济增速进入“换挡期”，海洋结构调整进入“阵痛期”和前期政策“消化期”，区域海洋经济增速相对放缓，但增长质量有所改善，“三区、四岛”海洋经济总体稳步推进，产业结构持续优化，空间布局不断调整，为地区社会经济发展起到了重要支撑作用。

第四部分

提高海洋资源开发能力

第九章　中国的海洋资源开发利用

随着海洋强国建设进程的推进，海洋在提供国家经济社会可持续发展的资源保障和拓展发展空间方面的战略地位更为突出。着力提升海洋资源开发能力，实现海洋资源的可持续利用，对于促进沿海地区经济社会发展和实现全面建成小康社会目标意义重大而深远。

一、中国的主要海洋资源

中国主张管辖海域面积约300万平方千米，大陆海岸线长18 000千米，岛屿岸线长14 000千米，面积大于500平方米的岛屿6 900多个，海岛陆域总面积80 000平方千米。中国辽阔的海域蕴藏着丰富的海洋生物资源、海洋矿产资源、海洋空间资源、海水资源和海洋可再生能源，是海洋经济可持续发展的物质基础。

（一）海洋生物资源

海洋生物资源是指有生命的能自行繁殖和不断更新的海洋资源。海洋生物资源包括海洋动物、海洋植物、微生物和真菌。中国海洋生物资源丰富，已有记录的海洋生物20 278种，其中鱼类3 032种，螺贝类1 923种，蟹类734种，虾类546种，藻类790种。① 中国海洋生物物种约占全球的10%，是全球海洋生物多样性最丰富的地区之一，其中鱼类占全球的14%、昆虫类占20%、红树林植物占43%、海鸟占23%、头足类占14%、造礁珊瑚物种约占印度—西太平洋区系造礁珊瑚总数1/3。② 中国海洋生物资源分布不均，空间分布由南向北递减，生物密度近海高、远海低。其中，南海生物种类丰富，东海其次、黄海和渤海较低。

海洋渔业资源是最主要的生物资源之一，是动物蛋白质的重要来源。中国各海域最大可持续渔获量分别为：渤海12万吨，黄海81万吨，东海182万吨，南海472万吨。但受过度捕捞、海洋环境污染等因素影响，许多重要经济种类资源量明显下降，个体变小，性成熟提前。

---

① 傅秀云，王长云，王亚楠：《海洋生物资源可持续利用对策研究》，载《中国生物工程杂志》，2006年第7期。

② 李纯厚，贾晓平：《中国海洋生物多样性保护研究进展与对策研究》，载《南方水产》，2005年第2期。

（二）海洋矿产资源

中国海洋矿产资源既包括国家管辖范围内的海洋油气资源、天然气水合物和滨海砂矿等矿产资源，还包括中国在“区域”申请专属勘探开发权区块的多金属结核、富钴结壳和多金属硫化物等矿产资源。

1. 油气资源

根据第三次全国油气资源评价结果，中国石油远景资源量为1 070多亿吨，其中海洋石油资源量为246亿吨，占全国石油资源总量的23%；天然气远景资源量为54.54万亿立方米，其中海洋天然气为16万亿立方米，占全国资源总量的30%。海洋油气资源主要集中在渤海、珠江口、琼东南、莺歌海、北部湾和东海6个含油气盆地。目前海洋石油探明量30亿吨，探明率12.3%；海洋天然气探明量1.74万亿立方米，探明率11%，远低于世界平均探明率水平，海洋资源勘探开发潜力巨大。2014年8月，中国深水钻井平台“海洋石油981”在南海北部深水区陵水17－2－1井测试获得高产油气流。据测算，陵水17－2为大型气田，位于南海琼东南盆地深水区的陵水凹陷，距海南岛约150千米，是中国海域自营深水勘探的第一个重大油气发现。①

2. 天然气水合物

中国已将南海北部陆坡、南沙海槽、西沙海槽、东海陆坡、东沙群岛圈定为天然气水合物远景区，总面积达14.84万平方千米，预测远景资源量相当于744亿吨油当量，并进一步圈出其中若干个成矿区带和成矿区块。② 其中，在神狐海域内圈定出11个可燃冰矿体，含矿区总面积约22平方千米，预测储量约194亿立方米。在西沙海槽已初步圈定可燃冰分布面积5 242平方千米，其资源估算达4.1万立方米。③

3. 滨海砂矿

中国重要海砂资源区面积约30.3万平方千米，估算资源量约4 749亿立方米，其

---

① 中国在南海深水钻探发现大型气田，http：//news.ifeng.com/a/20140831/41798884_0.shtml，2014－10－17。

② 中国开展可燃冰“精确调查”普查将全面开始，http：//energy.people.com.cn/GB/17999090.html，2013－11－19。

③ 精确调查，南海再探可燃冰，http：//news.xinhuanet.com/fortune/2012－05/28/c_112044561_2.htm，2013－11－25。

中近海陆架出露海砂约3 866亿立方米，陆架埋藏砂约883亿立方米。目前，已探明具有工业储量的滨海砂矿产地共91处。[①]

4. 国际海底区域矿产资源

国际海底区域的自然资源为人类共同继承财产，实行平行开发制，由国际海底管理局（International Seabed Authority）管理。“区域”已知具有潜在商业开采价值的金属矿产资源主要有多金属结核、富钴结壳和多金属硫化物。中国已在太平洋和印度洋共申请到三块具有优先专属勘探开发权的矿区。

多金属结核广泛分布于水深4～6千米的海底，含有70多种元素，全球资源总量约为30 000亿吨，有商业开采潜力的资源量达750亿吨。多金属结核在三大洋的分布极不均匀。大西洋的多金属结核分布十分有限，印度洋的多金属结核分布较大西洋广泛，太平洋是多金属结核分布最广泛、经济价值最高的地区。太平洋多金属结核的分布呈带状，有东北太平洋海盆、中太平洋海盆、南太平洋、东南太平洋海盆等分布区。其中，东北太平洋克拉里昂—克里波顿断裂区、东南太平洋秘鲁海盆和北印度洋中心是结核经济价值最高的地区。[②]

富钴铁锰结壳氧化矿床遍布全球海洋，广泛分布于大洋盆地的海山斜坡或平顶海山顶部，一般形成于400～4 000米的水下，较厚及含钴较多的结壳位于800～2 500米的洋底。富钴结壳不仅富含金属钴，还是许多其他金属和稀土元素如钛、铈、镍、铂、锰、磷、铊、碲、锆、钨、铋和钼的重要潜在来源。太平洋、印度洋和大西洋都是富钴结壳聚集区，最具开采潜力的富钴结壳矿址位于赤道附近的中太平洋地区，尤其是约翰斯顿岛和美国夏威夷群岛、马绍尔群岛、密克罗尼西亚联邦专属经济区以及中太平洋国际海底区域。

多金属硫化物是继多金属结核、富钴结壳后人类发现的另一种海底金属矿产资源。多金属硫化物主要为结晶矿物组分，富含多种金属和稀有金属，主要组分有铜、铅、锌、铁和贵金属银、金、钴、镍、铂。目前全球已探明的热液矿化点有100多个，包括至少25处高温黑烟囱喷口，主要分布在太平洋、大西洋及红海，资源总量初步估计可达4亿吨。

（三）海水资源

海洋水体是地球上最大的连续矿体，是重要的海洋资源。海水中有80种天然元

---

① 国家海洋局908通过验收，近海海洋调查成果展示，http：//www.china.com.cninfo2012－10/26/ content_26915103.htm，2013－12－12。

② 高威，马佳珍：《深海资源概述》，载《金属世界》，2011年第1期。

素，含量较高的有氧、氢、氯、钠、镁、硫、钙和钾等元素。中国近海氯化镁、硫酸镁的储量分别达到4 494 亿吨和3 570 亿吨。海水中有17 种元素是陆地所稀缺的，其储量比陆地储量要大得多，具有重大的潜在资源价值。

海水中含有的淡水成分是工业淡水资源的新途径。海水进行脱盐或软化处理后，可直接成为工、农业及生活的水源。中国的海水淡化技术日趋成熟，海水淡化能力90.08 万吨/日①，通过海水淡化为钢铁、电力等高耗水工业供水成为缓解淡水资源短缺的重要途径。

深层海水是指水深200 米以下，具有低温、富含营养盐、清洁无菌特点的海水。由于处于无阳光照射的海洋无光层，深层海水温度终年不变，恒定于5℃左右。深层海水矿物质丰富，深层海水中磷的浓度是表层海水的18 ~40 倍，氮的浓度是表层海水的8.7 倍以上，硅的浓度是表层海水的4 ~10 倍②。由于远离来自陆地以及大气的化学物质污染和影响，深层海水细菌含量只有表层海水的1/10 甚至1/100。目前，世界很多国家已经开发利用深层海水，广泛用于温差发电、饮料、食品、水产加工制品、化妆品、保健品、水产养殖等。中国深层海水资源丰富，主要分布在南海和台湾东部海域。

（四）海洋可再生能源

中国近海海洋可再生能源总蕴藏量为15.80 亿千瓦，总技术可开发装机容量为6.47 亿千瓦。③ 潮流能、温差能资源丰富，能量密度位于世界前列；潮汐能资源较为丰富，为世界中等水平；波浪能资源具有开发价值；离岸风能资源具有巨大的开发潜力。

1. 潮汐能

中国近海潮汐能蕴藏量19 286 万千瓦，技术可开发量2 283 万千瓦。中国沿岸的潮汐能资源主要集中在东海沿岸，福建、浙江沿岸最丰富，如浙江的钱塘江口、乐清湾，福建的三都澳、罗源湾等，平均潮差为4 ~5 米，最大潮差可达7 ~8 米；其次是辽东半岛南岸东侧、山东半岛南岸北侧和广西东部等岸段。

---

① 国家海洋局：《2013 年海水利用报告》，2014 年。

② 上海水务编辑部：《深层海水的开发与利用》，载《上海水务》，2008 年第3 期。

③ 海洋局908 通过验收，近海海洋调查成果展示，http://www.china.com.cn/info/2012 - 10/26/content_26915103.htm，2014 - 10 - 15。

表 9－1 中国沿岸可开发潮汐能资源

地区	200～1 000 千瓦潮汐能			全部潮汐能		
	装机容量（兆瓦）	发电量（吉瓦·时）	坝址数（个）	装机容量（兆瓦）	发电量（吉瓦·时）	坝址数（个）
辽宁	12.0	32.87	28	596.6	1 640	53
河北（含天津市）	9.2	18.30	19	10.2	21	20
山东	8.4	16.78	12	124.2	375	24
江苏	1.1	5.46	2	1.1	6	2
长江口北支	—	—	—	704.0	2 280	1
浙江	21.2	44.32	54	8 913.9	26 690	73
福建	16.9	44.72	26	10 332.9	28 413	88
台湾	4.9	13.54	7	56.2	135	17
广东	16.3	32.24	23	572.7	1 520	49
广西	27.0	84.21	56	393.6	1 112	72
海南	6.1	12.17	14	90.6	229	27
全国	123.1	304.61	241	21 796.0	62 421	426

数据来源：施伟勇，王传崑，沈家法：《中国的海洋能资源及其开发前景展望》，载《太阳能学报》，2011 年第 6 期。

2. 波浪能

中国近海波浪能蕴藏量 1 600 万千瓦，技术可开发量 1 471 万千瓦。波浪能是海洋能源中能量最不稳定的能源形式。波浪能是由于风把能量传递给海洋而产生的，它实质上是吸收了风能而形成的海洋能。近岸海域波浪能功率密度相对较低，平均为 2～7 千瓦/米，但中国海洋面积广阔，可开发利用的区域较多。中国沿岸波浪能资源地域分布很不均匀，以台湾省沿岸最高；浙江、广东、福建、山东沿岸次之；广西沿岸最低。外围岛屿沿岸波浪能功率密度高于近海岛屿沿岸，近海岛屿沿岸波浪能高于大陆沿岸，渤海海峡、台湾南北两端和西沙群岛地区等沿岸波浪能功率密度较高。

3. 潮流能

中国近海潮流能蕴藏量833万千瓦，技术可开发量166万千瓦。潮流能以浙江沿岸最多，有37个水道，资源丰富，占全国资源总量的一半以上；其次是台湾、福建、辽宁等省份沿岸，约占全国资源总量的42%。各海区以东海沿岸最多，约占全国总量的80%，黄海沿岸次之，南海沿岸最少。杭州湾和舟山群岛海域是全国潮流能功率密度最高的海域。渤海海峡北部的老铁山、福建三都澳、台湾澎湖列岛渔翁岛海域潮流能功率也较高。

4. 温差能

中国近海温差能蕴藏量36 713万千瓦，技术可开发量2 570万千瓦。南海由于纬度低、水深、海域广阔等原因，温差能资源丰富，占总温差能的90%以上。南海表层海水温度高，夏季平均海温可达36℃以上。南海具有深水特点，大部分海域水深在1 000米以上，自表层向下500～1 000米即可得到5℃左右的冷水。南海表层海水和深层海水温差大，具有利用海水温差发电的有利条件和广阔前景。东海以及台湾以东海域同样蕴藏着较丰富的温差能资源。

5. 盐差能

中国近海盐差能蕴藏量11 309万千瓦，技术可开发量1 131万千瓦。中国海洋盐差能主要分布在长江口及其以南江河入海口沿岸，长江口沿岸可开发装机容量占全国总量的60%以上；珠江口约占全国总量的20%。盐差能功率季节变化剧烈，年际变化明显，沿海江河入海淡水流量的变化决定了盐差能功率具有剧烈的季节变化和显著的年际变化。

6. 海上风能

中国近岸海上风能蕴藏量88 300万千瓦，技术可开发量57 034万千瓦。近海地区100米高度、5～25米水深范围内技术开发量约为1.9亿千瓦、25～50米水深范围约为3.2亿千瓦。中国海上风能资源丰富，主要分布在福建、江苏和山东省。

（五）海洋空间资源

中国拥有漫长的海岸线、广阔的海域、数量众多的海湾和海岛，为渔业、港口航运、能源开发等产业的发展提供了重要的空间资源。海洋空间资源是支撑中国经济社会发展的重要基础。

1. 海岸线

中国大陆海岸线北起鸭绿江口，南至北仑河口，长 18 000 多千米，岛屿岸线长 14 000千米。海岸类型多样，包括淤泥质岸线、砂砾质岸线、基岩岸线、生物岸线、河口和人工岸线。中国海岸线漫长，长度位居全世界前 10 位，但 70% 的砂质海滩和大部分开阔泥质潮滩存在不同程度的侵蚀现象，适宜建筑港口的深水岸线资源更为稀缺，深水岸线仅 400 千米。①

2. 海湾

海湾作为一种特殊的海洋资源，可利用其可避风、基岩深水等特点，进行船舶停靠；或利用与内河相交特征，布设港口；或利用其提供鱼类栖息地或产卵场的特点，开展渔业生产。中国拥有大于 10 平方千米的海湾 160 多个②，包括四大海湾集群：辽东半岛东部海湾、上海市和浙江省北部海湾、浙江省南部海湾、海南省海湾。海湾为中国海洋经济发展提供了重要阵地。

3. 滨海湿地

中国滨海湿地分布广，面积约为 594. 2 万公顷。其中，山东、广东滨海湿地面积最大，分别为 112. 1 万公顷和 101. 8 万公顷，天津最小，仅为 5. 8 万公顷。③ 中国滨海湿地的分布总体上以杭州湾为界，分为南北两个部分。杭州湾以北的滨海湿地，除山东半岛和辽东半岛的部分地区为基岩性海滩外，多为砂质和淤泥质海滩，由环渤海滨海湿地和江苏滨海湿地组成，环渤海滨海湿地主要由辽河三角洲和黄河三角洲组成，江苏滨海湿地主要由长江三角洲和废黄河三角洲组成。杭州湾以南的滨海湿地以基岩性海滩为主，其主要河口及海湾有钱塘江—杭州湾、晋江口—泉州湾、珠江口—河口湾和北部湾等。

表 9－2 中国滨海湿地主要分布地区

地区	主要湿地区域
辽宁	辽河三角洲、大连湾、鸭绿江口、辽东湾
河北	北戴河、滦河口、南大港、昌黎黄金海岸

①② 国家海洋局：《全国海洋功能区划 2011—2020》，2012 年。

③ 国家海洋局：《中国海洋统计年鉴 2012》，2013 年。

续表

地区	主要湿地区域
天津	天津沿海湿地
山东	黄河三角洲及莱州湾、胶州湾、庙岛群岛
江苏	盐城滩涂、海州湾、上海市崇明东滩、江南滩涂、奉贤滩涂
浙江	杭州湾、乐清湾、象山湾、三门港、南麂列岛
福建	福清湾、九龙江口、泉州湾、晋江口、三都湾、东山湾
广东	珠江口、湛江港、广州湾、深圳湾、韩江口
广西	铁山港和安铺港、钦州湾、北仑河口湿地
海南	东寨港、清澜港、洋浦港、三亚、大洲岛、西沙群岛、中沙群岛、南沙群岛
港澳台	香港米浦和后海湾、台湾淡水河、兰阳溪、大肚溪河口、台南、台东湿地

资料来源：张晓龙，李培英等：《中国滨海湿地研究现状与展望》，载《海洋科学进展》，2005 年，第 23 卷第 1 期。

4. 海域

中国海域面积广阔，领海及内水面积约为 40 万平方千米，毗连区面积为 13.04 万平方千米，主张管辖的海域面积约 300 万平方千米。① 中国沿海城市范围内，现有滨海旅游资源区 12 413 处，潜在滨海旅游资源区 343 处，其中近期可开发的 84 处，包括 15 处生态滨海旅游区、7 处休闲渔业滨海旅游区、6 处观光滨海旅游区、26 处度假滨海旅游区、5 处游艇旅游区、2 处特种运动滨海旅游区、23 处海岛综合旅游区。中国具有潜在开发价值的海水养殖区面积 170.78 万公顷，其中池塘养殖区面积 19.11 万公顷，底播养殖区面积 69.91 万公顷，筏式养殖区面积 64.08 万公顷，网箱养殖区面积 17.31 万公顷，工厂化养殖面积 0.37 万公顷。沿海各省（区、市）的潜在海水增殖放流区 109 个，人工鱼礁区 182 个，水产原、良种场 835 个。②

5. 海岛

中国海岛众多。海岛广布温带、亚热带和热带海域，生物种类繁多，不同海岛的

① 国家海洋局海洋发展战略研究所测算。

② 国家海洋局 908 通过验收，近海海洋调查成果展示，http：//www.china.com.cninfo2012－10/26/ content_26915103.htm，2013－12－12。

岛体、海岸线、沙滩、植被、淡水和周边海域生物群落形成了各具特色、相对独立的海岛生态系统。一些海岛还具有红树林、珊瑚礁等特殊生境。海岛及其周边海域自然资源丰富，有港口、渔业、旅游、油气、生物、海水、海洋能等优势资源。海岛人口总量少，分布集中。全国现有 2 个海岛市，14 个海岛县（市、区），191 个海岛乡（镇），全国海岛人口约 547 万人（不包括港、澳、台和海南岛），其中 98.5% 居住在上述市县乡中心岛上。①

二、主要海洋资源开发利用现状

2013 年，中国管辖海域油气资源勘探取得重要发现，海外油气资源开发取得突破，海水利用规模扩大，远洋渔业健康稳步有序发展，海水养殖产业化水平提高，海上风电开发提速，海洋资源开发利用能力进一步提升。

（一）海洋生物资源开发利用

科学合理地开发海洋生物资源，提供更多更好的海洋水产品和新型海洋生物制品，是保障国家食品安全、提升我国生物医药水平的必要途径。进入 21 世纪以来，中国海洋生物资源利用取得一定突破，传统捕捞业稳定发展，海水养殖业的规模和技术水平迅速提升，海洋生物医药研发和新型生物制品研制取得进步，海洋生物资源利用领域从食品扩展到医药、工农业制品等领域。

1. 海洋捕捞及养殖

2013 年，中国海水产品产量 3 138.83 万吨，占中国水产品总产量的 50.86%，同比增长 3.48%。海水养殖空间不断拓展，从传统的池塘养殖、滩涂养殖、近岸养殖向离岸养殖业发展。海水养殖设施与装备水平不断提高，工厂化和网箱养殖业持续发展，机械化和自动化程度明显提高。海水养殖业的社会化和组织化程度明显增强。目前中国的海水养殖业已形成集良种培养、苗种繁育、饲料生产、机械配套、标准化养殖、产品加工与运销等为一体的产业群。2013 年，人工养殖海水产品产量达 1 739.25 万吨，占海水产品产量 55.41%，同比增长 5.81%。2013 年，海水养殖面积 231.557 万公顷，同比增长 6.17%，占水产养殖总面积的 28%。②

近海渔业资源捕捞量在 20 世纪 80 年代至 20 世纪末增长较快，1995 年捕捞量已超

① 国家海洋局：《全国海岛保护规划（2011—2020）》，2012 年。

② 农业部：《2013 年全国渔业经济统计公报》，2014 年。

过1 000万吨。自1999年实施近海捕捞“零增长”战略后，捕捞业生产结构日趋合理，捕捞产品结构逐步优化。2013年，近海捕捞量为1 264.38万吨[①]，占海水产品产量40.28%，同比略有下降。

远洋渔业健康稳步有序发展。2013年远洋渔业产量135.20万吨，同比增长10.5%，占水产品总产量的2.2%。[②] 我国获得农业部远洋渔业企业资格的企业共120家，经批准作业渔船1 830艘，总产值130余亿元。我国远洋渔业在国际海洋渔业中地位显著提高。远洋渔业作业海域和品种得到进一步拓展，作业海域遍及38个国家的专属经济区和大西洋、印度洋、太平洋公海及南极海域，成功开发了东南太平洋竹筴鱼、东南太平洋鱿鱼、印度洋鸢乌贼、南极磷虾等公海渔场。[③]

2. 海洋生物医药利用

中国海洋生物医药的研发已经取得了丰硕的成果，已知药用海洋生物约有1 000多种，分离得到天然产物数百个，制成单方药物十余种，复方中成药近2 000种。在海洋生物体中发现多种具有新型结构的化合物，其中200多种已申请专利。

中国在海洋生物技术产业化方面已取得进展，发现了一批新型抗肿瘤、抗艾滋病、抗心脑血管疾病、抗神经退行性疾病以及抗动脉粥样硬化的海洋药物，并相继进入不同的临床研究阶段。目前已有多种海洋药物获国家批准上市，包括多烯康、角鲨烯、河豚毒素、藻酸双酯钠、肝糖酯、盐酸甘露醇等。目前，国内已经有数十家海洋药物研究单位和几百家开发和生产企业。

（二）海洋矿产资源勘探开发

近年来，中国海域油气资源勘探开发步伐加快，海外油气勘探开发取得重大突破，油气资源业快速发展，海洋油气为保障国家能源安全、支持经济建设做出重要贡献。天然气水合物调查工作积极开展，为未来开发利用新型资源做好准备。中国在“区域”内多金属结核、富钴结壳、多金属硫化物的专属勘探区积极履行合同，但尚未进入商业开采阶段。

1. 海洋油气资源开发利用

至2013年中国海域油气产量已连续四年达5 000万吨级油当量，2013年海外油气净产量比2012年翻一番。2013年全年生产海洋原油6 684万吨，其中国内3 938万吨，

---

① 按照天然生产海水产品产量减去远洋渔业产量推算。

② 农业部：《2013年全国渔业经济统计公报》，2014年。

③ 牛盾：《开拓奋进的中国远洋渔业》，http：//www. cndwf. com/news. asp？ news_id =7802，2013 -10 -09。

海外 2 746 万吨；生产海洋天然气 196 亿立方米，其中国内 107 亿立方米，海外 89 亿立方米。近海及海外原油产量占全国总产量的 32.11%。[①] 截至 2013 年年底，中国海洋石油总公司（简称“中海油”）海外勘探面积近 11 万平方千米，海外原油天然气证实储量为 1 984 百万桶油当量。[②] 2013 年中海油成功收购加拿大尼克森公司，这是中国企业迄今为止最大海外并购案。截至 2014 年，中海油已与 21 个国家和地区的 79 个国际石油公司签订 202 个对外合作合同，承担的海外生产、勘探、合同作业业务遍及各大洲，在美国、加拿大、英国、澳大利亚、阿根廷、巴西、印度尼西亚、伊拉克、巴布新几内亚、尼日利亚、乌干达等国家开展了海外业务。

近年来，中国在积极实施“走出去”战略的同时，陆续公布了一批深海油气资源开发招标区块，通过“引进来”加大对外合作力度。2011 年 5 月，中国在南海北部及北部湾海域推出 19 个对外油气招标区块，总面积为 52 006 平方千米[③]；2012 年 6 月和 8 月在南海海域推出 9 个和 26 个招标区块，总面积达 233 878 平方千米；2013 年在渤海湾、南黄海、东海、南海东部和西部共推出 25 个招标区块，总面积 102 577 平方千米[④]；2014 年 9 月在南海、东海和黄海推出 33 个招标区块，总面积 126 108 平方千米。[⑤] 近年来，中国不断公布对外油气招标区块，签订多份石油合作合同，对外合作取得成效。

2. 天然气水合物的调查和勘探

1999 年国土资源部正式启动天然气水合物资源调查，整合了国内各方面优势力量，做了大量的基础性、探索性工作。2007 年，在南海神狐海域成功钻获天然气水合物实物样品；2013 年，在珠江口盆地东部海域钻获高纯度天然气水合物样品。截至 2013 年，中国在珠江口盆地开展天然气水合物综合调查 40 个航次，完成高分辨率多道地震测量 45 800 千米、多波束测量 36 800 千米、浅地层剖面测量 7 100 千米、1 480 个站位的海底地质取样、222 个站位的海底热流测量。

---

① 中国海洋石油总公司：《中国海洋石油总公司 2013 年度报告》，2014 年。

② 中国海洋石油总公司：《中国海洋石油总公司 2013 可持续发展报告》，2014 年。

③ 2011 年第一批中国海域开放区块，http://www.cnooc.com.cndatahtmlnews2011 – 05 – 24/chinese/302162.html，2013 – 10 – 09。

④ 2013 年中国近海开放区块，http://www.cnooc.com.cndatahtmlnews2013 – 10 – 08/chinese/345984.html，2013 – 11 – 19。

⑤ 中海油发布 2014 年我国海上油气区块招标邀请，http://www.sinooilgas.com/NewsShow.asp? NewsID = 12148，2014 – 12 – 20。

3. 国际海底区域资源勘探

中国从20世纪70年代中期开始进行大洋多金属结核调查。1978年，“向阳红5号”海洋调查船在太平洋4 000米水深海底首次捞获多金属结核。此后，从事大洋多金属结核勘探的中国海洋调查船还有“向阳红16号”“向阳红9号”“海洋4号”“大洋一号”等。经多年调查勘探，我国在夏威夷西南北纬7°—13°、西经138°—157°海域，探明一块可采储量为20亿吨的富矿区。1991年中国大洋矿产资源研究开发协会（以下简称“中国大洋协会”）获准在联合国登记为国际海底先驱投资者。2001年，中国大洋协会与国际海底管理局签订了勘探合同，取得位于东太平洋中部克拉里昂—克里波顿断裂带海域7.5万平方千米矿区多金属结核的专属勘探权，并且在多金属结核进入商业开采时具有优先开发权。据调查，该矿区内约有4.2亿吨干结核资源量，含11 175万吨锰、406万吨铜、514万吨镍、98万吨钴矿藏。2014年8月，中国五矿集团公司向国际海底管理局提交了勘探克拉里昂—克里波顿断裂带矿区的多金属结核矿藏的申请计划。①

中国对富钴结壳的调查起步相对较晚，1987年“海洋4号”首次获得富钴结壳样品。1997年以来，中国在中、西太平洋进行了多次富钴结壳战略性探查。2012年7月，国际海底管理局审议通过了《“区域”内富钴结壳探矿与勘探规章》，中国随后向国际海底管理局提交西北太平洋富钴结壳矿区勘探申请，并于2013年7月获得国际海底管理局理事会核准，获得了面积为3 000平方千米的富钴结壳矿区的专属勘探权和优先开采权。按照规定，在勘探合同签订15年后，中国至少完成2/3的区域放弃，最终保留1 000平方千米的勘探权。

热液硫化物具有巨大的潜在经济价值和良好的开发前景。中国“大洋一号”在太平洋和印度洋发现了多处具有商业开采价值的多金属硫化物矿区。2011年7月，经国际海底管理局理事会核准，中国大洋协会获得了西南印度洋面积约1万平方千米海底矿区的多金属硫化物的专属勘探权和优先开采权。自合同签署后15年内，中国将完成勘探区面积75%的区域放弃，保留2 500平方千米区域作为享有优先开采权的矿区。

（三）海水资源综合利用②

海水综合利用是国家海洋战略性新兴产业，中国海水利用规模不断增大。截至2013年年底，全国海水淡化工程规模达90.08万吨/日，较上年增长16%；2013年利

① China Applies for Approval of Plan of Work for Exploration for Polymetallic Nodules, http://www.isa.org.jmnewschina-applies-approval-plan-work-exploration-polymetallic-nodules, 2014-12-20.

② 本节中的数据主要来自国家海洋局：《2013年全国海水利用报告》，2014年。

用海水作为冷却水量为883亿吨，较上年增长5%。海水利用的各种用途中，工业冷却水的用水量最大，占到全国海水利用的90%以上；其次是工业淡化用水，淡化用水普遍用于沿海电力、钢铁、石化等行业。

1. 海水淡化利用

2013年，沿海各地及相关部门积极推进海水利用工作。全国已建成海水淡化工程规模不断增长，截至2013年年底，全国已建成海水淡化工程103个，工程总规模达到90.08万吨/日。全国海水淡化工程在辽宁、天津、河北、山东、江苏、浙江、福建、广东、海南9个沿海省市都有分布，主要是在水资源严重短缺的沿海城市和海岛。北方以大规模的工业用海水淡化工程为主，主要集中在天津、河北、山东等地的电力、钢铁等高耗水行业；南方以民用海岛海水淡化工程居多，主要分布在浙江、福建、海南等地，以百吨级和千吨级工程为主。在海岛地区，海水淡化工程规模为7.7万吨/日。截至2013年年底，海水淡化水用于工业用水的占工程总规模的70.74%，其中，火电企业占30.43%，石化企业占14.00%，化工企业占12.21%，钢铁企业占8.33%；用于居民生活用水的占工程总规模的29.23%，用于绿化等其他用水的占0.03%。

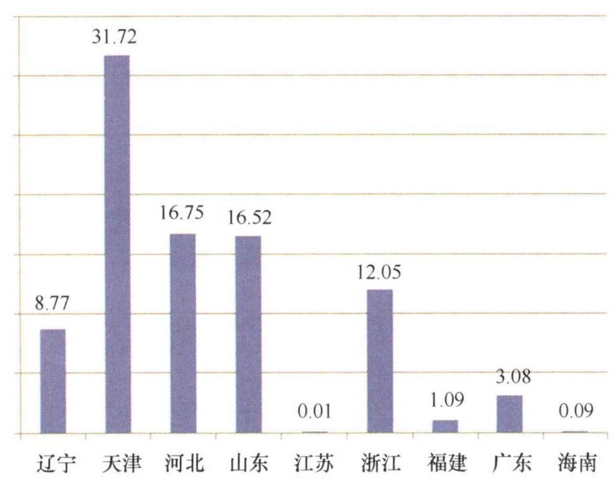

图9-1　2013年沿海省市海水淡化工程规模（万吨/日）

反渗透、低温多效和多级闪蒸海水淡化技术是国际上已商业化应用的主流海水淡化技术。中国海水淡化技术以反渗透为主，低温多效技术也有一定应用。截至2013年，全国应用反渗透技术的工程90个，应用低温多效技术的工程11个，应用多级闪蒸技术的工程1个，应用电渗析技术的工程1个。

2. 海水直接利用

海水直接利用是指以海水为原水，直接替代淡水作为工业用水或生活用水，包括海水直流冷却利用、海水循环冷却利用和大生活用海水等。中国沿海火电、石化、核电等行业普遍采用海水作为工业冷却水，2013 年全国年利用海水作为冷却水量为 883 亿吨，较上年新增用量 42 亿吨。大生活用海水是利用海水直接作为居民生活用水（主要是海水冲厕），也是缓解沿海地区淡水资源紧缺问题的重要途径。

国内海水直流冷却技术已基本成熟。全国 11 个沿海省区市均有海水直流冷却工程分布，年海水利用量超过百亿吨的省份为广东省、浙江省和福建省。海水循环冷却技术是在海水直流冷却技术和淡水循环冷却技术基础上发展起来的环保型新技术，目前在国内处于研究示范阶段，建有天津北疆电厂 2×10 万吨/小时冷却工程、浙江宁海电厂 2×10 万吨/小时冷却工程和华能天津 IGCC 示范电站 19 200 吨/小时冷却工程。

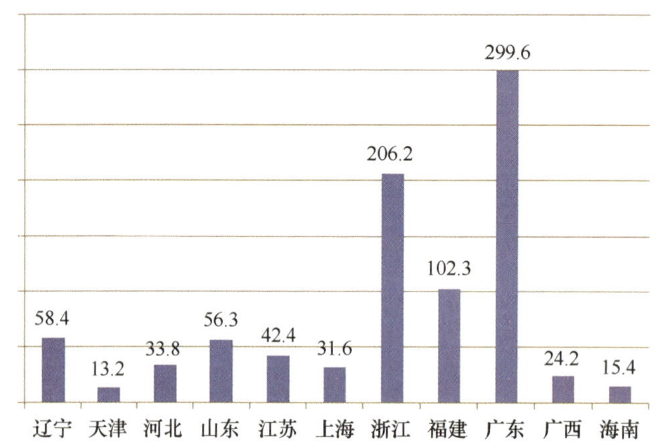

图 9-2　2013 年沿海省区市海水冷却水用量（亿吨）

3. 海水化学资源综合利用

海水化学资源利用是从海水中提取各种化学元素及其深加工利用的统称，主要包括海水制盐、海水提钾、海水提溴、海水提镁等。海水化学资源提取技术在中国经过了近 50 年的发展和积累，已在山东、河北、天津等地形成了规模化的浓海水化学资源提取工程。

中国海盐产量连续 10 年居世界第一位。2012 年中国海盐产量达 2 986.42 万吨，约占世界海盐总产量的 10%。中国海盐分南方和北方 2 个产区，北方海盐产区位于长江以北的辽宁、河北、天津、山东、江苏等省的淤泥质平原海岸；南方海盐产区包括浙江、福建、广东、广西、海南和台湾等省区。

4. 深层海水利用

深层海水可以广泛应用在水产养殖、食品加工制造、农业生产、健康医疗美容、冷却和发电、环境保护等多个领域，前景十分广阔。中国大陆深层海水开发利用尚处于探索阶段。台湾地区深层海水利用日趋成熟，主要集中在宜兰、台东和花莲等地。中国南海的西沙群岛、南沙群岛也都具备利用深层海水的优势条件①。

（四）海洋可再生能开发

海洋能是清洁的可再生能源，开发和利用海洋能对缓解能源危机和环境污染具有重要意义，对沿海和海岛地区的社会经济发展具有重要意义。中国东部地区经济发达，大陆岸线漫长，用电需求巨大，电网密集，为大规模开发海洋能提供了基础。中国拥有面积大于500平方米的有居民海岛400多个，绝大多数海岛都面临能源短缺的问题。海洋能发电能够有效解决海岛居民用电问题。

中国发展海洋能已有一定的技术基础。中国潮汐能利用技术基本成熟，达到国际先进水平，具有电站长期运行、管理和维护的经验。从1958年起，中国陆续在广东顺德、东湾，山东乳山，上海崇明等地建立了几十座潮汐能电站，潮汐电站总装机容量为6 000千瓦，其中江厦潮汐试验电站总装机容量3 200千瓦。

波浪能发电是继潮汐发电之后发展最快的一种海洋能源利用方式，目前在中国处于试验示范阶段。中国已建成100千瓦振荡水柱式、30千瓦摆式波浪能发电试验电站，小型岸式波力发电技术已进入世界先进行列。2010年4月，中国首个波浪能发电项目落户广东省葛洲岛，计划年发电3亿千瓦·时。② 波浪能发电受海岸地形限制少，在海上设施、海岛独立供电方面具有宽广前景。由于规模效益差、工作寿命短、可靠性差等问题，波浪能发电距离商业推广仍有一定差距。

中国潮流能技术研发和小型示范应用取得进展，先后建设了70千瓦漂浮式、40千瓦坐底式两座垂直轴的潮流实验电站。中国温差能发电尚处于起步阶段，完成了实验室原理试验研究，正在进行温差发电的基础性试验研究。③

中国海上风能发电已进入商业化运行阶段，截至2013年年底，全国海上风电装机

---

① 李明杰，李军：《国外深层海水开发利用现状及未来我国开发设想》，载《海洋开发与管理》，2012年第5期。

② 罗国亮，职菲：《中国海洋可再生能源开发利用的现状与瓶颈》，载《经济研究参考》，2012年第51期。

③ 国家海洋局：《海洋可再生能源发展纲要（2013—2016年）》，2013年12月。

容量42.8万千瓦，主要分布在辽宁、江苏、上海等沿海省市。2007年渤海辽东湾的绥中36－1油田海上风力发电站并网发电，开创了中国风能开发由陆地风能转向海上风能的先例。2010年上海东海大桥10万千瓦海上风电场示范项目运行，项目年上网电量可满足20万家庭的用电需求①，代表了中国海上风能发电取得重要进展。2012年江苏如东15万千瓦海上风电场示范工程全部机组并网发电，成为迄今为止亚洲最大的海上风力发电场。② 2014年国家能源局印发了《海上风电开发建设方案（2014—2016）》，将总容量1 053万千瓦的44个海上风电项目列入开发建设方案，标志着中国海上风电开发将进入高速发展阶段。

表9－3　截至2013年中国主要海上风电场

风电场	装机容量（兆瓦）	装机台数（台）	投产年份
渤海湾绥中36－1风电场	1.5	1	2007
上海东海大桥风电场	102	34	2010
江苏如东潮间带风电场	32	16	2010
江苏如东150兆瓦示范项目	150*	—	2012

数据来源：赵锐：《中国海上风电产业发展主要问题及创新思路》《生态经济》，2013年第3期。

*数据更新至二期工程投产后项目总装机容量。

（五）海洋空间资源开发利用

海洋空间资源利用为海洋经济的发展提供了外在环境，岸线、港湾和海域等海洋空间资源开发必须要综合考虑经济、社会和生态需求，科学决策、提前规划、严格管理。海洋空间资源利用的格局、方式和效率直接影响其他类型海洋资源的开发与利用，关系到海洋和海岸带生态环境的完整性，进而对海洋经济发展和海洋生态环境保护产生重大影响。

1. 海岸线及港湾资源开发利用

海岸线按利用类型可分为建设岸段、围垦岸段、港口岸段、渔业岸段、盐业岸段、

① 赵锐：《中国海上风电产业发展主要问题及创新思路》，载《生态经济》，2013年第3期。

② 江苏如东海上风电场示范工程全部建成，http://www.offshorewind.cn/news/201211/08/1841.html，2013－11－01。

旅游岸段、保护岸段和其他岸段八类基本功能岸段。① 其中，港口建设是海岸线最重要的利用方式之一。近年来，中国港口建设投资巨大，仅 2013 年 1—11 月期间沿海交通固定资产完成投资 8 871 823 万元②。截至 2013 年年末，全国沿海港口生产用码头泊位 5 675 个，比上年增加 52 个；沿海港口万吨级及以上泊位 1 607 个，比上年增加 90 个。

全国沿海港口货物吞吐量显著提高。2013 年，全国沿海港口完成货物吞吐量 75.61 亿吨，比上年增长 9.9%；完成外贸货物吞吐量 30.57 亿吨，比上年增长 9.7%；完成集装箱吞吐量 1.70 亿标准箱，比上年增长 7.4%。③

表 9－4　2013 年沿海主要规模以上港口货物吞吐量

港口	货物吞吐量（万吨）	港口	货物吞吐量（万吨）
宁波—舟山港	80 978	日照	30 937
上海	68 273	烟台	22 157
天津	50 063	连云港	18 898
广州	45 517	湛江	18 006
青岛	45 003	海口	8 293
大连	40 746	汕头	5 038
秦皇岛	27 260	八所	1 293
营口	32 013	—	—

资料来源：国家统计局：沿海主要规模以上港口货物吞吐量，http：//data. stats. gov. cn/workspace/index？m = hgnd，2014－12－25。

2. 海域空间利用

中国海域空间资源开发利用严格按照海洋功能区划制度，坚持“五个用海”原则，即：规划用海、集约用海、生态用海、科技用海和依法用海，不断提高海洋资源开发管控能力，合理安排海域空间利用格局。2013 年，全国批准海域使用申请并颁发了海域使用权证书 3 881 本，确权海域面积 349 587.57 公顷。各类用海新增确权海域面积为：渔业用海 323 707.11 公顷，工业用海 12 776.40 公顷，交通运输用海 10 151.91 公

① 国家海洋局：《关于开展海岸保护与利用规划编制工作的通知》［国海管字〔2009〕97 号］，2009 年。

② 交通运输部：统计数据，2013 年 1—11 月交通固定资产投资完成情况，http：//www. moc. gov. cn/zfxxgk/bnssj/zhghs/201312/t20131213_1528504. html，2014－10－13。

③ 交通运输部：《2013 年交通运输行业发展统计公报》，2014 年。

顷，旅游娱乐用海 2 584.88 公顷，海底工程用海 495.19 公顷，排污倾倒用海 29.20 公顷，造地工程用海 3 257.61 公顷，特殊用海 1 316.63 公顷，其他用海 660.40 公顷。各用海方式确权海域面积为：填海造地 13 169.54 公顷，构筑物 2 057.23 公顷，围海 14 880.80公顷，开放式用海 322 787.68 公顷，其他方式 2 084.08 公顷。① 为落实国家推进经济结构战略性调整的要求，合理安排围填海计划指标，全年共安排了建设用围填海计划指标 18 382.47 公顷，农业用围填海计划指标 1 607.32 公顷，优先保障了国家重点基础设施、产业政策鼓励发展项目和民生领域项目。

自海域海岸带整治修复计划启动以来，国家累计批准了海域海岸带整治修复项目 74 个，2013 年北戴河海域综合整治与海洋国家保障工程首个通过竣工验收，取得了良好效果，成功改善了北戴河近海海水水质。

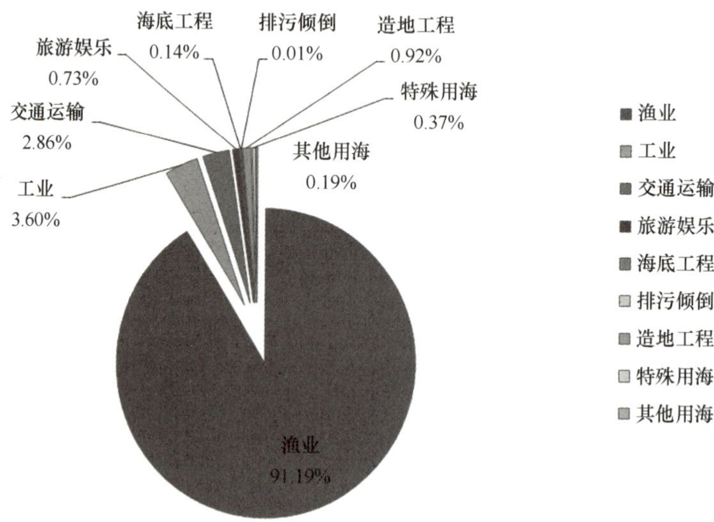

图 9－3　2013 年全国各用海类型确权海域面积百分比

① 国家海洋局：《2013 年海域使用管理公报》，2014 年。

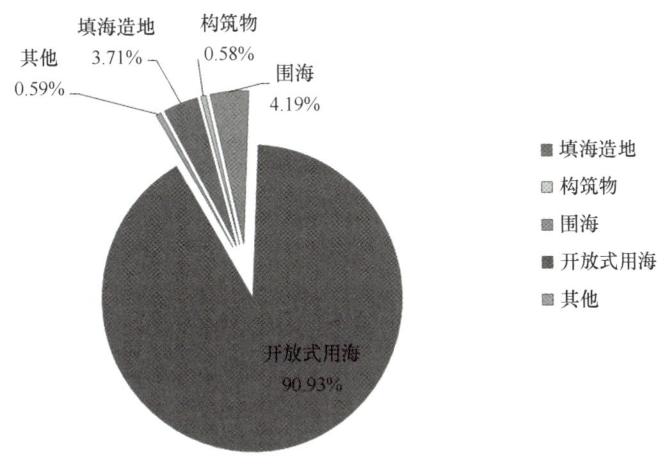

图 9－4　2013 年全国各用海方式确权海域面积百分比

三、海洋资源可持续开发利用途径

近年来，中国海洋资源开发领域及规模不断扩大，为海洋经济发展提供物质基础的能力逐步增强。中国是海洋资源利用大国，却非资源利用强国，资源利用质量、效率、效益有待进一步提高，海洋资源可持续开发利用面临重大挑战。要坚持海洋科技创新引领，开发与保护并重，不断促进海洋资源的可持续开发利用。

（一）海洋资源可持续利用存在的问题

海洋资源开发利用布局有待优化。中国绝大部分的海洋开发活动集中在海岸和近岸海域，深远海开发利用不足。海岸带地区承载了港口和临海工业区建设、油气勘探、养殖等多种功能，岸线资源过度开发，自然岸线比例不断降低，大陆岸线的人工化比重已达 60%，但岸线经济密度远低于美国、日本等国。远海开发利用活动如远洋渔业、深水油气勘探开发等因起步晚、技术支持不足等原因，落后于世界发达海洋国家，如深水油气开发能力差距大，世界深水钻井和深水油气田开发能力的作业水深已分别达到 3 052 米和 2 905 米，而中国仅为 505 米和 330 米。一些深海运载技术和装备达到世界先进水平，但深海采矿装备和深海微生物资源利用尚处试验研究阶段，而国际上已形成商业开发能力。总体而言，深远海开发活动对海洋产业发展贡献有限，对国民经济发展支持不足。

海洋资源开发利用效益有待提升。虽然近年来中国海洋高技术产业实现了跨越式发展，但海洋渔业等传统资源开发型产业增加值偏低的问题依然存在。中国的水产品加工业仍处于初级阶段，水产品加工产量仅为水产品总量的1/3左右，以提供初级产品为主。港口服务业以装卸型为主，综合物流服务水平有待提高。尽管中国资源利用规模不断扩大，但提供增值型产品和服务的能力和水平仍然不足，阻碍了海洋经济进一步升级转型。

海洋科技创新对资源开发的引领和支撑不足。科技成果转化是实现科技转变为现实生产力的有效途径。目前，中国海洋科技自主创新和成果转化能力显著增强，海洋科技成果转化率高于50%，但仍明显低于发达国家水平，海洋科技创新引领和支撑能力相对不足。如深海技术和装备总体上落后发达国家10年左右，个别领域如海洋通用技术设备等落后20年。海洋工程装备核心技术差距较大，高端深水油气勘探开发技术装备受制于人，渔船及相关装备的技术状态与日本、韩国及欧美渔业发达国家相比有三四十年的差距。海洋运载装备核心技术落后于日韩、欧美等国家，主要表现在高技术、高附加值船舶的设计水平落后，绿色船舶技术尚未开展系统研究，船配本土化率偏低等方面。

近海生态环境恶化对资源开发造成制约。目前中国海洋经济基本上属于粗放式增长模式，近海海洋生态系统受到严重威胁，呈现出异于发达国家传统的海洋生态环境问题特征，具有明显的系统性、区域性和复合性。随着大型火电厂、核电站、炼油厂、海上油气管线以及石油储备基地等项目在沿岸相继建成，给邻近海域带来巨大的热污染、溢油等环境风险。随着海洋石油勘探规模和海洋运输规模的增大，船舶溢油风险也将增大。渤海湾、长江口、台湾海峡和珠江口水域被公认为是中国沿海四个船舶重大溢油污染事故高风险水域。持续恶化的近岸海洋生态环境已经成为海洋资源开发的制约性问题。

（二）海洋资源可持续开发利用途径

加大力度开拓海外市场，实现资源开发利用“走出去”。中国海洋经济无论是从规模上还是实力上，已具备了进入国际市场，适时发展对外直接投资，进行跨国经营的基本条件。中国海洋经济应当由单向吸纳型的初级阶段转向“引进来、走出去”双向交流的高级阶段。2013年中国海外生产原油2 746万吨，生产天然气89亿立方米，海外油气净产量比2012年翻一番；远洋渔业产量135.20万吨，同比增长10.5%，海外资源开发能力获得提升。中国港湾工程有限责任公司在海外设计和建造了一大批大中型国际知名港口，包括越南西贡国际码头工程、巴基斯坦瓜达尔深水港工程、巴拿马巴尔博亚港集装箱码头发展项目三期工程等，海外工程建设能力显著提高。开发利用海洋资源，应当把立足国内开发与加强国际合作结合起来，充分利用国际国内的两种资源和两个市场，不断加强社会经济发展的能源资源保障能力。

加大科技创新力度，推动资源开发向创新引领型转变。围绕传统海洋资源开发产业的产业升级需求和新兴产业的发展需求，加大科技创新力度，重点在深水、绿色、安全的海洋高技术领域取得突破。海洋科学技术的全面发展应该以深海技术和海洋可再生能源开发技术发展为引领。深海技术属战略性高技术，发展深海技术有利于促进新材料、新工艺的开发应用，对国民经济发展具有较强的带动作用。海洋可再生能源是清洁能源，其开发利用可有效减轻环境压力，对于发展低碳经济目标的实现具有重要意义。为形成以市场需求为导向的技术研发，应充分发挥企业在技术创新决策、研发投入、科研组织和成果转化中的主体作用，逐步形成以企业为主体的技术创新体系，健全产学研联动机制。

延长产业链，实现海洋资源高值利用。延长资源利用行业产业链，从单纯的资源获取型产业向集资源获取、加工和多样化利用为一体的产业类型转变，提高资源开发利用的效率和水平。以海洋产业基地、园区为平台，立足自身优势，构建完整的产业结构体系，延伸产业链条，加快转变资源利用方式和产业发展方式。实现海洋渔业由偏重捕捞加养殖的单一模式，转型为集捕捞、养殖、加工、销售等增值环节为一体的价值链式发展。借助于现代生物技术手段，开发海洋生物化学资源、海洋微生物资源、海洋生物基因资源，获得海洋食品、海洋药物、海洋功能制品、海洋生物质能等高值制品，实现海洋生物资源高值利用①。实现沿海港口从单纯装卸型向综合物流型转变，提升港口服务的信息化和专业化水平，扩展包括运输、商业、信息和金融服务在内的港口物流供应链。

坚持集约用海、陆海统筹原则，保护海洋生态环境。开发利用海洋资源必须坚持开发与保护并重，海洋生态敏感区、脆弱区要坚持保护优先。按照“规划用海、集约用海、生态用海、科技用海、依法用海”的指导方针进行海域使用管理，避免海域和岸线资源的浪费。根据海洋主体功能区的要求，海洋资源开发利用活动应严格遵守限制开发区、禁止开发区的要求，维护海洋和海岸带生态系统的完整性。建立和完善陆海兼顾、河海统筹协调机制，统筹协调流域水污染防治与近岸海域环境保护的关系，不断降低入海河流的污染负荷，推进近岸海域整体水环境质量持续改善。

四、小结

中国正处于全面建成小康社会和建设海洋强国的关键时期。实施海洋开发、发展

① 中国科学院海洋领域战略研究组：《中国至2050年海洋科技发展路线图》，北京：科学出版社，2009年，第113－124页。

海洋经济是实现全面建成小康社会和建设海洋强国目标的重要支撑和保障。近年来，中国海洋资源开发利用取得显著进展，海洋油气勘探开发取得重大突破，海洋生物资源利用稳步推进，海洋能开发利用技术取得进步，海洋资源开发利用整体能力得到全面提升。然而，海洋资源开发利用质量、效率、效益较低的局面仍未得到根本扭转，海洋资源开发核心技术与先进国家差距较大，关键技术受制于人，中国海洋资源可持续利用面临着较大挑战。提高海洋资源开发利用能力，必须深入贯彻落实党的十八大指示精神，围绕科学发展主题和加快转变经济发展方式主线，加大海洋科技创新力度，建立完整的资源利用产业模式，切实加强海洋环境保护，实现海洋资源的绿色、安全、高值利用。

第十章 中国的海洋科技发展

海洋科技是提高海洋资源开发能力的根本要素，是建设海洋强国的重要支撑力量。中国海洋科技中长期发展宗旨是：推动海洋科技向创新引领型转变，发展海洋高新技术。重点在深水、绿色、安全的海洋高技术领域取得突破，尤其是推进海洋经济转型过程中急需的核心技术和关键共性技术的研究开发。现阶段，中国海洋科技发展情况主要可以从海洋科技能力建设、海洋调查观测能力、海洋技术创新、科技兴海成效以及海洋科学研究水平等几方面归纳总结。

一、海洋科技能力建设

海洋科技能力是在现有海洋科研资源基础上，通过海洋科研活动过程，取得海洋科研产出，提升社会、经济、科技全面发展的综合能力。海洋科技资源与海洋科技活动共同形成全面影响社会的综合能力，包括海洋科研人员数量与结构、海洋科研经费投入与产出效率等。海洋科技管理体制也是直接影响海洋科技能力建设的主要因素之一。近年来，在国家高度重视和支持下，中国海洋科技面向国民经济和社会发展的重大需求，取得了令人瞩目的成果，海洋科技能力显著提升。

（一）海洋科研基础

海洋科研基础是指支持海洋科研发展的专业科研机构数量、科研人员及结构、科研基础设施以及科研经费投入与产出等。随着海洋事业的发展，中国海洋科研机构和从业人员不断壮大，经费投入规模持续增长，科研基础设施不断完善，取得丰硕的研发成果。

1. 涉海科研机构和人员

随着海洋事业发展对海洋科学人才的需求不断增大，中国海洋科研机构和从业人员不断壮大。到2012年年底，全国拥有海洋科研机构177个，从事科技活动人员31 487个，从事科技活动人员比上年增长2.76%。按行业分，包括海洋基础科学、海洋工程技术、海洋信息服务和海洋技术服务四类，前两类合计占比95%以上。按地区分，北京、广东、山东、辽宁、浙江、上海、天津七个省市拥有绝大多数海洋科研机构，总计 133 个单位，占总数的 75.14% 以上。按学历分，具有博士学位和硕士学位的高学历人员占 50% 以上。按职称分，具有高级职称 12 360 人，占总数近 40%。

表 10－1 2012 年中国海洋科研行业人员分布

科研类别	从事科技活动人员人数（人）	占比重（%）
海洋基础科学研究	15 370	48.81
海洋工程技术	14 593	46.35
海洋信息服务	878	2.79
海洋技术服务	646	2.05
合计	31 487	100

注：数据摘自《中国海洋统计年鉴 2013》，北京：海洋出版社，2014 年。

2. 海洋科研机构经费收入

海洋科研机构经费收入逐年增长。2012 年，中国海洋科研机构科技经费收入 2 577.23亿元，与上年相比增长 10.98%。北京、上海、山东的海洋科研机构经费收入最多，合计占全国总收入的 61.19% 以上。

3. 海洋科研课题及成果概况

2012 年，全国共完成海洋科研课题总计 15 403 项，比上年增加 8.07%。其中：基础研究 3 756 项，占总数的 24.38%；应用研究类课题 3 854 项，占总数的 25.02%；试验发展类课题 3 569 项，占总数的 23.17%；成果应用类课题 1 515 项，占总数的 9.84%；科技服务类课题 2 709 项，占总数的 17.59%。可以看到，基础研究、应用研究、试验发展三类课题占比较大，合计占比超过 70%。成果应用类课题占比最少。

2012 年，全国海洋科研机构共发表科技论文 16 713 篇，比上年增加 17.26%；出版海洋类科技著作 338 种，比上年增加 21.58%；拥有涉海发明专利总数 10 695 件，比上年增加 33.54%。

4. 国家海洋调查船队

海洋调查船是运载海洋科学工作者亲临现场，应用专门仪器设备直接观测海洋、采集样品和研究海洋的平台。2012 年 4 月 18 日，中国国家海洋调查船队正式成立。国家海洋调查船队由全国有关部门、科研院（所）、高等院校以及其他企业单位具备相应海洋调查能力的科学调查船组成。国家海洋调查船队目前共拥有调查船 34 艘，分别来自国家海洋局、中国科学院和国家教育部以及地方和相关民营企业，几乎囊括了中国调查水平最先进的船舶入列。

（二）国家海洋科技专项

中国国家层面的海洋科技专项主要包括国家自然科学基金、国家社会科学基金、“973”计划、“863”计划、海洋公益性行业科研专项等。海洋科技专项的实施为中国的海洋科技发展壮大提供了强度大、渠道畅通、领域覆盖面宽的稳定支持，为推动海洋科技创新、成果转化及产业化发展创造了机遇。

1. 国家自然科学基金

国家自然科学基金长期支持海洋科学发展，推动海洋基础学科建设、海洋科学研究、海洋科技人才培养等，为中国海洋科学基础研究的发展和整体水平的提高做出了积极贡献。2014 年，国家自然科学基金共批准海洋科学项目 407 项，资助金额 24 544 万元。与 2005 年相比，项目数量增加 170 项，资助金额增加 16 537 万元。①

2. 国家重点基础研究发展计划（“973”计划）

“973”计划是以国家重大需求为导向，对中国未来发展和科学技术进步具有战略性、前瞻性、全局性和带动性的基础研究发展计划，主要支持面向国家重大需求的基础研究领域和重大科学研究计划。国家“973”计划自 1997 年设立以来，共批准涉海项目约 30 余项，涉及海洋养殖、海洋灾害影响、海洋药物、气候变化对海洋的影响等诸多海洋领域，为海洋基础科学创新提供了重大支撑②。

3. 国家高技术研究发展计划（“863”计划）

“863”计划主要围绕国家重大需求，在多个高技术领域，重点突破支撑战略性新兴产业发展的关键共性技术，安排科技优先任务。2012 年，海洋技术领域取得一系列重大突破。自主研制的合成孔径声呐系统完成技术设计及定型，并投入使用。自主研发的深水多波束测深系统海上实验取得圆满成功，得到了约 2 000 米深实验海域海底深度图。水下与空中蓝绿激光通信技术取得重要进展。自主研发形成了一套适合深水表

---

① 《国家自然科学基金委员会资助项目统计》，国家自然科学基金委员会网站，http://www.nsfc.gov.cnnsfccenxmtjindex.html，2014－12－28。

② 《国家重点基础研究发展计划统计信息》，国家“973”网站，http://www.973.gov.cnAreaNews.aspxlid=4，2014－12－18。

层钻井设计和作业的实用技术，具备了在3 000米水深条件下作业的能力。自主设计的“蛟龙”号载人潜水器最大下潜深度达到了7 062米①。

4. 国家社会科学基金

国家社会科学基金（简称“国家社科基金”）设立于1991年，由全国哲学社会科学规划办公室负责管理。国家社科基金是中国在科学研究领域支持基础研究的主渠道，面向全国，重点资助具有良好研究条件、研究实力的高等院校和科研机构中的研究人员。近年来，国家社科基金加大了对海洋领域的支持力度。2008—2014年，国家社科基金涉海项目共计120项。

5. 海洋公益性行业科研专项

公益性行业科研专项是国家财政部于2006年开始设立的。至2013年底，海洋公益性行业科研专项已立项和实施7批项目，项目总数247项，投入总经费达27.56亿元，研究范围涵盖海洋权益维护和安全保障、海洋综合管理、海洋生态与环境保护、海洋防灾与气候变化、海洋资源可持续利用和海洋观测调查监测与信息服务等领域。

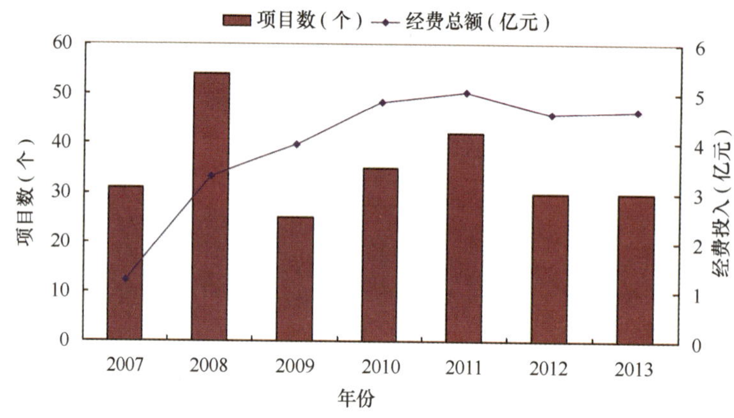

图10－1　海洋公益性行业科研专项年度立项数目和经费投入情况

6. 国家科技支撑计划

国家科技支撑计划以重大公益技术及产业共性技术研究开发与应用示范为重点，结

① 科学技术部发展计划司：《国家科技计划年度报告2013》，第60－62页。

合重大工程建设和重大装备开发。自“九五”以来，国家科技支撑计划对海洋资源利用、海洋灾害预报减灾及极地科学等关键技术突破提供了重大的支持。“十二五”以来，国家科技支撑计划分别在能源、资源、环境、农业、交通运输等领域安排了涉海项目。能源领域安排了5.0兆瓦近海风电机组研制及风能核心技术研究与推广项目。资源领域安排了一期2万吨/日反渗透海水淡化工程和二期3万吨/日反渗透海水淡化系统工程。农业领域安排了海水鱼类养殖技术和养殖系统建设。交通运输领域安排了船用电力推进系统项目。信息产业和现代服务业领域安排了现代港口物流技术与监控系统项目。

7. 国家软科学研究计划

国家软科学研究计划围绕经济社会和科技发展的前瞻性、战略性问题，组织扩展有关科技、经济和社会发展的重大战略问题研究。2003—2014年间，资助的涉海项目近20项，涉及地缘政治、权益、海洋经济、海洋科技、海洋管理等领域，为海洋领域的软科学发展、海洋管理提供了有力支撑。

8. 国家科技基础性工作专项

国家科技基础性工作专项主要支持对科技、经济、社会发展具有重要意义但目前缺乏稳定支持渠道的科技基础性工作。主要针对科学考察与调查、科技资料的深度综合加工与整理、标准物质与规范以及对部门科技工作有重要影响的科技基础性工作。自2006年科技部启动该专项以来，已为海洋环境调查与监测、海洋生物资源本底调查、海洋水文调查、海洋地质调查等海洋领域的基础科学研究发展提供了强有力的支持。2014年，中央财政安排新增项目39个，其中海洋领域有4项。①

（三）海洋科技管理体制创新

海洋科技管理是指政府海洋科技管理部门根据国家的海洋科技方针、海洋科技政策和海洋发展战略，对各种海洋科技研究与开发活动进行的计划、组织、指挥、协调和控制等活动。海洋科技管理体制创新包括三方面：一是在发展海洋科技过程中，对科技主管部门、科研机构、科技中介机构和涉海科技企业等组织体系实施的变革；二是组织体系围绕科技资源、科技成果、成果分配等方面为实现协调运转而进行的机制创新；三是不断壮大海洋科技组织实力、理顺海洋科技运行机制。

当前，《国家中长期科学和技术发展规划纲要（2006—2020）》《国家“十二五”海洋科学和技术发展规划纲要》和《全国科技兴海规划纲要（2008—2015）》是指导

---

① 科技部：《科技部关于科技基础性工作专项2014年度项目立项实施的通知》（国科发基〔2014〕128号）。

海洋科技工作的纲领性文件。国家对海洋科技事业发展方向的引导主要通过海洋科技规划和计划来实现，这些科技规划和计划主要包括：国家自然科学基金、国家重点基础研究发展计划（“973”计划）以及国家海洋高技术研究发展计划（“863”计划）等。

2014 年 12 月 3 日，国务院印发《关于深化中央财政科技计划（专项、基金等）管理改革方案的通知》（国发〔2014〕64 号）。国发〔2014〕64 号文件的发布表明中国科技管理体制将有大幅度改革，中国海洋科技管理体制创新的步伐也将随之显著加快。

按照国发〔2014〕64 号文件的改革思路，将要建立公开统一的国家科技管理平台。各政府部门通过统一的科技管理平台，构建决策、咨询、执行、评价、监督等各环节职责清晰、协调衔接的新管理体系。具体包括：联席会议制度（一个决策平台），专业机构、战略咨询与综合评审委员会、统一的评估和监管机制（三大运行支柱），国家科技管理信息系统（一套管理系统）。

国发〔2014〕64 号文件规定依托专业机构具体管理项目，通过明确专业机构的确定程序、规定专业机构的资质以及对专业机构的运行提出要求等手段，来规范专业机构的行为。国发〔2014〕64 号文件提出优化中央财政科技计划（专项、基金等）布局，整合形成五类科技计划（专项、基金等），即：国家自然科学基金、国家科技重大专项、国家重点研发计划、技术创新引导专项（基金）、基地和人才专项。科技计划（专项、基金等）优化整合工作的具体进度安排为：2014 年启动国家科技管理平台建设，对部分具备条件的科技计划（专项、基金等）进行优化整合。2015—2016 年基本建成公开统一的国家科技管理平台，基本完成各类科技计划（专项、基金等）。2017 年，经过三年的改革过渡期，全面按照优化整合的五类科技计划（专项、基金等）运行，现有各类科技计划（专项、基金等）经费渠道将不再保留。

海洋科技管理面临新形势、新任务和新契机。海洋领域的各类科技研发计划将面临优化整合，多年来散布在“973”“863”、公益、支撑等科技计划中的海洋科技研发内容将有可能统一整合在国家科技重大专项中。按照国家科技管理改革新要求，凝练海洋相关的国家重大科技需求，强化全新创新链任务设计，探讨一体化组织实施有效机制，为海洋领域重点专项任务的提出和启动做好顶层设计，逐步探讨海洋科技管理体制的创新模式。

二、海洋调查观测能力

海洋调查观测能力集中体现一国海洋科技发展整体水平。中国的海洋调查借助于海洋考察船及舰载设备、各类浮潜标、海洋台站以及卫星、航空遥感构成的空、天、海一体化立体自动观测与监测系统，调查范围已从海岸带、近海拓展到三大洋和南、北极海域。

（一）海洋调查观测技术水平进展

自20世纪90年代中期以来，在国家高度重视和支持下，中国的海洋调查观测技术水平得到快速发展。已突破了一批海洋环境监测关键技术，形成了一定的海洋监测关键技术装备的研发与生产能力；发射了海洋水色遥感卫星，已形成了卫星遥感海洋应用技术体系；建立了几个区域性海洋环境立体监测示范试验系统。中国的海洋调查观测技术的长足进步，显著缩短了与国际先进水平的差距，为海洋科学的发展和国家海上安全的环境保障提供了技术支撑。

1. 海洋动力环境观测技术

海洋动力环境观测技术包括船基海洋监测技术、岸基海洋监测技术、海基海洋监测技术。

船基海洋监测技术是利用船舶作为活动平台进行海洋调查和观测的技术。中国的船基海洋动力环境观测技术近年来发展迅速，如自行研制成功的6 000米高精度CTD剖面仪，其性能达到国际先进水平。再如投弃式温盐深剖面测量技术、船用宽带多普勒海流剖面测量技术（BBADCP）、相控阵海流剖面测量技术（PAADCP）、声相关海流剖面测量技术（ACCP）等。

岸基海洋监测技术是利用近岸作为活动平台进行海洋调查和观测的技术。中国海洋岸基高频地波雷达技术近年来发展迅速。自主研制和开发的海表面动力环境监测地波雷达OSMAR－S200在国际上已达到先进水平，已用于海表面流、海浪、风场等海表面状态信息的探测，并实现了业务化运行。

海基海洋监测技术是在海面、深海中进行海洋调查和观测的技术。中国海基海洋监测技术，特别是浮标、潜标、海床基、水下移动观测平台等技术已取得重大进展。浮标是一种观测/监测平台，与传感器、控制系统、通信系统相结合，可形成能满足不同需要的观测/监测系统。中国Argo计划自2002年初组织实施以来，截至2014年10月已经在西北太平洋和印度洋海域上的Argo剖面浮标总数达到196个，正式建成中国首个Argo实时海洋观测网，填补了中国在这一领域的空白，并达到了同类成果的国际先进水平，获取了全球海洋中100多万条温、盐度剖面，累计为国家节省调查资金约800亿元[①]。潜标是一种可以机动布放在水下的定点连续剖面观测仪器设备，是海洋环

① 马晓宁：《中国Argo大洋观测网初步建成》，载《中国科学报》，2014年10月8日A4版。

境离岸监测的重要手段。从20世纪80年代以来，中国先后开展了浅海潜标测流系统、千米潜标测流系统和深海4 000米测流潜标系统的技术研究，已掌握系统设计、制造、布放、回收等技术。2014年中国在潜标技术上又有新突破，成功实施了5 500米以上深海潜标的布放和回收以及6 000米以上深海潜标阵列的布放。2014年6月，中国实施的西太平洋海洋环境监测预警体系建设2014年第一航次，在西太平洋公海海域成功回收了2013年航次布放的近5 500米深的潜标一套，首次在该海域获取了长时间序列的监测资料，为了解西太平洋海域长时间序列的海洋水文和数值预测模型的建立奠定了坚实基础①。2014年10月，中国最先进的海洋科学综合考察船“科学号”在太平洋西边界关键海域成功布放17套深海潜标，并回收3套深海潜标。其中，包括6 100米潜标一套，收放潜标总长度达20万米以上，这是中国首次在大洋大规模布放深海潜标阵列。②

2. 海洋遥感观测技术

海洋遥感技术包括卫星遥感和航空遥感，具有宏观大尺度、快速、同步和高频度动态观测等优点，是现代海洋观测技术的主要发展方向。

中国的卫星遥感应用始于20世纪80年代，至今已经成功发射了海洋水色卫星“海洋一号”（HY－1A）、“海洋一号”（HY－1B）以及“海洋二号”卫星。HY－1A发射成功使得中国成为继美国、日本、欧盟等之后第七个拥有自主海洋卫星的国家。该星上装载两台遥感器，其运行获取了大量水色遥感探测数据，探测范围覆盖全球海域。“海洋二号”卫星是中国自主研制的首颗海洋动力环境探测卫星，集主、被动微波遥感器于一体，具有高精度测轨、定轨能力与全天候、全天时、全球探测能力。

航空遥感主要用于海岸带环境和资源监测、赤潮和溢油等突发事件的应急监测、监视。中国海洋航空遥感能力不断增强，一批航空遥感传感器，如成像光谱仪、微波散射计、Ku波段和L波段微波辐射计、激光雷达等，在近海突发海洋灾害的遥测中（如海冰观测）得到应用，获得了大量的监测观测资料。

3. 区域海洋环境立体监测系统

自“九五”开始，中国开始自主研制开发海洋环境立体监测技术，并集成系统化。区域海洋环境立体监测系统首先在上海示范区应用建成。此后，先后在渤海、东海长江口海域、南海珠江口海域、台湾海峡及毗邻海域，建设了区域性海洋环境立体监测

① 龙邹霞：《2014年西太平洋放射性监测第一航次顺利返航》，载《中国海洋报》，2014年6月17日A3版。

② 张旭东：《中国首次在北太平洋大规模布放深海潜标阵列》，载《中国海洋报》，2014年10月23日A2版。

示范试验系统，显著提高了区域性海洋观测能力。

中国各级海洋环境监测机构建设稳步推进，国家与地方相结合的海洋环境监测与评价业务体系基本格局初步建立。目前，中国已建有海洋环境监测机构 230 多个，沿海 11 个省（区、市）、5 个计划单列市、44 个地级市均建立了海洋环境监测机构。海洋环境监测范围已覆盖了全部管辖海域，对渤海、典型海湾等重点海域开展了专项监测，并拓展至与国家权益和生态安全密切相关的国际公共水域。监测内容日渐全面，基本实现清楚海洋环境现状及发展趋势、主要入海污染源以及潜在环境风险的要求。中国的综合业务化海洋学预报系统已经涵盖全球大洋和中国海。预报区域包括全球、印度洋、西北太平洋、渤海、黄海、东海、南海和两极地区。

（二）主要海洋调查观测活动

进入 21 世纪以来，随着国家对海洋事业的重视程度提高，相应地开展了多项海洋调查观测活动，主要包括极地科学考察、大洋科学考察、近海海洋环境调查与评价、第二次海岛调查等。

1. 极地科学考察

中国的南极科学考察始于 20 世纪 80 年代，北极科学考察始于 20 世纪末期。自 1984 年以来，中国已经成功进行了 30 次南极科学考察，6 次北冰洋科学考察。目前已形成了以“雪龙”号科考船、南极长城站、中山站、昆仑站、泰山站、北极黄河站和极地考察国内基地为主体“一船、五站、一基地”的南北极考察战略格局和基础平台。

2014 年，中国成功开展了第 30 次南极科学考察，圆满完成各项科考任务。① 建立了中国第四个科学考察站——泰山站，进一步拓展了中国南极考察的广度和深度。② 成功实现了中国极地科考的首次环南极大陆航行。③ 成功救援俄罗斯“绍卡利斯基院士”号船，并自行脱困，赢得了广泛的国际赞誉，极大地提升了中国作为负责任的极地考察大国的形象。④ 格罗夫山考察队共发现陨石样品 583 块，获得陨石富集规律信息；初步摸清格罗夫山中心地带哈丁山地区的冰下地形；安装了 10 台地震仪，并对格罗夫山地质与矿产资源进行了调查。⑤ 填补南大洋断面大纵深综合观测空白。南大洋考察队以南极半岛海域、普里兹湾海域为重点，完成了南极半岛调查的 6 个断面 33 个站点和普里兹湾调查 2 个断面 14 个站点及罗斯海总长度为 300 千米的地球物理测线调查任务，为全面认识南极周边海洋环境、地球物理场与地质构造、气候特征及其演变规律，收集了大量一手资料。初步开展了南极磷虾、油气等重要资源潜力考察与评估，填补了南大洋断面大纵深综合观测的空白。⑥ 考察站里科考成果丰硕。第 30 次南极考察队在长城站开展了植被观测、南极鸟类保护与管理问题研究、海洋和陆地生物生态资源的本底调查等16项科考任务和4个调研项目，获取大量的研究数据和样品。考察队在中山站开展了有机物污染分布状况、中山站站基冰冻圈综合考察、GPS常年跟踪站观测和验潮等7项科考项目。

2014年，中国成功开展了第六次北极科学考察。第六次北极科学考察是中国成为北极理事会正式观察员后实施的首次北极科学考察。考察队先后在白令海、楚科奇海、楚科奇海台、加拿大海盆等重点海域，开展了北极海洋水文与气象、海冰、海洋地质、地球物理、海洋生物与生态、海洋化学等多学科海洋综合考察和冰站多要素立体协同观测。共完成12条断面累计90个站位的多学科综合观测、监测和采样作业以及1个为期10天的长期冰站和7个短期冰站的冰基气－冰－海界面多要素立体协同观测。考察队首次在北纬55°以北太平洋海域布放一套海气界面锚碇浮标；首次在极地海域开展了近海底磁力测量，获得了2条测线592千米的高精度、高分辨率的地磁探测数据；通过中美国际合作，首次在北纬80°左右及以北的加拿大海盆波弗特环流区布放了3套深水冰基拖曳浮标；完成国内首次海冰浮标阵列布放，共布放4组，目前均正常工作。

2. 大洋科学考察

中国大洋矿产资源研究紧密结合国际海底区域活动态势，以资源为核心，在多金属结核、富钴结壳、热液硫化物、生物基因等资源调查以及环境评价与科学研究等领域开展了系列工作。到2014年底，中国已经完成32航次大洋科学考察，总时间超过5 000天。

2013年12月2日至2014年5月29日，中国完成第30航次大洋科学考察任务。本航次是中国履行“西南印度洋多金属硫化物勘探合同”规划的开篇航次，重点在合同区开展了4个航段的海底多金属硫化物资源勘探工作，兼顾深海环境和深海生物多样性等调查工作，取得多项成果。① 多金属硫化物资源勘探取得突破。在合同区新发现11个海底热液区，使中国在大洋中脊发现的海底热液区达到44个，其中合同区海底热液区发现总数达到18个。扩展了3个海底热液区的分布范围；在一处新发现的海底热液区成功获取地幔橄榄岩样品，该热液区的发现以及地幔橄榄岩的获取对于研究西南印度洋脊地幔组成特征、洋壳增生过程和热液成矿等具有重要意义；通过发现的碳酸盐堆积体及烟囱体和超基性岩，对碳酸盐热液区的成因取得新的认识。在合同区获得大量环境资料与生物样品，首次测得深海热液羽流中的溶解氢气含量数据。② 深海高新技术装备在海上成功应用。本航次利用我国自主研发的“进取者号”中深孔岩心取样钻机在合同区进行钻探调查。共钻取样品14管，钻进深度总计11.4米，获取有效岩心3.81米。采集的样品类型丰富。本航次钻探的成功表明中国多金属硫化物调查手段由浅表层取样向深部取样跨越了重要的一步。在合同区成功实施声学深拖测线作业，获得有效测线 4 条，累计长度达 103. 33 千米。此次调查所获数据记录稳定、连续性好、质量优良，为研究合同区已知热液区微地形和热液异常探测提供了关键数据资料。③ 多金属硫化物勘探技术方法得到发展。尝试在合同区开展多金属硫化物的立体勘探。使用声学深拖、水下机器（ROV）、近底磁力仪、电法探测系统、中深孔岩心取样钻机相互配合作业，实现了从微地形测量—资源分布调查—矿体分布探测—钻探取样这一套行之有效的多金属硫化物勘探方法，形成多金属硫化物的立体勘探体系，在技术和方法上取得初步成功。

2014 年 5 月 28 日至 11 月 5 日，“海洋六号”船完成年度深海资源调查航次和中国大洋 32 航次科考。深海资源调查完成了深海地质柱状取样、多波束地形测量、浅地层剖面测量、温盐深测量等调查任务，基于现场资料初步圈定了深海稀土成矿远景区，并对深海沉积物稀土资源分布与成矿规律等问题进行了探讨。“海洋六号”船在位于太平洋的中国富钴结壳矿区采薇海山和中国多金属结核矿区，开展了资源、环境和生物调查。首次实现了采薇海山东西南北 4 个方向长周期环境立体观测，为建立环境基线奠定了基础。首次将声学探测新技术应用于中国合同区资源勘探，并进一步开展了多金属结核资源补充加密地质调查，为获取多金属结核合同区多种类型的资源量提供了基础资料。在东太平洋对“潜龙一号”的探测功能和平台性能进行了全面试验和应用，创造了多项应用新纪录，标志着该设备向实用化装备迈出了坚实的一步。[①]

3. 第二次全国海岛调查

第二次全国海岛调查于 2012 年 11 月经国务院正式批准实施，项目实施期间为 2012—2016 年。旨在全面摸清中国海岛家底，为海岛管理工作提供全面、科学、翔实、可视的档案资料，为国家“十三五”海洋发展战略制定和海岛地区小康社会建设提供数据支撑。此调查包括四项基本任务：一是开展中国全部海岛基础调查，包括基础地理要素、资源与生态环境、海岛经济社会、海岛景观文化等。二是对部分重要海岛在开展基础调查的基础上，进行周边海域专项调查，包括周边海域地形地貌和水文状况等要素。三是建设海岛数据库。四是开展调查成果汇总、分析与评价。通过本次海岛调查的实施及成果运用，可以掌握中国海岛资源分布、数量、质量与开发利用潜力，掌握中国海岛主要生态环境特征与问题，掌握中国海岛地区经济社会发展现状与存在的主要困难，同时填补领海基点等重要海岛地形地貌等数据的空白。

① 陈惠玲：《“海洋六号”完成科考任务返回东莞》，载《中国海洋报》，2014 年 11 月 6 日 A1 版。

三、海洋高技术创新发展状况

海洋高技术是实现现代人类探索海洋、开发利用海洋资源、发展海洋经济的重要途径和关键手段。中国自20世纪90年代后期开始启动海洋高技术计划（“863”计划海洋领域），目前在海洋高技术领域的多个方面实现了接近或领先国际先进水平，对中国从近浅海走向深远海的海洋发展战略起到了关键的技术支撑作用。

（一）海洋资源开发利用技术

海洋资源开发利用技术主要包括海洋生物资源、海洋油气矿产资源、海水资源以及海洋可再生能源的开发利用技术。目前，中国在主要海洋资源领域的开发利用技术拥有自主知识产权，整体水平得到极大提高。

1. 海洋油气资源开发技术

进入21世纪，中国海洋油气开发的钻井、测井、完井、聚合物驱油等技术得到长足的发展。研制出旋转导向钻井工具、开发出垂直钻井技术以及深水铺管船的设计和建造，在防砂完井优选、复合射孔应用、全方位储层保护以及智能完井技术等方面取得了进展，已掌握了先进的水下生产系统的操作技术。海洋油气平台是海洋油气资源开发的关键技术设备，其设计和制造能力，是沿海国家科技水平和工业化水平的重要标志。近年来，中国在深水半潜式钻井平台、自升式钻井平台等海洋工程设备的研究和制造方面取得了一大批重大自主创新成果，部分产品实现了历史性突破，获得国际同行业的认可。目前，中国已形成一支拥有20多艘船规模的“深水舰队”，具备从物探到环保、从南海到极地的全方位作业能力。

表10－2　中国海洋“深水舰队”

序号	名称	技术能力	技术水准	竣工交付时间
1	“海洋石油981”深水半潜式钻井平台	最大作业水深3 000米，最大钻井深度可达10 000米	标志着中国在海洋工程装备领域具备了自主研发能力和国际竞争能力	2012年5月
2	“海洋石油201”船型深水铺管起重船	具备3 000米级深水铺管能力	总体技术水平和综合作业能力在国际同类工程船舶中处于领先地位	2012年5月

续表

序号	名称	技术能力	技术水准	竣工交付时间
3	“海洋石油720”深水物探船	工作水深可达3 000米	物探船主流技术的代表，汇集了世界一流的专业物探设备，能够做到多缆和自扩式震源同时收放	2011年4月
4	“海洋石油708”深水工程勘探船	可在水深3 000米进行勘察，可在海底600米进行钻井	在全球同类型船舶中综合作业能力最强	2011年12月
5	“海洋石油681”和“海洋石油682”深水大型多用途工作船	3 000米深水钻井平台	填补我国在深水大型多用途工作船领域的空白，与国际海洋工程装备制造的最高水平比肩	2012年3月
6	“南海九号”深水半潜式钻井平台	最大作业水深1 524米，最大钻井深度7 620米	作业能力仅次于“海洋石油981”的第四代深水半潜式钻井平台	2014年11月
7	具备北极作业能力的“兴旺号”	最大工作水深1 500米，最大钻井深度7 600米	配备了世界最先进的钻井系统和DP3动力定位系统	2014年11月
8	“南海八号”深水半潜式钻井平台	最大作业水深1 402米，最大钻井深度为7 620米		2012年9月购置
9	“COSLPioneer”（先锋号）深水半潜钻井平台	最大垂直钻井深度7 500米	具备在全球海域作业	2010年10月
10	“COSLPromoter”（进取号）深水半潜钻井平台	作业水深750米、钻井深度7 500米	拥有DP3动力定位系统	2012年2月
11	“COSLInnovator”（创新号）	最大垂直钻井深度7 500米		2011年10月
12	缆深水物探船“海洋石油721”	工作水深达3 000米	该船汇集了世界一流的专业物探设备，做到多缆和自扩式震源同时收放，能对“海底山川”进行“核磁共振”般的精确扫描，高效采集深水油气资源数据，助力海底勘探提速	2014年8月

续表

序号	名称	技术能力	技术水准	竣工交付时间
13	“定海神针”海洋石油286号	最大作业水深3 000米	深海作业时遇到风大浪急的恶劣海况依然能保持很强的稳定性	2014年12月
14	深水多功能安装船“海洋石油289”	以海洋石油水下工程施工为主要特色、以深水水下设施安装、深水柔性管线铺设为主要功能、世界一流的动力定位工程船	满足中国现有作业海域以及未来深水海域的作业要求	2013年6月
15	深水挖沟多功能工程船“海洋石油291”	250吨AHC主吊，配备两台3 000米级工作型ROV	填补国内高效犁式挖沟船的空白	2014年12月从挪威购置
16	“海洋石油278”半潜式自航工程船	最大下潜深度26.8米	全球首艘带动力定位的5万吨级自航式半潜船	2012年3月
17	国内首艘3 000米水深环保船“海洋石油257”	具有强大的溢油应急指挥功能，适航性和溢油回收能力也更强，可回收清水油和薄油膜，并可进行溢油成分分析和溢油范围监测	国内首艘3 000米水深环保船	2014年12月
18	8000马力深水环保船“海洋石油258”船	与“海洋石油257”船均一样	与“海洋石油257”船均一样	2015年1月
19	“凯旋一号”自升式钻井平台	作业水深121.92米，钻井深度10 668米	技术水平和建造质量均处于全球领先水平	2014年6月
20	海洋石油“982”深水半潜式钻井平台	最大钻井深度9 144米，可在1 500米水深海域作业	国内最先进的第六代钻井平台之一	2014年7月
22	“老虎1号”深海钻井船	能在水深为1 700米的海域进行作业，钻井深度可达12 000米	性价比、使用效率、能耗及可靠性方面都达世界先进水平	2014年11月
23	“海洋石油691”船	深海3 000米水下作业	该船总体指标达到海工船最高标准，代表中国乃至世界海工装备制造的最高水平	2014年11月

2014 年，中国自行研制生产的多座大型深海钻井平台交付使用，如“凯旋一号”、海洋石油“982”深水半潜式钻井平台、12 缆深水物探船“海洋石油 721”等，其中多项技术处于国际领先水平。

“凯旋一号”自升式钻井平台

海洋石“982”深水半潜式钻井平台示意图

世界先进水平的 12 缆深水物探船“海洋石油 721”

“南海九号”半潜式钻井平台

“老虎 1 号”深海钻井船

“海洋石油 691”船

图 10－2　中国自行研制生产的多座深海钻井平台

2014 年 6 月，中国最先进的自升式钻井平台“凯旋一号”在南通中远船务启动海工基地交付使用。该平台作业水深 121.92 米，钻井深度 10 668 米，具有广泛的适用性，技术水平和建造质量均处于全球领先水平。①

2014 年 7 月，中国自主投资建造的第一座深水半潜式钻井平台“海洋石油 982”在大连船舶重工集团正式开工建造。这是一座 1 524 米半潜式钻井平台，最大钻井深度 9 144米，可在 1 500 米水深海域内从事海上石油、天然气的勘探开发作业，是国内最先进的第六代钻井平台之一。②

2014 年 8 月，中国具有世界先进水平的 12 缆深水物探船“海洋石油 721”在上海船厂船舶有限公司交付使用。它是中国自主建造的大型深水物探船，其工作水深达3 000米，可在 5 级海况和 3 节海流情况下采集地震数据。该船汇集了世界一流的专业物探设备，能做到多缆和自扩式震源同时收放，能对海底山川进行核磁共振般的精确扫描，高效采集深水油气资源数据，助力海底勘探提速。该船能与深水勘察船、深水钻井平台形成一条海洋油气勘探、开发、利用和保护的产业链，是国家海洋油气能源开采的重要技术装备。南海东北部深水区是我国深水勘探的“主战场”，在该区域，过去国内大多通过购买、租赁国外装备进行勘探，成本巨大。该船投产后，将加快工作效率，提高勘探精度，深海勘探拓展至 3 000 米，对中国油气田勘探起到关键作用。③

2014 年 11 月，“南海九号”承钻的第一口千米水深井在中国南海顺利完钻。“南海九号”是除“海洋石油 981”外，中国海油作业水深最大的半潜式钻井平台，属于第四代钻井平台，设计作业水深 1 524 米，最大钻井深度 7 620 米。“南海九号”深水钻井成功，标志着中国深水钻井迈上新台阶，深水钻井技术、装备梯队建设进一步完善，为深水资源大规模勘探、开发奠定了坚实基础。④ 中国首艘拥有全部知识产权的深海钻井船“老虎 1 号”建成，其在性价比、使用效率、能耗及可靠性方面都达世界先进水平，适用于南海和东海石油及天然气勘探开发，填补了中国在高端深水海洋钻井船领域的空白。⑤“海洋石油 691”深水三用工作船完成海试。“海洋石油 691”是中国新一代深海抛锚、拖拽、定位及平台供应功能于一体的顶级船舶。该船系柱拖力超过设计指标 22%，达 366 吨；可装备水下机器人实现深海 3 000 米水下作业；首次搭载压载水处理装置，可避免海洋生物异地污染，实现全球通行。该

---

① 吕宁：《国内最先进自升式钻井平台命名交付》，载《中国海洋报》，2014 年 6 月 27 日 A1 版。

② 刘书利，李淑仪：《“海洋石油 982”半潜式钻井平台开工建造》，载《中国海洋报》，2014 年 7 月 24 日 A2 版。

③ 徐蒙：《“海洋石油 721”船交付》，载《中国海洋报》，2014 年 8 月 8 日 A1 版。

④ 宗和：《“南海九号”首口千米水深井成功完钻》，载《中国海洋报》，2014 年 11 月 7 日 A1 版。

⑤ 辛华：《我国建成首艘自主知识产权深海钻井船》，载《中国海洋报》，2014 年 11 月 10 日 A2 版。

船总体指标达到海工船最高标准，代表中国乃至世界海工装备制造的最高水平。未来，“海洋石油691”将服务于中国“南海战略”，成为3 000深水钻井平台“海洋石油981”的主要配套船舶。①

2. 海水淡化与综合利用技术

中国海水淡化技术已日趋成熟，已全面掌握反渗透和低温多效海水淡化技术，反渗透实现了产业化；海水淡化产业基本形成，海水淡化成本不断下降（人民币5～7元/立方米）；海水淡化设计能力不断提高，人才队伍不断扩大。中国已成为世界上少数几个掌握海水淡化先进技术的国家之一。

2014年1月，国家海洋局天津海水淡化与综合利用研究所中标福建漳州市古雷港经济开发区日产10万吨反渗透海水淡化国家示范工程总承包项目。该项目为国家海水淡化示范工程，建成后将成为中国单机规模最大的反渗透海水淡化工程。该项目投标方案设计中通过系统优化设计和设备优化选型，发挥系统单机规模优势，最大限度节能减耗，进一步降低运行成本及产品水成本。设置了浓海水综合利用接口，将用于提取溴等化工产品，进一步降低海水淡化成本，提高综合经济效益。同时，系统预留了反渗透海水淡化关键设备测试安装空间和接口，将形成面向全国的万吨级反渗透海水

图10－3　福建省漳州市古雷港经济开发区日产10万吨反渗透海水淡化设备

① 李源，黄玲：《“海洋石油691”船完成海试》，载《中国海洋报》，2014年11月24日A1版。

淡化技术创新平台和关键设备评价中心。[①] 2014 年 9 月，中国日产 1.25 万吨单机集成技术及日产 10 万吨总成技术通过验收，标志着中国国内最大容量反渗透海水淡化单机机组在浙江省舟山市六横岛建成。该单机机组所研发应用技术集成海水取水、预处理、反渗透和产水后矿化处理等工艺，每吨水能耗为 2.6 千瓦·时/立方米，创国内海水淡化系统能耗新低。[②]

图 10－4　浙江省舟山市六横岛 10 万吨级反渗透海水淡化装置

3. 海洋可再生能源开发利用技术

海洋可再生能源开发利用技术主要包括海洋风能开发利用技术、潮汐能开发利用技术、波浪能开发利用技术、潮流能开发利用技术和温差能开发利用技术。中国海洋风能开发利用起步较陆地风能开发利用晚，但发展速度快，开展了一些基础性研究，产业已形成一定规模。中国潮汐能利用技术是国内海洋可再生能源开发利用技术中较为成熟的，居世界领先地位。中国波浪能发电技术基本成熟，正处于商业化工程示范试验阶段。近年来国内相继开展波浪能发电项目，极大地推动了波浪能商业化、规模化发展进程。中国的潮流能技术与国际基本同步，已经初步实现了商业化运行，并通过多年科研攻关，已经形成了特色产品。

2014 年，中国在海洋风能开发利用技术、波浪能开发利用技术以及潮流能开发利用技术领域实现突破。

在海洋风能开发利用技术方面，2014 年中国在海上风能资源评估方面取得了突破性进展，实现了覆盖全球海域风能资源的等级区划，实现了全球海域的风能资源系统

① 赵河立：《淡化所中标日产 10 万吨海水淡化国家示范工程承包总项目》，载《中国海洋报》，2014 年 1 月 20 日 A2 版。

② 胡伟民：《六横建成全国最大容量反渗透海水淡化单机机组》，载《中国海洋报》，2014 年 9 月 22 日 A2 版。

性评估。①

在波浪能开发利用技术方面，2014 年由中国海洋大学主持研制的“10 千瓦级组合型振荡浮子波能发电装置”在青岛市黄岛区斋堂岛海域成功投放并进入试运行。该装置采用组合式陀螺体型振荡浮子与双路液压系统进行波浪能向电能转换，使用潜浮体配合张力锚链进行海上安装定位。该装置依托阵列化开发思想，针对我国近海短周期、小波高、低能流密度的波浪能资源特征设计了组合型波浪能摄取结构，解决了多数传统装置“小浪不发电、大浪易损坏”的老难题。这标志着中国在波浪能阵列化开发与工程应用领域取得了实质性突破。②

图 10－5　10 千瓦级组合型振荡浮子波能发电装置

在潮流能开发利用技术方面，2014 年 8 月，由中交一航局承建的 200 千瓦潮流能发电项目通过验收。该项目是全国新能源领域首个海洋能独立电力系统示范工程，项目实施将为国家大规模开发潮流能资源提供重要的参考依据，对推进国家新能源发展具有重要意义。③

（二）深远海调查与勘探技术

中国深远海调查与勘探技术主要包括深海探测与水下作业技术、海洋矿产资源勘查技术以及深海生物调查技术。目前在深海探测与水下作业技术领域，中国主要在载

---

① 高悦：《我国海上风能资源评估获突破性进展 首次实现覆盖全球海域风能资源的等级区划》，载《中国海洋报》，2014 年 3 月 5 日 A1 版。

② 尹为鉴：《我国在波浪能阵列化开发与工程应用领域取得了实质性突破》，载《青岛财经日报》，2014 年 1 月 29 日。

③ 宗和：《国内首个海洋能独立电力系统示范工程通过验收》，载《中国海洋报》，2014 年 8 月 8 日 A1 版。

图 10-6　200 千瓦潮流能发电装置

人潜水器、无缆水下机器人以及深海空间站等方面取得突破性进展。在海洋矿产资源勘查领域，中国对“可燃冰”勘探研究多年，目前在钻探技术和成矿规律的认识方面取得了突破性进展。

1. 深海探测与水下作业技术

中国深海探测与水下作业技术包括潜水器技术、深海探测技术、成像、通信和定位技术、深海作业技术、配套及基础技术等方面。

潜水器技术是沿海国家科技水平和综合国力的标志。潜水器技术主要包括无人潜水器技术、载人潜水器技术和深海空间站技术。国家高度重视潜水器技术，已成为深海探测与水下作业技术的重点发展领域。在无人潜水器技术方面，自 20 世纪 70 年代中国相继研制成功第一台有缆遥控水下机器人“海人一号”、第一台自治水下机器人 1 000米“探索者”号之后，无人深海潜水器技术的研究得到全面发展。面向海洋石油开发、深海资源调查的“ROV”得到应用，例如中国自主研制的遥控水下机器人“海极”号 ROV 应用于第二次北极考察，3 500 米 ROV“海龙 2 号”在太平洋 2 770 米水深成功地抓取热液硫化物，“4 500 米级深海作业系统”（ROV 系统）关键技术取得突破等。进入 21 世纪以来，载人潜水器发展受到高度重视。2009—2012 年，“蛟龙”号深潜器接连取得 1 000 米级、3 000 米级、5 000 米级和 7 000 米级海试成功。2012 年 7 月，“蛟龙”号在马里亚纳海沟试验海区创造了下潜 7 062 米的中国载人深潜纪录，同时也创造了世界同类作业型潜水器的最大下潜深度纪录。标志着中国具备了在全球 99.8% 的海底深处开展科学研究、资源勘探的能力。2013 年是“蛟龙”号载人深潜器开展试验性应用的第一年，取得了丰硕的研究成果，试验性应用共完成 21 次下潜，38

个站位常规调查，对底栖生物分布、岩石及资源方面有了新认识。[①] 深海空间站可为深海环境探测提供更多便利，深海移动工作站是世界深海科研发展的主要方向。“十一五”期间，中国已启动了深海空间站关键技术的前期探索研究，初步形成了自航载人型深海空间站设计、研究和模拟试验能力。

2014 年，中国主要在载人潜水器（“蛟龙”号）应用、无缆水下机器人、深海空间站等技术领域取得突破和进展。

“蛟龙”号 2014—2015 年试验性应用航次共分为三个航段，2014 年 6—8 月在西北太平洋开展了第一航段的调查任务。第二、第三航段于 2014 年 11 月 25 日从江阴起航，2015 年 3 月返回国内，历时 4 个月，在中国西南印度洋多金属硫化物资源勘探区开展下潜任务。第一航段“蛟龙”号先后在西北太平洋采薇海山区和西太平洋马尔库斯—威克海山区开展了 10 次下潜作业，获取了大量的生物、富钴结壳、多金属结核等样品及一大批高质量的视频资料[②]。

2014 年 9 月，中国自主研制的 6 000 米无缆水下机器人（AUV）“潜龙一号”成功下潜到 5 200 多米深的海底，执行光学探测任务，共拍照片 1 280 张，在整个作业过程中潜水器各设备性能正常。此次下潜是“潜龙一号”首次在该深海海底完成光学探测任务，成功达到应用试验目的。[③]

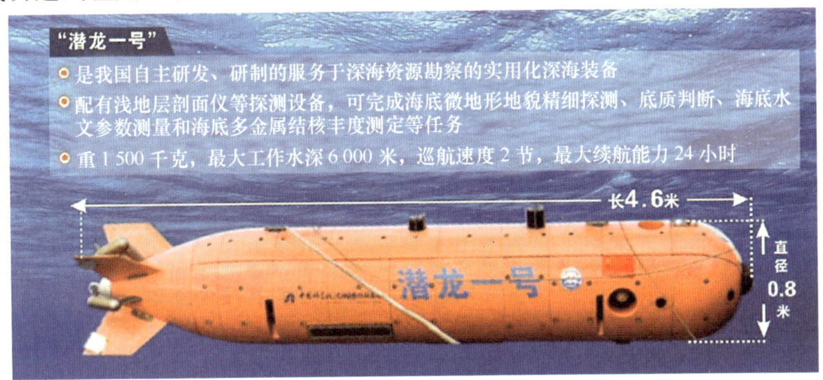

图 10－7　“潜龙一号”示意图

2013 年 11 月，中国船舶重工集团公司第七〇二研究所研制的重工首个实验型深海

---

① 《“蛟龙”号 2013 年试验性应用航次完美收官》，中国大洋矿产资源研究开发协会网，2013－11－15，http://ocean.china.com.cn/2013－09/1/content_30085288.htm。

② 朱彧：《2014 年“蛟龙”号试验性应用航次第一航段通过验收》，载《中国海洋报》，2014 年 8 月 13 日 A2 版。

③ 王诒卿：《“潜龙一号”首次完成 5200 米海底光学探测》，载《中国海洋报》，2014 年 9 月 15 日 A1 版。

移动工作站“龙宫”圆满完成第一期首次水池试验①。这是继“蛟龙”号载人潜水器成功研制后我国深海装备研发的又一项前沿探索，为中国研制千米潜深、百吨级深海空间站奠定了技术基础。“龙宫”实验型深海工作站为35吨级装备，可容纳6个人同时作业。工作站首尾各有两处观察窗，通过观察窗科研人员可以操控工作站。工作站底部装载着水下机器人，工作站到海底后，驾驶人员可以释放机器人，遥控其进行独立航行作业。机器人最远可离开平台100米，工作深度最大可达1 500米，可以完成一些物体的抓取和布放工作。这一期水池试验主要目的是为全面验证试验平台航行与机动、潜浮运动、水下悬停、坐离池底等水动力总体性能，考核试验平台推进系统、电力系统、液压系统、生命支持系统、潜浮系统、浮力调节系统、纵倾调节系统、观通导航系统、密封装置、作业辅助系统和设备运行的可靠性，调试和检验试验平台控制系统软件信息流和控制流的交换正确性与可靠性，验证试验平台多人员、长时间生命支持的可靠性和安全性，同时积累平台可靠运行和维护保养的原始数据。

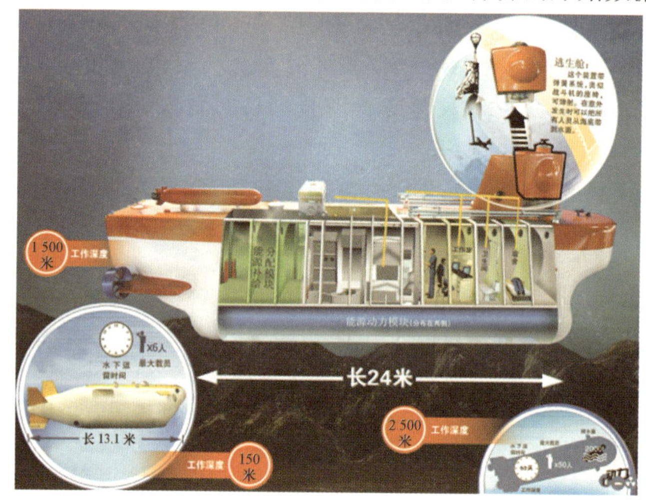

图10－8　深海移动工作站“龙宫”示意图

2. 海洋矿产资源勘查技术

海洋矿产资源勘查技术主要包括海洋油气资源勘探技术、海洋天然气水合物探测技术和大洋矿产资源勘探开发技术。

---

① 王敏：《我国将研制更浅海域的载人潜水器和万米级深海载人潜水器“蛟龙”号载人潜水器将添“兄弟”》，载《中国海洋报》，2014年1月23日A1版。

（1）海洋油气资源勘探技术

海洋油气资源勘探技术包括地球物理勘探技术和地球化学勘探技术。地球物理勘探运用地震、重力和磁力等物理手段，获取海底地层相关资料，分析了解海底地下岩层的分布、地质构造的类型、油气圈闭的情况，寻找油气构造，并确定勘探井位。中国从“九五”以来海洋油气地震勘探技术、重磁震联合勘探技术发展迅速，成为油气勘探的主要技术，已在南海油气勘探中得到了良好应用。目前，单源单缆的拖缆地震采集设备正向长缆、强震源方式发展，因而有能力勘探更深水域和更深的地层；单一技术的地球物理勘探向多技术联合勘探发展；重、磁、地震联合勘探有了长足的发展；地震资料处理、地震解释以及评价技术上了一个新台阶。

中国的地球化学勘探经过多年发展，已经积累了丰富的地球化学资料。目前，中国已建立了近海海域海洋油气地球化学探查技术规范和作业流程，进一步发展和完善了适合中国近海条件的海洋油气地球化学探查技术。

（2）海底矿产资源勘查技术

自21世纪以来，中国采用引进与自主研制相结合的方式，先后研发了诸多水合物勘探技术，包括水合物高精度地震、原位及流体地球化学、热流原位、海底地磁、保压取芯、保真取样器等。中国发展天然气水合物探测技术的同时，也应用于实际海洋天然气的勘测。

中国对海域天然气水合物（“可燃冰”）资源的勘探与研究已历经10多年，并于2011年启动了对天然气水合物成矿规律的新一轮研究。2013年中国海洋天然气水合物成矿预测研究获得突破，并首次在珠江口盆地钻获高纯度天然气水合物样品，通过钻探获得可观的控制储量①。2014年，中国在海域天然气水合物勘探技术在钻探技术和对成矿规律的认识方面取得了突破性进展。

2014年1月，南海天然气水合物钻探工程在广州通过验收。南海天然气水合物钻探工程是2011年启动的以加快南海北部水合物资源远景区勘查评价、选择重点靶区实施水合物试验性开采为目标的专项。南海天然气水合物钻探工程通过验收，标志着中国海域天然气从调查评价到钻探阶段的技术方法体系宣告正式形成。这套技术方法体系主要由调查评价和勘查两部分组成。目前，该技术方法体系处于国际先进水平，这为中国大面积开展海域天然气水合物资源评价和勘查，奠定了坚实的技术基础。②

2014年1月，中国重大基础研究计划（“973”计划）项目南海天然气水合物富集

① 黄林昊：《我国首次在珠江口盆地东部海域钻获高纯度新类型天然气水合物》，中国化工信息网，http://www.cheminfo.gov.cn/static/temp_hgyw/20131223445611.htm。

② 于德福，陈惠玲：《我国海域“可燃冰”调查勘查技术体系形成》，载《中国海洋报》，2014年1月21日A1版。

规律与开采基础研究通过验收。该项目揭示了南海北部天然气水合物富集规律，首次提出天然气水合物成核机制的笼子吸附假说，标志着中国建立起海域“可燃冰”基础研究系统理论。①

3. 深海生物调查技术

深海是生物多样性丰富的地区，研究深海生物对于生物起源、医药卫生、生物技术等方面的研究都起到重要的推动作用。中国在“十五”期间就启动了深海生物及其基因资源的相关研究，已在深海微生物研究装备的研制、深海微生物基础科学研究以及资源开发应用方面取得了重要进展。“十一五”期间，中国在深海极端环境微生物获取、极端酶研究、活性物质筛选以及微生物多样性分析等方面取得了重要进展。“十二五”期间，深海生物调查技术、深海（微）生物勘探与资源潜力评估以及微生物资源开发领域已得到国家级项目的大力支持，有望获得更大发展。

四、“科技兴海”成效显著

近年来中国不仅在核心海洋技术领域取得重大突破，而且海洋科技在提升海洋产业综合竞争力、推进海洋经济发展方式转变等方面也取得了重要进展。

（一）海洋科技成果转化能力大幅提升

目前，国家先后组建了 6 个国家海洋工程技术研究中心，7 个涉海国家重点实验室，搭建了全国科技兴海信息服务平台、全国海洋标准化信息平台等公共服务平台，召开全国科技兴海大会与成果交易展览会，有力推进了海洋科技成果转化和产业化。各沿海省、涉海企业、涉海科研机构与高校积极探索和建立虚拟海洋研究院、产业技术创新战略联盟等多种产学研用协同创新机制，引导和支持信息、人才、资源等创新要素向企业集聚，促进科技成果向生产力转化。中国海洋科技成果转化率由 2008 年的 43% 提高到 2012 年的 57%。

（二）海洋传统产业加快绿色转型

近年来，海洋科技成果广泛应用于海洋渔业、海洋船舶工业、海洋盐业等传统产业，促进海洋传统产业的生产方式不断向绿色环保、高效节能方向转变。目前，全国

① 陈惠玲，王宏斌，沙志彬：《我国建立其海域“可燃冰”基础理论》，载《中国海洋报》，2014 年 1 月 22 日 A1 版。

已有海洋生态养殖企业120多家，广东、浙江等地已基本形成离岸式深水网箱养殖产业群，山东、福建等地工厂化循环水养殖规模持续扩大。船舶工业的船舶效率持续提高，三大主流船型造船周期大幅缩短，接近世界先进水平。船舶企业所承接的新造船舶的平均油耗和船舶能效设计指数（EEDI）相比2008年已下降了20%以上，所达到的标准满足了国际海事组织相关要求。海水化学资源综合利用及技术除用于盐田技术改造和产业升级之外，还用于内陆地区的高含盐废水综合利用，使海洋资源高效利用技术成功向内陆地区相关企业转移，创新了陆海联动的产业发展模式。

（三）海洋新兴产业发展势头强劲

近年来，海洋科技领域的突破和海洋科技成果的快速转化保持了海洋新兴产业强劲的发展势头，海洋新兴产业的发展均大大高于同期海洋生产总值的增速。2013年，海洋生物制品和医药业保持持续较快发展，实现增加值224亿元，比2008年增长近3倍，年均增速25.26%。海洋电力业实现增加值87亿元，比2008年增长近10倍，年均增速48.8%。海水利用业产业化水平进一步提高，实现产业增加值12亿元，比2008年增长50%，年均增速7%；海洋工程装备市场保持稳定增长，承接各类海洋工程装备订单约占世界市场份额的30%。

（四）区域海洋产业集聚发展效果显著

海洋科技的引领作用不断增强，科技兴海基地建设取得突破，区域海洋产业集聚发展效果显著。到2014年12月底，中国已建立7个国家级科技兴海产业示范基地，23个地方级科技兴海示范基地运行良好，几十个省级成果转化平台和产业基地发挥着不同程度的作用，形成了适应区域性海洋科技能力和沿海经济社会发展需求、具有区域特点、国家和地方及企业相结合的科技兴海平台网络。2014年4月，国家发改委认定天津、青岛、烟台、威海、舟山、厦门、广州、湛江8个城市为国家海洋高技术产业基地[①]，未来8城市将进一步发挥海洋科技优势，加速中心城市的海洋高技术产业集聚、辐射和扩散，带动沿海地区的强省、强市建设。目前，环渤海地区和长三角地区初步形成了以大连、青岛、上海为核心的海洋高端装备制造产业集群，以天津、杭州为核心的海水利用产业集群，以上海、青岛为核心的海洋生物制品和医药产业集群。珠江三角洲地区基本形成了以广州、深圳为核心的海洋生物制品和医药产业集群，以广州、深圳、珠海、中山为中心的海洋高端装备制造产业带。

---

① 国家发改委，国家海洋局：《关于在广州等8个城市开展国家海洋高技术产业基地试点的通知》（发改办高技〔2014〕837号），2014年4月18日。

五、小结

2014年中国海洋科技创新能力总体稳步提升，部分关键技术领域取得重大突破，海洋资源开发能力显著提高。海洋新兴产业的高速增长充分说明了海洋科技创新已成为转变海洋资源开发方式，促进海洋经济转型升级的核心要素和持续支撑力量。

目前中国已基本实现浅水油气装备的自主设计建造，部分海洋工程船舶已形成品牌，深海装备制造取得一定突破，部分装备已处于国际领先，使得海洋开发不断向纵深扩展。“蛟龙”号成功完成首次试验性应用航次的第一航段的调查任务，取得丰硕成果。海水淡化技术取得突破性进展，已全面掌握反渗透和低温多效海水淡化技术，具备单机日产万吨级海水淡化装置的设计和工程成套能力。在深海矿产资源勘探技术领域，中国在海域天然气水合物钻探技术和对成矿规律的认识方面取得了突破。

回顾2014年，尽管中国海洋科技已在深水、绿色、安全的海洋高技术领域取得一些重大突破，但部分重点领域仍进展较为缓慢，如海洋观测设备仪器制造技术的自主创新、防灾减灾技术、海洋生物资源开发技术以及海洋能源的开采技术等。同时也应看到，中国的海洋科技与国外先进水平相比仍有很大差距，尤其是海洋高技术领域，如海洋仪器依赖进口的局面仍未得到根本性改变、深海资源勘探和环境观测技术装备仍落后等。

展望未来，中国海洋科技发展任重道远，但必将迎来更加美好的前景。

第五部分
保护海洋生态环境

第十一章　海洋生态文明建设

"建立系统完整的生态文明制度体系，用制度保护生态环境"是党的十八届三中全会通过的《中共中央关于全面深化改革若干重大的问题》决定（以下简称《决定》）所提出的生态文明建设的指导思想，勾勒了生态文明制度框架，为今后加快制度建设指明了方向。中共中央政治局召开会议，审议通过《关于加快推进生态文明建设的意见》（以下简称《意见》）。《意见》提出必须把制度建设作为推进生态文明建设的重中之重，按照国家治理体系和治理能力现代化的要求，着力破解制约生态文明建设的体制机制障碍，深化生态文明体制改革，建立系统完整的制度体系，把生态文明建设纳入法制化、制度化轨道。海洋生态文明建设是中国生态文明建设的有机组成部分，落实《决定》和《意见》的指示精神，研究并构建系统的、完整的海洋生态文明制度体系是海洋生态文明建设的首要任务和根本保障，也是建设海洋强国的重点所在。

一、海洋生态文明制度建设的必要性和紧迫性

未来10～15年，既是中国海洋强国建设的关键时期，也是海洋生态环境保护和海洋生态文明建设的关键时期。生态文明制度建设是一个长期的过程，创建制度体系会面临一系列严峻的挑战，任务紧迫而艰巨。一方面，国际海洋形势不断发生新的变化，中国在全球海洋事务中的角色正处于"被转换期"。另一方面，中国海洋生态环境问题日趋复杂多样，必须克服传统体制机制障碍、破除各种既得利益束缚、解决新制度的理论问题，在实践探索中不断完善；与此同时，海洋强国建设、海洋法律体系逐步完善以及公众海洋意识的普遍提高，都给海洋生态文明制度体系建设带来难得机遇。

（一）海洋生态文明制度体系建设的战略背景

从国际环境看，世界正处于全球可持续发展进程的关键时期①。海洋生态环境保护成为全社会共同的责任和义务，海洋可持续发展目标是全球可持续发展目标的重要组成部分，包括社会就业、经济增长、生态维护和环境保护等方面。与此同时，当前也

① 中国科学院可持续发展战略研究组：《2014中国可持续发展战略报告》，北京：科学出版社，2014年，第16页。

正处于新一轮全球气候政治谈判的关键时期，由于南北国家间互信不足，气候变化谈判成为一个高度复杂、持续博弈的多边互动过程。主要国家的绿色低碳战略进退维谷，欧盟、美国谨慎前行，而澳大利亚、日本等出现倒退。总体看，未来全球需要新的绿色领导力，为实现可持续发展注入新的活力，国际社会对中国的要求也发生根本性转变。以此同时，环境外交成为国际外交的主流形态之一。当今国际外交的色彩也因此从过去的“浅绿”发展到今天的“深绿”，其背景伴随着发展理念、发展空间和发展权益的竞争。海洋生态环境保护是世界各国和相关国际组织参与世界海洋管理、竞争与博弈以及在全球海洋治理体系内发挥政治影响力的重要途径。海洋环境问题成为影响国家秩序和发展的新问题，海上溢油、海洋酸化、跨界污染、新型污染物，成为政治、经济社会问题。转型经济发展——绿色、低碳、循环发展成为新潮流。这些都要求中国在全球海洋事务中承担更多的责任和义务，发挥更大作用。

从国内看，中国的可持续发展进程正在进入新的历史转折时期。一是党的十八大提出建设海洋强国战略目标，对海洋生态环境保护和海洋生态文明建设提出了新的要求。海洋强国是指海洋开发能力强，海洋经济发达，海洋生态环境健康，海洋权益维护有力，海上综合力量强大的海洋国家。二是中国海洋经济社会发展面临转型和结构性调整，增长阶段转换带来海洋经济增速下行。海洋经济发展的“新常态”对海洋可持续发展和生态文明建设的机遇与挑战并存。与此同时，海洋产业结构转型将随海洋经济增速调整出现关键性趋势，即大部分高耗能产品、资源密集型产品的需求将大幅度降低。海洋风电、海水淡化等新一轮海洋绿色产业的发展态势良好。三是作为未来十年治国方略，《决定》提出全面深化改革的总目标是完善和发展中国特色社会主义制度，推进国家治理体系现代化和治理能力现代化。海洋领域应该率先探索出治理体系和治理能力现代化之路。《决定》有关生态文明建设的部分提出了许多创新性的制度安排，几乎涉及所有资源环境相关法律和政府管理部门，法律修改和管理体制改革工作异常繁重。从海洋资源环境管理体制看，要想从目前分散的部门管理走向统一监管、统筹协调的管理体制和完善的治理结构同样面临许多障碍。上述背景构成了中国海洋生态文明制度体系建设的战略环境。

（二）中国海洋生态环境问题发展态势及演变

近年来，中国政府高度重视海洋生态环境保护工作，在局部海洋污染治理、生态保护等方面取得一定的成效，但客观上并没有摆脱发达国家走过的“先污染、后治理”的路径，近海海洋生态环境持续恶化，大量海洋资源环境问题短时间内迅速累积并集中爆发。与20世纪80年代初相比，中国海洋生态与环境问题在类型、规模、结构、性质等方面都发生了深刻的变化。环境、生态、灾害和资源四大方面的问题共存，并且相互叠加、相互影响，表现出明显的系统性、区域性、复合性，呈现出异于传统发达国家的海洋生态环境问题特征，防控与治理难度加大。中国海洋生态环境问题的本质和表象都要求加快构建系统完备、科学规范、运行有效的海洋生态文明制度体系，形成适应海洋生态文明理念要求的“硬约束”，以刚性的制度约束人的行为，实现对海洋生态文明建设的制度保障。

一是海岸带和海洋生态安全问题自21世纪初至现在愈加突出。80%近岸海洋生态系统处于亚健康和不健康状态，自然岸线保有率不足40%，关键自然资本存量锐减。优质渔业资源趋于枯竭，种群再生能力下降。生态系统功能大面积退化，赤潮、绿潮等灾害性生态问题突出。21世纪以来，赤潮发生频率和影响海域面积都呈现上升态势，有从局部海域向全部近岸海域扩展的趋势。长江口被联合国环境规划署列为极难恢复的永久性“近岸死区”，珠江口、浙江近岸海域也被列为季节性“近岸死区”。

二是近海海洋环境污染呈交叉复合态势，危害加重。陆源污染物仍是海洋污染的主要来源，对近岸海域污染贡献达到80%左右，主要污染物是无机氮、活性磷酸盐和石油类。污染严重的海域集中在大型入海河口和海湾，包括辽东湾、渤海湾、莱州湾、胶州湾、象山港、长江口、杭州湾、珠江口等海域。这些区域大多为中国沿海经济发达地区，先污染后治理的发展之路使得这些地区背上了沉重的环境债务。同时，中国的近海海域也是未来船舶溢油事故的多发区和重灾区，海上油气开采规模的扩大也增加了溢油生态灾害的风险。

三是大型围填海活动、流域大型水利工程、气候变化等是影响中国海洋生态环境的重要因素。自新中国成立至今，中国沿海已经历了4次围填海浪潮。特别是最近10年来以满足城市建设、港口建设、工业建设需要的新一轮填海造地高潮。大规模填海造地也对近岸海洋生态环境造成了巨大的损害。中国大型水利工程数量高居世界第一，世界坝高15米以上的大型水库50%以上在中国，绝大部分分布在长江和黄河流域。大型水利工程导致河流入海径流和泥沙锐减，对河口及近海生态环境产生显著的负面效应。全球变化对海洋环境的影响包括诸多方面，近年来对海洋生态系统的影响逐步显现，台风、风暴潮、海啸、巨浪、海冰等海洋自然灾害造成的损失持续增大。

（三）海洋生态文明制度建设面临的制约与挑战

一是社会主义市场机制不完善。生态文明制度作为中国特色社会主义制度的有机组成部分，其落实有赖于社会主义市场经济体制的不断完善以及国家治理能力和治理体系现代化。中国已经基本建立了社会主义市场经济体制，但还没有建立起体现海洋生态文明理念和原则的社会主义市场经济体制。比如，市场没能很好发挥在海洋资源配置中的决定性作用，在相当程度上、许多领域中，主要还是政府直接配置海洋资源或在政府不合理干预下配置海洋资源。税收和价格机制还难以有效抑制对海洋资源及其资源性产品的过度需求，各级地方政府对海域使用的需求继续放大，围填海用海价格偏低，占用滨海湿地、海域的成本过低或基本无成本，远远无法弥补生态价值。中央与地方的事权和财权不匹配，地方政府承担的事权多于其财力，迫使其不得不圈海造地融资，导致海洋和生态空间被过多占用。过去以 GDP 论英雄的政绩评价和干部任用办法，对造成海洋生态环境破坏的缺乏制约和责任追究等，一定程度上也助长了破坏海洋生态环境的行为。

二是现有的海洋法律法规体系不完善。目前，中国已经建立的与海洋生态文明建设相关的法律法规主要有《中华人民共和国海洋环境保护法》《中华人民共和国海域使用管理法》《中华人民共和国海岛保护法》和与之相配套的实施条例和标准等；已确立的有关主要制度有海洋经济发展规划制度、海洋功能区划制度、海域有偿使用制度、重点海域污染物总量控制制度、海洋工程与海岸工程环境影响评价制度等。但总体上不系统、不完整。源头上，没有建立起有效防范的制度。海洋资源资产的产权制度还没有完整建立，在实际经济运行中的产权主体虚化，不同权利主体之间的权、责、利关系的界定模糊，海洋资源利用效率低下。过程中，没有建立起严密监管的制度。中国海洋环境保护的制度不少，但在海洋环境保护中居核心地位的陆源污染物排海许可制和陆源污染物排放总量控制制度还很不健全。后果上，没有建立起严厉的责任追究和赔偿制度。对那些不法企业偷排、超排污染物入海，甚至造成严重海洋生态灾难的，未完全追究责任和履行赔偿义务。

三是生态文明制度建设理论体系不完善。与生态文明一样，生态文明制度建设也是一种新的理念，没有现成可借鉴的理论和成果，许多问题都需要在实践中不断探索。从理论上讲，无论是生态红线制度、生态补偿、国家公园制度，还是陆海统筹的生态环境保护、污染方式的区域联动机制，既没有成熟的理论研究和普适性的实践经验作为基础，又缺乏上位法的支撑。此外，转型期的海洋生态文明建设，存在改革和现行制度的冲突，如海洋综合管理体制的建立和完善等。

二、构建完整的海洋生态文明制度体系[①]

海洋生态文明建设制度体系建设具有长期性，必须充分学习和领会《决定》的精髓和要求，科学把握建设的战略重点和优先领域，在《决定》确定的生态文明建设基

① 本报告的制度是指广义的“制度”，包括法律法规、组织机构或体制机制以及作为社会规则的管理制度安排，用以规范和调控人类行为。

本制度体系的基础上，结合海洋生态文明建设的战略需求和现实需要以及海洋生态环境保护和海洋综合管理的特点，完善现行的、有重大影响的制度，加快推进相对成熟的制度，指出并充分调研和论证具有争议的制度，做到统筹协调、分层分类、有序推进，最终形成由根本制度、基本制度和具体制度构成的海洋生态文明制度的完整体系。

（一）《决定》提出的新要求[①]

十八届三中全会首次提出建设生态文明和实现可持续发展的战略部署。综合而言，《决定》推动生态文明建设的主要思路包括把体制机制改革创新作为加速生态文明建设的突破口，通过制度建设保护生态环境，充分发挥市场机制的关键性作用。

把体制改革作为加强生态文明建设的突破口。《决定》提出了未来生态文明体制改革的方向是构建三大体制。一是健全国家自然资源资产管理体制，通过完善管理体制机制和自然资源产权等管理制度，对自然资源实施资产化管理；二是完善自然资源行政监管体制，建立一个统一行使所有用途管制职责，与自然资源资产管理形成一种相互独立、相互配合、相互监督的架构；三是改革生态环境保护管理体制。建立独立监管和行政直达体制，并根据生态系统完整性、系统性，探索建立陆海统筹的生态系统保护系统和污染防治区域联动机制。

用制度保护生态环境。《决定》提出了与上述生态文明建设三大体制相对应的具体管理制度，构成了“源头严防、过程严管、后果严惩”的管理制度体系框架。具体包括：① 自然资源资产管理制度，包括自然资源资产产权制度、资源有偿使用制度、生态补偿制度和产权交易制度；② 自然资源行政监管相关制度，包括空间规划与用途管制制度、生态保护红线制度、自然资源资产离任审计制度等；③ 生态环境保护管理相关制度，包括独立监管和执法制度、环境举报制度、环境损害赔偿制度、企事业单位排污总量控制制度、环境损害责任终身追究制、政府购买第三方服务和特许保护制度等。

让市场机制作用得到充分发挥。《决定》提出了让市场机制得到充分发挥的具体方向：一是推进自然资源和环境容量的资产化管理；二是变革资源环境的定价机制和推进税费改革；三是探索生态保护和污染治理的第三方服务，建立多元化的投融资机制。

（二）海洋生态文明制度体系建设的基本思路

中国特色的海洋生态文明建设是一个不断学习、践行、调整和创新的过程。在面

① 本部分内容参考中国科学院可持续发展战略研究组：《创建生态文明制度体系》，载《中国可持续发展战略报告》，北京：科学出版社。

临前所未有的国际海洋事务、国内经济发展与环境保护挑战的大背景下，要审视和借鉴过去的经验和教训，科学预判未来的发展情景，从建立健全法律法规、改革体制机制、完善综合政策体系等方面入手，构建完整的海洋生态文明建设制度体系。

首先，在指导原则方面，充分认识海洋事务和海洋经济所处的发展阶段和未来情景，在协调发展与环境关系的基础上强调保护优先，利用解决资源环境问题来倒逼和引领海洋经济发展方式的转变，促进发展质量的提高，弥补因透支海洋环境红利所造成的损失，实现海洋经济发展与生态环境保护关系的再平衡。

其次，在法律制度方面，以《中华人民共和国海洋环境保护法》修订为契机，将《决定》中涉及的成熟制度安排写入法律规定中，同时加快制定和修改其他重要单行法的进程。

第三，在管理体制方面，从海洋生态系统的完整性出发，按照所有者与管理者分开，陆海统筹、河海一体的原则，坚持从分部门管理专项统一协调管理和多主体参与的良治模式，逐步形成以海洋资源和生态保护管理体制、基于生态系统的海洋综合管理体制为核心的海洋生态文明管理体制，构建多层次统筹协调机制，完善海洋生态环境保护治理体系，促进海洋治理体系和治理能力现代化。

最后，在关键制度和政策方面，要围绕海洋管理体制创新制度安排，综合运用多种政策手段，优化政策组合，特别是注重发挥市场机制在自然资源管理和生态环境保护中的作用，在厘清政府与市场关系的基础上，构建体现生态文明理念的新型市场，推进自然资源资产化管理，实行资源有偿使用和生态补偿制度，加快资源环境税费改革，探索排污权交易市场，使资源能源、排放许可、生态服务等要素得到更高效地配置和利用。

（三）海洋生态文明制度体系框架

海洋生态文明制度建设是海洋生态文明建设的重要组成部分，是贯彻和落实海洋生态文明的根本性保障。根据《决定》和《意见》的要求，在生态文明建设总体目标下，把源头、过程、后果的全过程相结合，按照“源头严防、过程严管、后果严惩”的思路，构建海洋生态文明制度体系框架，以海洋资源环境生态红线管控、自然资源资产产权和用途管制、自然资源资产离任审计、生态环境损害赔偿和责任追究、生态补偿等重大制度为突破口，建立系统完整的制度体系。用制度推进建设、规范行为、落实目标、惩罚问责，使制度成为保障海洋生态文明建设的重要条件。

表 11－1　海洋生态文明建设制度体系框架

管理体制（《决定》的根本要求）	管理制度（海洋生态文明建设的基本需求）	具体说明（具体、有效的管理制度和规则）
源头防范制度——自然资源资产管理体制	海洋资源资产产权制度	根据《海域法》，对海岸滩涂和管辖海域等海洋资源进行统一确权登记，建立完整的自然资源调查、评价和核算制度，形成归属清晰、权责明确、监管有效的自然资源资产产权制度
	海洋资源有偿使用制度	加快海洋自然资源及其产品价格改革，建立符合市场规律的自然资源定价制度。坚持使用资源付费；建立资源环境税收制度
	海洋用途管制制度	建立海域使用空间规划体系，划定各类开发管制界限，落实用途管制
	产权交易制度	创建市场规则，完善海域使用和污染物排放许可制度，推行海域使用二级市场交易制度和污染物排污权交易制度
过程监管制度——海洋资源行政监管体制	海洋空间规划制度	实施海洋功能区划
	海洋生态保护红线制度	建立海洋保护区网络，建立国家海洋公园体制。建立海洋资源环境承载力预警机制，划定生态安全关键节点，对环境容量超载区域和关键生态安全节点实施限制措施
	海洋生态补偿制度	坚持谁受益谁补偿原则，完善对重点生态功能区的生态补偿机制，推动具有相关性不同地区间建立海洋生态补偿机制
	海洋资源资产离任审计制度	探索编制海洋资源资产负债表，对主管领导干部实行海洋自然资产离任审计

续表

管理体制（《决定》的根本要求）	管理制度（海洋生态文明建设的基本需求）	具体说明（具体、有效的管理制度和规则）
后果严惩制度——海洋生态环境保护管理体制	独立监管和执法制度	
	海洋污染治理和生态修复制度	建立陆海统筹的生态系统保护修复和污染防治的联动机制
	政府购买第三方服务和特许保护制度	建立吸引社会资本投入的海洋生态环境保护市场化机制，推行环境污染与生态修复的第三方治理，建立海洋环境预报的特许经营与特需保护制度，完善公私伙伴关系
	海洋环境举报制度	及时公布海洋环境信息，建立健全举报制度，加强社会监督
	海洋环境损害赔偿制度	对造成海洋生态环境破坏的责任者严格实施赔偿制度，依法追究刑事责任
	企事业排污总量控制制度	
	环境损害责任终身追究制度	

三、海洋生态文明制度体系建设的主要内容

《决定》从生态环境问题产生的全过程的角度，提出生态文明制度建设的方针，即遵循“源头严防、过程严控、后果严惩”的思路，建立系统完备的生态文明制度体系。实际上，海洋生态系统及其产生的问题具有跨区域、长时序、多维度特征，海洋生态文明制度体系建设涉及法律法规体系的完善、体制机制的改革和具体制度工具的设计等多方面。构建系统完整的海洋生态文明制度体系是一个全方位的系统改革和创新过程，不可能一蹴而就。需要进一步完善顶层设计，明确优先方向、实施步骤和关键制度。

（一）海洋资源产权制度与用途管制制度

一是健全海洋资源资产产权制度。海洋资源资产产权制度是海洋生态文明制度体系中的基础性制度。产权是所有制的核心和主要内容。中国宪法中规定，除法律规定的属于集体所有的滩涂外，其他的海洋资源归国家所有。《中华人民共和国海域使用管

理法》明确指出，海域属于国家所有。海洋资源的所有权似乎是清晰的。但是长期以来，国家所有权缺乏人格化的代表，在实际的经济运行中是虚化模糊的，表现在其所有权和使用权的泛化和管理的淡化上。在产权不具有排他性的情况下，对海洋资源的开发利用和保护的权、责、利关系就无法确定。加强对滩涂、海域等海洋资源的确权登记，建立归属清晰、权责明确、保护严格、流转顺畅的现代海洋资源资产产权制度。

二是建立海洋资源资产管理体制。中国长期以来未对海洋资源进行有效的资产化管理，致使海洋资源开发现状与海洋资源的可持续利用出现了尖锐的矛盾。对海洋资源的无偿使用，使经济效益评价失真。随着海岸线、滩涂等海洋资源的短缺和海洋生态环境的破坏，海洋资源的资产属性越来越明显，市场价值不断攀升。海洋资源和海洋生态空间的未来价值，对国家生存发展的意义越来越重大。建立国家海洋资源资产管理体制，就要做到所有者和管理者分离，以综合管理代替分行业分部门的传统管理模式。建立以制度为保障、资产为纽带、经济效益和社会效益相统一的海洋资源资产管理机制，对海洋资源资产的数量、范围和用途统一管理，实现权利、责任、义务相统一，确保海洋资源可持续利用和海洋经济可持续发展。

三是完善海洋主体功能区规划制度。海洋主体功能区规划是科学开发海洋国土空间的行动纲领和远景蓝图，是海洋国土空间开发的战略性、基础性和约束性规划，是建设美丽海洋的一项基础性制度。要根据陆地国土空间与海洋国土空间的统一性以及海洋系统的相对独立性进行规划，促进陆地国土空间与海洋国土空间协调开发。目前，中国海洋开发布局不尽合理，局部开发过度与总体开发不足的矛盾仍将长期存在，海洋产业结构性矛盾突出，沿海地区间产业趋同性严重。海洋区域开发缺乏统筹安排和宏观调控，海洋开发规划与布局缺乏战略性决策。在充分考虑维护中国海洋权益、海洋资源环境承载能力、海洋开发内容及开发现状，并与陆地国土空间的主体功能区相协调的基础上，加快完善中国海洋主体功能区规划制度。

四是落实海域用途管制制度。中国已建立严格的耕地用途管制，但对海域、滨海滩涂等生态空间还没有完全建立用途管制。海域用途管制最有效、最直接的手段是实施海域使用规划，所有海域都必须按照海域使用规划开发利用。这一点是不以海域权利人的意愿为转移，应由全社会利益来确定，是由政府代表全社会实行的一项强制性的制度。在中国近年的海域使用管理过程中，由于海域使用管理机制的计划性太强而机动性不足，加之国家迟迟未推出海域使用规划，导致部分海域使用不合理。应该按照海洋与中华民族是命运共同体的基本原则，建立覆盖全部管辖海域的海域使用规划，严格执行海域用途管制制度。

（二）海洋生态红线与生态文明示范区建设

一是完善海洋生态保护红线制度。海洋生态红线是指为维护海洋生态健康与生态安全，将重要海洋生态功能区、生态敏感区和生态脆弱区划定为重点管控区域，实施严格分类管控的制度安排。渤海海洋生态环境遭受严重破坏，海洋生态已不堪重负。为加强渤海海洋保护区、重要滨海湿地、重要河口、重要旅游区和重要渔业海域等区域的保护，2012 年海洋生态红线制度在渤海海域率先实施。渤海海洋生态红线制度的建立是加强中国海洋生态环境保护和管理的重要举措和创新，对维护渤海海洋生态安全、推动环渤海经济社会长远持续发展具有重要的作用。继续完善海洋生态保护红线制度，充分发挥渤海生态保护红线示范区的带动作用，在全海域实施海洋生态保护红线制度，提高海洋生态认识水平、自觉树立自然生态伦理观念、竭尽全力扼守海洋生态“红线”，确保海洋生态安全和人民生活幸福。

二是建立健全海洋保护区网络体系。海洋保护区作为一种预防性的海洋综合管理工具，是应对海洋环境污染、生物多样性丧失、资源衰退及生境丧失等海洋生态系统压力的重要手段。中国海洋保护区的建设已取得明显成效，初步建立了以海洋自然保护区、海洋特别保护区和海洋公园为主体的海洋保护区网络体系。红树林、珊瑚礁、滨海湿地、海草床、海岛、海湾、入海河口、上升流等典型生态系统和珍稀濒危物种得到有效保护，对减缓和控制海洋生态恶化起到了重要的作用。但是，目前中国海洋保护区网络体系有待进一步健全，海洋生物多样性养护能力不足，保护区面积小，布局有待优化，基础设施薄弱，部分典型生态系统和珍稀濒危海洋物种及栖息地仍受到威胁。应该建立健全海洋保护区网络体系，强化海洋保护区的监督管理和提高海洋保护区管理水平，建立海洋保护区管理绩效评估体系，制止保护区内不合理的开发利用。

三是加快海洋生态文明示范区建设。海洋生态文明示范区建设对于促进海洋经济发展方式转变，提高海洋资源开发、环境保护、综合管理的管控能力和应对气候变化的适应能力，推动中国沿海地区经济社会和谐、持续、健康发展具有重要的战略意义。按照“统筹兼顾、科学引领、以人为本、公众参与、先行先试”原则要求，山东、浙江、福建和广东省的 12 个市、县（区）成为中国首批国家级海洋生态文明示范区。但是，当前中国海洋生态文明示范区建设尚处于起步阶段，存在海洋生态文明示范区建设推进机制和保障机制尚未有效建立、地区间海洋生态文明建设水平和质量差异较大等突出问题。应加快海洋生态文明示范区建设，发挥示范区的创新示范效应，提高海洋生态文明建设水平，实现海洋生态环境与经济社会的和谐发展。

（三）海洋资源有偿使用与生态补偿制度

一是健全海洋资源有偿使用制度。中国海洋资源及其产品的价格总体上偏低，没有体现海洋资源稀缺性特点和开发中对海洋生态环境的损害，必须加快海洋资源及其产品价格改革，全面反映市场供求、资源稀缺程度、生态环境损害成本和修复效益。

要将“海洋资源消耗”“海洋环境损害”和“生态效益”纳入经济社会发展评价体系，引导正确的行为选择和价值取向。要建立有效调节海洋资源的比价调节机制，提高海洋资源使用价格，从源头上缓解海洋资源开发压力。深化海洋资源性产品税及配套税费改革，建立公平合理、调节有效的海洋资源税费体系。同时，要建立健全海洋资源开发利用的绿色市场准入制度，抑制不合理的海洋资源开发需求。健全海洋资源有偿使用制度，引导海洋资源利用产业健康发展，促进海洋资源利用走向科学、合理、永续发展的道路。

二是建立海洋生态补偿制度。建立海洋生态补偿制度是完善海洋生态环境保护的法律体系，落实科学发展观、建立生态文明、构建和谐社会的重要举措。国家高度重视海洋生态建设和保护工作，制定和采取了一系列政策措施，大大地改善了中国海洋生态环境。但是海洋生态环境保护的形势依然不容乐观，为防止海洋生态环境的进一步恶化，鼓励海洋生态环境的保护与建设，建立完善的海洋生态补偿制度已成为中国海洋生态环境保护工作亟待解决的问题之一。采取生态补偿来进行干预、调整海洋资源开发中的各利益相关者的关系，使海洋生态破坏者和海洋生态保护的受益者支付相应的成本和代价，对海洋生态保护者和海洋生态破坏的受害者进行经济补偿，从而激励海洋生态保护行为、抑制海洋生态破坏行为，保持海洋生态保护与海洋经济发展的动态平衡，最终实现海洋可持续发展的战略目标。

（四）海洋生态损害赔偿制度与责任追究制度

一是建立海洋生态环境损害责任终身追究制。“扔下烂摊子走人，新官不理旧政”是当下中国海洋环境问题难以解决的主要原因。特别是海洋生态损害问题，正是因为没有设立终身问责制，沿海地方政府的海洋环境保护职责往往落实不到位。因此，要把海洋生态文明建设状况的指标纳入经济社会发展考核评价体系，着力推动海洋经济向质量效益型转变，着力推动海洋开发方式向循环利用型转变。要对违背科学发展的行为实行责任追究，对拍脑袋决策、拍胸脯蛮干，对造成海洋资源严重浪费和海洋生态严重破坏的行为，从严追究责任。对造成重大责任事故的，要追究刑事责任。建立海洋生态环境损害终身问责制，探索编制海洋自然资源资产负债表，对领导干部实行自然资源资产离任审计。不以 GDP 论英雄，引导地方官员牢固树立“功成不必在我”的发展观念，做出经得起实践和历史检验的政绩。

二是健全海洋环境损害赔偿制度。当前，中国正面临海洋资源约束趋紧、海洋环境污染严重、海洋生态系统退化的严峻形势，海洋环境保护工作面临前所未有的压力与挑战。中国有关法律法规中对造成海洋生态环境损害的处罚数额太小，远远无法弥补海洋生态环境损害程度和治理成本，更难以弥补对人民群众健康造成的长期危害。

要对造成生态环境损害的责任者严格实行赔偿制度，让违法者掏出足额的真金白银，有利于强化企业的环境责任心，增强环境风险意识，扭转“违法成本低，守法成本高”的不正常现象。健全海洋环境损害赔偿制度，确保海洋环境保护法律责任、行政责任、经济责任的“三重落实”，是保障保护海洋环境，维护公众环境权益的必然要求，同时也是制裁环境违法行为的现实需求。

四、小结

《决定》提出用制度保护生态环境。中国海洋生态环境问题复杂多样，资源、环境、生态和灾害等问题共存，表现出明显的系统性、复合性和区域性，要求加快构建体现“全过程”管理的海洋生态文明制度体系，形成适应海洋生态文明理念要求的“硬约束”。海洋生态文明制度体系建设必须克服传统体制机制障碍，破除各种既得利益束缚，解决新制度的理论问题，在实践探索中不断完善；必须充分发挥市场机制，建立吸引社会资本投入的海洋生态环境保护市场化机制，推进海洋自然资源资产化管理，健全驱动绿色新兴产业的绿色创新制度；必须依法建立海洋生态损害赔偿制度、责任终身追究制度和依法追究刑事责任制度。以刚性的制度约束人的行为，实现对海洋生态文明建设的制度保障。

第十二章　中国的海洋生态环境保护

海洋和海岸带生态系统是最重要的环境资源之一，支撑着沿海地区人民的生活，提供休闲娱乐的空间，保障食物安全，减轻沿海地区生命和财产遭受的海洋风暴危害。中国沿海地区是人口最为密集、社会经济发展程度最高的区域。沿海地区的发展受益于海洋，也威胁着海洋环境，造成了近岸海洋环境的严重污染和海洋生态系统的严重退化。中国不断改善海洋环境管理，发展海洋环境监测，加快海洋和海岛生态修复，努力追求社会经济和海洋环境协调发展的美丽海洋。

一、海洋环境状况

2013 年，中国海洋环境质量状况总体维持在较好水平。海洋沉积物质量良好。重点保护的海洋生物资源和自然遗迹等保护对象基本保持稳定。重点海水浴场、滨海旅游度假区环境质量总体良好，海水增养殖区环境质量基本满足养殖活动要求。海洋倾倒区环境状况总体稳定，未因倾倒活动产生明显影响。近岸海域的环境压力依然突出，排海污染物总量居高不下，陆源入海排污口达标排放率依然较低。大部分实施监测的河口、海湾等典型海洋生态系统处于亚健康和不健康状态。

（一）海水环境质量

海水水质是反映海洋环境状况的重要指标之一。2013 年国家海洋局和环境保护部都组织力量对近海和近岸海域海水水质进行了监测。结果显示，中国管辖海域面积 95% 以上海域的水质满足第一类海水水质标准，但近岸海域污染依然严重，15% 以上的近岸海域水质劣于第四类海水水质标准，约 1.7 万平方千米海域呈重度富营养化状态。

1. 全海域概况

2013 年海水水质比 2012 年有所好转，各级污染海域面积大体与 2011 年相当。劣于第四类海水水质标准的海域面积比 2012 年减少 35% 。渤海、黄海和东海劣于第四类海水水质标准的海域面积均有所减少，但在南海，这类海域面积却比上年显著增长。从 2010 年以来的 4 年中，劣于第四类水质海域面积显著高于过去 10 年。

从空间分布上看，海洋污染的格局没有发生大的变化，黄海北部、辽东湾、渤海

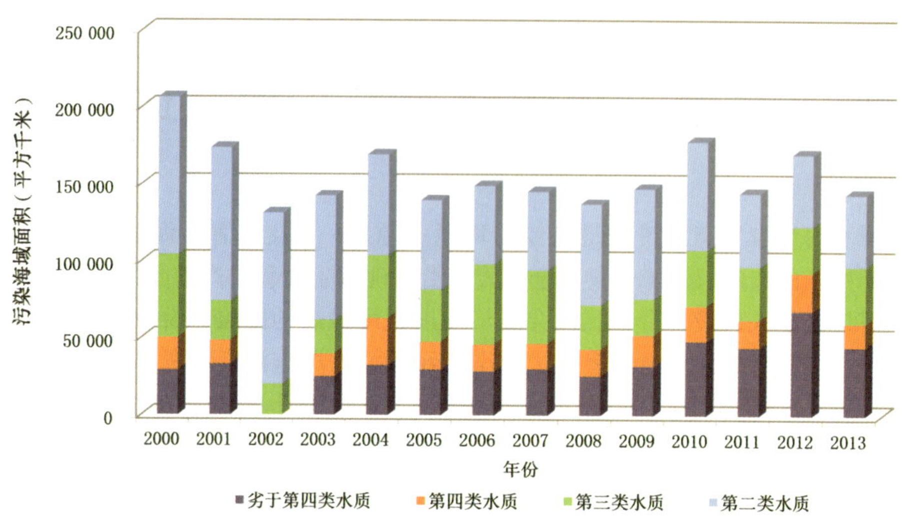

图 12－1 2000—2013 年近岸海域各级污染海域面积变化

注：2002 年数据不全

湾、莱州湾、江苏沿岸、长江口、杭州湾、珠江口的近岸海域依然是重度污染海域主要海域。河流携带的污染物是造成海洋环境受损的主要因素，长江口、杭州湾、闽江口和珠江口水质极差。① 主要污染物类型没有发生变化，仍然以无机氮、活性磷酸盐和石油类为主。

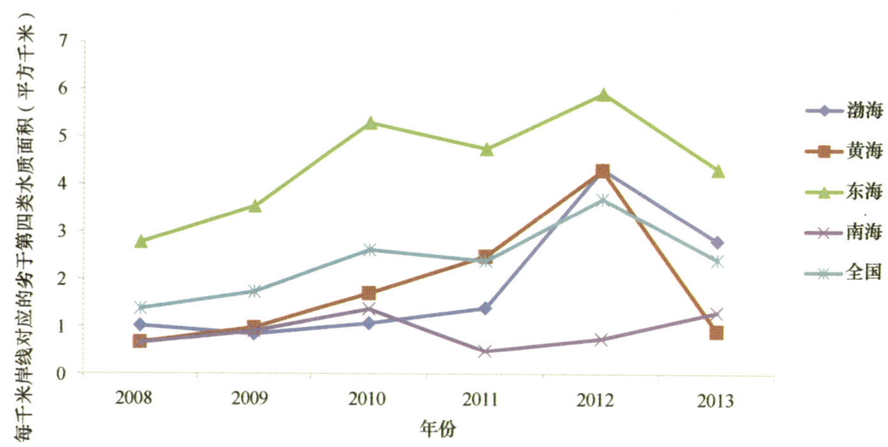

图 12－2 2008—2013 年各海区劣于第四类水质海域面积与岸线长度比

① 国家环境保护部：《2013 中国环境状况公报》，2014 年。

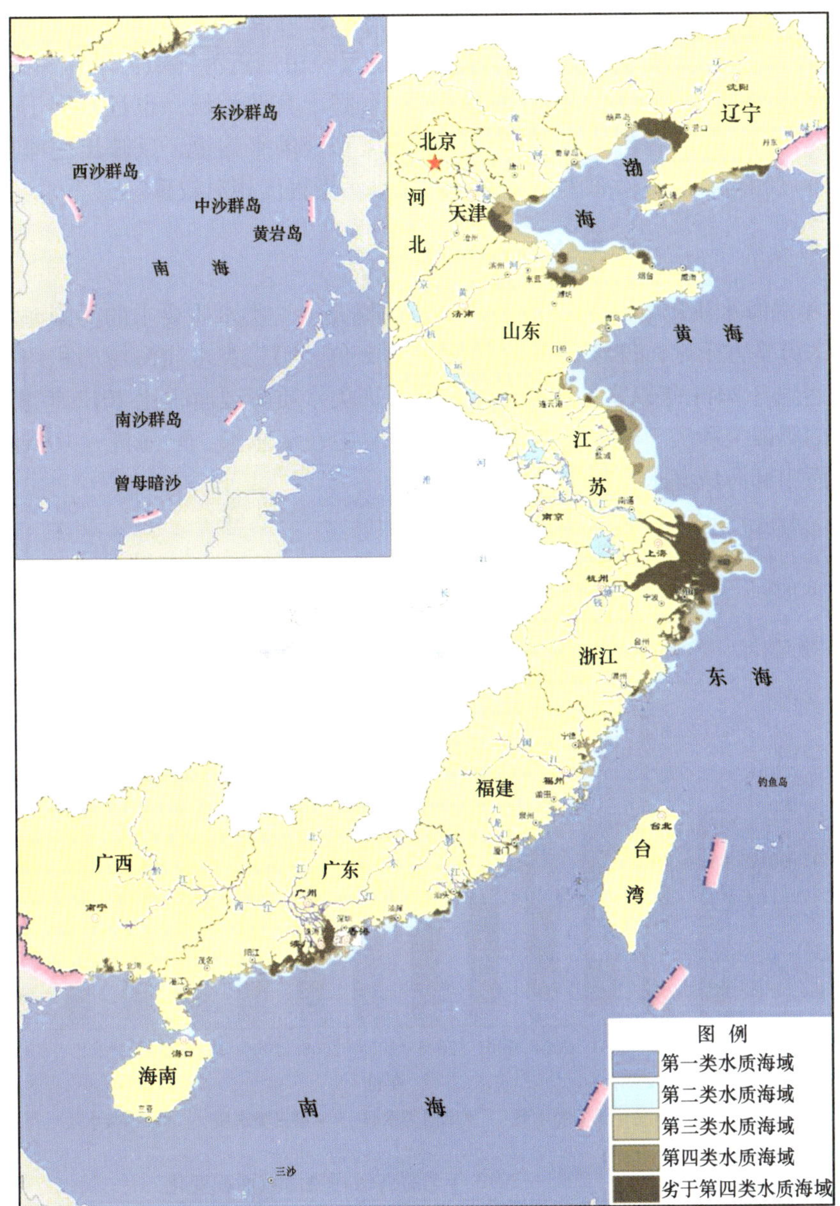

图 12－3　2013 年中国主张管辖海域水质等级分布示意

图片来源：国家海洋局：《2013 年中国海洋环境状况公报》

比较单位大陆岸线的污染海域面积负荷可大致反映各海区近岸海域海水质量的差

异。从劣四类水质污染海域面积与海区岸线长度比较可以看出，2008 年以来，各海域的劣于第四类水质海域面积总体呈上升趋势。这反映中国近海海域海水质量并无改善。东海单位大陆岸线对应的严重污染海域面积远远高于其他海域，也远远高于全国平均水平，而在南海，这一评价值显著低于其他海域和全国平均值，反映出南海近岸海域海水污染程度相对较轻，而东海近岸海域的海水污染程度相对较重。

2. 渤海海域

2013 年渤海水质比 2012 年有所好转，但不满足第一类水质要求的污染海域面积仍然高达 3.3 万平方千米，位居 2001 年以来的第 2 位。第三类水质海域面积约 1.3 万平方千米，达到自 2001 年以来的最高值。劣于第四类水质海域面积比 2012 年减少 35%。污染较重的第四类和劣于第四类水质海域主要集中在辽东湾、渤海湾、莱州湾三大湾近岸，渤海中部海域海水环境质量状况良好。

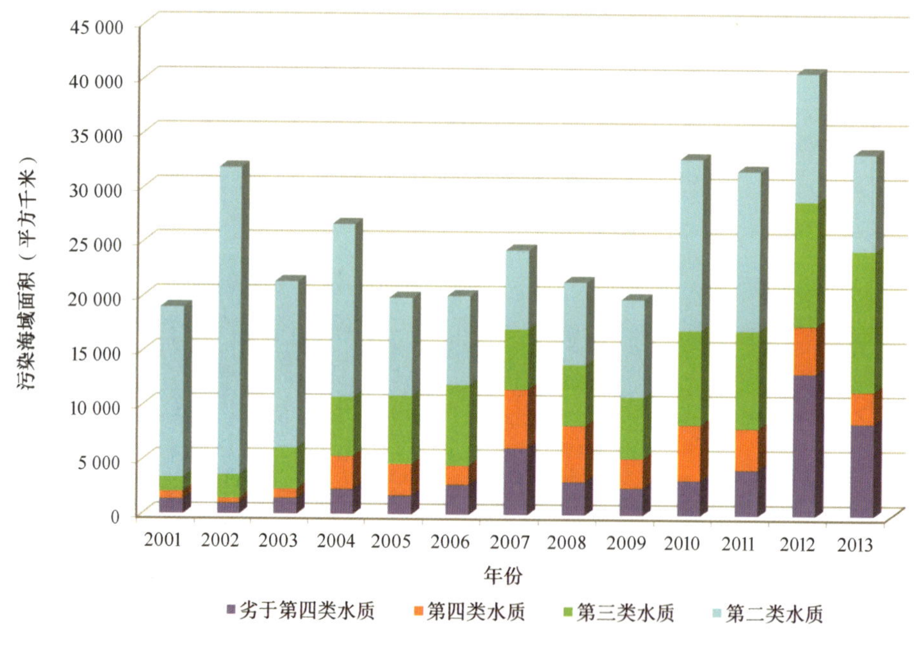

图 12－4　2001—2013 年渤海各级污染海域面积变化

3. 黄海海域

2013 年黄海水质比上年大有好转，特别是劣于第四类水质海域面积减少约 80%，

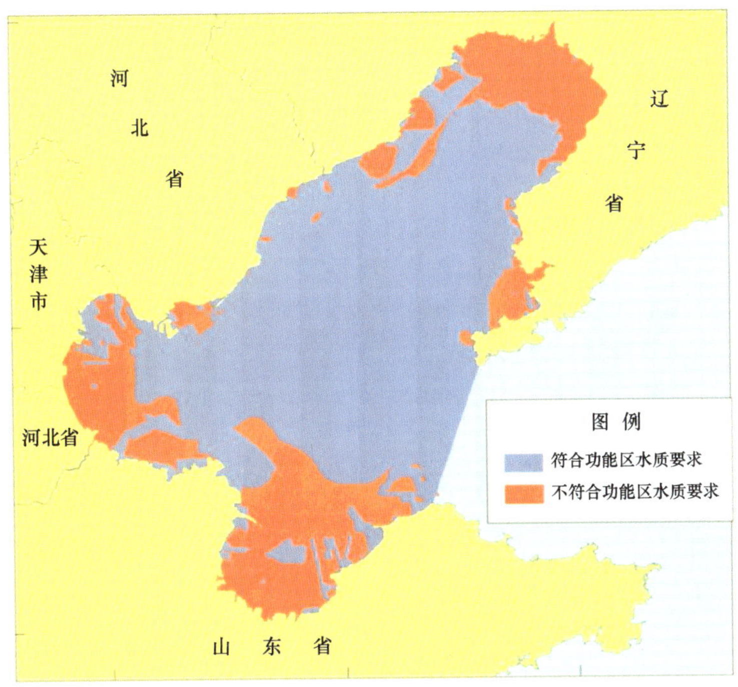

图 12－5　2013 年夏季渤海海洋功能区水质达标状况
图片来源：国家海洋局北海分局：《2013 年北海区海洋环境公报》

约为 3 500 平方千米。各级污染海域面积与过去 10 年的均值大体相当。

4. 东海海域

相比其他海区，东海历年都是污染海域面积最大的海域。过去 10 年期间，东海污染海域总面积总体波动不大，大体保持在 6 万 ~7 万平方千米之间。2013 年污染海域总面积最小的年份，首次低于 6 万平方千米。劣于第四类水质海域面积在各级污染海域中的比例仍然高达 46%。

5. 南海海域

南海污染海域面积年度波动较大，2013 年污染海域面积约 2.3 万平方千米，比上年略有减少。值得注意的是，劣于第四类水质海域面积比上年增加 75%，达 7 530 平方千米，接近 2010 年的极值。劣于第四类海水水质标准的站位主要分布在珠江口海域，其次为汕头近岸、红海湾、江门近岸、湛江港、廉州湾、钦州湾和北仑河口等海域。海南岛近岸海域环境状况良好，未出现劣于第三类海水水质标准的站位。

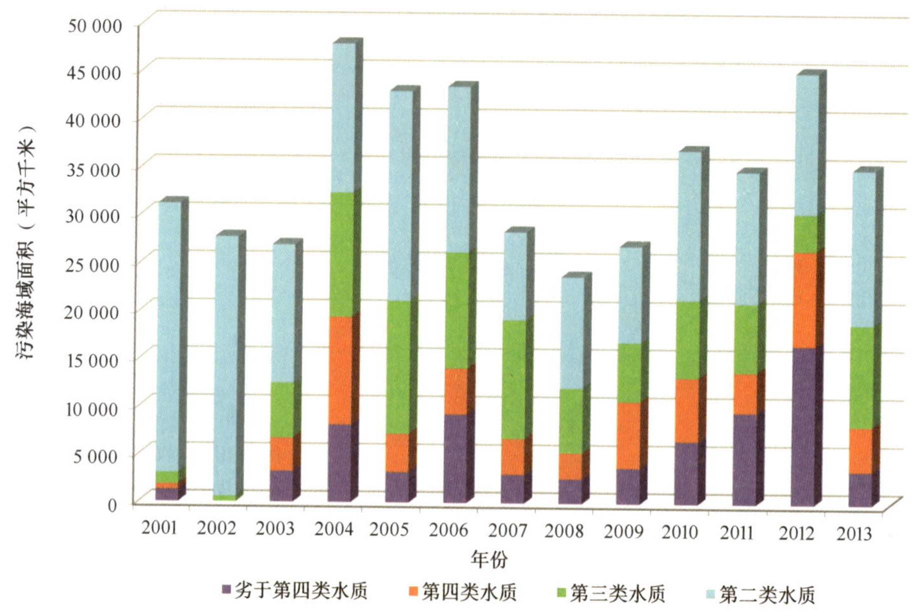

图 12－6　2001—2013 年黄海各级污染海域面积变化

注：2002 年数据不全

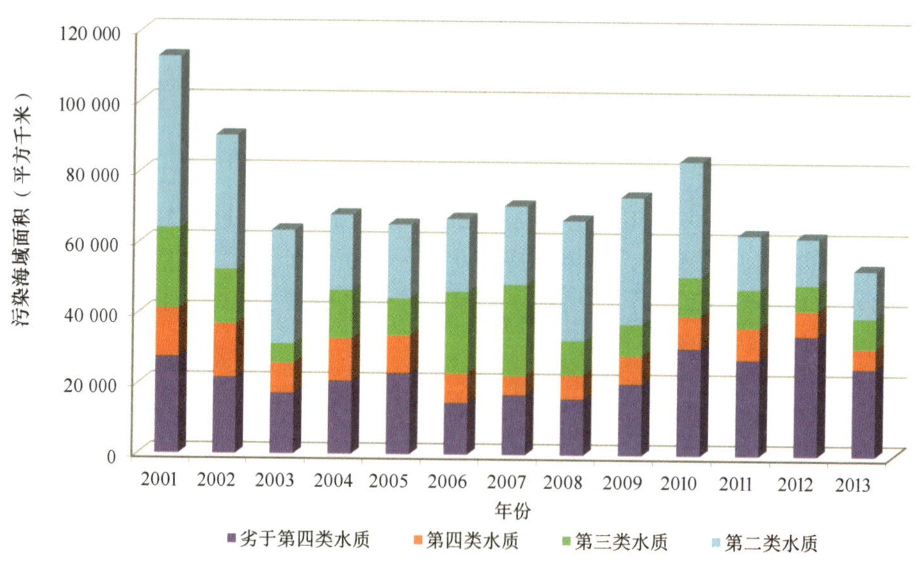

图 12－7　2001—2013 年东海各级污染海域面积变化

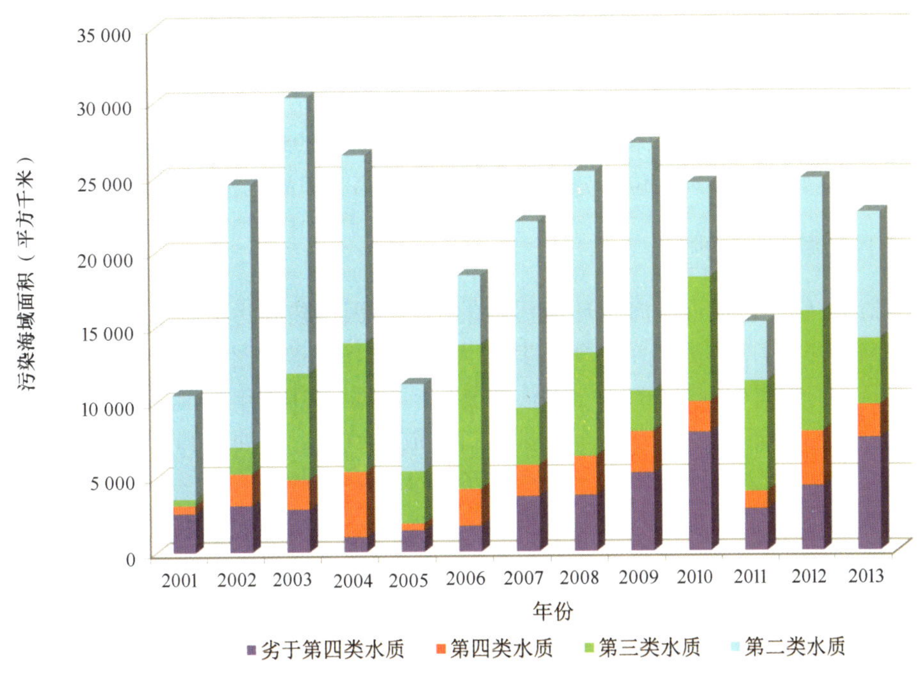

图 12－8　2001—2013 年南海各级污染海域面积变化

6. 重点海湾

针对辽东湾、渤海湾、莱州湾、杭州湾、象山港、三门湾、三都澳、罗源湾、厦门港、汕头港、湛江港、钦州湾 12 个海湾的环境质量评价结果显示，这些海湾污染均非常严重。根据《国家海水水质标准》（GB 3097—1997），第一类海水适用于海洋渔业水域，海上自然保护区和珍稀濒危海洋生物保护区；第二类适用于水产养殖区、海水浴场、人体直接接触海水的海上运动或娱乐区以及与人类食用直接有关的工业用水区。上述所有海湾均已不存在第一类海水水质的海区，厦门港只有 7% 海域符合第二类水质标准，汕头港有 6%，渤海湾有 1%，其余 9 个海湾均无水域能满足第二类海水水质要求，这也就是说这些海湾的绝大部分海域均已经不能满足水产养殖、海水浴场等的水质要求。辽东湾、杭州湾、象山港、钦州湾里，属于严重污染的劣于第四类水质的海区面积占海湾总面积的比例超过 93%。

（二）沉积物质量

近岸海域沉积物质量状况总体良好，近岸海域沉积物综合质量为良好的站位比例达93%。东海近岸沉积物综合质量良好的站位比例最高，为97%，渤海、黄海和南海近岸沉积物综合质量良好的站位比例依次为95%、92%和88%。

沉积物中铜含量符合第一类海洋沉积物质量标准的站位比例为89%，其余监测要素含量符合第一类海洋沉积物质量标准的站位比例均在95%以上。近岸以外海域沉积物质量状况良好，仅个别站位部分监测要素含量超第一类海洋沉积物质量标准。

（三）陆源污染物排放

陆源污染物是造成近岸海域环境污染的主要原因，陆源污染物入海途径主要有河流、对海直接排污口和大气沉降等。其中大部分陆源污染物主要通过河流排放入海，相对而言，通过排污口排放的污染物总量很小。根据《2012年中国环境状况公报》披露的数据，经过425个主要对海直接排污口排放的氨氮、石油类和总磷污染物分别只占同期通过193条入海河流排放总量的2.7%、1.7%和1%。

排污口所排放的污染物总量虽然低，但由于污水中污染物的浓度高，对排污口附近环境质量的影响非常严重。监测结果表明，入海排污口邻近海域环境质量状况总体较差，80%以上无法满足所在海域海洋功能区的环境保护要求。70%～80%左右的排污口邻近海域水质劣于第四类海水水质标准。86个受监测排污口中，位于农渔业区的所有排污口的邻近海域水质均不能满足要求，位于旅游休闲娱乐区内的78%排污口的邻近海域水质不能满足要求。91个受监测排污口中，邻近海域沉积物质量不能满足所在海洋功能区沉积物质量要求的占33%，27个受监测的排污口中，附近贝类生物质量不能满足所在海洋功能区生物质量要求的占60%。

对日排污水量大于100吨的直排海工业污染源、生活污染源和综合排污口的污染物排放监测结果显示，东海区的废水排放量远远高于其他海区，并且总体呈现增长的趋势。渤海区的废水排放量显著低于其他海区，总体保持平稳，黄海和南海废水排放量大体相当，黄海的单位岸线排放量稍大于南海。

与污水排放总量的情况类似，东海的化学需氧量排放量远高于其他海区，而渤海的排放量显著低于其他海区。2008—2010年，各海区的化学需氧量的排放量均明显下降，2010年以后，这一数值基本保持平稳。各海区单位岸线的化学需氧量排放量也符合上述特点。

各海区的氨氮排放量均呈下降趋势，其中南海区的下降趋势最为显著。2013年的氨氮排放量仅约为2008年排放量的25%。各海区单位岸线氨氮排放量差别明显，但东海高、渤海低的总体格局依然明显。

南海和东海总磷排放量相对较大，而渤海的排放量明显小。黄海、东海和南海的总磷排放量呈现不显著的下降趋势，而渤海正好相反，呈现不明显的上升趋势。以单

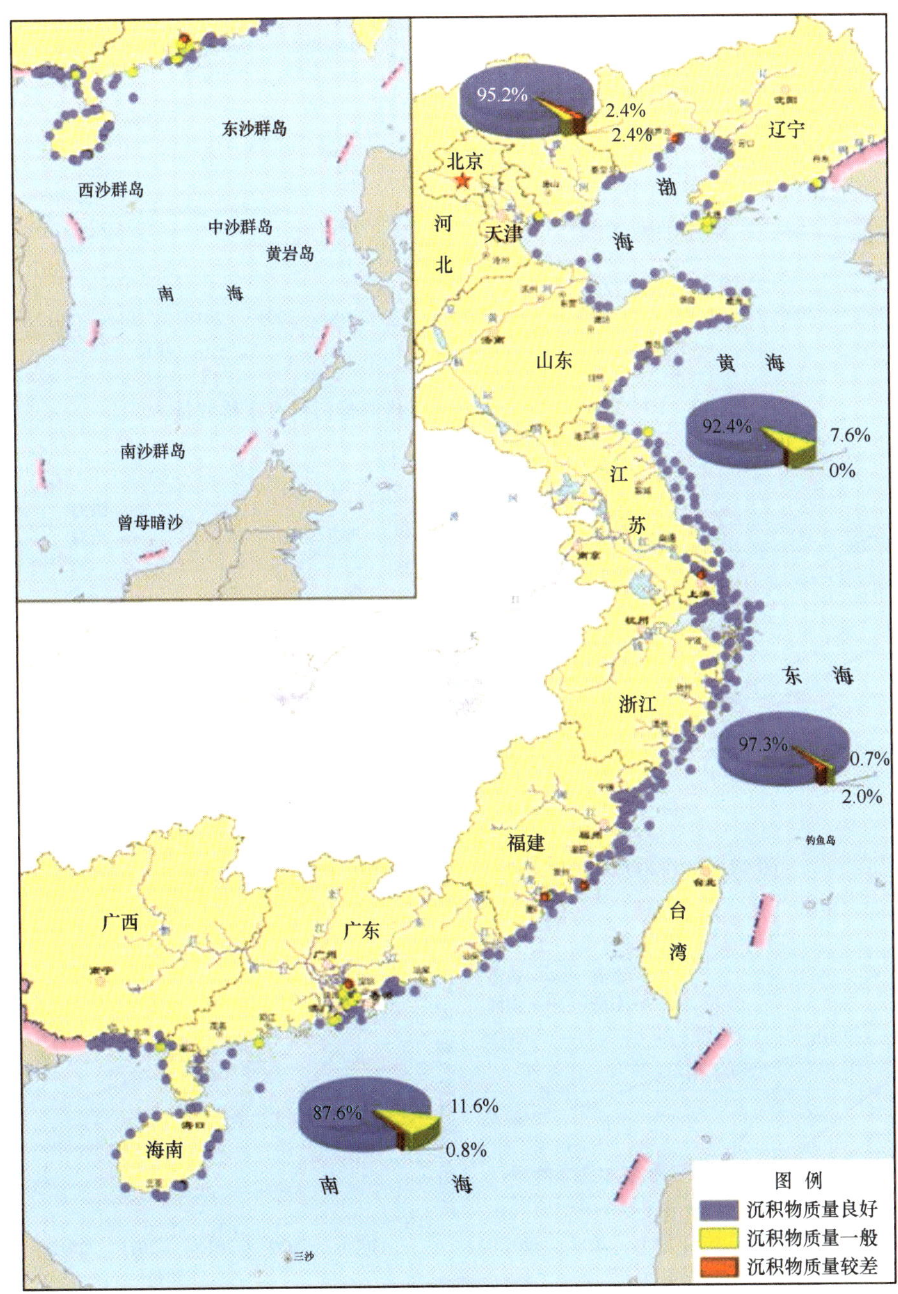

图 12－9　2013 年中国近岸海域沉积物质量状况示意

图片来源：国家海洋局：《2013 年中国海洋环境状况公报》

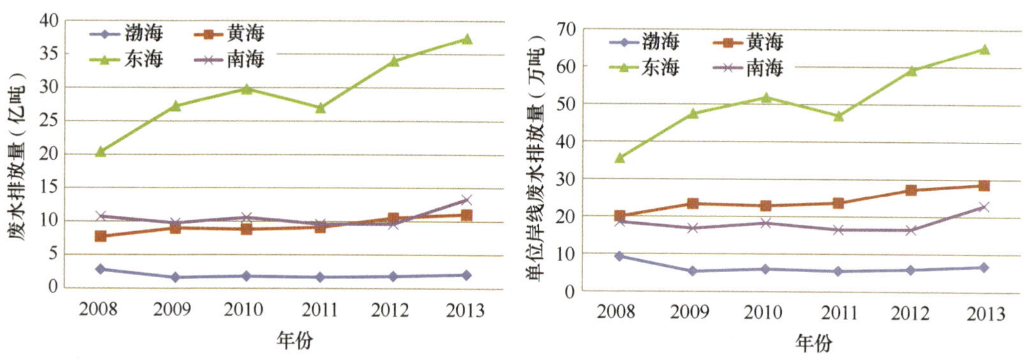

图 12－10　2008—2013 年主要直排海排污口废水排放量

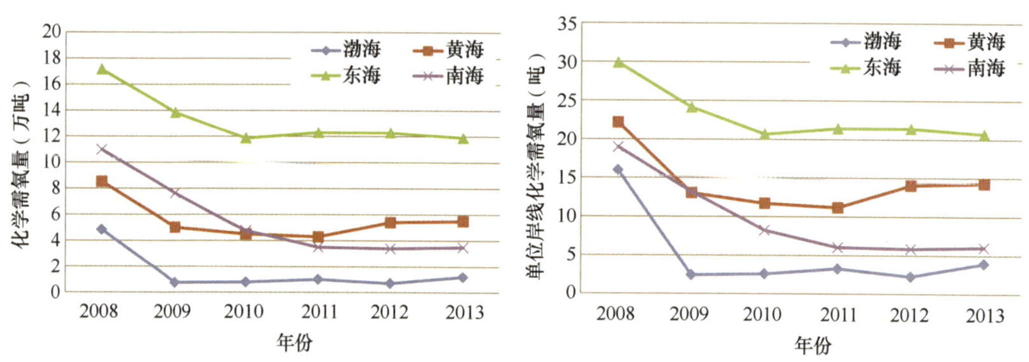

图 12－11　2008—2013 年主要直排海排污口化学需氧量排放量

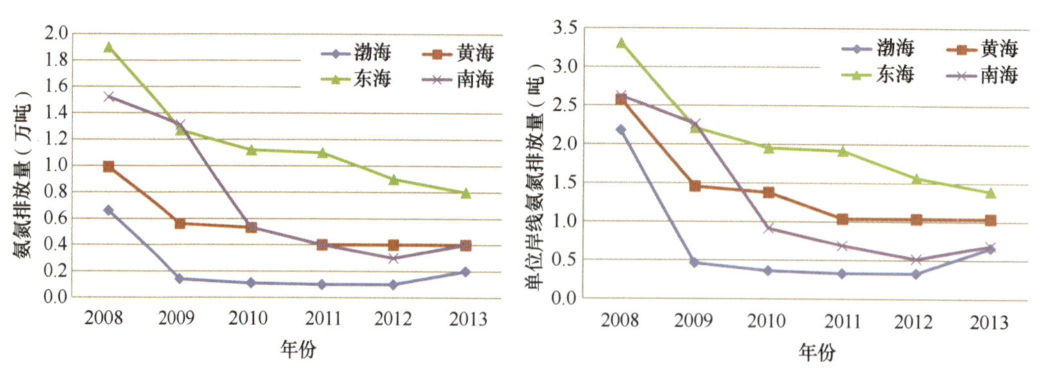

图 12－12　2008—2013 年主要直排海排污口氨氮排放量

位岸线的排放量度量其排放强度，黄海、东海和南海三个海区比较接近，而渤海则显著较小。

各海区的石油类排放总量大小对比关系和其单位岸线的排放强度对比关系非常相似，并且在2008—2013年之间总体呈先减少再增加的趋势。

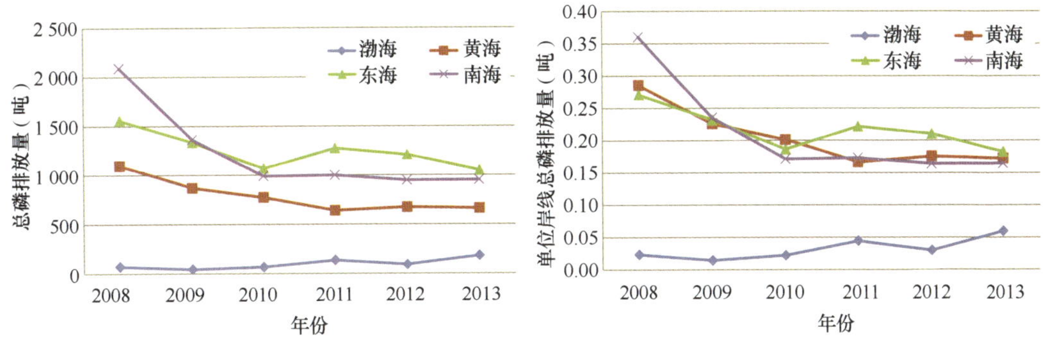

图12－13 2008—2013年主要直排海排污口总磷排放量

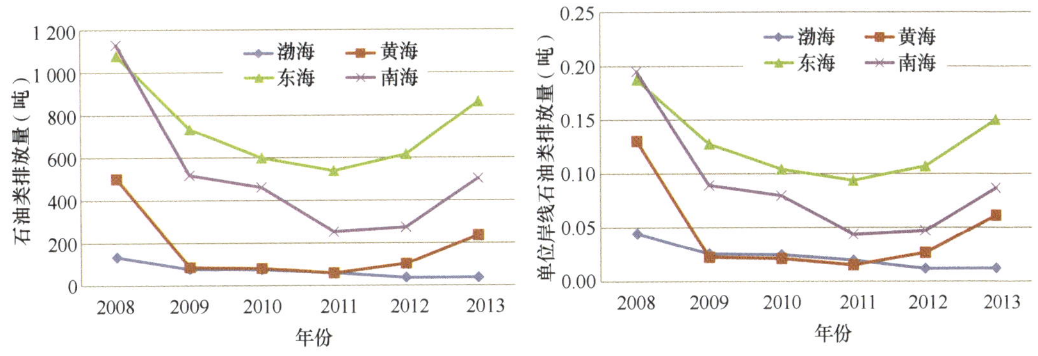

图12－14 2008—2013年主要直排海排污口石油类污染物排放量

二、海洋生态保护和建设

海洋生态保护和建设是一项需要长期坚持并且效果长远的工作。近年，国家和地方涉海管理部门围绕典型生态系统监测、重要生态系统保护和受损关键生态系统修复等，积极开展海洋生态保护建设工作。在海洋保护区，特别是海洋公园建设等方面取得了较大成果。

（一）典型生态系统健康状况

受监测的典型生态系统健康状况保持平稳：没有监测区的健康状况显著恶化，也没有健康状况显著好转。锦州湾和杭州湾两处海湾生态系统长期处于不健康状态。虽然不同海湾面临的问题不完全一样，但所有海湾生态系统都面临生境丧失和人为污染的压力，都存在生物群落结构失衡，浮游植物丰度偏高的问题。河口生态系统均呈亚健康状态。海水呈富营养化状态、浮游植物密度偏高、鱼卵仔鱼密度持续较低是多数河口生态系统共同存在的问题。

雷州半岛西南沿岸和广西北海珊瑚礁生态系统呈健康状态，海南东海岸和西沙珊瑚礁生态系统呈亚健康状态。广西北海、北仑河口红树林生态系统均呈健康状态。广西北海海草床仍处于退化状态，与上年相比，海草平均盖度显著下降。

2013 年，对全国 48 个国家级海洋保护区的生态状况开展监测。结果表明，重点保护的海洋生物资源和自然遗迹基本保持稳定，海洋生物多样性保持稳定水平。海岸沙丘、贝壳堤、海底古森林、沙滩、岛礁等重点保护海洋自然遗迹资源基本保持稳定。文昌鱼、中华白海豚、贝类、刺参、珊瑚、鸟类、柽柳、红树、水仙花等重点保护的海洋生物物种资源基本保持稳定。

（二）海洋保护区建设

目前，中国的 55 个国家级海洋保护区中有 24 个保护区建立专设的管理机构，其他保护区均由县级海洋行政主管部门代管，保障了保护区日常管护工作有效实施。大多数国家级海洋保护区建立海监执法机构或依托地方海监机构履行保护区执法职责。

2014 年没有新设的国家级海洋自然保护区。海洋保护区发展的主要特点是作为海洋特别保护区中特殊类型的海洋公园发展迅速。2013—2014 年，总共设立了 23 处国家级海洋公园，而同期设立的其他类型海洋特别保护区只有 3 处。目前，国家级海洋公园总数已达 30 处，超过了其他类型的海洋特别保护区总和。海洋特别保护区具有空间分布不均衡的特点，现有 24 处国家级海洋特别保护区（不含海洋公园）中，有 17 处都位于山东省境内，并且浙江以南海域为空白。海洋特别保护区的空间分布格局与中国近海海洋生物多样性南丰北贫的分布格局不相符合，这在一定程度上也反映了在中国南部海域还有较大的设立海洋特别保护区的空间。

表 12－1　中国国家级海洋特别保护区（不含海洋公园）

序号	名称	面积（公顷）	设立时间
1	浙江乐清市西门岛国家级海洋特别保护区	3 080.00	2005 年
2	浙江嵊泗马鞍列岛海洋特别保护区	54 900.00	2005 年
3	江苏海门市蛎岈山牡蛎礁海洋特别保护区	1 222.90	2006 年
4	浙江普陀中街山列岛国家级海洋生态特别保护区	20 290.00	2006 年
5	山东昌邑国家级海洋生态特别保护区	2 929.28	2007 年
6	浙江渔山列岛国家级海洋生态特别保护区	5 700.00	2008 年
7	山东东营黄河口生态国家级海洋特别保护区	92 600.00	2008 年
8	山东东营利津底栖鱼类生态国家级海洋特别保护区	9 404.00	2008 年
9	山东东营河口浅海贝类生态国家级海洋特别保护区	39 623.00	2008 年
10	山东东营莱州湾蛏类生态国家级海洋特别保护区	21 024.00	2009 年
11	山东东营广饶沙蚕类生态国家级海洋特别保护区	8 282.00	2009 年
12	山东文登海洋生态国家级海洋特别保护区	518.77	2009 年
13	山东龙口黄水河口海洋生态国家级海洋特别保护区	2 168.89	2009 年
14	山东威海刘公岛海洋生态国家级海洋特别保护区	1 187.79	2009 年
15	辽宁锦州大笔架山国家级海洋特别保护区	3 240.00	2009 年
16	山东烟台芝罘岛群海洋特别保护区	769.72	2010 年
17	山东乳山市塔岛湾海洋生态国家级海洋特别保护区	1 097.15	2011 年
18	山东烟台牟平沙质海岸国家级海洋特别保护区	1 465.20	2011 年
19	山东莱阳五龙河口滨海湿地国家级海洋特别保护区	1 219.10	2011 年
20	山东海阳万米海滩海洋资源国家级海洋特别保护区	1 513.47	2011 年
21	山东威海小石岛国家级海洋特别保护区	3 069.00	2011 年
22	天津大神堂牡蛎礁海洋特别保护区	3 400.00	2013 年
23	山东莱州浅滩国家级海洋生态特别保护区	6 780.10	2013 年
24	山东蓬莱登州浅滩国家级海洋生态特别保护区	1 871.42	2013 年

表 12－2 国家级海洋公园名录

序号	国家级海洋公园	面积（公顷）	保护对象	设立时间
1	江苏连云港海州湾国家级海洋公园	51 455.00	独特的海蚀地貌以及特殊的基岩岛礁与海洋自然遗迹资源	2011 年
2	福建厦门国家级海洋公园	2 487.00	滨海景观	2011 年
3	山东刘公岛国家级海洋公园	3 828.00	海岛景观	2011 年
4	山东日照国家级海洋公园	27 327.00	滨海景观、历史遗迹	2011 年
5	广东海陵岛国家级海洋公园	1 927.26	海湾景观、历史文化遗迹	2011 年
6	广东特呈岛国家级海洋公园	1 893.20	滨海生物群落景观、地质遗迹	2011 年
7	广西钦州茅尾海国家级海洋公园	3 482.70	红树林和盐沼等海洋生态系统	2011 年
8	江苏海门蛎岈山国家级海洋公园	1 545.91	海岸地质景观	2013 年
9	江苏小洋口国家级海洋公园	4 700.29	湿地景观	2013 年
10	浙江渔山列岛国家级海洋生态特别保护区暨国家级海洋公园	5 700.00	海洋渔业资源、海岛景观、渔村文化	2013 年
11	浙江洞头国家级海洋公园	31 104.09	海岛生活、渔民生活、海岛景观	2013 年
12	福建福瑶列岛国家级海洋公园	6 783.00	海岛景观	2013 年
13	福建长乐国家级海洋公园	2 444.00	历史文化遗迹	2013 年
14	福建湄洲岛国家级海洋公园	6 911.00	妈祖文化、海岛景观	2013 年
15	福建城洲岛国家级海洋公园	225.20	海洋渔业资源	2013 年
16	山东大乳山国家级海洋公园	4 838.68	滨海自然风光	2013 年
17	山东长岛国家级海洋公园	1 126.47	海岸地貌、斑海豹	2013 年
18	广东雷州乌石国家级海洋公园	1 671.28	渔港民俗文化、海滨景观	2013 年
19	广西涠洲岛珊瑚礁国家级海洋公园	2 512.92	海岛风光、珊瑚礁	2013 年
20	辽宁盘锦鸳鸯沟国家级海洋公园	6 124.70	滨海湿地	2014 年
21	辽宁绥中碣石国家级海洋公园	10 460.00	历史文化	2014 年
22	辽宁兴城觉华岛国家级海洋公园	10 200.00	海岛资源、历史文化资源	2014 年
23	辽宁大连长山群岛国家级海洋公园	52 000.00	岛屿生态系统	2014 年
24	辽宁大连金石滩国家级海洋公园	11 000.00	海岸地质景观	2014 年

续表

序号	国家级海洋公园	面积（公顷）	保护对象	设立时间
25	山东青岛西海岸国家级海洋公园	45 855.35	火山地质景观、珍稀动物及其栖息地	2014 年
26	山东烟台山国家级海洋公园	1 248.00	海滨的岩礁、沙滩、浅水生态系统	2014 年
27	山东蓬莱国家级海洋公园	6 829.00	历史文化、海岸地质景观、海洋生物繁殖索饵洄游	2014 年
28	山东招远砂质黄金海岸国家级海洋公园	842.00	保护砂质海岸，恢复水禽栖息地	2014 年
29	山东威海海西头国家级海洋公园	1 274.00	滨海湿地	2014 年
30	广东南澳青澳湾国家级海洋公园	1 246.00	沙滩	2014 年

三、海洋生态环境管理

海洋生态环境管理是海洋管理重要组成部分，是以海洋生态环境自然平衡和持续利用为目的，运用行政、法律、经济、科学技术和国际合作等手段，维持海洋生态环境的良好状况，防止、减轻和控制海洋环境破坏、损害或退化的行政行为。中国不断改善海洋生态环境管理，努力追求社会经济和海洋环境协调发展的美丽海洋。近年来，在发展海洋环境监测，加快海洋和海岛生态修复方面的成效尤为突出。

（一）海洋生态环境保护规划

中国已经形成了比较完善的海洋生态环境保护和生态建设规划体系。主要包括海洋环境保护规划、海岛保护规划、海岸带保护和利用规划、海岸线保护和利用规划、海域海岛海岸带整治修复保护规划等。此外，海洋功能区划、海洋经济发展规划也包含了大量海洋环境保护的内容。

《全国生态保护与建设规划（2013—2020）》首次将海洋区纳入国家生态保护与建设总体格局。在国家层面的指导性规划有《全国海岛保护规划》《全国海洋功能区划（2011—2020）》等，在区域性层面有《渤海环境保护总体规划（2008—2020）》等。所有沿海省、自治区和直辖市都编制了《海洋环境保护规划》和《海洋功能区划》，大部分都编制了《海岛保护规划》。2013 年，河北省颁布了全国首个省级《河北省海岸线保护与利用规划（2013—2020）》，辽宁省颁布了全国首个省级《辽宁省海岸带保护和利用规划》，2014 年 1 月，浙江省颁布了全国首个省级《浙江省海域海岛海岸带整治修复保护规划》。各省市还结合自身特点编制相关规划，比如广东省开始编制《广东美丽海湾建设规划》。

国家发展改革委等12个部委在2014年初联合印发了《全国生态保护与建设规划（2013—2020）》（以下简称《规划》）。《规划》在国务院1998年《全国生态环境建设规划》和2000年《全国生态环境保护纲要》基础上编制，是当前和今后一个时期全国生态保护与建设的行动纲领。与此前的规划相比，新《规划》的最大变化是规划范围增加了“海洋区”，海洋区包括内水、领海及管辖海域，其中渤海的辽东湾、黄河口及邻近海域、黄海的北黄海（含长山列岛）、苏北沿海（南黄海区），东海的长江口—杭州湾、浙中南、台湾海峡，南海的珠江口及毗邻海域、北部湾、环海南岛、西沙、南沙为12个重点生态区。海洋区的生态保护与建设的方向是：“加强海洋生态灾害防治，加大污染防治力度，强化海洋保护区建设，落实海洋生态保护监管，保障河流入海流路和基本生态水量，实施典型受损生态系统的综合整治与海洋生态修复，开展海岛生态保护与建设，维护海洋生态安全。”

《规划》确定国家层面生态保护与建设的战略重点构建“两屏三带一区多点”为骨架的国家生态安全屏障。其中，“一区”就是指“近岸近海生态区”，范围包括陆地与海洋生态系统交互作用强烈的海域和一定范围的陆域，面积约28万平方千米。“近岸近海生态区”的保护与建设措施包括以海洋生物多样性保护和海洋生态系统修复与整治为重点，实施海洋生态灾害防治与应急管理；开展海洋保护区建设；落实海洋保护区、重点保护区、温排水口和海洋工程的监管；加强重点污染海域和入海河口的综合整治和污染治理，有效控制陆源入海污染物排放；开展滨海湿地、红树林、珊瑚礁、海草床、河口、海湾等典型海洋生态系统修复，开展岸线整治与生态景观恢复，恢复修复严重受损海洋生态区域；建设水产种质资源保护区和海洋牧场，实施海洋伏季休渔，开展海洋生物资源养护；加强沿海防护林体系和海岛生态建设。

《规划》要求提高海洋生态功能和生态承载力。加强渤海、黄海北部、长江口、福建沿海、珠江口海域的海洋生态灾害防范和应急管理；加强渤海辽东湾、黄河口近海海域、长江口—杭州湾、珠江口及毗邻海域、北部湾、环海南岛以及西沙、南沙等生态区滨海湿地、红树林、珊瑚礁、海草床、河口、海湾等典型受损海洋生态系统修复。在莱州湾、渤海湾、苏北沿海、广东沿海、西沙、南沙等地建设一批海洋自然保护区和海洋特别保护区，实施岸线整治与生态景观恢复；加强渤海辽东湾、黄河口近海海域、长江口—杭州湾、珠江口及毗邻海域生态区污染物综合整治和污染治理。有效控制陆源入海污染物排放；建设海洋生态文明示范区，带动海洋生态保护和资源可持续利用；开展重要品种增殖放流，建立海洋牧场示范区，养护海洋生物资源。重点开展近岸近海生态区海岛、海岸带、滨海湿地和典型海洋生态系统保护、修复及海洋灾害防控。

表 12－3 《规划》海洋生态系统保护与建设的主要任务

项目	至 2015 年任务	至 2020 年任务
修复受损海域（万公顷）	20	40
近岸受损海域修复率（%）	5	10
新增保护海洋重要渔业水域（万公顷）	600	100
海洋重要渔业水域保护率（%）	40	50
整治和修复海岸线（千米）	1 000	1 000
全国自然岸线保有率（%）	36	35
海洋保护区占管辖海域面积比例（%）	3	5

《规划》涉海重点工程

一、海洋生态灾害防治与应急管理

加强海洋生态监测站建设，建立完善海洋生态立体监控网络体系，加强对海水入侵、海洋赤潮、绿潮、水母、外来入侵物种、病毒病害、敌害生物等监控、研究，建立完善防治体系，实施治理示范工程，强化海上溢油、化学品泄漏、核辐射突发事故的防范和应急管理。

二、海洋生态系统修复

开展滨海湿地、珊瑚礁、海草床、海湾、海岛等海洋生态系统修复，开展岸线整治与生态景观修复、近岸海域污染治理与修复；建设滨海湿地固碳示范区和海洋生态文明示范区。

三、海洋生物资源养护

开展重点海域珍稀海洋物种保护，建设水产种质资源保护区，开展增殖放流，恢复海洋生物资源，建设海洋牧场示范区。

四、海洋生态保护监管

开展海洋保护区、重点排污口和海洋工程的海洋生态执法与监管能力建设，开展卫星航空遥感、远程视频及在线自动监测能力建设，开展海洋生态保护配套制度建设。

五、海洋生物多样性保护

开展海洋生物多样性普查，建设海洋生物物种保护基地，建设海洋生物样品库、重要海洋生物种质资源库、海洋生物资源信息库。

（二）海洋环境监测

海洋环境监测是一项“基础性、长期性、连续性、前瞻性”工作，是掌握海洋环境状况、实施海洋开发活动、开展海洋执法、制定海洋管理政策的重要依据。从20世纪60年代开始在各海区设立监测机构，开展水文气象和海洋水质污染监测，1972年渤黄海污染调查被认为是中国海洋环境监测的实质性开端，1984年开始组建“全国海洋污染监测网”，中国海洋水文、水质开始转入常规监测。目前涉海各部门设立的海洋环境监测站有300多个。所有沿海地级市均建立了海洋环境监测机构。山东、浙江等还设立了县级海洋环境监测机构。监测手段从早期的船舶、岸基站等向立体化方向发展，浮标、飞机、卫星和雷达等手段也已发展成为常规手段。监测范围不但覆盖中国管辖海域，还扩展到管辖范围以外海域。监测内容包括水体、沉积物、生物质量在内的海洋环境质量趋势监测，海水入侵和土壤盐渍化海洋环境灾害监测，赤潮、溢油等环境事故应急监测，海洋生态系统健康监测以及针对入海排污口、入海河口、倾废区、度假区、工程建设区、海水浴场、养殖区、海洋保护区等特设区域的专门监视监测。

中国的海洋环境监测仍然处于发展初期，海洋环境监测站点布设、要素筛选、时间频率设置无法充分满足沿海地区社会经济发展和生态文明建设对海洋环境监测工作的要求。

根据《2014年福建省海洋环境监测与评价工作方案》，福建省将沿其3 300多千米的海岸线布设198个海洋环境趋势性监测站位，监测介质包括水文气象、水质和沉积物。相当于平均每16千米一个监测点。一年内在每个监测点进行4次水文气象和水质监测，1次水质重金属监测。针对贝类生物质量，将在沿海选择17个海湾，并在远离陆源污染排放区的海域采集1个牡蛎或缢蛏样品进行监测。

公众对环境对健康和发展的影响愈加重视，对环境知情权的诉求更加迫切。对海水浴场、滨海旅游度假区、海水增养殖区环境质量等与日常生活关系密切的监测产品以及突发性重大海洋环境灾害监测信息越来越关注。海洋环境监测部门近年来加强了这类直接关系民生的环境质量的监测评价力度，并积极扩宽监测产品的传播和发布渠道。

相对于常规环境趋势监测，针对海水浴场和滨海旅游度假区的监测频率显著加大，监测要素也偏向于对身体健康有较大影响的要素。在海水浴场开放期间或者旅游旺季，每天进行2次包括水温、浪高、天气状况、气温、风向、风速、能见度、紫外线指数等要素在内的水文气象要素监测；每天1次危险生物、赤潮、色、臭、味、海面漂浮物等的水质监测；每周进行1～2次粪大肠菌群、溶解氧、透明度监测。在海水浴场每天进行1次沙滩油污、垃圾、藻类等海滩环境的监测方案还要求，当发现水质出现明显恶化趋势，当地出现与水传播有关的疫情时或附近海域发生溢油、赤潮等突发性事件时，需要进行有针对性的专门监测。

针对影响海产品质量和食物安全的海水增养殖区环境质量，除了一年进行4次常规水质项目监测以及1次沉积物质量监测外，将进行1～2次浮游植物、底栖动物和养殖生物质量的监测。

（三）海岛生态保护

海岛是发展海洋经济、拓展发展空间的重要依托，也是保护海洋环境、维护生态系统健康的重要平台。中国海岛形态多样，生态系统类型繁多，海岛及其周边海域自然资源丰富。《中华人民共和国海岛保护法》规定国家实行海岛保护规划制度。2012年颁布实施的《全国海岛保护规划》成为中国海岛保护规划从事海岛保护、利用活动的依据。自《全国海岛保护规划》颁布实施以来，辽宁、河北、山东、江苏、福建、海南、广西、浙江、广东等沿海省（自治区）陆续编制省级海洋保护规划，进一步细化落实《全国海岛保护规划》的要求。

中国海岛保护工作起步较晚，历史积累的问题比较多，主要表现在海岛生态环境破坏严重，海岛开发秩序混乱和海岛经济社会发展滞后等方面。发展水平低是制约海岛保护工作的重要因素。大部分海岛基础设施建设滞后，交通极其不便，供水、供电常年不足，基本无垃圾和污水处理设施。岛上居民生产生活条件艰苦，政府公共服务保障能力弱。在边远海岛，这些困难尤为严重。广东省有居民海岛现状调查结果发现，有居民岛社会经济发展水平显著落后于大陆，岛屿之间的发展水平差距非常大。①

从各级规划和实践看，当前的海岛保护措施一般包括：① 设立自然保护区或者是海洋特别保护区，防止海岛生态环境遭受进一步破坏。《全国海岛保护规划》提出要对10%的海岛实施严格保护。② 选择部分海岛开展生态修复，用人工干预的方法，使海岛生态系统朝预定的健康方向发展。③ 规范海岛开发秩序，防止新的海岛破坏事件。④ 修建垃圾和污水处理设施，提高海岛废弃物处理能力，减轻人类活动对海岛生态环境的压力。⑤ 改善海岛基础设施和生活条件，提高海岛生活水平，逐步培育岛民可持续开发利用海岛资源的意识。

生态修复是在短期内扭转海岛生态系统退化趋势，改变海岛面貌的有效途径。国家财政对海岛生态修复也投入了大量资金。截至2012年年底，中央财政共投入资金13多亿元，共支持70个海岛保护项目。2012年，财政部设立了中央海岛保护专项资金，

---

① 吴琼，周超：《谁来保护我们的海岛——广东省有居民海岛现状调查》，载《中国海洋报》，2014年3月10日A3版，http：//epaper. oceanol. com/shtml/zghyb/20140310/38011. shtml，2014－06－05。

重点支持生态修复示范和领海基点保护。2013 年，配套出台了《海岛整治修复项目管理暂行办法》《海岛整治修复项目验收暂行办法》《中央海岛保护专项资金项目管理办法》等规章制度，对海岛修复项目的申报、实施、监管与验收等作出了具体规定。目前，大部分海岛生态修复项目还在实施阶段。河北唐山湾“三岛”整治与修复工程、上海佘山岛整治修复工程属于首批通过国家验收的海岛生态修复和整治示范项目。

从已经实施的项目看，海岛生态修复还处于比较初级的植被恢复、地貌重建和景观建设阶段。生态修复多采用工程措施，比如植树、造林、种草，修筑污水处理设施，淡水采取设施，构筑岛屿护坡，疏浚航道，回填养殖鱼塘，建设海岸护堤等。

对于构建健康可持续的海岛生态系统的目标而言，上述工程措施仅仅是海岛生态修复的基础。针对岛屿制定合理的开发和保护规划，并使之有效实施，是实现海岛修复和保护目标的根本。为了提高海岛保护和利用规划的编制水平，2013 年，国家海洋局颁布了《海岛保护与利用规划编制技术指南》。指南涉及省级海岛保护与利用规划编制、单个可利用无居民海岛保护与利用规划编制、区域用岛规划编制以及海岛保护规划实施评估技术等方面。其中，针对“可利用无居民海岛保护与利用规划”，指南要求从宏观上把无居民海岛上不少于海岛总面积的 30% 区域划分为禁止任何开发建设的绝对保护区，可以进行限制性开发的环境协调区以及适宜进行开发建设的区域，适宜建设区的面积原则上不超过岛屿面积的 40%。

四、小结

中国全海域海洋环境质量状况总体维持在较好水平，近岸海域污染程度比上年略有减轻，近岸海域以外海域海水水质优良，重要的海湾污染均非常严重，入海排污口邻近海域环境质量状况总体较差，80% 以上无法满足所在海域海洋功能区的环境保护要求。近岸海洋生态系统健康状况依然令人担忧，多数监控区内的生态系统处于亚健康或不健康状态。为尽快改变中国海洋环境污染和生态破坏现状，中国建立了比较完善的海洋生态环境保护和生态建设规划体系，内容覆盖海洋环境保护、海岛保护和修复、海岸带保护和利用、海岸线保护和利用等方面。中国大力提高海洋监测能力，特别是近年来积极加强了民众最为关注的海水浴场、滨海旅游度假区、海水增养殖区等区域的环境质量监测和产品发布。中国积极开展海岛保护和修复工作。海岛发展水平低制约了海岛保护工作的开展，当前的海岛保护修复工作多体现在工程措施上。实现海岛可持续发展必须针对各个岛屿制订合理的开发和保护规划，并使之有效实施。

第十三章　中国的海洋防灾减灾

海洋防灾减灾是海洋生态环境保护工作的重要组成部分。随着国家海洋发展战略的实施，海洋防灾减灾对沿海经济社会发展的支撑和保障性作用进一步凸显，也面临着越来越大的挑战。中国需全面提升海洋防灾减灾整体业务水平，规范有序地开展海洋防灾减灾的各项工作，统筹规划，推动海洋防灾减灾机制制度建设，保障沿海地区经济社会持续健康发展。

一、主要海洋灾害的基本情况

2013 年，中国海洋灾害以风暴潮、海浪、海冰和赤潮灾害为主，绿潮、海岸侵蚀、海水入侵与土壤盐渍化、咸潮入侵等灾害也均有不同程度发生。各类海洋灾害造成直接经济损失 163.48 亿元，死亡（含失踪）121 人。与近 10 年①海洋灾害平均状况相比，2013 年海洋灾害直接经济损失超过平均值（151 亿元），死亡（含失踪）人数低于平均值（181 人）。在近 5 年②中，2013 年海洋灾害直接经济损失列第一位，死亡（含失踪）人数列第二位。

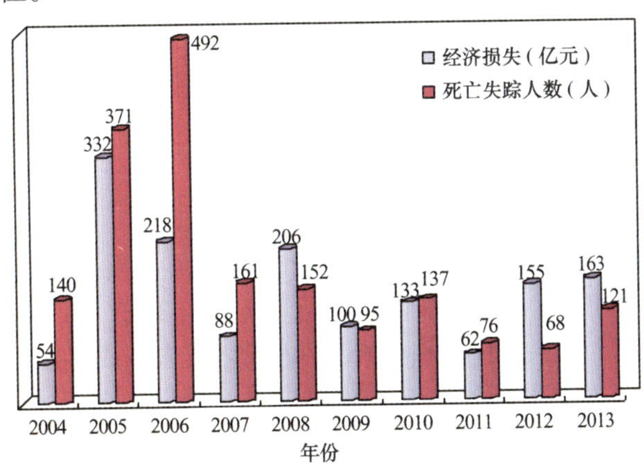

图 13－1　2004—2013 年海洋灾害直接经济损失和死亡（含失踪）人数

① 近 10 年是指 2004—2013 年。

② 近 5 年是指 2009—2013 年。

2013 年，海洋灾害直接经济损失最严重的省（自治区、直辖市）是广东省，因灾直接经济损失 74.41 亿元；福建省和浙江省受灾较严重，因灾直接经济损失分别为 45.08 亿元和 28.23 亿元。

表 13－1　2013 年沿海各省（自治区、直辖市）主要海洋灾害损失统计

省（自治区、直辖市）	致灾原因	死亡（含失踪）人数	直接经济损失（亿元）
辽宁	风暴潮、海冰	0	3.24
山东	风暴潮	0	1.44
江苏	风暴潮、海浪	10	0.29
浙江	风暴潮、海浪	20	28.23
福建	风暴潮、海浪	13	45.08
广东	风暴潮、海浪	65	74.41
广西	风暴潮	0	4.90
海南	海浪	13	5.89

注：河北、天津、上海海洋灾害未造成直接经济损失和人员死亡（含失踪）。

（一）赤潮和绿潮

营养盐污染使中国近海的生态系统呈现出退化迹象，灾害性生态现象不断出现。造成近海富营养化的主要原因是氮、磷元素随河流等陆源途径进入海洋，造成赤潮、绿潮等富营养化现象。

1. 赤潮

随着经济的发展，中国近海海域局部富营养化现象严重，重度富营养化海域主要集中在辽东湾、长江口、杭州湾、珠江口的近岸区域。2013 年，中国沿海共发现赤潮 46 次，其中有毒赤潮 7 次，累计面积 4 070 平方千米，未造成直接经济损失。东海赤潮发现次数最多，为 25 次，占全年发生次数的 54%；渤海赤潮累计面积最大，为 1 880 平方千米，占全年累计面积的 46.2%。2013 年 5—6 月是中国沿海赤潮高发期，5 月发生赤潮 19 次，累计面积 1 593 平方千米；6 月发现赤潮 15 次，累计面积 511 平方千米，占全年赤潮分布面积的 51.7%。

图 13－2　赤潮灾害

表 13－2　2013 年全国各海区赤潮情况

海区	发生次数	累计面积（平方千米）
渤海	13	1 880
黄海	2	450
东海	25	1 573
南海	6	167

2013 年，中国共发生大型赤潮 10 次，主要分布在河北、天津、江苏、浙江和广东沿海，累计面积为 3 277 平方千米，占全年分布面积的 80.5％。引发赤潮的优势种共 13 种，引发大型赤潮优势种主要有东海原甲藻（5 次，有毒）、中肋骨条藻（2 次）、抑食金球藻（1 次）、夜光藻（1 次）和赤潮异弯藻（1 次）。其中，河北秦皇岛沿岸海域的抑食金球藻赤潮，是 2013 年持续时间最长和单次过程影响面积最大的赤潮，分别为 98 天和 1 450 平方千米，对当地滨海旅游业、海水养殖业等影响较大。

表 13－3　2013 年发生的大型赤潮基本情况

省（自治区、直辖市）	起止时间	发生海域	赤潮优势种	最大面积（平方千米）
河北	5 月 25 日至 8 月 31 日	秦皇岛—绥中附近海域	抑食金球藻	1 450

续表

省（自治区、直辖市）	起止时间	发生海域	赤潮优势种	最大面积（平方千米）
天津	7月5—8日	临港经济区东部海域	中肋骨条藻	154
天津	7月16—25日	汉沽海域	夜光藻	100
江苏	5月30日至6月1日	连云港海州湾海域	赤潮异弯藻	450
浙江	5月13—29日	温州苍南海域	东海原甲藻	450
浙江	5月18日至6月2日	台州玉环坎门海域	东海原甲藻	120
浙江	5月20—24日	宁波韭山列岛东南海域	东海原甲藻	140
浙江	6月3—9日	舟山东福山岛附近海域	东海原甲藻	100
浙江	6月22—24日	朱家尖岛东北部—中街山列岛西部海域	东海原甲藻	200
广东	8月9—13日	湛江港湾近岸海域	中肋骨条藻	113

近10年来，中国沿海赤潮分布面积累计达142 000平方千米，造成直接经济损失23.7亿元。2004年、2005年赤潮分布海域面积较大，均超过26 000平方千米；2011年、2012年赤潮分布海域面积较小，分别为6 076平方千米、7 971平方千米，但仍维持在较高水平。2012年赤潮共造成直接经济损失20.15亿元，是近20年来最严重的一年。2013年赤潮发生次数、分布面积以及直接经济损失均处于近10年的最低值。

表13-4 2004—2013年赤潮的基本情况

年份	发生次数	累计面积（平方千米）	直接经济损失（亿元）
2004年	96	26 630	0.01
2005年	82	27 070	0.69
2006年	93	19 840	—
2007年	82	11 610	0.06
2008年	68	13 738	0.02
2009年	68	14 102	0.65
2010年	69	10 892	2.06
2011年	55	6 076	0.03

续表

年份	发生次数	累计面积（平方千米）	直接经济损失（亿元）
2012 年	73	7 971	20. 15
2013 年	46	4 070	0

资料来源：国家海洋局：2004—2013 年《中国海洋灾害公报》，2005—2014 年。

2. 绿潮

浒苔是引发中国绿潮灾害的主要种类。2008 年以来，浒苔灾害连续发生，暴发面积大，持续时间长，大量涌入山东、江苏近岸海域，给当地经济社会的发展和居民的生产生活造成严重影响。2008 年是中国浒苔灾情最严重、影响最大的一次，造成直接经济损失 13. 22 亿元。2009 年浒苔灾害影响海域最大，最大分布面积 58 000 平方千米，造成直接经济损失 6. 41 亿元。2012 年，浒苔分布面积和覆盖面积为 2008 年来最低，分别为 19 400 平方千米和 261 平方千米。与往年相比，2013 年浒苔灾害发生时间早，持续时间长，最大分布面积为 29 733 平方千米，最大覆盖面积 790 平方千米。2014 年浒苔发展迅速，至 7 月黄海绿潮分布面积和覆盖面积达到最大，分别达到 50 000 平方千米和 540 平方千米。

图 13 - 3　绿潮（浒苔）灾害

表 13－5　2008—2014 年中国黄海沿岸海域绿潮的基本情况

年份	主要影响区域	最大分布面积（平方千米）	最大覆盖面积（平方千米）	种类
2008 年	山东青岛	25 000	650	浒苔
2009 年	山东青岛、烟台、威海、日照	58 000	2 100	浒苔
2010 年	山东青岛、烟台、威海、日照	29 800	650	浒苔
2011 年	山东青岛、烟台、威海、日照	26 400	560	浒苔
2012 年	山东青岛、烟台、威海、日照	19 400	261	浒苔
2013 年	山东青岛、烟台、威海、日照、江苏连云港、盐城	29 733	790	浒苔
2014 年	山东青岛、日照以及江苏盐城、连云港	50 000	540	浒苔

（二）风暴潮与海浪

风暴潮与海浪灾害一年四季均可发生，南起海南岛、北至辽东半岛的广阔海岸均可能遭受袭击。热带风暴主要集中在7—10 月，特别是8 月份和9 月份。较大的温带风暴潮主要发生在晚秋、冬季和早春，即 11 月至次年 4 月。受全球气候变化的影响，海洋风暴潮灾害逐渐北移，江苏、山东、辽宁等地受风暴潮灾害威胁增大，对当地社会经济发展产生一定制约。

1. 风暴潮

2013 年，中国沿海风暴潮发生次数多、时间集中、影响范围广、损失严重。全年共发生风暴潮过程 26 次，14 次造成灾害，直接经济损失 153.96 亿元，未造成人员死亡（含失踪）。其中，台风风暴潮过程 14 次，11 次造成灾害，造成直接经济损失 152.45 亿元；温带风暴潮过程 12 次，3 次造成灾害，造成直接经济损失 1.51 亿元。

2013 年风暴潮灾害过程影响明显偏重，“尤特”“天兔”“菲特”台风风暴潮达到红色预警级别，启动了海洋灾害一级应急响应，为新中国成立以来同期最多。“天兔”是近 40 年以来登陆粤东最强的风暴潮，“菲特”是自 1949 年以来在 10 月份登陆中国大陆的最强风暴潮，“海燕”是有气象记录以来在西北太平洋登陆的最强风暴潮。[①] 受其影响，2013 年风暴潮总体灾情偏重，直接经济损失为近 5 年平均值（95.96 亿元）的 1.60 倍。其中，广东省、福建省和浙江省直接经济损失分别为 74.20 亿元、45.06

① 中国天气台风网，http：//typhoon.weather.com.cn/hist/2013.shtml，2013－12－28。

亿元和28.17亿元，占风暴潮灾害全部直接经济损失的96%。另外，9月下旬以后的灾害过程影响明显偏重，造成直接经济损失占台风风暴潮全年直接经济损失的67%。

表13－6　2013年沿海风暴潮灾害损失的基本情况

省（自治区、直辖市）	受灾人口		受灾面积		设施损毁			直接经济损失（亿元）
	受灾人口（万人）	死亡（含失踪）人数	农田（万公顷）	水产养殖（万公顷）	海岸工程（千米）	房屋（间）	船只（艘）	
辽宁	–	0	0	0	0.20	0	4	0.02
山东	–	0	0	0.72	15.11	411	109	1.44
江苏	–	0	0	0.23	6.37	0	0	0.17
浙江	736.62	0	34.03	3.78	29.55	175	2 124	28.17
福建	38.07	0	0.11	5.49	125.02	1 101	6 066	45.06
广东	589.44	0	1.33	3.74	100.38	4 001	5 382	74.20
广西	16.21	0	0	0.06	7.64	620	32	4.90
合计	1380.34	0	35.47	14.02	284.27	6 308	13 717	153.96

随着沿海地区经济社会的发展和基础设施的增加，承灾规模日趋加大，风暴潮造成的直接和间接经济损失逐年增加。近10年来，中国风暴潮发生频繁，致灾次数多，年均9次，其中2013年最高为14次。累计受灾人口约1.1亿人次，其中2005年和2006年受灾人次最多，为2 316.9万和2 688.3万。死亡（含失踪）658人，其中2006年最高为327人。造成直接经济损失1 357.36亿元，其中2005年、2006年、2008年和2013年的直接经济损失较大。近10年来共发生特大台风风暴潮灾害22次、特大温带风暴潮灾害1次①，沿海各省（自治区、直辖市）均遭受到台风风暴潮的侵扰，温带风暴潮主要影响辽宁、河北、天津、山东等地。

2014年7月，“威马逊”台风风暴潮先后在海南文昌、广东徐闻和广西防城港三次登陆中国，是1973年以来登陆华南地区的最强台风，也是新中国成立以来登陆广东、广西的最强台风。

---

①　特大台风风暴潮是指造成直接经济损失超过20亿元的风暴潮，特大温带风暴潮是指造成直接经济损失超过10亿元的风暴潮。

表 13－7　2004—2013 年风暴潮灾害的基本情况

年份	发生次数	致灾次数	受灾人次（万人）	死亡（含失踪）人数	直接经济损失（亿元）
2004 年	19	9	1 614.2	49	52.2
2005 年	20	10	2 316.9	137	329.8
2006 年	28	5	2 688.3	327	217.1
2007 年	30	9	428.3	18	87.2
2008 年	25	11	176.2	56	192.2
2009 年	32	8	872.1	57	85.0
2010 年	28	8	437.1	5	65.8
2011 年	22	6	234.68	0	48.8
2012 年	24	9	752.18	9	126.3
2013 年	26	14	1 380.34	0	152.96

资料来源：国家海洋局：《中国海洋灾害公报》（2004—2013），2005—2014 年。

2. 海浪

2013 年，中国近海共出现 43 次灾害性海浪①，其中台风浪 20 次，冷空气浪和气旋浪 23 次，造成直接经济损失 6.30 亿元，死亡（含失踪）121 人。中国灾害性海浪发生频率由南到北逐渐降低。南海、东海和黄海灾害性海浪发生次数较多，渤海较少。海浪灾害造成的直接经济损失偏重，为近 10 年平均值（3.45）的 1.82 倍，近 5 年平均值（5.49 亿元）的 1.15 倍；死亡（含失踪）人数为近 5 年平均值（84 人）的 1.44 倍。海浪灾害造成直接经济损失最重的是海南省，为 5.89 亿元，占海浪灾害全部直接经济损失的 93%。

表 13－8　2013 年沿海各省（自治区、直辖市）海浪灾害损失统计

省（自治区、直辖市）	死亡（含失踪）人数	水产养殖受灾面积（万公顷）	海岸工程损毁（千米）	船只损毁（艘）	直接经济损失（万元）
江苏	10	0.07	0	2	1 225

① 波高大于等于 4 米的海浪称为灾害性海浪。

续表

省（自治区、直辖市）	死亡（含失踪）人数	水产养殖受灾面积（万公顷）	海岸工程损毁（千米）	船只损毁（艘）	直接经济损失（万元）
浙江	20	0	0	7	631
福建	13	0	0	9	230
广东	65	0	0	9	2 031
海南	13	41.38	2.11	598	58 888.5
合计	121	41.44	2.11	625	63 005.5

近10年来，中国沿海发生427次灾害性海浪，造成1 147人死亡（含失踪），直接经济损失34.47亿元。2005—2007年是灾害性海浪高发年，平均57次/年，其中2005年发生次数最高，为66次。2005年，灾害性海浪造成死亡（含失踪）人数最高，为234人；2009年，灾害性海浪造成的直接经济损失最大，为8.03亿元。

表13－9　2004—2013年灾害性海浪的基本情况

年份	发生次数	死亡（含失踪）人数	直接经济损失（亿元）
2004年	35	91	2.07
2005年	66	234	1.91
2006年	55	165	1.34
2007年	50	143	1.16
2008年	33	96	0.55
2009年	32	38	8.03
2010年	35	132	1.73
2011年	37	68	4.42
2012年	41	59	6.96
2013年	43	121	6.3

资料来源：国家海洋局：2004—2013年《中国海洋灾害公报》，2005—2014年。

（三）海冰

中国沿海地区受全球气候变化的影响，海冰盛冰期天数、冰级呈下降趋势，黄渤海未见重冰年，但不排除在气候异常的情况下出现重冰年的可能。2012/2013 年冬季，渤海和黄海北部的冰情等级为常年[①]略偏重（3.5 级），最大浮冰覆盖面积 34 824 平方千米。渤海和黄海北部海域受海冰灾害影响，造成直接经济损失 3.22 亿元，是 2011/2012 年的 2.08 倍，主要为辽宁近岸海域海水养殖损失。

表 13－10 2012/2013 年冬季渤海及黄海北部冰情

影响海域	初冰日	终冰日	浮冰最大覆盖面积（平方千米）	浮冰离岸最大距离（海里）	一般冰厚（厘米）	最大冰厚（厘米）
辽东湾	2012 年 12 月 4 日	2013 年 3 月 20 日	23 041	89	10～20	45
渤海湾	2012 年 12 月 12 日	2013 年 2 月 28 日	6 490	22	5～15	25
莱州湾	2012 年 12 月 18 日	2013 年 2 月 22 日	4 102	28	5～10	25
黄海北部	2012 年 12 月 16 日	2013 年 3 月 5 日	6 821	24	5～15	25

（四）海平面上升

自 19 世纪中叶以来，全球海平面上升速率高于过去 2000 年以来的平均速率。1901—2010 年全球海平面上升的平均速率约为 1.7 毫米/年，1971—2010 年为 2.0 毫米/年，1993—2010 年为 3.2 毫米/年，海平面上升速率明显加快。[②] 除全球性的气候变化导致海平面上升外，中国沿海城市大型建筑物密集和地下水过量开采，加剧了地面沉降，也是引起当地海平面相对上升的另一个重要原因。

1. 海平面的变化状况

中国沿海气温与海温升高，气压降低，海平面升高。1980—2013 年，中国沿海气温与海温均呈上升趋势，速率每 10 年分别为 0.34℃和 0.18℃，气压呈下降趋势，速率每 10 年为 0.32 百帕，海平面上升速率为 2.9 毫米/年。海平面上升速率高于全球平均水平。2013 年，中国沿海气温与海温较常年分别高 0.7℃与 0.3℃，气压较常年低 1.0 百帕；同期海平面较常年高 95 毫米，较 2012 年低 27 毫米，仍处于近年高位。2013 年中国沿海海平面较常年高 95 毫米，较 2012 年低 27 毫米，为 1980 年以来第二高位。

2013 年，中国沿海海平面变化区域特征明显。与常年相比，海平面变化呈现南北

① 常年是指 1978—2008 年冰情平均状况。

② 联合国政府间气候变化委员会：IPCC 第五次评估报告《气候变化 2013：自然科学基础》，2013 年。

高中间低的特征，渤海和南海沿海海平面上升幅度均超过100毫米，黄海和东海沿海海平面上升幅度均低于90毫米。与2012年相比，中国沿海海平面总体降低，其中东海沿海海平面降低45毫米，渤海沿海海平面基本持平，黄海和南海沿海海平面均降低约20毫米和22毫米。沿海各省（自治区、直辖市）海平面均明显高于常年。其中，海南最高，较常年高143毫米；天津和广东次之，较常年分别高118毫米和115毫米；上海和福建相对较小，较常年分别高72毫米和68毫米。与2012年相比，2013年中国沿海各省（自治区、直辖市）海平面均偏低。其中，浙江沿海海平面低44毫米，河北沿海海平面低3毫米，其他省（自治区、直辖市）沿海海平面低8～43毫米。

2. 海平面上升预测

未来30年，中国沿海低洼地区将受到来自海平面上升的直接威胁。海平面相对上升，不仅会直接淹没沿海一些地势较低地区，而且还会使沿海地区防潮工程的抗灾能力不断降低。在环渤海湾地区和黄河三角洲、长江三角洲和珠江三角洲的部分岸段，地面下沉相当严重，海平面上升将非常明显。

预测到2043年中国沿海海平面将比2013年升高60～195毫米。环渤海地区、长江三角洲、珠江三角洲海平面上升普遍较高，其中天津沿海海平面或将升高195毫米，辽宁、河北、山东、上海和广东沿海海平面上升最高值也将超过140毫米。福建、广西沿海海平面上升相对较低，其中广西海平面升高在60～120毫米。[①]

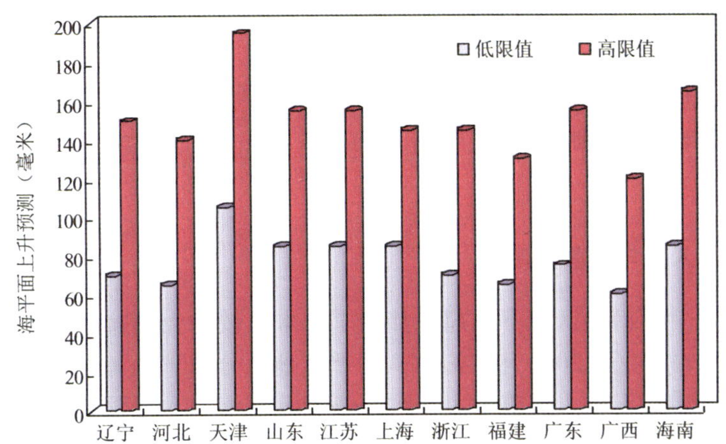

图13－4　2043年沿海省（自治区、直辖市）沿海海平面上升预测

资料来源：国家海洋局：《2013年中国海平面公报》，2014年

① 国家海洋局：《2013年中国海平面公报》，2014年。

（五）海岸侵蚀

海岸侵蚀是全球海岸带普遍存在的一种灾害性地质现象。受全球变暖、海平面上升和风暴潮的影响，中国砂质海岸和粉砂淤泥质海岸侵蚀严重，侵蚀范围扩大，局部地区侵蚀速度呈加大趋势。2013 年重点岸段海岸侵蚀监测显示，中国砂质海岸和粉砂淤泥质海岸侵蚀严重，局部地区侵蚀速度呈加快趋势。河北省滦河口至戴河口砂质海岸岸段平均侵蚀速度为 9.1 米/年。江苏省振东河闸至射阳河口粉砂淤泥质岸段平均侵蚀速度为 26.4 米/年。海岸侵蚀造成土地流失，房屋、道路、沿岸工程、旅游设施和养殖区域损毁，给沿海地区的社会经济带来较大损失。

表 13－11　2013 年重点监测海岸侵蚀情况

省（自治区、直辖市）	重点岸段	侵蚀海岸类型	监测海岸长度（千米）	侵蚀海岸长度（千米）	平均侵蚀速度（千米/年）
辽宁	绥中	砂质	112.0	28.1	1.8
	盖州	砂质	21.8	18.0	3.8
河北	滦河口至戴河口	砂质	99.7	0.3	9.1
山东	三山岛至刁龙嘴岸段	砂质	15.8	6.3	2.6
江苏	连云港至射阳河口	粉砂淤泥质	62.9	36.7	26.4
上海	崇明东滩	粉砂淤泥质	48.0	2.5	10.1
广东	雷州市赤坎村	砂质	0.8	0.4	2.0
海南	海口市镇海村	砂质	1.4	0.8	8.0

（六）海水入侵与土壤盐渍化

海平面上升和沿海地区地下水超采加剧了海水入侵与土壤盐渍化程度，影响沿岸生态系统和农作物生长。2013 年，海水入侵严重地区分布于渤海滨海平原地区，近岸站位氯离子含量高，海水入侵范围大，约 50% 监测区海水入侵距离距岸 10～30 千米，主要分布在河北、山东沿岸，其中辽宁盘锦海水入侵最大距离约 18 千米，河北唐山最大海水入侵距离 25.6 千米，山东滨州重度入侵最大距离超过 22.4 千米，潍坊最大海水入侵距离超过 21.6 千米。黄海和东海滨海地区海水入侵范围总体较小，约 80% 监测区海水入侵距离距岸 5 千米以内；南海滨海地区海水入侵范围小、程度低，海水入侵距离一般距岸 2 千米以内。

与2012年相比，辽宁锦州、山东潍坊滨海地区个别站位氯离子含量明显升高，辽宁盘锦和唐山监测区入侵范围有所扩大。黄海、东海和南海沿岸海水入侵影响范围较小，除江苏盐城和浙江台州滨海地区监测区海水入侵距离稍大外，其他监测区海水入侵距离一般距岸5千米以内。江苏连云港滨海地区海水入侵范围略有扩大，福建长乐滨海地区监测区海水入侵呈加重趋势。

表13－12　2013年重点监测区海水入侵范围

省（自治区、直辖市）	监测断面	断面长度（千米）	重度入侵距岸距离（千米）	轻度入侵距岸距离（千米）
辽宁	盘锦清水乡永红村	17.91	—	>17.91
	营口盖州团山乡西河口	3.91	3.22	3.42
	葫芦岛龙港区北港镇	1.92	1.65	>1.92
河北	秦皇岛抚宁	15.93	8.46	14.78
	唐山梨树园村	29.01	—	25.57
	沧州黄骅南排河镇赵家堡	6.24	—	>6.24
	沧州渤海新区冯家堡	18.08	—	>18.08
山东	滨州沾化县	22.48	>22.48	>22.48
	潍坊寿光市	21.66	21.60	>21.66
	威海张村镇	6.56	2.86	3.04
江苏	盐城大丰裕华的镇Ⅱ	10.56	7.87	>10.56
浙江	台州椒江三甲	11.90	3.91	9.25
福建	长乐漳港镇Ⅰ	4.70	0.32	0.91
广东	茂名电白县陈村	1.12	—	0.39
	湛江湖光镇世乔村	3.45	—	1.40
广西	北海大王埠	2.71	1.36	1.42
海南	三亚海棠湾	0.66	0.37	0.57

注：“—”表示未发生。

2013年，土壤盐渍化较严重的区域主要分布于辽宁、河北和山东滨海平原地区。与2012年相比，河北秦皇岛和唐山土壤盐渍化范围稍有扩大，山东潍坊监测区在枯水期时近岸站位含盐量略有上升，威海监测区近岸站位含盐量明显上升。

二、海洋防灾减灾体系建设工作

中国海洋防灾减灾工作围绕海洋强国建设和全面建成小康社会战略目标，以提升海洋观测能力为基础，以预警报服务于海洋经济的发展、服务于海洋生态文明为指向，以拓展海洋灾害应急管理为目标，推进海洋观测业务立体化、海洋预警报服务网络化、海洋灾害应急管理制度化，全面推动海洋防灾减灾工作的科学开展。

（一）海洋灾害观测立体化

近年来，中国海洋观测预报基础能力得到长足的发展，建设了一批岸基海洋观测站点和离岸观测设施，对数据传输网进行了升级换代和扩容。初步建立了由岸站、浮标、潜标、船舶、卫星、雷达等多种手段共同组成的立体海洋观测网。

一是海洋站观测能力大幅提升。目前，全国海洋观测站点数量达108个、浮标站位40余个，并形成了雷达观测系统；在南海新布放了2套海啸浮标，建设了4套海上油气平台观测系统，在印度洋布放了3套深海锚系浮标和1套深海潜标，业务化海洋观测领域逐步由近海向远洋延伸。观测项目更加丰富，除传统观测要素外，地震、GPS、二氧化碳等新增观测项目纳入海洋站日常观测，为海洋灾害预警、应对气候变化和海洋科学研究等提供了更为丰富的基础数据。

二是积极推动新型观测能力建设。中国建设部署了一批雷达站、GPS站、移动观测平台和海啸预警观测台等新型观测设施，已初步形成由10套地波雷达、28套X波段雷达和2套测冰雷达组成的雷达观测系统；在56个海洋站加装了GPS观测设备，并将GPS观测站点全面纳入海洋观测网业务运行。在3个海区部署了13套配备雷达和自动观测系统的移动应急观测平台，建设完成15套海啸预警观测台，并已全部投入海洋观测业务化运行。

三是离岸观测系统建设全面开展。浮标站位从“十一五”初期的3个增加到42个，近海10米锚系浮标站位由9个增加到19个，新增13个近海小型浮标站位、4个深海小型浮标站位，并在中国南海新布放2套海啸浮标；建设了4套海上油气平台观测系统，业务化海洋观测领域逐步由近海向深海大洋延伸。在印度洋布放3套深海锚系浮标和1套深海潜标，业务化海洋观测体系拓展到印度洋。同时，中国作为国际Argo计划成员国，共投放了161个Argo剖面浮标，目前正常工作的有81个，为全球Argo实时海洋观测网补充观测资料。

四是观测手段和技术有了进一步提高。业务化海洋观测手段由单一的岸基（岛屿）站观测，发展到由岸基、海基、空基、天基、船基构成的立体观测。利用Argo浮标、潜标开展海洋环境剖面观测，利用飞机开展海冰等海洋灾害的观测调查，利用在轨运行海洋水色卫星 HY－1B 和海洋动力环境卫星 HY－2A 进行海洋动力环境观测。观测对象从气象、潮位、波浪等海表环境，逐步拓展到温盐流等水下环境、海表面动力高度、海面风场、海浪、海温和海冰等海洋环境要素的监测以及灾情实况监视和调查。观测手段和技术的飞跃发展，为海洋灾害预警、应对气候变化等提供了丰富的基础数据。

五是数据传输能力明显提升。国家海洋局开展了数据传输网的升级换代和扩容，数据传输方式发展为卫星、地面专线和无线通信相结合的数据传输网络。提高了实时数据管理能力，实现了岸基（岛屿）站数据的分钟级实时传输，实现了对海洋观测数据及地面和 VSAT 通信链路的统一监控和管理。特别是在应急期间，通过对观测站（点）实时在线监控，有效提高了发现、解决观测和传输故障的能力。实时接收数据种类不断丰富，总量逐年增多，数据传输网运行稳定，数据到报率由 2005 年 88.53% 上升到 2012 年的 99.28%。

（二）海洋预警报服务网络化

中国各类海洋预报基础设施建设得到显著加强。海洋预警报技术水平得到飞跃发展，海洋预警报服务理念不断创新，预警报信息发布渠道也不断扩大，全国的海洋预警报业务体系进一步向网络化发展。

一是海洋预报机构建设的步伐加快。全国成立了 15 家海洋预报机构，国家海洋局所属的国家预报中心、信息中心、3 个海区预报中心和各中心站均已具备了海洋预警报发布能力，沿海 11 个省（自治区、直辖市）全部成立了省级海洋预报机构。此外，还有 25 个沿海地市和 8 个沿海县成立了市县级的海洋预报机构，形成了国家和地方相结合的海洋预报工作体系。

二是预报基础设施建设得到加强。中国已建成了覆盖全国、3 个海区、11 个沿海省（区、市）以及部分沿海地市的海洋预报远程视频会商系统，各级海洋预报机构利用该系统定期开展各种海洋预报周会商、月会商和灾害应急会商，对提高海洋预报准确率起到了积极的推动作用。全国各级海洋预报机构共拥有 16 台高性能计算机，单台最高的峰值计算能力达到每秒 28 万亿次，总存储能力超过 260TB，海洋数值预报系统的计算速度和存储空间得到长足提升。

三是海洋预报技术得到了进一步提高。国家海洋局组织各级海洋预报机构加强海洋预报技术的原始创新、集成创新和引进消化吸收再创新工作，研发了一批海洋预报模式，有效提升了海洋预报的精度、时效和准确率。目前，各类大气风场、浪场、温盐流和风暴潮、海啸、海冰等十余种数值模式已在各级海洋预报机构投入业务化运行，覆盖范围包括印度洋、北太平洋、西北太平洋、中国各海区和精细化小区域。

四是海洋预报服务的理念有了不断创新。近年来，全国各级海洋预报机构不断开拓预警报产品服务的工作领域，在向社会公众提供中国管辖海域的各类海洋要素预报的基础上，新开发了全球18个大洋渔场、22个重点沿海城市和中国沿海各种航线舒适度、游泳舒适度、晕船指数、沙滩娱乐指数等生活指数预报产品。各级海洋预报机构紧密结合各类海洋开发活动需要，为中国的海洋维权巡航、极地考察、大洋调查、载人深潜、远洋运输、油气开发、海上搜救和工程建设活动的顺利进行提供了服务保障。自2013年以来，中国组织各级海洋预报机构在沿海选择了24个核电、港口和石化园区项目，开展了面向这些重点保障目标的精细化预报试点工作，有力地促进了沿海经济社会的健康发展。

五是海洋预报发布手段呈多元化。全国各级海洋预报机构不断拓宽预警报信息发布渠道，在近50家电视台和20多家广播电台合作开辟了海洋预报节目，显著提高了海洋预报的公众覆盖面。积极探索利用邮件、传真、微博、微信、手机短信、声讯电话、LED大屏幕、农村大喇叭和专题网站等形式，满足用户主动获取海洋预警报信息的需求。

（三）海洋灾害应急管理制度化

一是海洋灾害应急预案管理得到全面落实。在《国家突发公共事件总体应急预案》的总体框架下，国家海洋局制定并实施《风暴潮、海浪、海啸和海冰灾害应急预案》，沿海各省（区、市）海洋行政主管部门也编制了本地区的海洋灾害应急预案及配套制度，实现了海洋灾害预警信息发布与地方政府应急工作的有效衔接。

二是海洋灾害风险管理工作开创新局面。国家海洋局全面启动了海洋灾害风险评估和区划工作，组织编制并实施了一系列技术标准，基本完成国家尺度区划图制作，开展了省、市、县区划试点工作。在福建、浙江、广西、海南4省区开展针对海堤、渔港、大型养殖区及沿海大型工程等沿海地区典型海洋灾害承灾体进行现状调查，摸清了当地海洋灾害承灾体基本状况。

三是海洋灾情管理业务体系初步构建。2013年，国家海洋局组织编制并发布了《海洋灾情调查评估与报送规定（暂行）》，建立海洋灾情信息初报、续报、核报、补报和季报制度、半年报制度和年报制度，科学设定灾情报送的内容，规范灾情报送程序，厘清各方责任，保证海洋灾情信息及时、快速、准确的报送。初步建成中国海洋减灾网和海洋灾情报送信息系统，推进海洋灾情信息存储、加工、发布的流程化管理和业务化运行，大幅提高了海洋灾情信息报送效率。每年编制发布《中国海洋灾害公报》和《中国海平面公报》，为有效减轻沿海各地灾害损失，应对海平面上升提供了基础数据和决策依据。

（四）海洋防灾减灾存在的问题

随着全球变暖、极端气候事件频发以及沿海经济的快速发展，中国各类海洋灾害发生的频率不断增加，沿海地区面临的海洋防灾减灾压力越来越大。在日益增加的海洋灾害防范风险面前，中国海洋防灾减灾工作还存在着诸多不足，面临的形势较为严峻。

一是海洋防灾减灾法律法规体系不完善。中国海洋防灾减灾综合性法律法规和相关配套政策有待进一步完善。中国尚未制定海洋防灾减灾专门法律，有关海洋防灾减灾的法律法规，分散在《防震减灾法》《突发事件应对法》等法律法规中。虽然中国制定了《海洋观测预报管理条例》《警戒潮位核定规范》等法规制度，为海洋灾害防治提供了一定的保障，但总体上法律制度的欠缺，导致海洋防灾减灾缺少良性互动的运行机制，救灾应急上下联动机制有待加强。而日本已形成以《灾害对策基本法》为“防灾根本大法”、由55项法律构成的相对完善的灾害管理法律体系，涉及灾害预警、减灾和灾害救助各方面。在全球气候变化和极端天气事件频发的背景下，中国现有海洋防灾减灾的法律法规体系已不能完全适应当前形势发展的需要。

二是海洋灾害防御和管理体系尚未形成。政府对海洋灾害防御工作的总体投入不足，防御措施不够完善，且防御资源分散在各个部门，相互之间的合作与共享不够充分。同时，大部分的应急响应仍然停留在政府层面，尚未建立横向到边、纵向到底、专群结合的一体化灾害防御体系，尤其是社区、企业、乡村等基层组织缺乏必要的灾害应急响应机制和能力，一旦海啸等重特大海洋灾害发生，公众即使接到政府发布的预警信息，也难以主动采取科学的防灾避灾行动。美国、欧洲等在20世纪70年代基本建立了环境灾害管理保障体系，建立环境灾害保险和再保险等经济手段，开展环境灾害救助。中国海洋灾害的环境管理体系尚不完善，灾后管理和救助工作是海洋防灾减灾的一个薄弱环节。

三是海洋灾害监测预警的能力有待加强。有效的监测和预警是整个海洋灾害应对工作的关键环节，对预防和减少灾害损失具有重要意义。但目前中国的海洋灾害监测系统的站点数量稀少，还不到美国的5%，与相邻的日本、韩国等国家及我国台湾地区相比也有较大差距，且覆盖范围有限、保障能力落后，只能仅限于沿岸和近海地区，海底观测系统建设也尚处于起步阶段。中国海洋灾害预警能力的基础还很薄弱，信息发布的手段也比较单一，尚不能完全满足沿海地区快速增长的海洋防灾减灾需求。

三、健全海洋防灾减灾体系的重点任务

党的十八大报告指出要“加强防灾减灾体系建设”，十八届三中全会提出了“健全防灾减灾救灾体制”的具体改革措施。海洋防灾减灾是国家防灾减灾救灾体系的重要组成部分，进一步提高海洋防灾减灾能力，改革现存海洋防灾减灾体系，以满足国家和地方的各项需要，服务于国家生态文明建设的大战略。

（一）健全海洋防灾减灾业务体系

在整个海洋防灾减灾工作体系中，观测是基础，预报是手段，减灾是目的，是整个工作的落脚点，健全海洋防灾减灾救灾业务体系尤其重要。

一是强化灾前预防和防御措施。加强国家和地方基本观测网建设，逐步完善优化海洋灾害监测系统，实现对海洋灾害精细化预警报、风险管理的有效支撑；定期开展全国沿海市县主要岸段警戒潮位值的核定，保障沿海各地灾害预警级别的科学性与合理性；开展海洋减灾能力和承灾体调查、海洋灾害风险评估与区划、海平面上升等缓发性海洋灾害调查评价工作，推动海洋灾害重点防御区划定；建立海洋灾害工程风险评估和主要避险设施的灾害风险评价，提高重点工程海洋灾害防御水平；开展海洋减灾进社区、进学校、进渔村等海洋防灾减灾科普教育工程，提升公民的海洋防灾减灾意识。

二是提高应灾预警响应能力建设。应对海洋灾害，做好预警响应工作，加强海洋预报业务体系建设。深化完善海面风场、海浪和海流数值预报系统，推进精细化预报系统的建立；不断丰富和完善海洋灾害预警报产品，开发预警报产品、气候产品和海洋减灾辅助决策产品，以满足地方对于海洋防灾减灾的需求；加强海洋预警信息发布平台建设，拓展发布渠道；对海洋观测数据和资料进行快速处理、存取、调用和归类等，加强对数据的质量控制管理。完善体系布局，加强能力建设，进一步形成“数据采集传输—处理分析—预警报产品制作—产品发布”业务链。

三是推动灾中调查统计业务链建设。针对海洋灾情调查主要采取实地人工摄像、测量等手段，成本高、效率低，先进调查手段缺乏等问题，要加快推进卫星、无人机在灾情调查过程中的应用。海洋灾情统计的范畴由风暴潮、海浪、海冰等，拓展到沿海省（市、区）普遍关注的赤潮等海洋生态灾害及海岸侵蚀、咸潮入侵、海水入侵、土壤盐渍化等海洋地质灾害；做好灾情调查统计和灾情信息员队伍建设，探索建立海洋灾情调查统计队伍，实现灾情调查统计工作业务化；做好重大灾情调查评估和信息报送工作，形成“灾情调查—统计—报送”业务链。

四是开展灾后损失定量评估。开发海洋灾害损失定量评估模型，加快灾情快速评估技术系统的开发，强化海洋灾害影响评估；开展海洋灾害直接经济损失评估，提升海洋灾情调查评估分析工作的科学性和合理性；在对海洋灾害损失进行评估基础上，以核灾为切入点，实现海洋灾害损失评估工作由简单的数据汇总向定性定量分析上转变，为保险部门及企业充分掌握海洋灾害风险、设计保险产品、建立海洋灾害保险体系提供技术支撑，推动海洋灾害损失风险转移机制的建立。

（二）推动海洋防灾减灾制度体系建设

推动海洋防灾减灾工作体系建设，需要一整套完善的制度设计，建立有效运转的灾害应急运行机制，强化管理主体责任意识，履行灾情管理的职责。

一是建立灾害风险评价制度。《海洋观测预报管理条例》第二十七条规定，“在海洋灾害重点防御区内设立产业园区、进行重大项目建设的，应当在项目可行性论证阶段，进行海洋灾害风险评估，预测和评估海啸、风暴潮等海洋灾害的影响”。通过建立灾害风险评价制度，可为海洋灾害防御工程提供服务和决策支撑。

二是完善灾情调查统计制度。完善对灾害的等级或规模、次数或频率、表现形态、灾害程度、受灾范围或面积等方面进行统计的灾情统计指标体系。依次开展灾因统计和灾情统计工作、灾损统计工作、减灾统计和补偿统计工作，以提升海洋灾情调查评估分析工作的科学性和合理性。

三是强化应急预案管理制度。强化海洋应急预案管理，明确灾害应急管理的工作原则、启动条件、组织指挥、预警预报与信息管理等重大事项，并确定不同的灾害救援响应等级。制定相应管理制度，不断开展各级海洋减灾应急预案的制（修）订工作，增强灾害风险管理的预见性和有序性。

（三）完善海洋灾害应急运行机制建设

灾害应急运行机制是行政管理组织体系在遇到灾害事件后有效运转的机理性制度。

一是建立灾害风险防范分级管理机制。健全国家、省、市、县四级综合减灾协调机制，逐步形成统一指挥、综合协调、分级管理、区域防范的灾害风险管理体制，细化各级政府在辖区灾害区划、减灾规划、预案编制、应急行动、资金安排方面的责任。

二是健全灾害应急响应工作机制。加强对应急预案管理和指导，合理划分各相关机构的职责，科学设定一整套应急响应程序，健全条块结合、属地管理、部门联动的灾害应急响应工作机制。

三是实施灾害管理信息数据共享机制。畅通海洋减灾基础数据和数据产品的来源渠道，推动国家海洋局各相关单位、海洋系统内部及海洋系统与其他涉海单位间的数据共享，实现相关部门涉灾业务的信息联动与信息资源共用。

四是构建灾害损失救助风险分摊机制。构建灾害风险分摊共担制度，实现灾害保险和风险转移的制度化、组织化和可持续运行。另外，构建政府部门之间灾害损失风险共担以及政府、社会和受灾群众为核心的风险分摊机制。

四、小结

中国海洋灾害正处于多发、高发期。海洋灾害发生频率整体呈上升趋势，尤其是极端气候事件加剧海洋灾害的影响，已成为制约中国沿海经济发展的重要因素。随着中国沿海区域经济发展战略的实施，核电、石油储备、化工等产业加快沿海布局，人口进一步向沿海聚拢，海洋灾害风险进一步加剧。海洋防减灾是一项复杂的系统工程，迫切需要加强海洋灾害观测、预警、应急工作，提升海洋灾害的应对能力；要各级政府、相关主管部门及公众的参与，提高公众的海洋灾害防范意识；要建立健全海洋防灾减灾法律体系，以制度形式约束相关部门的职责，减少海洋灾害造成的损失，保障沿海地区经济社会的持续健康发展。

第六部分

维护国家海洋权益

第十四章　中国的海洋法律

中国有着探索海洋和利用海洋的悠久历史，形成了独具特色的古代海洋管理制度。随着国际海洋法传入中国，中国海洋法律制度经历了从无到有的过程。中华人民共和国成立后，海洋法律制度建设快速发展，对不同海洋区域按照不同法律地位和制度进行管理，并向着更加综合全面的方向不断完善。

一、中国的海洋法律制度

中国海洋法律制度是管理海洋事务相关法律规则和原则的总称，内容涉及海域使用管理、海洋资源开发保护、海洋生态环境保护、海上交通安全、海洋科学研究等各个领域，在维护国家海洋权益、规范海洋活动秩序、保护海洋环境方面发挥着重要作用。

（一）海洋法律制度的基本内容和特征

中国海洋法律制度调整的关系主要是从事海洋开发利用活动中产生的权利义务关系。其主体是海洋法律关系的参加人，包括国家、组织和个人；其客体是国家管辖范围内的海洋，包括海洋的水域、海床、底土以及海域上空。中国海洋法律制度可分为基本海洋法律制度和具体海洋事务制度两部分。

基本海洋法律制度是指将海洋划分为不同的海域，确立不同法律地位和权利义务的制度。为全面履行《联合国海洋法公约》赋予沿海国的权利和义务，建立中国的领海、毗连区、专属经济区和大陆架，中国政府于 1958 年发表了关于领海的声明、1996 年发表了关于领海基线的声明，又分别于 1992 年和 1998 年颁布了《中华人民共和国领海及毗连区法》（以下简称《领海及毗连区法》）和《中华人民共和国专属经济区和大陆架法》（以下简称《专属经济区和大陆架法》），明确了不同海域的权利和主张，专属经济区和大陆架划界原则等重要问题，为维护中国领土主权和海洋权益提供了有力保障。

根据法律调整的领域不同，具体海洋事务制度主要包括海域和海岛使用管理、海洋环境保护、海洋资源开发、海洋科学研究、海上交通安全等制度。除此之外，以 1989 年《中华人民共和国水下文物保护管理条例》为代表的海底文物保护制度和以

2012年《海洋观测预报管理条例》为代表的海洋公益服务制度正在形成完善的过程中，扩展了海洋法律制度的内涵。

在海域和海岛使用管理方面，2001年全国人大常委会颁布了《中华人民共和国海域使用管理法》，正式确立了中国的海域使用管理制度。2007年《中华人民共和国物权法》确认了海域使用权与土地使用权同等重要的物权地位。2006年国家海洋局又发布了《海域使用权管理规定》《海域使用权登记办法》和《海域使用金减免管理办法》等配套制度，进一步完善了海域使用管理制度。2009年《中华人民共和国海岛保护法》，确立了保护与合理开发并重的海岛管理制度，将海岛划分为有居民海岛、无居民海岛和特殊用途海岛三种类型分别进行管理，设立了海岛规划、生态保护等基本制度。2010年以来，国家海洋管理部门陆续制定一系列规章细化了海岛使用和保护措施①。

在海洋环境保护方面，中国于1982年通过了《中华人民共和国海洋环境保护法》（以下简称《海洋环境保护法》），并于1999年进行修订，设立了重点海域污染物总量控制、海洋自然保护区、海洋倾废管理、陆源污染防治、海岸和海洋工程污染防治、船舶污染防治等制度，颁布了相关的配套法律法规②，公布了《海洋功能区划》《近岸海域环境功能区划》等相关标准，形成了较为全面的海洋环境保护法律体系。

在海洋资源保护和开发方面，中国于1979年颁布了《渔政管理工作暂行条例》，1986年和1987年出台了《中华人民共和国渔业法》（以下简称《渔业法》）及《中华人民共和国渔业法实施细则》，并在2000年、2004年对《渔业法》进行两次修订，对改善渔业水域的生态环境、合理利用海洋渔业资源起到了重要作用。除了国家的法律法规，中国与日本（1997年）、韩国（2000年）、越南（2000年）签订的渔业协定也是管理渔业活动的重要依据。为引进外国资金和技术开采海洋油气资源，我国1982年颁布、2001年修订的《中华人民共和国对外合作开采海洋石油资源条例》，对中外合作双方的权利和义务、石油开采作业等方面作了明确规定。

在海上交通安全和港口监管方面，1983年《中华人民共和国海上交通安全法》的颁布，规范了海上交通秩序，保障了船舶航行安全。随后颁布的一系列有关船舶检验

---

① 海岛使用和保护有关部门规章主要包括：《无居民海岛使用权登记办法》（2010年）、《无居民海岛使用权证书管理办法》（2010年）、《海岛名称管理办法》（2010年）、《无居民海岛使用申请审批试行办法》（2011年）、《领海基点保护范围选划与保护办法》（2012年）等。

② 为实施《海洋环境保护法》，国务院先后颁布、修订了《海洋石油勘探开发环境保护管理条例》（1983年）、《海洋倾废管理条例》（1985年）、《防治陆源污染物污染损害海洋环境管理条例》（1990年）、《自然保护区条例》（1994年）、《防治海洋工程建设项目污染损害海洋环境管理条例》（2006年）、《防治海岸工程建设项目污染损害海洋环境管理条例》（2007年）等多个配套条例。

登记管理、航标航道管理、船员管理的法律法规[①]，保障了海上交通安全和航行秩序。

在海洋科学研究方面，1996 年颁布的《中华人民共和国涉外海洋科学研究管理规定》，与《公约》规定保持一致，在领海、专属经济区、大陆架不同区域进行的海洋科学研究活动适用不同的制度，并规定了相应的审批程序和法律责任。

经过 60 多年的发展，中国的海洋法制建设取得巨大成就，海洋法律框架基本建立，规定较为全面合理，有效维护了海洋秩序。中国海洋法律制度具有一系列显著特征：第一，立法模式上，采取部门或行业分散立法的模式，对海洋事务进行法制管理，不存在关于海洋事务管理和海洋政策宣示的综合性海洋立法。第二，立法层级上，中国海洋法的表现形式可以包括宪法、法律、行政法规、部门规章、地方性法规、地方政府规章以及缔结和参加的国际条约协定等。但是中国现行的宪法中并没有关于海洋问题的表述，因此海洋法律体系结构上欠缺完整性，缺乏国家根本法层次的规定。现行的海洋法基本都属于一般法律、法规和规章。第三，立法内容上，以海洋事务管理等实体内容的海洋立法居多，缺少对于执法程序的法律规定，特别是对登临、紧追、扣押等措施的使用条件和程序，缺乏可操作性法律依据。第四，从与国际法的关系上，受到国际海洋法的深刻影响，国内海洋法与《公约》构建的制度体系保持高度一致。

（二）国际海洋法与中国海洋法律制度的建立

鸦片战争之后，西方的海洋法律理念开始影响中国，晚清政府以国际主体加入了一些重要的涉海条约，包括 1896 年加入的《航海避碰章程》（即《1889 年海上避碰规则》）、1909 年加入的《关于海战时中立国权利义务公约》[②] 等。1931 年 4 月，国民政府颁布了《领海范围定为三海里令》，首次明确了中国的领海宽度。

第二次世界大战后，世界格局发生巨大变化，第三世界国家的影响力日益提升，迫切要求改变旧的海洋秩序。随着科技的发展，新的海洋法问题不断出现。为了协商解决这些问题，联合国召开了三次海洋法会议，推动海洋法从习惯国际法向成文条约法转变，奠定了现代海洋法的基本格局。

由于当时尚未恢复在联合国的合法席位，中华人民共和国没有参加前两次会议，但依然吸收了国际海洋法的最新发展，于 1958 年发布了关于领海的声明，将我国领海宽度定为 12 海里。第三次海洋法会议上，中国代表团积极参加对海洋法实质事项的审议工作，先后提出了《关于国家管辖范围内海域的工作文件》《关于海洋科学研究的工作文件》和《关于国际海域一般原则的工作文件》三个工作文件，阐释中国对于相关

---

① 1990 年《海上国际集装箱运输管理规定》、《海上航行警告和航行通告管理规定》（1993 年）、《船舶登记条例》（1995 年）、《航标条例》（1995 年）、《航道管理条例》（2009 年）、《海上交通事故调查处理条例》等。

② 田涛：《国际法输入与晚清中国》，山东：济南出版社，2001 年，第 347 页。

问题的立场①。

表 14－1　三次海洋法会议相关公约生效情况

序号	名称	生效时间	缔约国数量②
1	领海和毗连区公约	1964 年 9 月 10 日	52
2	公海公约	1962 年 9 月 30 日	63
3	公海渔业和生物资源养护公约	1966 年 3 月 20 日	38
4	大陆架公约	1964 年 6 月 10 日	58
5	关于强制解决争端的任择议定书	1962 年 9 月 30 日	38
6	联合国海洋法公约③	1994 年 11 月 16 日	166
7	关于执行〈联合国海洋法公约〉第十一部分的协定	1996 年 7 月 28 日	146
8	联合国鱼类种群协定	2001 年 12 月 11 日	82

《公约》是第一个在一个文件中对所有海洋法问题进行全面规定的条约，对确立海洋新秩序、开发利用和保护保全海洋资源、促进经济社会繁荣发展做出了杰出贡献，并对中国海洋法的发展产生深远影响。

第一，促进了海洋立法的完善。1996 年 5 月 15 日，第八届全国人大常委会第十九次会议作出了批准《公约》的决定，《公约》成为中国海洋法的重要表现形式，促进中国海洋立法向综合管理方向发展，促进了海洋权益、海洋科学研究、海洋开发利用、海洋环境保护领域法律制度的完善。

第二，为实现海洋权益提供重要机遇。《公约》确立的制度赋予沿海国更多的海洋权益，将中国管辖海域的范围扩展至 200 海里专属经济区和大陆架，并确立了国际海底先驱投资者的地位，获得在大洋深海划定矿区进行资源专属勘探和优先开发的权利。中国已成为世界上首个就三种主要国际海底矿产资源均拥有勘探矿区的国家。

第三，增强国际海洋事务影响力。《公约》为广大缔约国提供了参与国际海洋事务，加强国际合作协调的平台。中国作为缔约国，秉承《公约》精神，全程参与了国

① 高健军：《中国与国际海洋法》，北京：海洋出版社，2004 年，第 4－12 页。

② 联合国网站，http：//legal. un. org/avl/ha/gclos/gclos. html，http：//www. un. org/Depts/los/reference_files/status2010. pdf，2015－03－10。

③ 经全国人大常委会批准，《公约》于 1996 年 7 月 7 日对我国生效。

际海底管理局和国际海洋法法庭筹备委员会的工作，深入参与审议《公约》设立机构的工作情况，先后推举三任海洋法专家担任国际海洋法法庭法官，为构建和维护和谐海洋秩序贡献力量。

二、国家海洋立法现状

2014 年度，中国的立法机关公布了立法计划，涉及海洋事务出台了《中华人民共和国航道法》（以下简称《航道法》）、修改了《中华人民共和国环境保护法》（以下简称《环境保护法》）及相关法律制度。在地方立法中，尤其是关于资源开发、环境保护等问题，又有一些新的发展。

（一）海洋立法计划

每年年初，国家立法机关都会发布立法计划，对本年度立法重点工作进行部署。通过对立法计划的研究，有助于了解立法资源的分布方向，评估立法重点领域，预测法律制度的发展方向。

2014 年 4 月 14 日，第十二届全国人民代表大会常务委员会第二十一次委员长会议修改通过了《全国人大常委会 2014 年立法工作计划》[①]，对本年度法律案审议工作做出安排，需要重点完成的法律案审议 14 项和需要抓紧调研起草的法律案 12 项，其中涉及海洋领域的立法工作主要有 2 项：一是于 2014 年 4 月继续审议《环境保护法》的修订案；二是对《航道法》草案进行初次审议。

2014 年 2 月 13 日，国务院办公厅印发了《国务院 2014 年立法工作计划》（国办发〔2014〕7 号）[②]，具体立法项目分为力争年内完成的项目、预备项目和研究项目三个层级。预备项目中涉及海洋领域的立法包括：由海洋局起草的《中华人民共和国海洋环境保护法》修订案、《中华人民共和国海洋石油勘探开发环境保护管理条例》修订案。研究项目中涉及海洋的立法包括：由文化部、文物局起草的《中华人民共和国水下文物保护管理条例》修订案、海洋局起草的《海洋基本法》草案、《南极活动管理条例》草案，农业部起草的《中华人民共和国渔业法》修订案、《渔业港口管理条例》草案。

① http：//www. npc. gov. cn/npc/xinwen/lfgz/2014 -04/17/content_1859742. htm，2014 -09 -10。

② http：//zb. jl. gov. cn/test2014zb _ 39290/201408/201408GBF/201405/t20140509 _ 1661208. html，2014 -09 -10。

（二）新增海洋立法

1. 海洋法律

全国人大常委会新制定的法律中涉及海洋领域的是《中华人民共和国航道法》。《航道法》适用范围不仅包括内陆水域航道，也包括内海、领海中经建设、养护可以供船舶通航的通道。原有的《航道管理条例》是1987年国务院制定的，法律位阶较低，无法满足实际管理的需要。全国人大常委会经过两次审议，于2014年12月28日通过了《航道法》。新制定的《航道法》解决了几个问题，一是明确以国家财政作为航道建设养护的主要资金来源；二是设立了航道通航条件影响评价制度，对于不符合要求的航道建设项目不予批准、不得建设，将有效遏制对航道的环境资源破坏；三是注重规划之间的衔接，航道规划应当符合依法制定的流域、区域综合规划、水资源规划、防洪规划和海洋功能区划，并与涉及水资源综合利用等其他规划相协调。

2. 部门规章

近年来随着我国沿海开发利用活动不断增加，海洋生态环境污染损害事件频发。国家海洋局作为海洋综合管理部门，承担着《海洋环境保护法》第九十条第二款规定的海洋生态损害国家索赔工作。为切实履行此项职责，国家海洋局专门制定出台了《海洋生态损害国家损失索赔办法》，于2014年10月21日实施。《海洋生态损害国家损失索赔办法》指导各级海洋行政主管部门代表国家对责任者提出海洋生态损害赔偿，不同于公民、法人和其他组织依法提起的私益索赔，也不影响其他部门依法提出的其他索赔要求。围绕海洋生态损害国家索赔的适用范围、索赔内容、索赔主体、索赔途径、保全措施、信息公开、赔偿金用途等方面做出明确规定，为海洋生态损害国家索赔工作提供了有效依据，解决各级海洋部门职责划分不清、索赔程序步骤不相统一等突出问题①。

（三）海洋法律法规的修改

2014年，国家立法机关和行政管理部门对多部涉海法律法规进行了修改，究其修订原因，一是加强生态文明建设，强化环境法治；二是为了贯彻落实中央关于依法推进行政审批制度改革和政府职能转变的精神，对取消下放行政审批项目涉及的行政法

---

①《海洋生态损害国家损失索赔办法》解读，http://www.chinalawedu.com/web/21611/wa2014110411261914196074.shtml，2014-12-25。

规和部门规章进行清理。

2012 年 8 月至 2014 年 4 月，全国人大常委会先后四次对环保法修订草案进行了审议，最终于 2014 年 4 月 24 日通过了《环境保护法》的修订。修订后的《环境保护法》进一步强化了环境保护的战略地位，着眼于经济和社会发展与资源利用和环境保护的关系，增设了“监督检查”一章，对公众参与监督政府及其有关部门滥用行政权力和不作为的行为提供明确依据。完善环境管理基本制度，在划定生态保护红线、建立健全生态保护补偿制度、设立环保公益诉讼制度等方面做出了新的安排。加大处罚力度，新增对持续性环境违法行为“按日计罚”制度，增加对违法者行政拘留的处罚措施。这些制度设计也适用于海洋，对未来《海洋环境保护法》的修订工作影响重大。海洋局在起草《海洋环境保护法》修订案的过程中，需要吸收《环境保护法》有关规定，做出相应的调整。

为了依法推进行政审批制度改革，促进和保障政府管理由事前审批更多地转为事中事后监管，根据 2014 年 1 月 28 日国务院公布的《国务院关于取消和下放一批行政审批项目的决定》，国务院对取消和下放的行政审批项目涉及的行政法规进行了清理。清理的 21 部行政法规中，涉及海洋领域的有《中华人民共和国船舶登记条例》《中华人民共和国船员条例》《防治船舶污染海洋环境管理条例》三部条例。《船舶登记条例》取消了对雇佣外国籍船员的审批。《船员条例》取消了对外国籍船员担任高级船员的审批。《防治船舶污染海洋环境管理条例》第十四条将制定防治船舶及其有关作业活动污染海洋环境的应急预案的主体集中至港口、码头、装卸站的经营人。

对于涉海管理部门制定的规章，有关部门也进行了相应的清理和修改工作。2014 年 9 月和 12 月，交通运输部分别对《船舶污染海洋环境应急防备和应急处置管理规定》和《港口经营管理规定》进行修改。《船舶污染海洋环境应急防备和应急处置管理规定》的修改是依据《防治船舶污染海洋环境管理条例》修改进行的相应调整。《港口经营管理规定》补充细化了从事港口理货主体应具备的条件，将港口理货经营许可证的审批权和吊销权下放至省级交通运输主管部门。

三、地方海洋立法现状

2013—2014 年，地方人大和政府制定的涉海地方性法规和政府规章主要有 17 件，主要集中在海洋环境和生态保护、渔业资源利用和养护、海上交通安全等领域，其中海洋环境方面立法的数量最多，充分体现了地方政府在推进生态文明建设、协调环境与经济社会发展关系中所做的工作。

（一）海洋环境保护与生态文明建设立法

理顺环境保护与经济和社会发展的关系，推进生态文明建设是当前形势下立法部门面临的重要任务。国家修订《环境保护法》，对环境保护制度做出了较大调整。《海洋环境保护法》的修订工作也在进行中，地方立法机关也积极进行相应的立法工作。

《广西壮族自治区海洋环境保护条例》于2014年2月1日起生效实施，这是广西首部海洋环境保护立法，对保护和改善海洋环境，合理开发利用海洋资源，促进经济社会可持续发展具有重要意义。该条例主要内容包括海洋环境监督管理、海洋生态保护、海洋环境污染防治、海洋环境影响评价以及法律责任等，并结合广西实际情况，明确了沿海县级以上政府及其海洋、环保等部门对海洋环境监督管理的职责分工和协作，鼓励、支持单位或个人开展海洋环境保护公益活动，举报污染损害海洋环境的行为，社会投资保护海洋生态环境。

由于填海造地、工程建设等原因，胶州湾总水域面积不断缩小，已从1928年的560平方千米下降到2012年的343.5平方千米，面积缩小了约39%。造成海湾纳潮量减少，对气候的调节能力降低，自净能力降低①。为确保胶州湾海域面积不再减少，遏制胶州湾底部淤积，保护胶州湾湿地，青岛市人大常委会于2014年3月28日公布了《青岛市胶州湾保护条例》。该条例一是确定了胶州湾保护范围和应遵循的保护原则。二是明确了政府、有关部门、单位在胶州湾保护管理工作中的职责。三是对胶州湾的规划、生态保护、污染防治、生态修复等做出了具体规定。四是规定了相关部门的监督检查职责以及违反该条例的法律责任。该条例对胶州湾从海域到沿岸陆域，从环境到资源，从地面到空间，从预防治理到整治恢复，都规定了最严格的保护措施，禁止在胶州湾海域内围海填海，禁止从事筑池、网箱、浮筏等设施养殖，禁止在胶州湾湿地保护范围内从事房地产开发、工业生产、建设宾馆等永久性建筑和大型游乐设施、开垦湿地。

2014年地方立法的突出特点是增加了生态文明建设方面立法。为了破解我国近些年经济社会发展中亟待解决的资源环境等重大难题，党的十七大把“建设生态文明”列入全面建设小康社会奋斗目标的新要求，党的十八大首次单篇论述生态文明，将生态文明建设纳入中国特色社会主义“五位一体”的总体布局，并作出了重要工作部署。全面落实党的十八大精神，珠海和厦门都制定了专门性的生态文明建设法规。

2013年12月26日，珠海市人大常委会通过了《珠海经济特区生态文明建设促进条例》，规定了主体功能区管理，明确了各类主体功能区管理要求，为落实生态保护红

---

① http：//house. qingdaonews. com/content/2013 - 12/27/content_10198769_2. htm.

线提供了法律依据。加强海洋生态系统保护，建立海洋环境和资源承载能力评估制度，科学开发、利用海洋资源，加强对滨海自然岸线的保护，严格控制围海造地、采挖砂石等活动，对湿地、海滩、红树林等进行保护与修复，提升海洋生态系统功能。明确生态经济的发展方向，重点发展高端制造业、高端服务业、高新技术产业、特色海洋经济和生态农业。建立重大项目生态影响预评估制度。按其规定，珠海市人民政府设立由相关领域专家、公众代表和相关部门代表等组成的环境宜居委员会，审议重大决策和项目，听取专家和公众意见，向市人民政府提出审议和咨询意见。规定对领导干部实施自然资源离任审计，建立生态环境损害责任终身追究制。

2014 年 11 月 6 日，厦门市人大常委会发布了《厦门经济特区生态文明建设条例》，对保护自然生态实行专门规定，对山体、林地、水体、海洋、自然保护区、生物多样性、自然标志物和历史遗迹等保护提出具体要求。划定生态控制线，包含生态林地、河流水面、公园、绿地、农田、海域等生态保护区域，禁止在生态控制线范围内从事破坏生态环境的项目开发以及其他可能损害、破坏生态环境的活动。大范围的开采海砂，破坏了海洋生态，该条例规定禁止在厦门市海域开采海砂，严格控制在海域从事水产养殖，禁止在湖泊、水库、河流、干渠进行洗砂排污、倾倒垃圾等活动。对加强海洋生态系统保护提出要求，建立海洋环境容量和资源承载能力评估制度。加强对无居民海岛、滨海自然岸线及港湾的保护，严格控制围填海造地。对滨海湿地、沙滩及红树林进行保护与修复。将海洋经济发展也纳入生态文明建设范畴，要求厦门制定海洋经济发展规划，加强资金和政策扶持，推进海洋经济发展。鼓励培育和发展海洋生物、海洋环保、海水综合利用和海洋能源利用等海洋新兴产业。

2015 年 1 月，河北省人大常委会实施了《河北省国土保护和治理条例》。该条例特别之处在于定义了国土的含义。将国土定义为国土资源环境，是指其行政区域管辖的山水林田湖草海等资源及其环境。条例中规定了划定生态保护红线制度、生态补偿制度、国土资源环境损害责任终身追究制。实施严格的海洋生态红线管理制度，沿海县级以上人民政府及其有关部门应当组织实施岸滩整治修复、人工湿地建设、上游综合治理、河口清淤清障等工作，修复受损的重要生态功能区、生态敏感区、生态脆弱区和入海河口海域生态环境。合理布局养殖空间，控制养殖密度，恢复海洋生物种群和生物多样性。禁止向海域违法排放陆源污染物。在海洋自然保护区、重要渔业水域、海滨风景名胜区和其他需要特别保护的区域，不得新建排污口。

（二）海洋渔业立法

海洋渔业有关立法依然是地方立法重点。对渔业资源的养护利用、与人民生活息息相关的渔民转产、渔船安全管理等问题地方立法都有所涉及。

为了加强渔业资源的保护、增殖、开发和合理利用，维护渔业生产者合法权益，促进渔业的可持续发展，浙江省人大常委会对《浙江省渔业管理条例》和《浙江省渔港渔业船舶管理条例》做了修正。《浙江省渔业管理条例》根据《渔业法》的修改作出调整，作出了更加严格的禁止性规定。严禁围填重要渔业苗种基地、重要养殖场所和具有重要经济价值水产品种的渔业水域，或者将其改作其他功能，在禁渔期，渔业船舶和个人不得随船携带禁渔期禁止作业的渔具。渔业船舶未经依法批准，不得进入他国管辖水域从事渔业活动。加大了对渔业违法行为的处罚力度。

《浙江省渔港渔业船舶管理条例》增加了鼓励和安置渔民转产的规定，有关部门应编制捕捞渔民转产转业规划，加大转产转业政策扶持力度，支持渔民减船转产，鼓励用人单位吸纳渔民就业。鼓励海洋捕捞渔船所有人交回海洋捕捞渔船建造、更新指标，转产从事其他产业。对交回指标的海洋捕捞渔船所有人，渔业行政主管部门及其他有关部门应当按照国家和省有关规定，给予资金补助、转产培训、养老保险等保障。

2014 年，福建省修订了《福建省长乐海蚌资源增殖保护区管理规定》。为了有效地保护海蚌资源，兼顾地方经济建设和渔民生产生活的需要，对海蚌保护区范围进行了适当减少。为了加大对海蚌资源的保护力度，明确各部门的监管职责至关重要，为此强调省人民政府应当加强对保护区海蚌资源与生态环境的保护，建立调查与评估制度。实行海蚌采捕限额捕捞制度和许可制度。对采捕海蚌的规格、工具和时间作出更加严格的规定。禁止采用严重损害海蚌资源的采捕工具和采捕方式采捕海蚌。为了提高海蚌的繁殖量，规定将禁捕期延长至 3 个月，从每年 4 月 20 日到 7 月 20 日，禁止有关采捕海蚌和从事有碍海蚌增殖的活动。划定重点增殖保护区，并实行更加严格的保护措施。在重点增殖保护区实行常年禁捕。

（三）海上交通安全立法

2014 年 8 月 27 日，青岛市人大常委会修订并重新公布了《青岛市海上交通安全条例》。该条例修订是为了顺应海上交通安全管理形势的新变化，特别是海上旅游观光和体育休闲娱乐活动的快速发展，解决海上交通安全管理出现的新问题。修订后的法规，一是明确海事、交通管理等部门的职责分工，强化了各级政府海上交通安全管理责任制。二是对规范海上旅游经营秩序，维护海上交通安全作出细化规定。三是完善了海上应急和事故处理的有关内容。《青岛市海上交通安全条例（修订草案）》第二、第三章规定的船舶航行、停泊、作业及相关人员，主要是规范国内外各种货船、定线制客船、滚装客船在进出青岛海域应当遵守的避让、限速、安全航速等航行安全、停泊安全、护航、引航规定以及对船上人员职务证书、操作规范的普遍性要求。新增加的第四、第五、第六、第七章主要是对青岛市的近岸海域交通安全、海上旅游船舶安全、海上旅游码头、游艇安全存在的突出问题而作出的特别规范和特殊要求。专门设了“近岸海域交通安全特别规定”一章，通过限制各类船舶的航行区域和潜水、滑水、水上滑板、水上降落伞、帆船（帆板）的活动区域，将有关船舶和相关活动适当分离，尽量使其在近岸海域活动不交叉、不重叠，不与正常海上航行船舶争海域，防止近岸海域交通秩序混乱。

（四）其他立法

根据国务院发布的《关于取消和下放一批行政审批项目等事项的决定》和国务院有关部门的文件，取消了多项行政许可项目。因省地方性法规的有关规定涉及上述行政许可事项，故地方立法部门对法规做了清理，将涉及已取消行政许可的有关规定予以修改或删除。2014 年 1 月，辽宁省人大常委会对《辽宁省渔业船舶监督检验条例》第十七条规定做出了修改，删去“对渔业船舶设计单位、渔业船舶修造厂的资格证书进行检查”的规定。2014 年 5 月，上海市政府对《上海港口岸线管理办法》进行修正，取消了在核准使用的岸线和相关水域范围内新建、改建或扩建水域工程设施时，需要向上海港务局提出申请。并将“上海市交通运输和港口管理局”修改为“上海市交通委员会”。

表 14－2　2013—2014 年新增或修订的地方海洋立法

内容	名称	颁布机构	颁布时间	生效时间
海洋资源开发	广东省沿海砂石出口作业点和港澳籍小型船舶进出砂石出口作业点作业的行政许可规定实施细则	广东省政府	2013 年 1 月 6 日	2013 年 5 月 1 日
海岛开发利用	浙江省无居民海岛开发利用管理办法	浙江省政府	2013 年 3 月 18 日	2013 年 6 月 1 日
海上交通安全	广东省海上搜寻救助工作规定	广东省政府	2013 年 3 月 28 日	2013 年 5 月 1 日
	上海港口岸线管理办法①	上海市政府	2014 年 5 月 7 日	2014 年 5 月 7 日
	青岛市海上交通安全条例②	青岛市人大常委会	2014 年 8 月 27 日	2014 年 8 月 27 日

① 该办法于 1992 年 12 月 9 日首次公布，1997 年 12 月 14 日、2004 年 6 月 24 日、2010 年 12 月 20 日经过三次修正。

② 该条例于 2007 年 7 月 27 日首次公布。

续表

内容	名称	颁布机构	颁布时间	生效时间
海域使用管理	海南经济特区海岸带保护与开发管理规定	海南省人大常委会	2013年3月30日	2013年5月1日
	广西壮族自治区北海银滩保护条例	广西壮族自治区人大常委会	2013年7月19日	2013年10月1日
沿海边防治安	河北省沿海船舶边防治安管理实施细则	河北省政府	2013年7月29日	2013年10月1日
海洋环境保护	广东省惠东海龟国家级自然保护区管理办法	广东省政府	2013年9月3日	2013年12月1日
	广西壮族自治区海洋环境保护条例	广西壮族自治区人大常委会	2013年11月28日	2014年2月1日
	珠海经济特区生态文明建设促进条例	珠海市人大常委会	2013年12月26日	2014年3月1日
	青岛市胶州湾保护条例	青岛市人大常委会	2014年3月28日	2014年9月1日
	厦门经济特区生态文明建设条例	厦门市人大常委会	2014年11月6日	2015年1月1日
	河北省国土保护和治理条例	河北省人民代表大会	2015年1月12日	2015年3月1日
海洋渔业管理	海南省实施《中华人民共和国渔业法》办法①	海南省人大常委会	2013年11月29日	2014年1月1日
	福建省长乐海蚌资源增殖保护区管理规定	福建省人大常委会	2014年3月29日	2014年5月1日
	浙江省渔业管理条例②	浙江省人大常委会	2014年12月24日	2014年12月24日
	浙江省渔港渔业船舶管理条例③	浙江省人大常委会	2014年12月24日	2014年12月24日

注：此表根据中国法律法规检索系统（http://law. npc. gov. cn/home/begin1. cbs）、北大法宝法律信息数据库（http://www. pkulaw. cn/）资料整理而成。

表中标*的表明该法经过一次以上修订。

① 该办法于1993年5月31日首次通过，经2008年7月31日修正和2013年11月29日修订。

② 该条例于2005年11月18日首次公布，2011年11月25日、2013年12月19日经过两次修正。

③ 该条例于2002年9月3日首次公布，2009年11月27日经过一次修正。

四、中国海洋法律制度的发展方向

未来海洋法律制度应向着协调行业用海矛盾、实施海洋综合管理方向发展。加快制定与相关法律配套的实施细则，确保海洋法律执行的可操作性，提高海洋立法工作的针对性和前瞻性，推进海洋立法工作有序开展。重点向管理海洋活动，调节海洋利用关系方向发展。

（一）建设海洋强国对海洋立法的需求

我国正处于中华民族复兴的重要战略机遇期，海洋日益成为经济社会发展、资源能源开发储备、国家安全及权益维护的新空间。党的十八大报告明确指出："提高海洋资源开发能力，发展海洋经济，保护海洋生态环境，坚决维护国家海洋权益，建设海洋强国。"2014 年 10 月 23 日，中国共产党第十八届中央委员会第四次全体会议通过了《中共中央关于全面推进依法治国若干重大问题的决定》，全面设计了构建法治中国的宏伟蓝图，为海洋事业提出了更高的法治要求。

海洋法律体系承载着国家的海洋权益和利益，为了实现海洋强国建设，必须以法治力量护航，发挥海洋立法的引领、推动和保障作用。中国海洋立法应注重法律制度的协调统一，提高立法质量，增强法律的可执行性，为管海、用海、护海提供坚实的制度保障。

第一，保障国家安全，维护海洋权益。以明确我国权利和权利主张，规定基本的海洋维权政策和海洋争端解决方式为主要内容，使中国具备捍卫国家利益的制度保障，应对海洋权益上面临的挑战。

第二，维护公平有效合理的海洋利用和开发秩序。应明确和完善资源权属制度，提高海洋功能区划的约束和指引效能，规范海域使用发挥市场在资源配置中的决定性作用、减少政府干预等政策明确为具体的制度，以规范和促进传统产业和新兴产业的发展。

第三，保护海洋生态环境，保持可持续发展。应制定的海洋生态补偿制度，加强海洋防灾减灾体系构建，能够促进绿色发展、循环发展、低碳发展的海洋生态文明法律制度。

第四，促进海洋意识提升，为海洋事业发展预留空间。应有利于加强法治海洋的宣传和海洋知识的普及，提高全社会树立海洋法治意识，并为未来中国走向深海大洋，拓展海洋发展空间，维护海上航行畅通提供制度保障。

（二）制定海洋基本法

中国现行海洋法律制度存在法律体系庞杂混乱、重要法律制度位阶低、某些重要制度缺失等问题。涉海法律法规多采取分领域、分事务、分行业的分割式立法模式，以单个要素为调整对象，旧的立法与新的立法存在冲突交叉和冲突，缺乏全局性和协调性，也未能体现国家的海洋观和海洋工作基本原则。很大一部分海洋立法以条例、规章的形式出现，效力较低，直接导致这些制度在现实的海洋执法中难以有效实施。海洋立法框架已基本确立，但一些重要制度仍有缺失，特别是执法程序立法有待制定和修改。因此亟须制定一部体现中国海洋战略、确立海洋基本制度和原则、促进海洋综合协调管理的《海洋基本法》，为国家整个海洋活动和其他海洋立法提供基本准则的法律，有机协调海洋法律体系，为维护海洋权益、促进海洋经济发展提供强有力的支撑。十二届全国人大常委会已经将《海洋基本法》列入本届立法规划，立法进程有望在本届人大常委会任期内得到有力推进。

《海洋基本法》应当体现国家的海洋意志，体现国家的海洋观和海洋工作基本方针、基本政策，为维护和拓展海洋利益提供强有力的法律依据。宣示我国在海洋领域的基本主张及承担国际义务的立场，树立中国负责任大国形象。

《海洋基本法》应当有利于维护国家海洋权益。以立法形式宣示维护国家海洋权益的基本立场，明确维权的责任部门，规范海洋维权措施，提高民众的海洋意识，有利于切实维护我国主权和海洋权益。同时，拓展海洋权益、开发区域资源、在国际海域和其他相关海域建立特别保护区等也应在《海洋基本法》中加以授权。

《海洋基本法》应当立足国家长远海洋利益。从未来地缘政治和海洋利益拓展的趋势来看，必须加强对国家海洋安全其关键作用的海域和重要海上通道的安全保障。应通过《海洋基本法》明确中国在管辖海域以外维护国家的海洋安全、加强国际海洋合作及承担国际义务的态度，为维护国际海洋秩序预留法律依据，也为处置域外海上犯罪打下法律基础。

（三）制定大洋资源勘探开发立法

《国家海洋事业发展“十二五”规划》将“按照《联合国海洋法公约》等相关规定，积极推进在公海及国际海底区域内的资源开发、科学调查等活动”作为海洋事业发展的一项重要任务。而大洋和极地活动的相关国内立法是履行国际条约义务、实现我国海洋权益的制度保障。

中国当前不仅缺乏对大洋事务进行规范的管理制度，也没有专门的法律法规。纵观世界海洋强国，许多早在30年前就制定了有关大洋工作管理体制的立法。国际海底资源开发，确立规则是前提。我国目前尚无专门调整大洋矿产资源开发的立法，《中华人民共和国矿产资源法》规定适用的范围是“中华人民共和国领域及管辖海域”，因此目前无法使用于我国在大洋的开发活动。这样的法律空白不利于我国大洋资源开发事业的健康和可持续发展。

按照《公约》的有关规定，缔约国的自然人或法人在“区域”内进行的所有资源开发活动，均需缔约国提供担保。而对于开发活动的担保国具有何种义务这一重要问题，2011 年国际海洋法法庭海底争端分庭的咨询意见给出了明确解释。担保国以不低于国际规则的标准，制定了规范其自然人或法人在大洋进行开发活动的法律法规及管理措施，即可被认为尽到了担保义务。目前，中国已在“区域”内成功申请到多金属结核、多金属硫化物和富钴结壳资源的勘探矿区，必须制定大洋资源勘探开发管理立法，为参与大洋矿产资源勘探开发和管理工作提供法律保障。全国人大环资委等部门正在积极推动大洋资源勘探开发立法工作的进行。

（四）完善海警执法程序立法

中国的实体海洋法律数量较多，而关于执法活动的程序法比较缺乏。主要存在两方面的问题，一是某些重要的执法程序规则存在空白。《领海及毗连区法》《专属经济区和大陆架法》仅对我国主要海洋权益进行原则性宣示，对于巡航执法活动中紧追权、扣押措施的行使条件和程序，缺乏具体可操作的规范，不利于执法人员依法行使职权，应当尽快予以完善。二是现有程序规范需进行整合。2013 年 3 月 14 日，国务院发布了《国务院机构改革和职能转变方案》，对国家海洋局进行了重组，将现国家海洋局及其中国海监、公安部边防海警、农业部中国渔政、海关总署海上缉私警察的队伍和职责整合，由整合后的国家海洋局统一实施海上维权执法等职能。执法机构的调整，意味着原有各部门独立的执法依据《公安机关海上执法工作规定》《专属经济区渔政巡航管理规定》《渔业行政执法船舶管理规定》等也需进行整合和统一，并根据海洋维权执法需要进行修改完善。

在程序法规上，明确对违法行为可以采取的具体强制措施和执法程序，保障执法的有效进行。沿海国可依照《公约》赋予的权利，对违反其法律规章的行为采取必要的措施，包括登临、检查、逮捕、进行司法程序以及行使紧追权。《专属经济区和大陆架法》的规定过于笼统，可以考虑为执法部门制定《中国海警海洋执法程序法》，明确以何种方式、何种程度实施上述必要措施。对于外国舰机未经允许擅自在中国专属经济区内进行的军事侦察、测量活动，可以采取以下措施：发现违法活动首先向有关部门报告，同时与该舰机取得联系，发出警告，利用定位和视频设备搜集证据；尚未得到有关部门指令前，可采取跟踪监视等手段维持现状；当执法人员确定该舰机活动违反中国法律法规，可要求其停止作业并离开；遇到强行作业，有权采取适当措施予以阻碍，对外国军舰进行驱离和对外国军机进行拦截。但在拦截和驱逐过程中应慎用武力，以免造成不必要的纷争。

五、小结

随着海洋活动范围的不断扩大，海洋立法的数量将不断增多，涉及的内容不断扩展。国家和地方立法机关在推进生态文明建设、取消行政审批项目、保障和改善民生等重点领域加强立法，推进科学立法、民主立法，对完善海洋法律制度起到了积极促进作用。未来海洋法律制度将继续向着协调行业用海矛盾、实施海洋综合管理方向发展。加快制定与相关法律配套的实施细则，确保海洋法律执行的可操作性，提高海洋立法的质量和实施效果，发挥海洋立法的引领作用，为保障国家安全、管理海洋开发活动、维护海洋生态和谐、促进海洋经济增长提供扎实有力的支撑。

第十五章　中国的海洋权益

近年来，中国周边的海洋权益争端有显现之势，对双边关系、地区稳定乃至国际政治博弈有重要影响。从地理状况上看，中国主张管辖海域存在先天的限制因素。众多的海洋权益争端以及域外势力介入这些争端，对中国维护海洋权益带来消极影响。中国应不断完善海洋维权政策，提高海洋维权法律制度保障，并加强海上维权能力建设。

一、海洋权益概述

海洋权益在法律理论和国家实践中都是不断丰富发展的概念，没有公认的定义及内容范围。依据国际法，中国在其管辖海域以及中国管辖海域以外的海域都存在广泛的海洋权益。

（一）海洋权益概念

海洋权益是指各国在认识和利用海洋活动中应当享有的权利和利益。[①] 海洋权利是由法律规定的各国可享有的自由和利益，例如，1982年《联合国海洋公约》规定的毗连区管制权、专属经济区和大陆架的主权权利和管辖权、在他国管辖海域的航行权利、行使公海六大自由的权利以及分享国际海底区域人类共同继承财产利益等。海洋利益是指国际条约或习惯国际法没有保护或禁止的自由及利益。这些利益应该符合国际法的一般原则与精神。如以航行自由为借口在他国专属经济区进行未经允许的军事活动，则与国际法的一般原则与精神相悖。

海洋岛屿主权及领海主权受到国际法的认可、尊重和保护，高于一般的海洋权益，严格来说不属于海洋权益。但是依据“陆地统领海洋”的原则，海洋岛屿主权

① 中国人大网法律法规库中“海洋权益”的英文译文为“maritime rights and interests”，参见《中华人民共和国领海及毗连区法》“Law of the People's Republic of China on the Territorial Sea and the Contiguous Zone”，http://law.npc.gov.cn:87pagebrowseotherlaw.cbs?rid=en&bs=97612&anchor=0#go0，2014-10-07，英文文献关于海洋法中的“rights and interests”概念的辨析，可参见国际法院法官AL-KHASAWNEH在“尼加拉瓜-哥伦比亚案”中的不同意见“DISSENTING OPINION OF JUDGE AL-KHASAWNEH”，见Territorial and Maritime Dispute (Nicaragua v. Colombia), Application for Permission to Intervene, Judgment, I.C.J. Reports 2011, p. 348，尤其是该不同意见的第24段、第25段。

是主张岛屿领海等管辖海域及其相关权利的基础；失去特定岛屿的主权，也必然失去相应的海洋权益。例如，一个符合《公约》规定的能够维持人类居住的岛屿可主张约43万平方千米的海域。因此，维护岛屿主权一般也被视为维护国家海洋权益的重要内容。

以《公约》为代表的现代海洋法规定了各国在不同海洋区域的权利和义务，是各国主张海洋权益和维护海洋权益的重要依据。但是，《公约》本身是一个开放的体系，它并不排斥、否定一国依据其他国际法享有的权利和利益，如历史性权利。也就是说，一国享有的海洋权益并不以《公约》的规定为限，还可享有其他国际条约规定的权利和利益。维护国家海洋安全是关系到国家生存和发展的重大利益，也是符合国际法的正当的海洋权益。①

必须明确的是，并非只有沿海国才能享有海洋权益。内陆国虽然不能主张管辖海域，但是对海洋的研究与开发、保护与管理等方面拥有相应的海洋权益。如《公约》第十七条规定“所有国家，不论为沿海国或内陆国，其船舶均享有无害通过领海的权利”；《公约》第十部分还专门规定了“内陆国出入海洋的权利和过境自由”。当然，内陆国因地理条件所限，在享有海洋权益方面受到诸多限制和不便。

对各沿海国而言，影响海洋权益的关键问题是其可主张管辖海域面积的大小。虽然各国在国际法上是平等的，但在地理上（如海岸、大陆边缘和近岸海域等方面）天然地存在着极大的不公平。② 一般而言，海岸线长、直面大洋的国家，如美国、澳大利亚等，能够主张充分的管辖海域。此外，法律上规定的可以享有的权益和实际上能够享有的权益并不一致，发达国家、海洋强国等凭借强大的政治、军事、经济和技术能力，在维护及拓展其海洋权益方面一直处于有利地位。

（二）中国的海洋权益

中国政府于1947年确定并于1948年正式对外公布公开出版了《中华民国行政区域图》，这是中国政府第一次在官方出版的地图上公开南海断续线。中华人民共和国政

① 海上安全（海洋安全）是国家海洋权益的重要组成部分，本章不专门介绍，相关内容见本报告第16章。“海权”（Sea Power）是与海洋权益密切相关的概念，但不同于海洋权益，也不是海洋权益的简称。

② Victor Prescott and Clive Schofield, *The Maritime Political Boundaries of the World* (Second Edition), MARTINUS NIJHOFF PUBLISHERS, LEIDEN / BOSTON, 2005, p. 47.

府继承和沿用了该线，并坚持至今，成为中国主张南海大陆架权利的重要依据之一。① 1973 年 3 月 15 日，中国外交部发言人发表声明，谴责韩国当局同意美国石油公司租用的巴拿马石油勘探船在黄海和东海进行钻探活动。② 1974 年 1 月 30 日，日韩签订东海大陆架共同开发协定，《人民日报》于 1974 年 2 月 5 日刊登中国外交部发言人声明表示抗议："日本政府和南朝鲜当局背着中国在东海大陆架划定所谓日韩'共同开发区'，这是侵犯中国主权的行为。对此，中国政府绝不同意。如果日本政府和南朝鲜当局在这一区域擅自进行开发活动，必须对有此引起的一切后果承担责任。"③ 20 世纪 80 年代初，中国更加关注海洋环境保护方面的海洋权益。1982 年 8 月 19 日，城乡建设环境保护部部长在作关于《海洋环境保护法》的起草说明时提及，"随着海洋事业的发展，进入中国管辖海域从事航行、石油勘探开发等活动的外国船舶、外国企业公司日益增多。因此，必须加强对外国船舶、平台、航空器等排污和倾废的监督管理，以维护中国权益。"④ 这里的"权益"一词显然主要指"中国管辖海域"内关于海洋环境保护和保全的权益。

中国的国内立法，例如《领海及毗连区法》《专属经济区和大陆架法》等比较全面地规定了中国的海洋权益。维护中国海洋权益，并不仅限于维护岛礁主权和管辖海域的权益。在其他海域，如公海和国际海底区域，中国也享有相关的海洋权益。中国作为最大的发展中国家，依法享有在这些海域通航、资源开发、海洋科学研究、维护海上安全等权益，是完全合法的、正当的。

---

① 关于南海断续线的历史、性质和作用等讨论的最新成果，参见高之国，贾兵兵：《论南海九段线的历史、地位和作用》，北京：海洋出版社，2014 年；MASAHIRO MIYOSHI, *China's "U – Shaped Line" Claim in the South China Sea: Any Validity under International Law?* Ocean Development & International Law, 43: 1 – 17, 2012; ZOU KEYUAN, *China's U – Shaped Line in the South China*, Ocean Development & International Law, 43: 18 – 34, 2012; *NGUYEN – DANG THANG, China's Nine Dotted Lines in the South China Sea: The* 2011 *Exchange of Diplomatic Notes Between the Philippines and China*, Ocean Development & International Law, 43: 35 – 56, 2012; MICHAEL SHENG – TI GAU, *The U – Shaped Line and a Categorization of the Ocean Disputes in the South China Sea*, Ocean Development & International Law, 43: 57 – 69, 2012; Zhiguo Gao and Bingbing Jia, *THE NINE – DASH LINE IN THE SOUTH CHINA SEA: HISTORY, STATUS, AND IMPLICATIONS*, 107 Am. J. Int'l L. 98 2013。

② 陈德恭：《现代国际海洋法》，北京：海洋出版社，2009 年，第 526 页。

③ 转引自张新军：《法律适用中的时间要素——中日东海争端关键日期和时际法问题考察》，载《法学研究》，2009 年第 4 期，第 166 页。

④ 李锡铭：《关于 < 中华人民共和国海洋环境保护法 >（草案）的说明》，见全国人大法律法规检索系统：http://law.npc.gov.cn:87pagebrowseotherlaw.cbs? rid = bj&bs = 151671&anchor = 0#go0，2014 – 10 – 06。

二、中国海洋权益的影响因素

中国与其他沿海国一样可以主张自己的管辖海域以及享有相应的海洋权益。但是，中国主张和实际享有这些海洋权益受到相关因素的影响和制约。中国在这方面整体上处于不利的地理条件和政治形势之中。

（一）地理条件不利

对中国海洋权益主张最大的制约因素是不利的海洋地理条件。中国周边环绕着黄海、东海和南海三个半闭海，仅在台湾岛东部有狭窄的海域可直接与大洋相通。这是制约中国主张完全的200海里海域权益的最重要因素。黄海东西最大宽度约300海里，最窄处仅104海里。中国和韩国、朝鲜在黄海隔海相望，中朝、中韩专属经济区和大陆架主张重叠，中国在黄海无法实现直到200海里的专属经济区或大陆架主张。在东海，中国和日本隔海相望，两国之间的距离不足350海里，两国的专属经济区和大陆架主张也存在重叠。南海是个典型的半闭海，南海断续线以内海域面积虽有约200万平方千米，但周边国家主张的海域位于南海断续线之内的约120万平方千米，没有争议的仅剩余南海北部近岸约80万平方千米海域。中国只在西沙群岛以东、东沙群岛以南的狭长海域以及台湾以东海域可能实现直至200海里的专属经济区和大陆架主张。①

中国的岛屿分布格局也不利于扩展管辖海域，近岸岛屿在扩展专属经济区和大陆架方面未起到显著作用。根据《公约》第一二一条，能维持人类居住或其本身的经济生活的岛屿可以拥有43万平方千米专属经济区，甚至更大面积的大陆架。分布广泛、数量众多的离岸岛屿比近岸岛屿能更有效地产生管辖海域。中国虽然拥有面积大于500平方米的大小岛屿6 900多个（不包括海南岛本岛、台湾、香港、澳门及其所属岛屿），但是这些岛屿绝大部分是分布在中国大陆沿岸的近岸岛屿，其中离中国大陆最近距离小于10千米的沿岸岛近4 800个；距离在10～100千米的岛屿有2 000多个②。距离大陆较远的离岸岛屿还有西沙群岛、南沙群岛、东沙群岛、黄岩岛和钓鱼岛及其附属岛屿等。但这些岛屿要么存在尚未解决的主权争议，要么与海上邻国存在划界问题，或者二者兼而有之，这也极大地限制和影响了中国实际享有相应的海洋权益。

中国200海里以外大陆架主张受多种因素制约。中国在东海的大陆架自然延伸超

---

① 关于中国与邻国的海洋划界问题，可参见：［澳］维克托·普雷斯科特，克莱夫·斯科菲尔德：《世界海洋政治边界》，吴继陆，张海文，译，北京：海洋出版社，2014年，第295－304页。

② 《全国海岛保护规划》，中国网，2012－04－19，http：//news. china. com. cn/txt/2012－04/19/content 25186134. htm，2015－04－28。

过200海里，中国在2012年提交了东海的200海里外大陆架部分划界案，主张的大陆架直到冲绳海槽轴部最大水深点连线。韩国也向东南方向主张了越过冲绳海槽的外大陆架，日本则向西主张直到“中间线”的大陆架，中、日、韩三国的大陆架主张存在重叠。从地貌上看，南海北部、西部和南部均有宽阔的陆架，但这一地理特征很难被用于在南海主张外大陆架，因为各国包括大陆架在内的南海管辖海域主张本身存在重叠，这将导致委员会不审议在南海的划界案。

由于第一岛链的阻隔，中国无法直面大洋。中国西出印度洋需要经过马六甲海峡或巽他海峡，东出太平洋需要经过宫古海峡、古垣海峡、大隅海峡、吐噶喇海峡、与那国东水道等，向北经日本海到北冰洋则需要经过朝鲜海峡、津轻海峡、宗谷海峡等。这些海峡或属于用于国际航行的海峡，或属于群岛水域内的航道。根据《公约》关于过境通行、无害通过、自由航行等的规定，中国船舶在这些水道享有自由通行的权利。

中国可主张的管辖海域面积约300万平方千米，居全球第14位。中国大陆岸线长18 000千米，岛屿岸线长约14 000千米。中国大陆海岸线长度在全球排第10位，若加上岛屿岸线，中国岸线长度位居世界第6位。[①] 中国岸线长度与陆地面积比为1.88，在全球排行第167；加上岛屿岸线，中国的岸线长度与陆地面积比为3.33，在全球排行第148。全球（不含南极大陆）岸线长度和陆地面积比例大约是5.89。在全球主张管辖海域面积大于200万平方千米的19个国家中，中国主张的管辖海域与国土面积比只有0.31，远低于其他国家，也远低于0.83的世界平均水平。中国的主张与周边海上邻国的主张重叠区面积约150万平方千米，中国能实际获得的管辖海域将不足300万平方千米。[②]

（二）海洋争端复杂

长期以来，中国与周边邻国存在岛屿主权、海洋划界争端以及与此密切相关的海洋开发争端。[③] 近年来，域内有关国家联手对华，域外势力加强介入，导致周边海洋维权形势日益严峻复杂。

1. 长期存在的岛屿问题

中国是世界上岛屿主权争端较多的国家之一，与日本、菲律宾、越南、马来西亚

---

① 海岸线长度测量结果与测量方法、岸线曲折程度和所用图件的比例尺等有很大关系。这里引用的岸线长度数据源自美国中央情报局对全球195个沿海国家和地区的概况描述。

② 本部分的数据除标明出处外，为国家海洋局海洋发展战略研究所丘君博士根据相关资料整理、研究后提供的。

③ Jon M. Van Dyke, *North - East Asian Seas - Conflicts, Accomplishments and the Role of the United States*, 17 Int'l J. Marine & Coastal L. 397 2002.

和文莱都存在岛屿主权争端。

钓鱼岛及其附属岛屿（简称“钓鱼岛”）有大小岛屿71个，其中较大的有钓鱼岛、黄尾屿、赤尾屿、南小岛和北小岛。钓鱼岛作为台湾的附属岛屿是中国的固有领土。1895年钓鱼岛被日本侵占。第二次世界大战后，美国“托管”冲绳时错误地将钓鱼岛划入“托管”范围；1971年归还冲绳时，把钓鱼岛“行政管理权”一并移交日本。2012年，日本违背中日就钓鱼岛问题曾经达成的共识，企图以“购岛”方式实现“国有化”。中国坚决果断地采取一系列反制措施，取得钓鱼岛维权斗争的历史性突破，形成了公务执法船和执法飞机在钓鱼岛海域常态化巡航的新局面。①

中沙群岛有岛礁61个，常年露出水面的只有黄岩岛。20世纪90年代，菲律宾正式对黄岩岛提出主权要求。2009年菲律宾通过新法案，正式确认黄岩岛及南沙部分岛礁（所谓的“卡拉延群岛”）为其“领土”。2012年4月，菲律宾派军舰抓扣正常作业的中国渔民渔船，挑起事端。黄岩岛是中国的固有领土，中国海上执法机构采取有效措施，实际控制了黄岩岛。② 2013年1月22日，菲律宾对中国提起仲裁，试图通过国际化、司法化方式施压。菲律宾单方面提起的仲裁程序涉及中国岛屿主权和海域划界，中国采取了不应诉的坚定立场。③

南沙群岛共有311个岛礁，常年露出水面的岛屿有57个。第二次世界大战前及第二次世界大战期间，法国和日本曾先后占领南沙群岛部分岛礁。第二次世界大战后，中国按照《开罗宣言》和《波茨坦公告》的有关规定，收复了南海的岛礁。自70年代起，越南、菲律宾和马来西亚分别侵占了南沙群岛中的43个岛礁，其中越南侵占29个，菲律宾侵占9个，马来西亚侵占5个，文莱主张1个。中国驻守8个岛礁（包括台湾方面驻守的太平岛，该岛是南沙群岛中最大的岛屿）。

西沙群岛有54个岛礁，常年露出水面的岛屿有39个，一直处于中国的管辖之下。1975年，越南开始声称对西沙群岛拥有主权，并于1977年通过立法正式对中国西沙群岛和南沙群岛提出主权要求。长期以来，越南不断派遣渔船、油气勘探调查船等侵入西沙海域，并阻挠中方正常的油气和渔业开发活动，企图制造西沙群岛存在“主权争议”的事实。2012年越南颁布了《越南海洋法》，再次宣称西沙和南沙群岛为其“领土”。针对越南所谓的海洋立法，中国采取了包括公布南海石油招标区块、设立“三沙

① 中华人民共和国国务院新闻办公室：《钓鱼岛是中国的固有领土》（政府白皮书），http：//news. xinhuanet. com/2012 - 09/25/c_113202698. htm，2014 - 12 - 23；吴天颖：《甲午战前钓鱼列屿归属考》，北京：中国民主法制出版社，2013年；［日］井上清：《钓鱼岛的历史与主权》，贾俊琪，于伟，译：北京：新星出版社，2013年；［日］村田忠禧：《日中领土争端的起源——从历史档案看钓鱼岛问题》，韦平和等译：北京：社会科学文献出版社，2013年。

② 人民网专题网页：http：//military. people. com. cn/GB/8221/72028/242209/。

③ 常设仲裁法院网站：http：//www. pca - cpa. org/shownews. asp？nws_id = 465&pag_id = 1261&ac = view。

市”、油气勘探等坚决有力的反制措施。

苏岩礁是中韩划界主张重叠海域内的水下暗礁，不涉及岛屿主权问题。该礁位于黄海、东海分界海域，具有重要的战略价值。韩国已在该礁上建立人工平台，命名为“韩国离於岛综合海洋科学基地”，派人常年值守。

2. 复杂尖锐的海洋划界问题

中国与周边8个海上邻国需要划定的海上边界长约6 900 千米。2000 年划定的中越北部湾边界长约500 千米，这是中国与邻国划定的第一条海上边界。依据《联合国海洋法公约》和中国立法，中国可主张管辖的海域面积约 300 万平方千米，其中与邻国有争议的约占一半。越南、印度尼西亚、马来西亚已陆续划定相互间在南海南部的大陆架边界，侵占了中国南海断续线内部分海域。越南还与菲律宾等国酝酿南沙海域划界，试图将中国排挤出南沙海域。2009 年，越南、马来西亚向联合国大陆架界限委员会提交了南海北部 200 海里外大陆架划界案和南海南部的联合划界案，使南海争端又增添了新的焦点。2012 年，在中国提交东海部分海域外大陆架划界案之后，韩国也提交了东海划界案，其划界案的南端部分已经进入钓鱼岛群岛最东端的赤尾屿的 200 海里范围，使东海划界形势更加复杂。①

3. 日趋激烈的海洋资源争夺

长期以来，中国渔民渔船在东海和南海屡遭有关国家的袭扰、抓扣，甚至开枪射击，造成人员伤亡和财产损失，带来恶劣的社会影响。油气资源开发方面的争端更加突出。2005 年以来，日本持续不断派遣飞机监视和干扰中方在“春晓”油气田的正常作业，目前已形成每日至少 2 个航次的“制度化巡视”。钓鱼岛北部油气盆地受日本干扰无法调查勘探。在南海，越南、菲律宾、马来西亚、文莱等国迄今已签订了 150 多个对外合作勘探开发协议，其中位于中国南海断续线以内的近 100 个，钻井 1 000 多口。周边国家侵入南海断续线内的开采设施 57 座，其中越南 8 座，马来西亚 49 座。周边国家每年从南海断续线内开采油气达 5000 多万吨油当量。② 2011 年以来，越南、菲律宾又加大了开采力度，并阻挠中国的油气勘探作业。

---

① 周边国家提交的关于 200 海里外大陆架的资料及其他国家的反应，可登陆大陆架界限委员会网站（http：//www. un. org/Depts/los/clcs_new/clcs_home. htm）。

② 罗佐县，谭云冬：《南海周边国家油气工业动态及合作可行性研究》，载《中国石油和化工经济分析》2011 年第 8 期；王佩云：《中国南海油气开发与主权维护》，载《国际石油经济》，2012 年第 10 期。

（三）域外国家介入

域外国家因素是中国海洋权益问题产生、发展和升温的重要原因之一。在域外国家中，美国的政策调整及其在中国周边的相关活动对中国的海上维权形势影响最大。有中外学者认为，“美国介入南海问题由来已久。早在 1951 年《旧金山和约》草案中，美英就故意不提西沙群岛和南沙群岛的归属问题，为以后的南海领土争端埋下了祸根”①。中国政府认为，第二次世界大战后“美国非法将钓鱼岛纳入托管范围”及美日私相授受钓鱼岛“施政权”,② 是中国在战后没能实际收回钓鱼岛的重要原因。

美国的政策立场并非依据钓鱼岛争端本身的是非曲直，而是基于其战略利益考虑。③ 近年来，美国政府推出“重返亚太”、亚太“再平衡”战略，介入中国与周边国家的海洋争端，“美国对中国周边海洋争端的介入已经成为影响中美关系和亚太安全格局的一个新焦点”④。自 2009 年开始，美国开始改变既往的中立政策，不断发表支持菲律宾和越南对南海岛屿的领土主张的声音，声称中国正在“威胁 ”南海地区的航行自由，应“在南海周边建立战略围堵链，遏制中国”⑤。在中日钓鱼岛问题上，美国的政策也经历了一个从“模糊中立”到“高调介入”的变化，尤其是2010 年中日钓鱼岛海域发生“撞船事件”后，美国的态度变得更为积极。美国介入钓鱼岛争端，可达到三重目的：加强其在西太平洋地区的双边同盟关系，让盟友分担更多的防务责任；对中国构成战略压力，形成针对中国的东亚海上安全包围圈；为其重返亚太战略铺路，为维护美国在亚太地区的霸权地位提供支持。⑥ 美国除了以多种方式介入中国与周边国家

---

① 李金明：《南海争议现状与区域外大国的介入》，载《现代国际关系》，2011 年第 7 期，第 6 页。Kimie Hara，Cold War Frontiers in the Asia - Pacific：Divided Territories in the San Francisco System，Routledge，London and New York，2007，pp. 146 - 153.

② 《钓鱼岛是中国的固有领土》白皮书（全文），新华网：http：//news. xinhuanet. com/2012 - 09/25/c_113202698_2. htm，2015 - 01 - 05。

③ 胡德坤，黄祥云：《美国在中日钓鱼岛争端上“中立政策”的由来与实质》，载《现代国际关系》，2014 年第 6 期；黄大慧，赵罗希：《战后冲绳处置与钓鱼岛争端——美国对冲绳与钓鱼岛问题的战略考量》，载《东北亚论坛》，2015 年第 2 期。

④ 马建英：《美国对中国周边海洋争端的介入—— 研究文献评述与思考》，载《美国研究》，2014 年第 2 期，第 82 页。

⑤ 蔡鹏鸿：《美国南海政策剖析》，载《现代国际关系》，2009 年第 9 期。

⑥ 马建英：《美国对中国周边海洋争端的介入—— 研究文献评述与思考》，载《美国研究》，2014 年第 2 期，第 78 页。

之间的海洋争端外，还在中国的专属经济区内频繁进行海空军事调查及监视监测活动。[①] 除美国外，日本、印度均以一定形式介入南海争端。[②]

周边国家受到美国等国家或明或暗的鼓励和支持，在海洋争端中开始采取更为强硬的措施，“南海问题之所以被如此炒作、如此放大，可以说是周边的一些国家为配合美国‘重返’亚太精心策划的战略”[③]。

三、海洋权益形势的发展

2014 年度，海上争端的总体态势没有改变：海上形势自北向南，渐趋复杂多变；在世界大国中，中国的海洋维权的形势最严峻、任务最繁重；海洋争端日趋复杂，舆论战和法律战成为海洋争端重要表现形式。

（一）中日钓鱼岛争端

2014 年是中日甲午战争 120 周年，2015 年是《马关条约》签署、割让台湾及其包括钓鱼岛在内的附属岛屿 120 周年，也是第二次世界大战胜利结束、钓鱼岛随台湾回归中国 70 周年。这两场战争是关乎中日关系、东亚秩序和国际和平的重大事件，也是钓鱼岛争端产生、发展的重要背景及原因。中日官方及民间均主张从长远历史角度、在国际格局变化下考虑、处理钓鱼岛争端。[④] 2014 年度，中日双方加强了交流、对话和磋商，对缓解因钓鱼岛争端等问题而不断紧张的中日关系具有积极意义。中日钓鱼岛争端保持基本稳定的态势，在钓鱼岛海域及中日之间没有因此发生激烈对抗事件。

中日双方重启 2012 年 1 月建立的海洋事务高级别磋商机制。2014 年 9 月 23—24 日在山东省青岛市举行第二次中日海洋事务高级别磋商，双方就东海有关问题及海上合作交换了意见，并原则同意重新启动中日防务部门海上联络机制磋商。[⑤] 2014

---

① 相关问题见：Sieho Yee，“*Sketching the Debate on Military Activities in the EEZ: An Editiorial Comment*，” Chinese Journal of International Law，vol. 9，no. 1，March 2010；郑雷：《论中国对专属经济区内他国军事活动的法律立场——以“无瑕号”事件为视角》，《法学家》，2011 年第 1 期；Raul Pedrozo，“*Preserving Navigational Rights and Freedoms: The Right to Conduct Military Activities in China's Exclusive Economic Zone*，” Chinese Journal of International Law，vol. 9，no. 1（March 2010）；Sam Bateman，“*Hydrographic Surveying In The EEZ: Differences And Overlaps With Marine Scientific Research*，” Marine Policy，no. 29（2005），174.

② 车德军：《试析美日印介入南海争端问题》，载《东南亚之窗》，2011 年第 3 期（总第 17 期）。

③ 杨毅：《周边环境困局与安全政策悖论》，载《世界知识》，2012 年第 1 期，第 30 页。

④ 刘江永：《甲午战争以来东亚战略格局演变及启示——兼论 120 年来的中日关系及未来》，载《日本学刊》，2014 年第 1 期；朱锋：《国际战略格局的演变与中日关系》，载《日本学刊》，2014 年第 6 期。

⑤ 《中日重启海洋事务高级别磋商》，http://news.xinhuanet.com/world/2014-09/24/c_1112614348.htm，2014-09-25。

年度，中日之间关于包括钓鱼岛争端在内的中日关系问题，还达成了两个“共识”。其一是半官方的《东京共识》。2014 年 9 月 29 日，由《中国日报》社与日本言论 NPO 共同主办的第十届北京—东京论坛在日本东京闭幕，来自中日两国的 500 多名政商界、学术界、媒体界人士出席了这次为期两天的论坛。《中国日报》社与日本言论 NPO 还共同发布了《东京共识》，在三个方面达成共识，“双方一致认为，妥善处理历史认识问题和双方围绕领土归属存在的问题，对改善和发展中日关系至关重要。对最近中日重启海洋事务高级别磋商，我们感到鼓舞并期盼此磋商尽快取得成果。”① 其二是官方的“四点原则共识”。经过中日双方的努力，中日两国政府于 2014 年 11 月 7 日就处理和改善中日关系达成“四点原则共识”。关于东海及钓鱼岛问题，该共识表示“双方认识到围绕钓鱼岛等东海海域近年来出现的紧张局势存在不同主张，同意通过对话磋商防止局势恶化，建立危机管控机制，避免发生不测事态”。这是第一次以“见诸文字”的方式，“明确了中日在钓鱼岛及东海存在主权争端，双方强调存在不同主张”，因而具有重要意义。② 2015 年 1 月 22 日，中日举行第三轮海洋事务高级别磋商并就有关内容达成一致。③ 双方保持接触、加强交流以缓解紧张局势、管控危机的努力仍会继续下去。

中国执法船继续巡航钓鱼岛，维护中国钓鱼岛主权和海上秩序。据《中国海洋报》报道，自 2014 年 1 月 27 日至 2014 年 12 月 30 日，中国海警编队在钓鱼岛领海内巡航 31 次，④ 这比 2013 年的 50 次减少了约 40%⑤。但与此同时，日方加快相关力量建设，

---

① 《第十届北京—东京论坛闭幕并发表〈东京共识〉》，人民网，http：//japan. people. com. cn/n—0929/c35469 - 25762380. html，2014 - 10 - 08。

② 《专家解读：四点原则共识为中日关系走出低谷创造必要条件》，人民网：http：//world. people. com. cn/n—1107/c1002 - 25993441. html，2015 - 03 - 08。

③ 《中日举行第三轮海洋事务高级别磋商》，新华网，http：//news. xinhuanet. com/world/2015 - 01/22/c_1114097450. htm，2015 - 03 - 08。达成一致的内容包括：

一、双方对本月 12 日举行的中日防务部门海上联络机制第四轮专家组磋商取得的进展予以积极评价，同意争取早日启动防务部门海空联络机制，并就此进行磋商。

二、中国公安部边防局和日本海上保安厅同意继续就打击走私、偷渡等海上犯罪进行合作。

三、中国海警局和日本海上保安厅同意建立双方总部之间的对话窗口，并尽快讨论进一步合作的方式。

四、双方同意在中日海洋事务高级别磋商框架下，加强海洋政策及海洋法对话。

五、双方同意根据有关国际法加强在搜救、科技及环境等领域的海洋合作。双方并就早日缔结中日海上搜救协定交换了意见。

六、双方原则同意今年下半年在中国举行第四轮中日海洋事务高级别磋商，具体事宜将通过外交渠道商定。

④ 见“钓鱼岛——中国的固有领土”专题网站“新闻动态”：http：//www. diaoyudao. org. cn/node_7217868. htm，2015 - 03 - 08。

⑤ 国家海洋局：2013 年中国海监编队巡航钓鱼岛 50 次，http：//www. diaoyudao. org. cn/2014 - 12/18/content_34354175. htm，2015 - 03 - 08。

力图加强对钓鱼岛及其附近海域的控制。2015 年 1 月 14 日，日本政府通过的 2015 财年（2015 年 4 月至 2016 年 3 月）预算案，其中，预算案中列入了 371 亿日元（约合人民币 19.6 亿元）“战略性海上保安体制构筑费”。2015 年度将投入使用 6 艘大型巡逻船，届时将组成一支有 12 艘大型巡逻船、约 600 人的钓鱼岛警备专队。[①]

（二）中越“981”钻井平台事件

2014 年 5 月，中国企业所属“981”钻井平台在中国西沙海域作业。越南出动大批船只干扰，并在多个城市发生针对中资企业和人员的暴力打砸事件，一度引起双边关系高度紧张。

“981”钻井平台作业海域是位于中国管辖海域，这是评论该事件是非曲直的基础和前提。事件发生后，越南各类媒体均声称钻井平台位于越南的管辖海域（越南专属经济区或大陆架）。一些国际媒体也采用越南的说法，或认为作业地点位于“争议海域”。[②]“981”钻井平台共开展两阶段作业，分别开始于 5 月 2 日和 5 月 27 日。前后作业海域距离中国西沙群岛中建岛和西沙群岛领海基线均 17 海里，距离越南大陆海岸约 133 至 156 海里。[③]

中国西沙群岛和越南领土之间尚未划定专属经济区和大陆架边界，但作业地点距离西沙领海仅有 5 海里，采用任何公平的划界标准和方法，该海域都在中国西沙群岛的专属经济区和大陆架上，绝不是所谓的争议海域，更不是越南的专属经济区或大陆架。依照《公约》，中国在该区域拥有勘探和开发自然资源的专属主权权利以及建造和使用人工设施和结构的管辖权。“981”钻井平台中方的作业符合《公约》等国际法的规定。6 月 8 日，中方发布《“981”钻井平台作业：越南的挑衅和中国的立场》，再次确认了钻井平台作业位置，公布了越方的干扰及中方的反应，重申中国对西沙群岛的主权，要求越方妥善处理事态。[④]

（三）中菲南海仲裁案

2013 年 1 月 22 日，菲律宾向中国提交了照会及主张声明，将其与中国在南海的

---

① 方晓：《日本将建 600 人钓鱼岛警备专队》，载《东方早报》，2015 年 1 月 15 日 A14 版。

② 美国战略与国际研究中心（CSIS）的评论文章 China – Vietnam Tensions High over Drilling Rig in Disputed Waters（http://csis.org/publication/critical – questions – china – vietnam – tensions – high – over – drilling – rig – disputed – waters，2015 – 03 – 09）。

③④ 《“981”钻井平台作业：越南的挑衅和中国的立场》，中国外交部网站，2014 – 10 – 03，http://www.mfa.gov.cn/mfa_chn/zyxw_602251/t1163255.shtml。

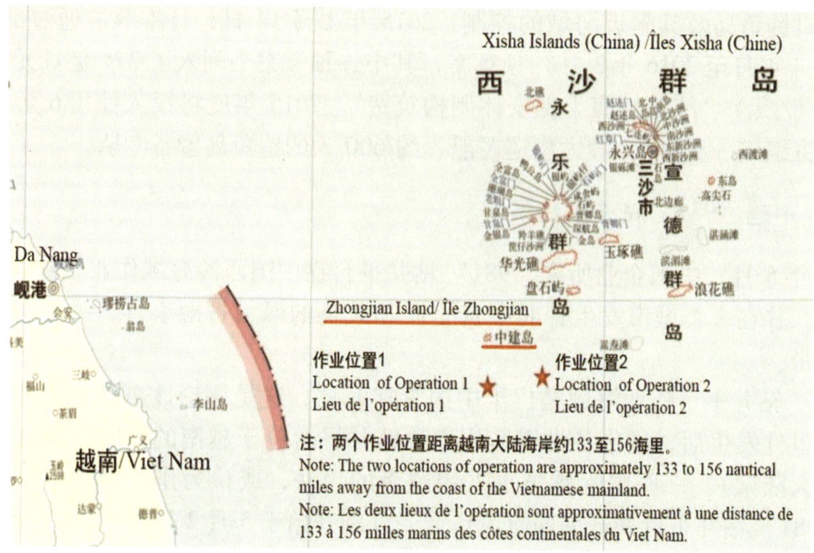

图 15－1　中国企业作业位置

来源：中国外交部网站 http：//www. mfa. gov. cn/mfa_chn/zyxw_602251/t1163255. shtml。

"海洋管辖权争端"提交仲裁。① 2月19日，中方声明不接受菲方所提仲裁："中方一贯致力于通过双边谈判解决争议，并为维护南海稳定、促进区域合作做出了不懈努力。由直接有关的主权国家谈判解决有关争议，也是东盟国家同中国在《南海各方行为宣言》中达成的共识。"② 2013年7月11日，仲裁庭在海牙召开了第一次会议，通过了审理案件的程序规则。2013年8月1日，中国在致常设仲裁法院的照会中，重申不接受菲律宾所提起的仲裁的立场。③ 2013年8月27日仲裁庭发布第一号程序令，要求菲律宾于2014年3月30日提交诉状，阐述了仲裁庭管辖权、菲律宾诉求的可受理性以及争议的实体问题。④

仲裁庭于2014年5月14—15日召开第二次仲裁庭会议，发布了第二号程序令。按照该程序令，仲裁庭确定2014年12月15日为中国提交其回应菲律宾诉状的辩诉状的

① 菲律宾的照会及主张声明，http：//www. pia. gov. ph/news/piafiles/DFA－13－0211. pdf? iframe＝true&width＝100%&h Notification and Statement of Claim，download from Philippine Information Agency，2012－05－30。

② 2013年2月19日外交部发言人洪磊主持例行记者会，2013－02－19，http：//www. fmprc. gov. cn/mfa_chn/wjdt_611265/fyrbt_611275/t1014798. shtml，2013－10－29。

③ 常设仲裁法院网站，http：//www. pca－cpa. org/showpage. asp? pag_id＝1529，2013－11－17。

④ 关于中外学者对本案的讨论，可参阅 The South China Sea Arbitration：A Chinese Perspective，edited by Stefan Talmon and Bing Bing Jia，OXFORD AND PORTLAND，ORGON，2014。

日期。[1] 在第二号程序令发布之前，仲裁庭要求当事双方对时间表和第二号程序令草案提交意见。菲律宾于 2014 年 5 月 29 日提交了其意见；常设仲裁法院于 2014 年 5 月 21 日收到来自中国的照会，中国重申“不接受菲律宾提起的仲裁”以及该照会“不应被视为中国接受或参与了仲裁程序”。

2014 在 12 月 16 日，仲裁庭发布第三号程序令。仲裁庭注意到，虽然其成员收到了于 2014 年 12 月 7 日发布的《中华人民共和国政府关于菲律宾共和国所提南海仲裁案管辖权问题的立场文件》（以下称《立场文件》），中国政府向书记官处表明“转交上述立场文件不得被解释为中国接受或参与仲裁”。截至 2014 年 12 月 16 日，中国并未提交其辩诉状，并且中国政府重申“不接受、不参与菲律宾单方面提起的仲裁”。在发布第三号程序令同时，仲裁庭就与仲裁庭管辖权和双方争议实体问题相关的具体问题，“要求菲律宾依《程序规则》第 25 条第 2 款提交进一步书面论证”，并在 2015 年 3 月 15 日之前按仲裁庭要求提交补充书面陈述。中国应在 2015 年 6 月 16 日之前就菲律宾的补充书面陈述提交评论；菲律宾应就中国政府就争端发表的公开声明作出适当的回应。

表 15－1　中菲南海仲裁案概况

2013 年 1 月 22 日	菲律宾将其与中国在南海的“海洋管辖权争端”提交《公约》附件七规定的仲裁程序，启动仲裁案
2013 年 2 月 19 日	中国向菲律宾提交照会，阐述中方在南海问题上的立场和主张，拒绝接受书面通知并将其退还给菲律宾
2013 年 4 月 24 日	5 人仲裁庭组建完成，常设仲裁法院担任该案的书记官处
2013 年 7 月 11	仲裁庭在海牙召开了第一次会议，通过了审理案件的程序规则
2013 年 8 月 1 日	中国在致常设仲裁法院的照会中重申不接受菲律宾所提仲裁的立场
2013 年 8 月 27 日	仲裁庭发布第一号程序令，要求菲律宾于 2014 年 3 月 30 日提交其诉状，阐述仲裁庭管辖权、菲律宾诉求的可受理性以及争议的实体问题
2014 年 5 月 14 至 15 日	仲裁庭在海牙和平宫召开第二次仲裁庭会议，发布第二号程序令，确定 2014 年 12 月 15 日为中国提交回应菲律宾诉状的辩诉状的日期
2014 年 5 月 21 日	常设仲裁法院收到来自中国的照会，重申中国“不接受菲律宾提起的仲裁”的立场以及该照会“不应被视为中国接受或参与了仲裁程序”
2014 年 12 月 5 日	仲裁庭收到了“越南外交部提请菲律宾诉中国仲裁案仲裁庭注意的声明”

① 常设仲裁法院网站，http：//www. pca－cpa. org/showpage. asp？ pag_id＝1529，2013－11－17。

续表

2014 年 12 月 7 日	中国发布《中华人民共和国政府关于菲律宾共和国所提南海仲裁案管辖权问题的立场文件》
2014 年 12 月 16 日	仲裁庭发布第三号程序令，针对与仲裁庭管辖权和双方争议实体问题，要求菲律宾提交进一步书面论证
2015 年 3 月 15 日	菲律宾应在该日之前按仲裁庭要求提交补充书面陈述
2015 年 6 月 16 日	中国应在该日之前提交其对菲律宾补充书面陈述的评论

资料来源：http：//www. pca - cpa. org/showpage. asp？ pag_id = 1529，2014 - 12 - 25。

2014 年 12 月 7 日发布的《中华人民共和国政府关于菲律宾共和国所提南海仲裁案管辖权问题的立场文件》分 6 部分，93 段，约 1.7 万字，重申中国不接受、不参与该仲裁的严正立场，并从法律角度全面阐述了中国关于仲裁庭没有管辖权的立场和理据。

《立场文件》认为：菲律宾提请仲裁事项的实质是南海部分岛礁的领土主权问题，超出了《公约》的调整范围，仲裁庭无权审理；中菲两国通过双边文件和《南海各方行为宣言》确定以谈判方式解决双方在南海的争端，菲律宾此举违反国际法；菲律宾提出的仲裁事项是中菲两国海域划界不可分割的组成部分，而中国已根据《公约》将涉及海域划界等事项的争端排除适用仲裁等程序；各国有权自主选择争端解决方式，中国不接受、不参与菲律宾提起的仲裁具有充分的国际法依据。《立场文件》指出，菲律宾单方面提起仲裁的做法，不会改变中国对南海诸岛及其附近海域拥有主权的历史和事实，不会动摇中国维护主权和海洋权益的决心及意志，不会影响中国通过直接谈判解决有关争议以及与本地区国家共同维护南海和平稳定的政策与立场。①

在中方发布《立场文件》前两天，12 月 5 日，美国国务院发表了题为《中国：在南海的海洋主张》（China：Maritime Claims in the South China Sea）的第 143 号“海上界限”报告（Limits in the Seas No. 143）②。这份反映美国政府官方立场报告的发布时机及其主要观点，均是处心积虑的。美国政府与智库针对南海断续线和仲裁案一再发声，要求中方对该线的法律地位等予以厘清，企图以此怂恿和支持菲律宾及其单方面提出的南海仲裁案。但是此报告可能构成间接地驳斥菲律宾所提南海仲裁案的可诉性、仲裁庭对本案无管辖权的效果，因为本报告主要探讨岛屿主权归属和所有权、海域疆界

① 《立场文件》全文见：http：//www. fmprc. gov. cn/mfa _ chn/ziliao _ 611306/tytj _ 611312/zcwj _ 611316/t1217143. shtml，2015 - 03 - 09。

② http：//www. state. gov/e/oesocnsopa/c16065. htm，2014 - 12 - 08.

划定以及历史性权利等问题。[①] 而中国已根据《公约》的规定于2006年8月25日作出声明，将涉及这些事项的争端排除适用仲裁等强制争端解决程序[②]。

四、中国近期海洋维权工作

在国内外环境及海上形势影响下，中国近年来加大了海洋维权工作力度。中国海洋维权相关政策日益明晰，维权能力不断提高。同时，中国也加强了与相关国家的磋商、交流与合作，共同维护地区稳定及海洋利益。[③]

（一）海洋维权政策

2013年7月30日，中共中央政治局就建设海洋强国研究进行第八次集体学习。这是中共中央政治局第一次专门就海洋问题进行集体学习和讨论。习近平在学习会上的讲话反映了中国最高决策层对海洋维权的最新认识，集中体现了中国海洋维权的基本政策。习近平总书记从建设海洋强国的角度指出，“要维护国家海洋权益，着力推动海洋维权向统筹兼顾型转变”，在“统筹兼顾”的总体要求下，包括五个方面的内容。一是“坚决”维护国家海洋权益，正当的海洋权益决不放弃，涉及岛屿主权的核心利益决不能牺牲。二是兼顾“维权和维稳”，维护海洋权益和维护国内社会稳定、地区稳定相统一，不偏废。三是和平解决争端，坚持直接争端方之间用谈判方式解决争端，反对第三方介入，反对国际化、司法化。四是提高海洋维权能力，要有底线思维，要做好应对各种复杂局面的准备。五是互利合作，海洋权益争端难以在短期内解决，不因局部的争端影响与有关国家之间的合作大局；中国将继续贯彻已倡导多年的“主权属我、搁置争议、共同开发”方针，寻求和扩大共同利益的汇合点。[④]这五个方面比较完整地说明了中国海洋维权的基本政策，包括：海洋维权主要目标、基本要求、争端解决、能力保障与对外合作。

2014年6月20日，李克强总理出席中希海洋合作论坛，发表了题为《努力建设和平合作和谐之海》的演讲。这是中国领导人第一次在国际场所专门阐述“和平、合作、和谐”的中国海洋观。在“共同建设和平之海”的主题下，李克强总理进一步阐述了

① 见《中国海洋报》的相关报道：http://epaper.oceanol.com/shtml/zghyb/20150213/77384.shtml，2015-02-18。

② 联合国网站的相关英文信息见：http://www.un.org/Depts/los/convention_agreements/convention_declarations.htm#China after ratification，2014-08-03。

③ 与海洋维权相关的海上执法活动、海洋法律制度建设进展等方面的情况请参见本报告其他相关章节。

④ 习近平：进一步关心海洋认识海洋经略海洋 推动海洋强国建设不断取得新成就，http://news.xinhuanet.com/politics/2013-07/31/c_116762285.htm，2014-08-27。

中国关于维护海洋和平、维护中国海洋权益的有关政策主张。[①] 一是“维护全球海洋新秩序”，第二次世界大战结束至今，形成了以《联合国海洋法公约》为代表的国际海洋新秩序，中国无意于挑战这一新秩序，也没有必要挑战这一新秩序。相反，中国是这一海洋新秩序的创建者和维护者。二是直接谈判解决海洋争端，中国坚持和平发展道路，反对海洋霸权；当事方直接谈判解决相互间存在的海岛主权和海洋权益争端，是最佳的和平解决方式；和平谈判应以“尊重历史事实和国际法”为基础。三是重申维护国家主权和领土完整、维护地区的和平与秩序的坚定决心。四是加强合作构建和平的海洋秩序。

2014 年，中国提出了解决南海问题的“双轨思路”。8 月 9 日，外交部长王毅在出席中国 - 东盟（10 + 1）外长会后举行的记者会上表示，中方赞成并倡导以“双轨思路”处理南海问题，即有关争议由直接当事国通过友好协商谈判寻求和平解决；而南海的和平与稳定则由中国与东盟国家共同维护。这是因为，由直接当事国通过协商谈判解决争议是最为有效和可行的方式，符合国际法和国际惯例，也是《南海各方行为宣言》（DOC）中最重要的规定之一；南海的和平稳定涉及包括中国和东盟各国在内所有南海沿岸国的切身利益，我们双方有责任也有义务共同加以维护。实践证明这是妥善处理南海问题的有效方式。[②] 2014 年 11 月，李克强在第十七次中国 - 东盟（10 + 1）领导人会议上重申了这一主张。[③] 其中和平解决南海问题的主张包括三个方面：和平解决的具体方式为谈判而不是诉诸国际司法机构或仲裁机构等；谈判应在直接当事国之间进行，可能是双边也可能是多边，非当事国不得插手；处理南海问题的依据包括历史事实、国际法和《南海各方行为宣言》。“双轨思路”是中国政府关于如何处理南海问题的最新的、最具体的政策主张。这一政策呼应了东盟的要求，有助于中国构建与东盟的“命运共同体”，防止南海问题进一步国际化，尤其是阻止域外大国直接干涉南海问题。[④]

（二）海洋维权能力建设

近年来，中国不断建立及完善海洋维权的决策及执行机构，加大与海洋维权相关的基础能力建设和法制保障。

2009 年，外交部新设立一个边界与海洋事务司（边海司），这是新中国成立以来

① 李克强：努力建设和平合作和谐之海——在中希海洋合作论坛上的讲话，http：//news. xinhuanet. com/world/2014 - 06/21/c_126651068. htm，2014 - 08 - 27。

② 外交部网站，http：//www. fmprc. gov. cn/mfa_chn/zyxw_602251/t1181457. shtml，2014 - 10 - 03。

③ 外交部网站，http：//www. mfa. gov. cn/mfa_chn/zyxw_602251/t1210820. shtml，2014 - 11 - 20。

④ 薛力：《“双轨思路”与南海争端的未来》，载《世界知识》，2014 年第 17 期。

外交部首次设立专门处理边界与海洋事务的司级机构。2012 年，成立海洋权益维护高层次协调机构——中央海洋权益工作领导小组办公室（以下简称“中央海权办”），负责协调国家海洋局、外交部、公安部、农业部和军方等涉海部门，为专门维护国家海洋权益的最高决策机构中央海洋权益工作领导小组的办事机构。[①] 中央海权办下设海权局，专司海洋维权工作。[②] 中央海洋权益工作领导小组及其办公室的成立，极大地提高了中国海洋维权的决策能力。在执行层面，除各相关部门依据职责分工加强海洋维权工作的落实外，2013 年中国海警局的成立具有里程碑意义。近两年来，依据《国务院办公厅关于印发国家海洋局主要职责内设机构和人员编制规定的通知》，有关部门不断落实、完善中国海警局的海上维权职能，加强船舶及设备建设，坚持海上维权巡航执法。[③]

加强海洋观测和海洋调查工作，可为海洋维权提供强有力的保障作用。2014 年 12 月 9 日，国家海洋局发布《全国海洋观测网规划（2014—2020 年）》，推动全国海洋观测网建设。[④] 2015 年 3 月，国家海洋局、国家发改委、教育部、科技部、财政部、中国科学院、国家自然科学基金委员会联合发布《关于加强海洋调查工作的指导意见》（以下简称《指导意见》），推动海洋调查资料管理和共享应用，加强海洋调查保障能力建设。[⑤]

（三）海洋合作与交流磋商

2014 年，中国继续与周边国家就海上问题、海洋合作开展对话、交流、磋商与合作，不管这些国家是否与中国存在激烈的海洋权益争端。中韩之间的海洋合作一直进展顺利，2014 年 3 月，双方举行了海洋法磋商暨外交部条法司长磋商，就共同关心的海洋法和国际法问题交换了意见，达成广泛共识。2014 年 7 月，两国元首会谈后发表

① 《中国渔业协会 南海渔业分会成立》，南方日报网站，http：//epaper. southcn. com/nfdailyhtml2012 - 12/01/content_7147661. htm；新浪网转发 2013 年 3 月 2 日转发《南方都市报》报道“中国涉海部门达 17 个 中央成立海权办负责协调”，见 http：//news. sina. com. cn/c/2013 - 03 - 02/035926402132. shtml，2015 - 03 - 15；中国人大网：http：//www. npc. gov. cn/npc/dbdhhy12_12013 - 03/12/content_1780160. htm，2015 - 03 - 15。

② 《中央海权办到海南海事局进行现场调研》，中华人民共和国海南海事局网站：http：//www. hnmsa. gov. cn/news_5025. aspx，2015 - 03 - 16。

③ 《国务院办公厅关于印发国家海洋局主要职责内设机构和人员编制规定的通知》（国办发〔2013〕52 号），中华人民共和国中央人民政府网站，http：//www. gov. cnzwgk2013 - 07/09/content_2443023. htm；国家海洋局网站 http：//www. soa. gov. cn/，2015 - 03 - 16。

④ 国家海洋局网站，http：//www. soa. gov. cnzwgkgjhyjwj/ybjz _254/201412/t20141218 _34581. html，2015 - 03 - 15。

⑤ 《七部门联合出台海洋调查工作指导意见》，http：//www. gov. cn/xinwen/2015 - 03/11/content _2832338. htm。

《中华人民共和国和大韩民国联合声明》，“继续扩大深化应对气候变化、海洋领域的合作”①。该《声明》及其附件确认，“两国海域划界对推动两国关系长期稳定发展与海洋合作十分重要，商定于 2015 年启动海域划界谈判。”② 2014 年中日双方重启磋商及交流机制，两国政府就钓鱼岛争端等问题达成“四点原则共识”。③

中国虽与南海部分国家存在海上争端，但相关的交流与合作没有停止。2013 年 10 月，国家主席习近平在印度尼西亚倡议建设 21 世纪“海上丝绸之路”，通过扩大同东盟国家各领域务实合作，实现共同发展与繁荣，共享海洋恩惠。2014 年 1 月，中越举行中越海上共同开发磋商工作组第一轮磋商。双方阐述了对共同开发的看法和立场，并重点就《中越海上共同开发指导原则》深入交换了意见。双方同意遵循两国领导人共识和《关于指导解决中越海上问题基本原则协议》，积极推进磋商。2014 年 11 月，李克强总理在第十七次中国－东盟（10+1）领导人会议上表示，中国希望积极推进海上务实合作，加快建立海上联合搜救、科研环保、打击跨国犯罪等合作机制；积极开展磋商，在协商一致基础上早日达成“南海行为准则”。中国愿与东盟国家继续推进全面有效落实《南海各方行为宣言》和商谈“南海行为准则”，有效促进彼此沟通与互信，扩大共识与合作，努力让南海成为造福地区各国人民的“和平之海”“友谊之海”“合作之海”。④

五、小结

中国和其他沿海国一样，有权利主张并享有广泛的海洋权益。但是因周边海洋地理条件限制、海上争端及域外国家的介入，中国并不能充分实现国际法赋予的各类海洋权益。近年来，周边海洋权益争端已经也成为影响双边关系的重要因素，在一定程度上体现了域内外相关国家的战略博弈态势。中国维护国家主权和海洋权益的决心不会动摇，采取的维权措施符合国际法和国际关系准则。2014 年度，中国与相关国家的海洋争端整体稳定，紧张状态有所缓和。中国一直倡导并践行以合作共赢的方式妥善处理相关争端，积极采取措施加强海洋合作，并不断取得新的成果。

---

① 《中华人民共和国和大韩民国联合声明》，外交部网站，http://www.fmprc.gov.cn/mfa_chn/zyxw_602251/t1171408.shtml，2015－03－15。

② 《〈中华人民共和国和大韩民国联合声明〉附件》，http://www.fmprc.gov.cn/mfa_chn/zyxw_602251/t1171410.shtml，2015－03－15。

③ 见本章第三部分“中日钓鱼岛争端”。

④ 李克强：李克强在第十七次中国－东盟（10+1）领导人会议上的讲话，2014－11－20，http://www.mfa.gov.cn/mfa_chn/zyxw_602251/t1210820.shtml。

第十六章　中国的海洋安全

近年来，国际安全形势正在发生深刻变化，中国面临的国际与周边安全环境趋于复杂。海洋安全在中国国家安全中的地位越来越重要，成为国家安全的主要战略方向。中国政府坚定维护国家海洋安全，积极倡导新型安全观，积极参与国际和地区安全事务，努力推动与海洋大国关系健康发展，妥善处理与周边国家的海上争议，为中国实施海洋强国建设营造了相对和平稳定的国际和周边海洋安全环境。

一、海洋安全概述

（一）海洋安全的范围和内涵

同“安全”“国家安全”相比，“海洋安全”是一个相对较新且仍在不断发展的概念，至今尚未形成一个普遍认可的定义。不同的人或机构根据它们的组织利益甚至是政治或意识形态偏好会赋予“海洋安全”这一术语以不同的含义。现有的关于海洋安全的文献都倾向于聚焦海洋的特征及其各种利用以及对这些利用形成的威胁。① 就国家而言，海洋安全通常是指一国的海洋或海上利益没有危险的客观状态。

海洋安全的含义涉及以下三个方面：

第一，海洋安全与海洋这一地理空间密切相关，具有相对独立性。人类社会活动是在一定的地理环境中进行的，地理环境是人类生存、发展的物质基础，陆地、海洋、天空共同构成了人类赖以生存和发展的空间。从人类所处的地理环境来看，陆地领土是国家生存和发展的最主要空间，因此，陆地领土的安全对于一国来说无疑是最重要的，海洋安全处于次要位置。传统上，海洋一直作为陆地领土安全的屏障，海洋安全更多地体现为在海上或海洋方向维护国家陆地领土安全，即通常所说的海防安全。然而，海洋安全并非是陆地领土安全的附庸，其具有相对的独立性，强调的是一国在海洋领域的利益免受威胁或故意的非法行为的侵害，海洋安全影响或作用的地理范围主要是海洋而非其他地理空间。

① Chris Rahman, Concepts of Maritime Security: a strategic perspective on alternative visions for good order and security at sea, with policy implications for New Zealand, Centre for Strategic Studies: New Zealand, Victoria University of Wellington, No. 07/09, p. 29.

第二，海洋安全同海洋利益密切相关。安全之所以重要，是因为其本身就是一种利益，是主体生存和发展的前提，对于任何主体而言，无论其处于什么样的发展阶段和状态，安全都是其最根本的利益之一。海洋安全关系到沿海国的生存与发展利益。沿海地区一向是沿海国人口分布和经济发展的主要地带，海洋安全是保障沿海地区安全的前提条件。海洋是沿海国经济持续发展的重要空间，沿海国对于其领海享有主权，对其专属经济区和大陆架的自然资源享有主权权利，沿海国的对外贸易和能源运输需要安全可靠的海上航线，沿海国的种种海上利益都需要可靠的海上安全能力予以维护。

第三，海洋安全与危险或威胁是密不可分的。没有危险或威胁就不会有安全的问题，只有消除危险或威胁才能达到安全的状态。根据面临的危险或威胁，海洋安全一般可分为传统海洋安全和非传统海洋安全。前者主要是指军事因素、特别是使用武力或武力威胁引起的安全威胁。后者一般是指由非军事因素引发的安全威胁，主要包括海上经济活动方面的安全威胁、海洋环境威胁以及海上恐怖主义和海上跨国犯罪问题。①

海洋安全具有较强的动态性和差异性。不同国家的海洋安全利益以及所面临的安全问题不尽相同，同一国家在不同的历史时期、处于不同的发展阶段，其国家海洋安全利益以及海洋安全面临的威胁也不同。美国2005年公布的《国家海洋安全战略》评估了美国海洋安全面临的威胁主要有地区大国威胁、恐怖主义威胁、跨国犯罪和海盗威胁、海上非法移民、环境破坏五个方面。2014年《欧盟海洋安全战略》提出了欧盟面临的主要海洋安全风险和威胁包括对欧盟成员国管辖海域的利益和管辖权使用武力或以武力相威胁，对欧盟国民安全、海洋争端等引发的外部侵害行为对海上经济利益、对欧盟成员国主权权利的威胁，对诸如禁止进入相关海域和海峡以及阻断航线等航行自由的威胁，自然或人为灾难、极端事件和气候变化等对海洋运输系统带来的潜在安全威胁以及非法和无管制的文物调查和掠夺等九个方面。②

表16－1　欧盟、美国海洋安全威胁因素比较

	传统安全威胁	非传统安全威胁							
欧盟	使用武力或武力威胁	对国民安全、海上经济利益、主权权利威胁	海盗、非法移民等跨境和有组织犯罪	恐怖主义威胁	大规模杀伤性武器扩散	对航行自由的威胁	环境破坏	对海洋运输系统的安全威胁	非法和无管制的文物调查和掠夺

① 杨金森:《中国海洋战略研究文集》，北京：海洋出版社，2006年，第321页。

② Council of the European Union: European Union Maritime Security Strategy, 24 June 2014, PP. 7－8.

续表

	传统安全威胁	非传统安全威胁							
美国	地区大国	—	跨国犯罪和海盗威胁、海上非法移民	恐怖主义威胁	大规模杀伤性武器扩散	—	环境破坏	—	—

（二）中国海洋安全面临的主要威胁

地缘政治风险、海上军事活动增多等传统安全问题直接影响国家的海洋安全。中国海洋安全面临的非传统安全威胁也在上升，非法海洋科研和军事测量活动、海上恐怖主义活动、海上跨国犯罪活动、海上通道和航线安全、海上生态环境安全、海上人命安全等非传统安全问题将长期影响中国的海洋安全。

1. 传统海洋安全威胁

当前，中国海洋安全不存在面临大规模海上军事入侵的安全威胁，但是传统安全威胁依然存在。传统海洋安全威胁主要来自海洋军事强国的战略围堵与遏制以及因岛礁主权及海洋权益争端引发的海上安全危机。

（1）海洋强国的战略围堵与遏制

从地缘政治环境角度看，中国在世界地缘政治格局中具有重要的战略地位，既位于欧亚大陆又濒临太平洋，处于世界海洋地缘战略区和欧亚大陆地缘战略区的交接处，大国以及国家集团在这里的博弈十分激烈。美国不断提升亚太在其全球战略中的地位，加强对亚太地区的控制，其战略任务除了反恐、防扩散，防范与牵制中国的意图十分明显。北约也明显加强在亚太地区的存在与影响，与亚太国家日本、澳大利亚等国结成伙伴关系联系国、伙伴关系国，并逐步发展海军合作。北约与日本在2013年签署协议，使日本从北约的“伙伴联系国”变成“伙伴关系国”，应对“正在出现的安全挑战”。①

（2）岛礁和海洋权益争端引发的安全威胁

岛礁和海洋权益争端极易引发相关国家间的武装冲突。在海上，中国隔黄海、东海、南海与朝鲜、韩国、日本、菲律宾、马来西亚、文莱、印度尼西亚及越南8个国家相邻或相向。在黄海，中国需要与朝鲜划分领海边界、专属经济区边界和大陆架边

① 何奇松：《北约海洋战略及其对中国海洋安全的影响》，载《国际安全研究》，2014年第4期，第100页。

界；与韩国划分专属经济区边界和大陆架边界。在东海，中国与韩国、日本的纠纷既包括专属经济区和大陆架的划界问题，也包括历史遗留下来的中日钓鱼岛问题。在南海，中国与周边国家间的领土和海洋权益争端，牵涉六国七方，即中国、越南、菲律宾、马来西亚、印度尼西亚、文莱和中国的台湾，涉及岛礁主权、海域划界和历史性权利等诸多问题。我国与周边海上邻国在岛礁主权和海洋权益方面存在复杂争端，一直是影响我国周边海上安全形势的最大的不稳定因素。

2. 非传统海洋安全问题

中国面临多样的非传统海洋安全威胁，其中部分威胁对中国与其他沿海国而言是相同或相似的；有些则在中国管辖海域表现得尤为突出，如非法军事测量等问题。

（1）非法海洋科研和军事测量活动

近来，发生多起外国军事测量船、飞机在我国管辖海域或海域上空作业以及向我国管辖海域投放浮标，非法搜集我海洋资料和数据的事件，对我国海洋安全产生了严重威胁。此外，外方单独或与我方合作，在未经我国政府批准的情况下在我管辖海域进行海洋科研、海洋调查的事件也时有发生，海洋科学研究和调查活动所获得的原始资料和样品轻易为外方获取，不但损害了我海洋权益而且给我海洋安全带来很大隐患。上述活动不仅会对我海洋安全产生直接威胁，而且如不能妥善应对和处理，还有可能引发诸如海上摩擦甚至海上冲突事件，进而给我国家海洋安全带来更大影响和危害。

（2）海上恐怖主义活动

海上恐怖主义通称为“政治性海盗”，据亚太安全合作理事会解释：“海上恐怖主义是在海事环境的范围内，所采取的恐怖主义行动或作为；对付船只或港口的固定平台，或是对付船上任何乘客或人员；或是对付沿岸的设备或是居住地，包括旅客度假区、港口区及港口城市或港口乡镇。”① 海上恐怖主义活动一直是近年来美国、欧盟等重点关注和防范的海洋安全威胁。就我国而言，当前面临的海上恐怖主义威胁并不算十分突出。但是，在恐怖主义活动呈高发态势的大背景下，对海上恐怖主义活动的潜在危害，中国应予以高度重视。

（3）海上通道安全

海运是国际贸易中最主要的运输方式。世界主要海上通道安全与否直接关乎整个世界的经济安全。我国是一个贸易大国，对外贸易依存度较高，而我国国际贸易运输方式主要以海洋运输为主。目前，我国国际海上通道运输已形成了若干比较成熟的固定航线，海上通道涵盖水域广阔、航线漫长，且经过许多重要的海峡。维护这些海上

① 史春林：《中国防范和打击海上恐怖主义问题研究》，载《海洋开发与管理》，2011年第9期，第48页。

通道和海峡的安全，保证我重要战略资源和货物运输的畅通，对于保障国家经济安全至关重要。海峡是连结陆地之间或大洋之间的捷径，在海运航线中起着枢纽的作用，是海洋运输必经的咽喉要道。因此，保障我国海上通道所经重要海峡的安全对于维护我国海上通道安全意义重大。此外，有一些海域是我国国际海上通道运输必经之地，维持这些重点海域的安全与稳定对于维护我国海上通道安全同样意义重大。

（4）海上跨国犯罪

海上跨国犯罪行为既可能发生在一国管辖海域之内，也可能发生在一国管辖海域之外，对沿海国的海洋安全产生重大影响。当前，国际上的海上跨国犯罪行为主要包括：危及海上航行安全非法行为，危及大陆架固定平台安全非法行为，海盗和持械抢劫行为，偷渡、贩毒和贩运武器、走私等行为。在各种海上犯罪行为中，偷渡、贩毒、走私是威胁我国沿海地区安全与稳定的传统因素，而近来海盗、危及大陆架固定平台安全非法行为对我国海洋安全的威胁日益突出。上述海上跨国犯罪行为不仅严重破坏国家的经济秩序，而且严重影响我海防的安宁稳定。

（5）海上人命安全

随着海洋经济的快速发展，我国涉海就业人员不断增加，保障海上人命安全已成为我国海洋安全面临的一项重要课题。国际海事组织从船员群体视角出发，将影响海上安全的“人为因素”分为五个方面：技术方面、人员方面、培训方面、工作条件和管理方面。此外，海上人命安全还受到恶劣天气、地震、海啸等自然事件以及恐怖分子、海盗、武装冲突、战争等外来风险的影响。由于中国与周边国家的海洋边界仍有待划定，在周边海域的渔业纠纷时有发生，在抓扣中国渔船和船员过程中，相关国家存在粗暴对待中国渔民、野蛮执法等行为，引起中国官方和民众的不满，中国渔民的合法权益和安全问题越来越受到国内舆论的关注。

（6）海洋生态环境安全

不断加重的海洋污染、深重灾难的海啸、频繁发生的赤潮和不可逆转的海平面的上升，不仅日益严重地威胁到海洋生态和海洋环境，还危及人类的生存和发展，已成为需要全球共同应对的海洋安全问题。在海洋环境灾难方面，中国是世界上少数几个海洋灾害极为严重的国家之一。海洋环境灾难对中国海洋安全的影响是全方位的和长期的，甚至会对整个国家的经济和社会产生巨大影响，需要国家给予高度重视。

二、中国海洋安全形势

2014 年，中国海洋安全形势总体保持稳定，但面临的问题和挑战有所增加。美国继续推进亚太“再平衡”战略，加强对相关国家的军事援助，并积极介入中国与周边国家的岛礁主权和海洋权益争端。受美国亚太战略调整的影响，部分国家调整海洋战略，不断在海上挑起事端，使得中国周边安全环境更具复杂性、可变性。

（一）黄海安全形势稳中有变

朝鲜半岛局势依然是影响黄海地区和平与稳定的最不稳定因素。2014 年，朝鲜和韩国在黄海的海上冲突事件时有发生，引发了国际社会对朝鲜半岛局势的担忧，严重影响了黄海地区的和平与稳定。3 月，朝鲜在黄海进行军演时，向朝韩“北方界线”附近的海域开炮，韩国开炮还击，双方的炮弹均落在海上，交火区域内的韩国岛屿上的居民被迫疏散至避难所。10 月，一艘朝鲜警备艇越过延坪岛附近西部海域“北方界线”0.5 海里，在韩方海军射击警告后，退回界线以内。朝方警备艇也作出了回击。[①] 由于不断受到来自朝鲜的军事威胁，韩国在黄海海域靠近朝韩海上边界的岛屿上额外部署了武器。[②]

2014 年，中国与朝鲜、韩国在黄海的渔业纠纷仍时有发生。10 月 10 日，中国一艘 80 吨级拖网渔船在韩国“全罗北道”海域，遭到韩国海警盘查，渔船船长被韩国海警开枪射杀。在韩国海警开枪打死中国渔船船长事件仍在僵持的情况下，韩国“西海”海警厅宣布，从 10 月 15 日开始对中国渔民展开为期 4 天的集中打击，将动员大中型警备艇 17 艘、直升机 3 架等装备。‘严打’的目标主要为未经许可进入领海以及暴力抗法的严重违规船只，将处以没收船只并通过外交渠道移交等强硬举措，以防类似事件再次发生。[③] 在渔业纠纷问题上，粗暴对待他国渔民、野蛮执法等行为显然无助于解决问题的。受中国船长“死亡事故”的波及，原本计划从 10 月 15 日开始的为期 1 周的中韩黄海非法捕鱼联合巡查被延期。经过中韩两国的共同努力，2014 年 12 月，中韩两国渔政船开始在“暂定措施水域”首次开展联合巡逻，各自打击本国的非法捕捞渔船，并且向对方通报打击行动结果。该行动标志着两国向共同落实渔业协议的司法合作迈出了一大步。

（二）中日东海争端波折起伏

2014 年年初以来，日本为谋求解禁集体自卫权，修改和平宪法，在多个场合大肆

---

① 《韩媒称朝鲜一警备艇越过北方界线 互相射击》，http：//news.163.com/14/1007/10/A7UQPOFL00014JB6.html，2014－10－07。

② 《韩国总统朴槿惠：韩国准备与朝鲜恢复对话》，http：//world.people.com.cn/n—1013/c1002－25823663.html，2014－10－13。

③ 《韩国海警宣布严打中国渔民 展开为期 4 天集中打击》，http：//news.china.com/international/1000/20141016/18863991.html，2014－10－16。

渲染所谓的“中国威胁论”，严重影响了中日关系的稳定。在钓鱼岛问题上，日本继续采取强硬立场，强化对钓鱼岛周边海域的警戒和“管控”。日本还多次对中方舰艇和军机进行监视，使得东海形势一度紧张。日本能否在钓鱼岛问题上正视历史，能否采取正确的行动切实改善中日关系，将对今后东海形势的发展产生重要影响。

1. 大肆渲染“中国威胁论”

日本首相安倍晋三在多个国际场合点名批评中国，鼓吹“中国威胁论”。在达沃斯世界经济论坛上，安倍宣称中国增加军事开支，是地区动荡的主要原因之一；在西方7国首脑会议上，安倍污蔑中国“挑战国际秩序”，并得意地称自己主导了峰会的讨论，让“首脑宣言”表达了对东海、南海紧张局势的担忧。在比利时布鲁塞尔召开的北约理事会上，安倍点名批评中国，将中国在钓鱼岛的维权行为描绘为“侵略”，指责中国在东海“频繁试图单方面改变现状”。[①] 8月5日，日本政府批准了2014年版《防卫白皮书》。该《白皮书》称日本的“安保环境越发严峻”“介于战时与平时的‘灰色地带’事态出现增加趋势”。日本需要加强防卫能力，并将自身的防卫能力与日美安保体制相协调。《白皮书》在为安倍政权的扩张性军事政策“背书”的同时，再次渲染“中国威胁论”。《白皮书》声称，中国强化军事力量的目的和目标均不明确，与军事和安全保障相关的决策不够透明，“中国在东海、南海等海空域的活动急速扩大，日趋活跃”。[②]

2. 继续加强对钓鱼岛周边海域的军事警戒

日本于2014年4月20日正式在冲绳那霸基地成立一支预警机中队，该中队装备有4架E-2C预警机，人员数量到2015年3月之前将翻番，达到约130人。日本宣称此举的目的主要是加强对冲绳群岛南部岛屿监控。[③] 据日本媒体报道，为对钓鱼岛加强控制，日本政府拟于2018年前在位于“第一岛链”的奄美大岛、宫古岛和石垣岛上建设陆上自卫队军营，以应对“针对离岛的攻击”和大规模灾害救援。[④] 日本陆上自卫队在距离钓鱼岛最近的宫古岛完成了地对舰导弹的强化性部署。日方还计划于2016年在熊

---

① 张瑶华：《盘点2014中日关系，融冰还需诚信》，http://www.beijingreview.com.cn/2009news/tegao/2014-12/16/content_658992.htm，2014-12-22。

② 《日本政府批准2014年版<防卫白皮书>》，http://news.xinhuanet.com/world/2014-08/05/c_1111945979.htm，2014-08-06。

③ 《日本在冲绳部署E-2C预警机 加强对钓鱼岛监控》，http://news.xinhuanet.com/mil/2014-04/23/c_126421605.htm，2014-12-22。

④ 《日本拟加强钓鱼岛周边岛屿兵力部署》，http://world.people.com.cn/n—0519/c1002-25035220.html，2014-12-20。

本县部署新式地对舰导弹，旨在应对所谓的中国“军事威胁”，并通过监视宫古海峡航道，影响进出太平洋的中国军舰。①

3. 多次对中方舰艇和军机进行监视

2014 年，发生多起日方军机对中方舰机近距离跟踪监视和干扰的活动，严重危害了中方舰机安全。5 月 24 日，日本妄称中国军机“异常接近”日机，试图抹黑中国形象，制造地区紧张气氛。6 月 11 日，中国空军航空兵部队在东海防空识别区进行例行巡逻，10 时 17 分至 28 分，中方图 –154 飞机在中国近海有关空域正常飞行时，遭到日本 2 架 F–15 战斗机抵近跟踪，最近距离约 30 米，严重影响中方飞行安全。同日上午，日本自卫队 YS–11EB 和 OP–3 侦察机各 1 架在东海防空识别区内进行侦察活动。② 8 月 6 日，多批日本航空自卫队飞机进入中国东海防空识别区长时间侦察，中国空军进行了必要的跟踪监视。日本 F–15 战斗机先后两次企图抵近中国警巡飞机，中国空军采取了合理、正当、克制的措施，应对了空中威胁。③

4. 中日原则共识为东海紧张局势降温

2014 年 11 月，中日两国政府就处理和改善两国关系达成并发表四点原则共识，两国领导人在亚太经合组织领导人非正式会议期间举行会见，中日关系朝改善方向迈出了重要一步，中日东海争端略有降温。四点原则共识为今后中日关系的改善和发展指明了方向。日本切实遵守四点共识是推动中日关系走向改善、维持东海和平稳定的重要条件。然而，在中日关系刚刚出现回暖迹象不久，日本官员就开始拿“四点共识”做起了文章。安倍晋三在参加日本电视台节目时称，“四点共识”不代表日本在钓鱼岛问题上态度有变；日本外相岸田文雄除了在记者会上两次强调日本政府并未在钓鱼岛问题上改变立场，更玩起文字游戏，声称日本与中国是在引发东海紧张局势的问题上“主张不同”。日本官员的上述言论不利于中日关系的持续改善以及维护东海地区的和平稳定。

（三）南海安全形势复杂多变

2014 年以来，南海周边国家继续加紧采购现代化武器装备，并采取实际行动加强

① 《日本在距钓鱼岛最近岛部署导弹 欲扼住中国航道》，http：//www. chinanews. com/gj—06 – 15/6281249. shtml，2014 – 12 – 22。

② 《国防部：日本 F15 战机近距离跟踪中国图 154 飞机》，http：//mil. news. sina. com. cn/2014 – 06 – 12/1457784380. html，2014 – 10 – 08。

③ 《多批日本军机进入东海防空识别区 中国空军跟踪监视》，http：//military. people. com. cn/n—0807/c1011 – 25421841. html，2014 – 10 – 08。

对侵占中国南沙岛礁及附近水域的控制。越南悍然干扰中国在西沙钻探项目的实施，意图挑战中国对西沙群岛主权，将西沙变为争议海域。美国和日本等域外势力继续渗透南海问题，为南海相关声索国提供策应和支持，旨在获取地缘战略与经济利益。

1. 周边国家继续加紧采购现代化武器装备

2014年6月，越南国会批准了一项16万亿越南盾（约合7.47亿美元）的拨款计划，该项资金将用于越南海岸警卫队和渔业局购置资产，以提高越南海上监控和防御能力。[①] 越南政府还表示将拨款5.4亿美元为越南海上执法力量建造32艘巡逻船，并拨款2.25亿美元鼓励越南渔民建造远洋捕捞渔船出海捕鱼，以加强对中国南海所谓的“控制”。[②] 菲律宾也积极加强自身军事建设。菲律宾总统阿基诺三世在7月表示，菲律宾在2014年将获得8架通用直升机和8架远程巡逻机，同时从韩国采购的12架FA－50战机中的2架也将于2015年交付。另外，到2017年前，菲律宾还将采购3艘护卫舰，使总量达到6艘。部队还计划将军机中队数量从一个增加到三个，同时在全国范围内安装预警雷达系统和防空火炮。[③]

2. 越南、菲律宾等加强对侵占岛礁的非法建设及其附近水域的控制

2014年伊始，菲律宾即在中国南沙中业岛上大兴土木，投巨资升级该岛上的飞机跑道，动工建设海军设施、三军兵营、市政厅、医院和官兵家属楼等。3月9日，菲律宾两艘装载施工材料的船只试图向仁爱礁靠近，意图对其坐滩军舰“改造升级”，补给物资和人员，以维持其在仁爱礁的“存在”。越南也在对侵占的南沙群岛的岛礁进行建设，开发暗礁和人工岛，填埋了一些浅礁，并在一些小岛上修建了住房。为体现所谓的“管辖”，菲律宾还在南沙争议岛礁附近抓扣中国渔民，并进行司法“审判”。5月6日，菲律宾海警非法抓扣了在南沙群岛半月礁附近海域正常作业的一艘中国渔船及11名渔民。11月24日，菲律宾巴拉望省地方法院“判决”9名中国渔民犯有所谓“偷渔”以及“捕捞濒危物种”罪，并对每位中国渔民判处高额罚金。

3. 越南制造南海新热点

5月2日，中国企业所属“981”钻井平台在中国西沙群岛毗连区内开展钻探活动，

---

① 《越南国会拨款超7亿美元提高海上监控和防御能力》，http：//www.chinanews.com/mil—06－10/6262110.shtml，2014－07－10。

② 《越南拟建32艘巡逻船 欲缩小与中国差距控制南海》，http：//ido.3mt.com.cn/Article/201407/show3755639c30p1.html，2014－12－23。

③ 《菲军：中菲冲突如巨人侏儒拳击 要建世界级军队》，http：//mil.news.sina.com.cn/2014－09－06/1557799505.html，2014－12－23。

旨在勘探油气资源。10 年来，中国企业一直在有关海域进行勘探活动，包括地震勘探及井场调查作业等。此次“981”平台钻探作业是勘探进程的例行延续，完全在中国主权和管辖权范围内。中方作业开始后，越南方面即出动包括武装船只在内的大批船只，非法强力干扰中方作业，冲撞在现场执行护航安全保卫任务的中国政府公务船，还向该海域派出“蛙人”等水下特工，大量布放渔网、漂浮物等障碍物。截至 6 月 7 日 17 时，越方现场船只最多时达 63 艘，冲闯中方警戒区及冲撞中方公务船累计达 1 416 艘次。[①] 越方上述行为，侵犯了中方的主权、主权权利和管辖权，严重危及中方人员和“981”钻井平台的安全，严重违反包括《联合国宪章》在内的多项国际法。

4. 美国、日本等域外势力继续介入南海事务

美国、日本等国加强对我南海周边中小国家的拉拢利用，我国经略周边、维护南海地区安全稳定的难度加大。

美国以多种方式加强对南海事务的介入。一是继续在南海对中国进行抵近侦察。8 月 19 日，美国海军一架 P－3 反潜机和一架 P－8 巡逻机飞抵海南岛以东 220 千米附近空域进行抵近侦察。二是加强与南海相关国家的军事合作。美国与菲律宾在 4 月正式签署为期 10 年的强化防务合作协议，该协议允许美国增加驻军。8 月，美国国务院批准向菲律宾出售两架 C－130 运输机，该一揽子交易预计价格为 6 100 万美元（约合 3.78 亿人民币），将包括设备、零件、训练和为期三年的后勤保障。[②] 10 月 2 日，美国政府宣布，美国将部分解除对越南的武器禁运，解禁的武器主要为有关海上安全的防卫装备，这为美国将来向越南出售相关船只和飞机铺平了道路。三是继续与东南亚国家在南海进行军事演习。2014 年以来，美国和菲律宾多次在南海敏感水域举行联合军事演习。10 月 22—23 日，美国还与菲律宾海军、日本海上自卫队在南海举行了三国首次联合军演。

日本也积极介入南海事务，继续借政府开发援助（ODA）的形式，对南海相关国家进行军事支持。日本首相安倍晋三在 6 月会见菲律宾总统时表示，将通过提供 ODA 资金的方式，向菲律宾提供 10 艘海上巡逻艇。8 月，日本和越南签署了一份交换文件，同意向越南提供 6 艘船作为无偿资金合作，越南将在对船进行整修后，作为巡逻船使用。

---

① 《“981”钻井平台作业：越南的挑衅和中国的立场》，外交部，http：//www.fmprc.gov.cn/mfa_chn/zyxw_602251/t1163255.shtml，2014－06－09。

② 《美国政府批准向菲律宾出售两架 C－130》，http：//www.chinadaily.com.cn/interface/toutiao/1120783/cd_18258007.html，2014－09－08。

三、维护海洋安全的政策和举措

维护国家政权、主权、统一和领土完整、人民福祉、经济社会持续健康发展以及其他重大利益是新时期中国国家安全面临的主要任务。面对日益复杂的海洋安全形势，中国政府始终坚持走和平发展的道路，奉行防御性国防政策，坚决维护领土主权和海洋权益，以“新安全观”为指导，坚持通过双边谈判协商来解决争议、管控矛盾，积极开展海洋安全领域的合作，致力于维护地区的和平与秩序。

（一）中国的海洋安全政策

2014 年，中国继续加强维护国家海洋权益和海洋安全的力度，海洋安全形势保持总体稳定的态势。中央国家安全委员会第一次会议顺利召开，标志着这一组织机构的正式运作，中国的海洋安全工作由此跨入了新的历史阶段。根据中国政府的一贯立场和实践，中国的海洋安全政策可以概括为以下几个方面。

1. 以总体安全观为指导

国家主席习近平在 2014 年 4 月 15 日主持召开中央国家安全委员会第一次会议时提出，要准确把握国家安全形势变化新特点新趋势，坚持总体国家安全观，走出一条中国特色国家安全道路。海洋安全是国家安全的重要组成部分，维护国家海洋安全同样必须要坚持总体国家安全观，以人民安全为宗旨，以政治安全为根本，以经济安全为基础，以军事、文化、社会安全为保障，以促进国际安全为依托，走出中国特色国家安全道路。维护国家海洋安全既要重视外部安全，又要重视内部安全；既要重视国土安全，又要重视国民安全；既要重视传统安全，又要重视非传统安全；既要重视发展问题，又要重视安全问题；既要重视自身安全，又要重视共同安全。

2. 坚决维护领土主权和海洋权益

中国明确将国家主权、国家安全、领土完整、国家统一、中国宪法确立的国家政治制度和社会大局稳定以及经济社会可持续发展的基本保障列为必须坚决维护的六项核心利益。岛礁领土事关国家主权和领土完整问题，海洋权益关乎国家的发展利益，都需要国家坚决予以维护。习近平主席在接见第五次全国边海防工作会议代表时强调，“要坚持把国家主权和安全放在第一位，贯彻总体国家安全观，周密组织边境管控和海上维权行动，坚决维护领土主权和海洋权益，筑牢边海防铜墙铁壁”。在出席中央外事工作会议并发表重要讲话时，习近平主席也强调，“要坚决维护领土主权和海洋权益，维护国家统一，妥善处理好领土岛屿争端问题”。中国军队坚决贯彻国家的大政方针，坚持核心利益至上，加强海区控制与管理，建立完善体系化巡逻机制，为国家海上执法、渔业生产和油气开发等活动提供安全保障，妥善处置各种海空情况和突发事件，依法履行防务职能，捍卫了主权权益，遏制了危机升级。①

3. 奉行近海防御战略

中国坚持走和平发展道路，反对霸权主义，这已明确写入中国宪法。中国国防政策完全是防御性的，是和平的。随着建设海洋强国战略目标的提出与贯彻实施，加强海上力量建设已经刻不容缓。但是，中国海军依然奉行近海防御战略，目的是保卫国家的领土主权和海洋权益以及维护近海海区的其他利益。近年来，中国海军开展了越来越多的远海活动，包括舰艇编队赴亚丁湾索马里海域执行护航任务、医院船执行人道主义医疗救助任务、军舰搜寻马来西亚航空公司失联客机、参加中外海上联合军演以及常态化远海训练等。这些活动都符合相关国际法和国际实践。在这些远海活动中，中国海军致力于与各国海军加强沟通，增进互信，共同应对多种安全威胁。② 中国海军的近海防御战略没有改变。

4. 维护世界和地区海洋和平稳定

维护世界和平，反对侵略扩张，是中国海洋安全政策的重要目标和任务。中国反对霸权主义和强权政治，反对战争政策、侵略政策和扩张政策，反对军备竞赛，支持一切有利于维护世界和地区和平、安全、稳定的活动。在处理领土主权和海洋权益争议问题上，中国一贯从和平发展的国家战略和睦邻友好的周边外交政策出发，着眼维护地区和平稳定，致力于通过直接谈判和协商，和平解决争议。中国与相关国家开展海洋安全合作，共同维护世界和地区海洋安全是完全符合中国国家海洋安全利益的。李克强总理在访问希腊时强调，中国“愿同相关国家加强沟通与合作，完善双边和多边机制，共同维护海上航行自由与通道安全，共同打击海盗、海上恐怖主义，应对海洋灾害，构建和平安宁的海洋秩序”。

---

① 任海泉：《世界变革中的中国防御性国防政策》，http：//theory. people. com. cn/n - 1008/c40531 - 23120138. html，2014 - 12 - 23。

② 《国防部发言人：中国海军近海防御战略没有改变》，http：//news. mod. gov. cnbig5pla/2014 - 06/27/content_4518813. htm，2014 - 12 - 22。

（二）维护海洋安全的举措

1. 积极倡导“新安全观”

20 世纪 90 年代以来，中国提出了“新安全观”，主张各国共同努力，培育以互信、互利、平等、协作为特征的新安全理念，倡导全面安全、合作安全、共同安全。中国新安全观的提出是有着深刻的时代背景和现实意义的。在全球化的时代背景下，国家安全是全方位的，具有很强的关联性，安全不仅包括军事安全等传统安全问题，也包括经济安全、金融安全、粮食安全等非传统安全问题，解决这些问题必须综合施策，实现全面、综合安全；随着综合性和跨国性安全挑战越来越多，任何国家都难以独善其身，解决安全问题，各方都要平等参与，以和平、合作的方式处理分歧，实现合作安全；在新的历史时期，各国的安全关切多种多样，一国在实现自身安全利益的同时要认真考虑对方的安全关切，不能追求一国的绝对安全，或将一国的安全建立在损害他国安全的基础上，要尊重各国的核心安全利益，实现共同安全。

2014 年 5 月，国家主席习近平在亚洲相互协作与信任措施会议第四次峰会上发表了《积极树立亚洲安全观 共创安全合作新局面》的讲话，提出了共同、综合、合作、可持续的亚洲安全观。亚洲安全观是中国提出的新安全观的延续和发展。与新安全观相比，亚洲安全观不仅充分考虑了亚洲的实际情况和安全态势，细化了全面安全、合作安全、共同安全的内容，而且还发展了新安全观，提出了可持续安全。可持续安全强调的是发展和安全并重，聚焦发展主题，形成经济合作和安全合作良性互动，以可持续发展促进可持续安全。

海洋安全是国家安全的重要组成部分，中国的新安全观完全适用于海洋领域，中国的海洋安全观包括了共同、综合、合作、可持续的安全理念。2014 年 6 月，国务院总理李克强访问希腊，发表了题为“努力建设和平合作和谐之海”的演讲，其中对中国的海洋安全理念也有着深刻的阐释。中国坚定不移走和平发展道路，坚决反对海洋霸权，致力于在尊重历史事实和国际法的基础上，通过当事方直接对话谈判解决双边海洋争端和纠纷。对维护海上和平秩序的行为，中国都会坚定支持；对破坏海上和平秩序的行为，中国都会坚决反对。中国坚定维护国家主权和领土完整，致力于维护地区的和平与秩序。中国愿同相关国家加强沟通与合作，完善双边和多边机制，共同维护海上航行自由与通道安全，共同打击海盗、海上恐怖主义，应对海洋灾害，构建和平安宁的海洋秩序。中国愿同海洋国家一道，积极构建海洋合作伙伴关系，共同建设海上通道、发展海洋经济、利用海洋资源、探索海洋奥秘，为扩大国际海洋合作做出贡献。①

2. 深化海上信任措施

建立海上信任措施，有助于改善海上安全环境、缓和海上紧张局势以及提高国家间在海洋方向上的互信。从20世纪90年代开始，中国逐渐将发展建立海上信任措施作为发展地区海上安全合作、改善海上周边安全环境、维持地区和平与稳定的重要方式。2014年，中国继续积极参与和组织实施了一系列有关建立海上信任措施的活动，取得了丰硕成果。

（1）双边对话

中美海洋安全对话取得丰硕成果。中美第六轮战略与经济对话取得丰硕成果，双方达成八大方面共识，116项重点成果。其中在海洋安全方面，双方重申，将致力于发展中美新型军事关系，深化在反海盗、海上搜救、人道主义援助、减灾等涉及双方共同利益领域的交流合作，支持中国海警局、中国海事局和美国海岸警卫队继续推进"中美海事安全对话机制"。2013年6月，中美两国元首在安纳伯格庄园会晤期间，习近平主席提出建立重大军事行动相互通报机制和海空相遇安全行为准则两个互信机制的倡议，得到奥巴马总统的积极回应。此后，两国防务部门和军队通过多种渠道，进行了10余轮深入磋商和沟通。在双方共同努力下，双方就签署关于两个互信机制的谅解备忘录达成共识。关于"建立重大军事行动相互通报信任措施机制谅解备忘录"和"海空相遇安全行为准则谅解备忘录"的文本已于近期由两国国防部长签署完毕。建立两个互信机制是两军关系长期稳定发展的机制化保障，也是加强对彼此战略意图了解、增强战略互信和管控危机、预防风险的重要措施，对于推动中美新型军事关系不断向前发展具有重要意义。

中国和印度在海洋安全方面的对话取得新进展。2014年9月习近平主席访问印度，两国在新德里发表《中华人民共和国和印度共和国关于构建更加紧密的发展伙伴关系的联合声明》。在海洋安全合作方面提出，适时开展海、空军联合演练，加强维和、反恐、护航、海上安全、人道主义救援减灾、人员培训、智库交流等合作。双方决定于年内举行首轮海上合作对话，就海洋事务、海上安全交换意见，议题包括反海盗、航行自由和两国海洋机构合作。双方还决定尽早举行裁军、防扩散和军控事务磋商。

中日释放改善关系信号。2014年以来，中日关系出现回暖的迹象，中日外长进行了非正式接触，就如何改善中日关系交换了意见；中日两国政府有关部门时隔两年后

① 《努力建设和平合作和谐之海》，http：//www. chinadaily. com. cndfpddfshizheng/2014 - 06 - 21/content_11870839. html，2014 - 12 - 22。

再次重启海洋事务高级别磋商，就东海有关问题以及海上合作交换了意见。11 月 7 日，国务委员杨洁篪同来访的日本国家安全保障局长谷内正太郎举行会谈，双方就处理和改善中日关系达成以下四点原则共识：双方确认将遵守中日四个政治文件的各项原则和精神，继续发展中日战略互惠关系；双方本着“正视历史、面向未来”的精神，就克服影响两国关系政治障碍达成一些共识；双方认识到围绕钓鱼岛等东海海域近年来出现的紧张局势存在不同主张，同意通过对话磋商防止局势恶化，建立危机管控机制，避免发生不测事态；双方同意利用各种多双边渠道逐步重启政治、外交和安全对话，努力构建政治互信。①

中国与东盟在海洋安全合作方面凝聚诸多共识。2014 年以来，第 20 次中国 - 东盟高官磋商、中国 - 东盟（10 +1）外长会议、第 11 届中国 - 东盟博览会、第 17 次中国 - 东盟（10 +1）领导人会议相继召开，中国与东盟在南海问题、海洋安全合作等方面进行了深入的交流，凝聚了很多共识。中国提出了处理南海问题“双轨思路”，明确有关具体争议由直接当事国依据历史事实、国际法和《南海各方行为宣言》，通过谈判以和平方式协商解决，南海和平安全由中国和东盟国家共同加以维护。中国强调积极推进海上务实合作，加快建立海上联合搜救、科研环保、打击跨国犯罪等合作机制。中国同意积极开展磋商，在协商一致基础上早日达成“南海行为准则”。中国愿与东盟国家继续推进全面有效落实《南海各方行为宣言》和商谈“准则”，有效促进彼此沟通与互信，扩大共识与合作。为增进双方战略互信，中国欢迎东盟国家防长于 2015 年赴华举行中国 - 东盟防长非正式会晤，双方可探讨建立中国 - 东盟防务热线，并开展联合演练。②

（2）多边论坛

4 月 22 日，由中国海军首次承办的第 14 届西太平洋海军论坛年会在青岛举行。西太平洋海军论坛是目前西太平洋地区唯一定期开展的多边对话与合作的海军论坛，发端于 1987 年。自 1988 年首届起到目前已经举办了 14 届。经过 20 多年的发展，论坛成员国由最初 12 个发展为现在的 21 个，影响力也超出“西太平洋”范围。本届论坛东道主为中国，这也是 26 年来中国首次举办该论坛，备受世界各国瞩目。来自论坛的 21 个成员国和 3 个观察员国以及申请成为论坛观察员国的巴基斯坦等 25 个国家的 150 余名海军领导人和代表参加这次论坛年会。本届西太平洋海军论坛年会一致通过了《海上意外相遇规则》，对海军舰机的法律地位、权利义务以及海上意外相遇时的海上安全

① 《杨洁篪会见日本国家安全保障局长谷内正太郎 中日就处理和改善中日关系达成四点原则共识》，http：//www. fmprc. gov. cn/mfa_chn/zyxw_602251/t1208349. shtml，2014 - 11 - 07。

② 《李克强在第十七次中国 - 东盟（10 + 1）领导人会议上的讲话》，http：//news. xinhuanet. com/world/2014 - 11/14/c_1113240171. htm，2014 - 12 - 23。

程序、通信程序、信号简语、基本机动指南等均作了规定。规则的通过有利于促进海军间的交流，有效管控海上危机，减少和平时期各国海空军事行为的误解误判，避免在公海活动时发生相互干扰、碰撞等意外事故，有力维护地区海上安全与稳定。

5 月 20—21 日，第四届亚洲相互协作与信任措施峰会（简称“亚信峰会”）在上海举行，这是具有 22 年历史的该项会议首次来到中国，为中国提供了一次在家门口开展多边外交的机遇。经过多年的发展，亚信峰会已成为亚洲为数不多的跨文明、跨区域、讨论地区安全与合作问题的重要多边平台，为亚洲地区安全稳定和对话合作做出了重要贡献。在此次亚信峰会上，中国国家主席习近平发表了题为《积极树立亚洲安全观共创安全合作新局面》的主旨讲话，全面清晰地阐述了共同、综合、合作、可持续的亚洲安全观，指明了一条共建、共享、共赢的亚洲安全之路，受到外界广泛关注。此次亚信峰会，与会国一致同意并通过了《上海宣言》，其中包括互不侵犯、互相尊重主权领土完整、不干涉别国内政、遵守国际法和联合国宪章、鼓励彼此包容、相互借鉴、取长补短开展文明对话，拒绝双重标准，主张联合国在国际事务中的主导作用等主张。

11 月 20—22 日，第五届香山论坛在北京举行。香山论坛是由中国军事科学学会主办的“国际安全合作与亚太地区安全”论坛，是中外防务专家学者交流互动的一个重要平台，从 2006 年起每隔两年在北京举办一次。本届论坛有 47 个国家的国防部或武装部队代表团、4 个国际组织代表和中外专家学者约 300 人参加，是历届规模最大、出席官员级别最高的一次。与以往四届相比，此次论坛明显升级了，论坛扩大了人员邀请范围，并且由“二轨”论坛提升为“一轨半”的高端安全和防务论坛，论坛的会期也由两年一次增加到一年一次。香山论坛为各国了解中国打开窗口。本届论坛上，国务委员兼国防部长常万全上将从五方面阐述了中国加快推进国防和军队现代化的原因，从四方面介绍了中国军队践行亚洲安全观、参与和推动国际安全合作的表现，受到广泛关注。本次论坛上，中方就共同维护亚太地区的和平稳定与持久繁荣提出了倡议。香山论坛的成功举办与升级，是中国在安全交流与合作方面的成功实践，在各方共同努力下，香山论坛将有望成为亚太安全合作的重要平台。①

3. 加强海上安全合作

深化同各国海上力量的交流与合作，举行中外联演联训、参与国际护航和救灾等行动，对于维护国家海洋权益、履行国际责任和义务、提升国家形象和影响力等方面

① 苏晓晖：《中国打造亚太安全合作平台》，http：//www.ciis.org.cn/chinese/2014 - 11/24/content_7391850.htm，2014 - 12 - 22。

都具有促进作用。2014 年，中国继续加强与相关国家在海上安全领域的合作，为塑造和平稳定的国际和周边海洋安全环境做出了应有的贡献。

（1）海上联合演习演练

4 月 23 日，“海上合作—2014”多国海上联合演习在青岛附近海域举行。中国海军结合承办西太平洋海军论坛年会举行了此次联合演习。中国、巴基斯坦、印度尼西亚、新加坡、印度、马来西亚、孟加拉国、文莱 8 个国家的 19 艘舰艇、7 架直升机及陆战队员参加这次演习。中方兵力以北海舰队为主，包括导弹驱逐舰“哈尔滨”舰，导弹护卫舰“烟台”舰、“临沂”舰、“葫芦岛”舰，综合补给舰“洪泽湖”舰、“和平方舟”医院船以及舰载直升机、陆战队等。演习以海上联合搜救为主，包括编队通信、编队运动、海上补给、联合救援、联合反劫持、轻武器射击等 6 个课目。① “海上合作—2014”多国海上联合演习旨在增进与各国海军的理解、共识、互信和友谊；探讨各国海军海上联合搜索救援的组织实施；促进各国海军间维护海上安全的务实交流与合作，为及时应对、处置海上突发情况打下基础。

5 月 20—26 日，中俄“海上联合—2014”军事演习在长江口以东的东海北部海空域举行。中俄海军都派出主力战舰参加此次演习。中方参演兵力以东海舰队为主。其中，导弹驱逐舰“郑州”舰和“宁波”舰均为首次参加中俄联合军演。从 5 月 22—24 日，在为期 3 天的实兵演练中，中俄双方实施了兵力展开、舰艇锚地防御、联合对海突击、联合反潜、联合护航、联合查证识别和联合防空、联合解救被劫持船舶、联合搜救和海上实际使用武器 9 项行动。“海上联合—2014”中俄海上联合军事演习是中俄两国海军落实两国元首共识，增进两国政治互信、加强两军友好务实合作的重要举措，对巩固发展中俄两国两军间战略协作伙伴关系、演练海上联合保交行动的指挥协同和保障、提高中俄两国海军共同应对海上安全威胁能力、优化规范中俄海上联合军演的组织实施方法、共同维护和促进本地区的和平与稳定具有积极意义。②

6 月 26 日至 8 月 1 日，2014 年“环太平洋”多国海上联合演习在夏威夷附近海域展开。此次演习有 22 个国家，40 多艘舰艇，200 多架飞机，25 000 人参演。中国海军派出 4 艘水面舰艇、2 架直升机、1 个潜水分队、1 个特战分队、1 个医疗分队，共计 1 100余名官兵参演。海上演习是“环太平洋—2014”的重点阶段，中国海军导弹驱逐舰“海口”舰、导弹护卫舰“岳阳”舰、综合补给舰“千岛湖”舰、“和平方舟”医院船与美国、文莱、法国、墨西哥等国海军共 13 艘舰艇，共同组成 175 特混编队，在

---

① 《“海上合作—2014”多国海上联合演习在青岛举行》，http：//news. xinhuanet. com/mil/2014 - 04/23/c_1110371755. htm，2014 - 12 - 22。

② 《中俄两国海军将举行海上联合军事演习》，http：//www. gov. cn/xinwen/2014 - 05/13/content_2678931. htm，2014 - 12 - 23。

22 天的时间内主要完成了海上封锁行动中 10 多个项目的联合演习。[①] 这是中国首次参加环太平洋军演，对推动中美两国新型军事关系发展，深化中国与相关国家海军的专业交流和务实合作，提高共同应对多种安全威胁的能力具有重要意义。演习期间，中国海军参演编队通过舰艇开放日、“环太杯”体育比赛等一系列对外交流活动，与国外海军官兵近距离接触、面对面交流，进一步拓宽了参演官兵的视野，也向参演国海军充分展示了我国海军官兵开放自信的良好形象。

（2）参与国际护航

2013 年 12 月，中国决定派军舰参与叙利亚化学武器海运护航。2014 年 1 月 7 日，中国军舰圆满完成了执行首批叙利亚化学武器海运护航任务。根据 2013 年 12 月莫斯科多边协调会上达成的联合护航方案，中国“盐城”舰与俄罗斯“彼得大帝”号巡洋舰、丹麦“斯奈尔”号作战支援舰、挪威“英格斯塔”号护卫舰组成护航编队，分别在事先划定的责任海域，为有关运输船只实施护航。护航行动中，“盐城”舰按照预定方案，全员保持一级战备，随时应对海上、空中、水下的威胁以及化学武器泄漏等突发情况。中方参与为运输叙利亚化学武器船舶护航，是响应联合国安理会和禁化学武器组织呼吁，为顺利销毁叙利亚化学武器，推动政治解决叙利亚问题而采取的重要举措，体现了中国作为安理会常任理事国，对维护国际和平与安全的担当。

2008 年年底以来，中国连续派出舰艇编队赴亚丁湾、索马里海域，执行护航任务。2014 年是海军执行护航任务 6 周年。6 年来，海军连续、不间断、常态化地派出了 18 批舰艇编队远赴亚丁湾、索马里海域执行护航任务，为 5 820 余艘中外船舶安全实施护航，成功解救、接护和救助了 60 余艘遇险的中外船舶，继续保持着被护船舶和编队自身“两个百分之百安全”的纪录，并与世界各国海军务实交流、密切合作，有效遏制了海盗的猖狂活动，有效履行了大国责任，有效保证了国家海上战略通道安全。[②] 12 月 2 日，中国海军第 19 批护航编队从青岛起航，奔赴亚丁湾、索马里海域执行护航任务。第 19 批护航编队由导弹护卫舰“临沂”舰、“潍坊”舰和综合补给舰“微山湖”舰组成，编队含 2 架舰载直升机、数十名特战队员，共 700 余人。其中，“临沂”舰、“潍坊”舰是首次执行护航任务。12 月 19 日，中国海军第 18 批护航编队“长白山”舰与第 19 批护航编队临沂舰在亚丁湾中部海域会合，并举行了任务交接仪式。

（3）海上联合搜救

海上联合搜救是新时期中国海上力量面临的重要任务。3 月 8 日，马来西亚航空公

---

① 《“环太平洋－2014”演习在夏威夷落幕》，http：//www. chinanews. com/mil—08 －02/6452612. shtml，2014－12－22。

② 《中国海军第十九批护航编队从青岛起航》，http：//www. chinanews. com/mil—12 －02/6837644. shtml，2014－12－24。

司的 MH370 航班失联，机上载有 154 名中国乘客。客机失联事件发生后，中国海上搜救中心与马来西亚、越南、澳大利亚海上搜救机构加强沟通协调，及时调整优化搜寻方案，划定中方舰船的搜索区域。中方舰船的搜索范围从北半球的泰国湾转移至马六甲海峡，再调整到南半球的南印度洋。对大多数中国公务船来讲，这是它们第一次航行至南印度洋海域参与多国联合海上搜救。海军 150 编队、海军“永兴岛”舰等也在印度洋东部海域进行搜寻。在这场多国参与的海上搜救行动中，中国舰船已经成为海面搜寻主力。8 月 7 日，主题为“携手海上应急，共建平安海峡”的海峡两岸海上联合搜救演练在福建马尾与台湾马祖附近水域成功举行。此次两岸海上搜救机构共出动 33 艘船舶、4 架直升机，两岸 550 余人共同参与演练。此次演练的举行，有利于两岸搜救监管部门在信息传递、搜救力量整合互动、安全监管技术等方面的进一步合作和交流，对于构建平安海峡、促进两岸海上航运发展也具有重要意义。[①]

四、小结

2014 年，中国海洋安全面临的问题和挑战有所增加，但总体形势依然保持稳定。美国亚太“再平衡”战略对中国海洋安全的负面影响依然突出，两国的战略互信的构建仍任重道远。岛礁主权和海洋权益问题仍然是影响中国海洋安全的不稳定因素，中国海洋安全问题长期性、复杂性、多变性的特征更加明显。面对复杂多变的海洋安全形势，中国应紧紧围绕建设海洋强国的总体战略目标，继续加强海军和中国海警等海上力量的建设，积极开展海上维权执法行动；继续倡导新型安全观，努力推动与海洋大国和周边海上邻国关系健康发展，积极参与国际和地区安全事务，打造海洋安全合作平台，为中国的和平发展和海洋强国建设创造相对和平稳定的国际和周边安全环境。

① 《2014 年海峡两岸海上联合搜救演练举行》，http：//www. chinanews. com/tw—08 －07/6471617. shtml，2014 －12 －23。

第七部分

建设海上丝绸之路

第十七章　古代海上丝绸之路

中国是一个古老的东方文明古国，具有5 000年悠久的历史。中国的海洋文明自古有之，我们的祖先在3 000多年前就实施了“通商工之业、兴渔盐之利”的重要政策。古代海上丝绸之路实际是历史上一条连接东西方的海上贸易通道。这条海上大通道形成于秦汉，繁荣于唐宋，明初达到鼎盛，明朝中期以后逐渐衰落。系统梳理中国古代海上丝绸之路兴衰隆替的历史经验，对于今天建设“21世纪海上丝绸之路”具有重要的历史和现实意义。

一、古代海上丝绸之路的概念与内涵

“丝绸之路”是连接古代中国与亚洲、欧洲、非洲有关国家的商贸路线的总称，也是架起古代东方与西方之间经济、政治、文化进行往来交流的桥梁。丝绸之路开拓于陆上，发展于海上，是具有历史意义的文明传播之路。

“丝绸之路”最初作用是运输那些代表了中国古代文明的精致、细腻、优雅并且轻便的丝绸，而这也是当时中国先进农业和发达的手工业表现。1877年，德国地理学家将其命名为“丝绸之路”。1913年，法国汉学家沙碗（Edouard Chavannes，1865—1918）首先提出了“海上丝绸之路”的概念。在其所著的《西突厥史料》中提出：丝路有陆海两道，北道出西域康居，南道为通印度诸港之海道。在中国，从事这方面研究的老一辈专家，采用的是“中西交通史”“南洋交通史”“海交史”等称呼。20世纪80年代以后，开始有学者使用“海上丝绸之路”，但此词的普及是在联合国教科文组织实施（1987—1997）《丝绸之路：对话之路项目》（Integral Study of the Silk Road：Roads of Dialogues）之后。

1987年，联合国教科文组织决定对“丝绸之路”进行国际性的全面研究，旨在推动东西方全方位的对话和交流。其命名当时曾引起过激烈讨论和争论，提出了如“瓷路”“茶路”等多个名词。经过多次讨论和争论，最后联合国教科文组织认为，“丝绸之路”是以中国的丝绸贸易为开始的，影响巨大，“丝绸之路”这一名称能够涵盖东西方国家之间物质、文化交流的丰富内涵。同时，联合国教科文组织还组织相关国家的专家和学者、新闻记者对丝绸之路的陆上和海上路线进行了考察。福建泉州就是在当时被认定为古代海上丝绸之路的起点。

纵观海上丝绸之路的发展，在近千年的漫长历史长河中，在陆上丝绸之路不能通畅的时期，经由海上丝绸之路，中国的丝绸、陶瓷、茶叶源源不断地销往东南亚、南亚、西亚、欧洲、东非各国，外国的香料、宝石大量地进入中国。人们不仅交换商品，更传播文化和友谊。这是世界经济贸易史上的重大事件，是中国与世界各国友好往来的见证。海上丝绸之路的核心是经济贸易往来和文化交流，是建立在双赢、互惠、和平的基础上，这一点已为历史所证明，也为今天建设21世纪海上丝绸之路奠定了坚实的历史和文化基础。

二、古代海上丝绸之路的兴衰演变

古代海上丝绸之路的发展过程，大致可分为几个历史阶段。唐代中期以前为形成及发展时期，海上丝绸之路只是陆上丝绸之路的一种补充形式；唐代中晚期是转型时期，海上丝绸之路在国家对外交往中的地位大幅上升，中央政府开始派遣宦官充任市舶使以期管理海外贸易；宋元两代为极盛时期，设置市舶司作为管理海外贸易的常设机构，同时航海科技高度发达，海路超越陆路成为国家对外交往的主要通道；明代早期朝贡贸易体系达到巅峰，明中期后逐步衰落；到清代，海禁政策进一步阻碍了海上丝绸之路的发展，最后发展为闭关锁国。

（一）海上丝绸之路的发源拓展

海上丝绸之路的雏形在汉代便已存在，而有遗迹实物出土更表明中外交流或更早于汉代。秦灭六国后，岭南地区经济逐步发展繁荣，史称“南越国”。公元前202年西

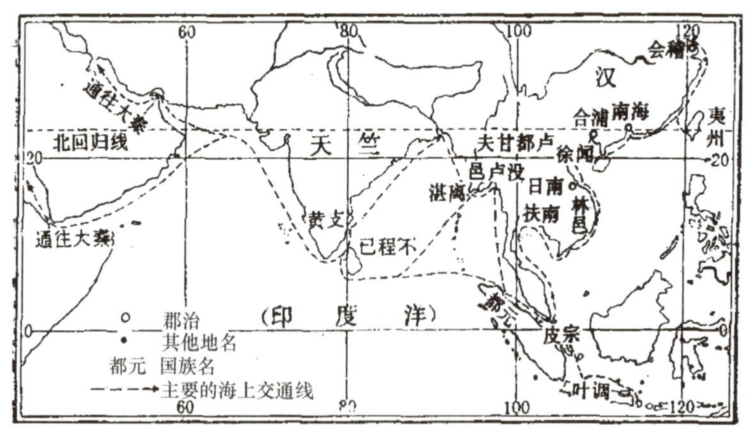

图17－1　汉代海上丝绸之路示意图

汉立国，汉高祖为实行休养生息政策，与南越国议和，两国得以发展经贸。当时岭南地区主要出产丝绸类纺织品，南越国为寻找重要的军需物资铁资源，开始谋求通往西方国家的海上路线开展贸易。广州南越王墓中出土的希腊风格银器皿以及南越国宫殿遗迹发掘出来的石制希腊式梁柱就是相当好的证明，证实了秦末汉初海上丝绸之路已经诞生。

最早详细记载海上丝绸之路航线的是《汉书·地理志》①。汉武帝元鼎六年（公元前111年），西汉王朝灭南越国，在百越地区设置了南海、苍梧、郁林、合浦、交趾、九真、日南、珠崖、儋耳共9个郡，隶属交趾刺史部，其中日南郡②位于最南。日南诸郡的设置为西汉王朝拓展南海航线提供了战略支撑。此后汉朝使者沿着百越民间开辟的航线远航南海和印度洋，经过东南亚，横越孟加拉湾，到达印度半岛的东南部，抵达锡兰（今斯里兰卡）后返航。汉武帝时期开辟的航线，标志着海上丝绸之路的发端。

中国自古以丝绸闻名于世，古希腊人把丝叫做“ser”，就是从“丝”字读音而来的，“Seres”（制丝的人）以后被引申为产丝的地方——中国。古希腊人曾把中国称为“赛里斯”（Seres）。丝绸之路开辟后，中国丝绸远销至大秦（即罗马帝国），但要经过亚洲西部古国安息（占有今伊朗高原和两河流域）商人转销。罗马人希望能找到海上通道直接与中国联系。据史书记载，元封三年（公元前108年）大秦国贡花蹄牛，“其色骏，高六尺，尾环绕其身，角端有肉，蹄如莲花，善走多力”。③

古罗马学识渊博的科学家普林尼（公元23—79年）曾提到，罗马恺撒时代今斯里兰卡岛的拉切斯等四人从海道出使罗马。据普林尼记载，拉切斯对罗马人说，他父亲曾亲自到过中国，还说中国和罗马都与斯里兰卡有直接往来。普林尼还介绍罗马贵族“投江海不测之深，以捞珍珠”。罗马贵族除把珠宝留给自己享用外，还以它们“远赴赛里斯（中国）以换取衣料（丝绸）”。“据最低计算，吾国（指罗马）之

---

① 《汉书》卷八下《地理志下》：“自日南障塞（郡比景，今越南顺化灵江口）、徐闻（今广东徐闻县）、合浦（今广西合浦县）航行可五月，有都元国（苏门答腊）；又船行可四月，有邑卢没国（今缅甸勃固附近）；又船行可二十余日，有谌离国（今缅甸伊洛瓦底江沿岸）；步行可十余日，有夫甘都卢国（今缅甸伊洛瓦底江中游卑谬附近）；自夫甘都卢国船行可二月余，有黄支国（今印度马德拉斯附近）；民俗略与珠崖相类。其州广大，户口多，多异物。自武帝以来皆献见。有译长，属黄门，与应募者俱入海，市明珠、壁流离、奇石异物、赍黄金杂缯而往。所至，国皆禀食为耦，蛮夷贾船，转送致之，亦利交易，剽杀人，又苦逢风波溺死，不者数年来还。大珠至围二寸以下，平帝元始，王莽辅政，欲耀威德，厚遗黄支王，令遣使献生犀牛。自黄支船行可八月，到皮宗（今马来半岛克拉地峡的帕克强河口）；船行可二月，到日南（今越南中部）、象林（今越南广南潍川南）界云。黄支之南有已程不国（今斯里兰卡），汉之译使自此还矣。”

② 《汉书·地理志》师古注曰：“言其在日之南，所谓开北户以向日者。”郦道元《水经注》卷三六《温水》则解释道：“区粟（日南被林邑占领后的名字）建八尺表，日影度南八寸，自此影以南，在日之南，故以名郡。”

③ 郭宪：《洞冥记》卷二。

金钱每年流入印度、赛里斯及阿拉伯半岛者不下一万万赛司透司（Sesterces）。”① 只有多次海船往返，才能把大量丝绸运至罗马以换取“奇石异物”，才能达到一亿赛司透司的贸易额。

汉代的海上丝绸之路是中国海船经南海，通过马六甲海峡在印度洋航行的真实写照。即自广东徐闻、广西合浦往南海通向印度和斯里兰卡，以斯里兰卡为中转点。中国从此处可购得珍珠、璧琉璃、奇石异物等。中国的丝绸（杂缯）等由此可转运到罗马，从而开辟了海上丝绸之路。中国商人运送丝绸、瓷器经海路由马六甲经苏门答腊来到印度，并且采购香料、染料运回中国。印度商人再把丝绸、瓷器经过红海运往埃及的开罗港或经波斯湾进入两河流域到达安条克，再由希腊、罗马商人从埃及的亚历山大、加沙等港口经地中海海运运往希腊、罗马两大帝国的大小城邦。

至东汉桓帝延熹九年（公元166年），“大秦王丹敦遣使自日南徼外，献象牙、犀角、玳瑁，始乃一通焉”。（《后汉书·西域传》）这是中国同欧洲国家直接友好往来的最早记录。

三国时代，东吴雄踞江东，竭力发展经济，开创造船业，训练水师，以水军立国，并派遣航海使者开发疆土，与外通好。孙吴武装船队出海百余艘，随行将士万余人，北上辽东、高句丽（今朝鲜），南下夷州（今台湾）和东南亚今越南、柬埔寨等国。吴国灭亡时，有战船、商船等5 000多艘。据有学者考证，当时孙吴造船业已发明了原始水密隔舱，其发达的造船业对后世出海远航提供了更为有利便捷的条件。由于航海术的提高，三国孙吴多次派使者出海远航，成为开拓性的壮举。东吴黄武四年（225年）扶南国王范旃遣使来吴国，历时四年，在229年到达东吴，献琉璃。孙权派遣中郎康泰出使扶南国。黄武5年（226年）大秦商人到交趾、吴国首都建业（今南京）。

魏晋南北朝时期，是海上丝绸之路的拓展时期。在这一时期，广州已成为计算海程的起点。通过广州来中国经商的国家和地区大为增加，有15个之多。中外文化交流也进一步得到发展，此期间不少中外佛教僧人经由陆上或海上丝绸之路为阐扬佛法而不惮跋涉之苦，如东晋僧人法显（334—422年）陆上西行，海上归国，由印度入海经狮子国（今斯里兰卡）、耶婆提（今苏门答腊岛或爪哇岛），辗转抵达今青岛崂山，其经历印证了当时海上丝绸之路的繁荣发达。

唐代中期之后，西北陆上丝绸之路阻塞，华北地区经济衰弱，华南地区经济日益发展，海上交通开始兴盛。唐人杜佑对历代南海交通作了个总结：“元鼎（公元前116—前111年）中遣伏波将军路博德开百越，置日南郡，其徼外诸国自武帝以来皆献

① 张星烺：《中西交通史料汇编》第1册，北京：中华书局，1977年，第22页。

见。后汉桓帝时，大秦、天竺皆由此道遣使贡献。及吴孙权，遣宣化从事朱应、中郎康泰奉使诸国，其所经及传闻，则有百数十国，因立记传。晋代通中国者盖鲜。及宋、齐，至者有十余国。自梁武、隋炀，诸国使至逾于前代。大唐贞观以后，声教远被，自古未通者重译而至，又多于梁、隋焉。”① 他认为自两汉开辟海路以来至唐代贞观年间之间的两晋南北朝时期，中国与海外诸国经由海路的来往极其有限，直到唐代这种情形才有根本改观，其观点基本符合历史事实。简而言之，唐代之前海上丝绸之路在对外交往中的作用有限，仅是陆上丝绸之路的有效补充，这从当时统一王朝的首都皆位于长安或者洛阳等纵深内陆的腹地可窥一斑。

（二）海上丝绸之路的勃兴繁荣

宋元时期海上丝绸之路开始成为国家对外交往的主要通道。究其原因是多方面的，首先是国家重视对外贸易，为海上丝绸之路的兴起提供了重要支持，体现在市舶司体制的完备和官本船贸易体制的确立；其次，航海科技的发达、经济重心的南移，也是促成海上丝绸之路兴旺发达的重要因素。

1. 宋元时期的市舶司制度

随着海外贸易的发展，宋初市舶制度已由唐代中央临时派遣管理海外贸易的市舶使发展为市舶司常设机构。唐代仅在广州一处设立市舶使之职位，通常由宦官充任，而宋代设置市舶司或市舶务机构的，有广州、泉州、杭州、明州（今宁波）、温州、秀州（今松江）、江阴、密州（今山东胶县）八处，若包括设置市舶场的澉浦（今浙江海盐）在内，实际上共有九处之多。宋代市舶司的主要职能是征收税款，处置舶货，办理船舶出港和回航手续以及招徕和保护外商等。当时市舶司的相关规定和举措都有力地保护了外商切身利益，为他们的商业活动提供了政治及司法保障，极大地推动了海外贸易的发展。

元代关于市舶的制度，“大抵皆因宋旧制，而为之法焉”②。至元三十年（1293年），在原南宋市舶官员参与下，正式制订了市舶法则二十二条，延祐元年（1314年）又重新颁行。二者内容基本相同，主要包括市舶抽分抽税办法、船舶出海手续、禁运物资种类、市舶司职责范围以及外国商船的管理办法，等等。这些规定主要适用于自行造船出海贸易的商人和“番船”，旨在使海外贸易处于元朝政府的严密控制之下。

---

① 杜佑：《通典》卷188《边防》。

② 《元史》卷94《食货二・市舶》。

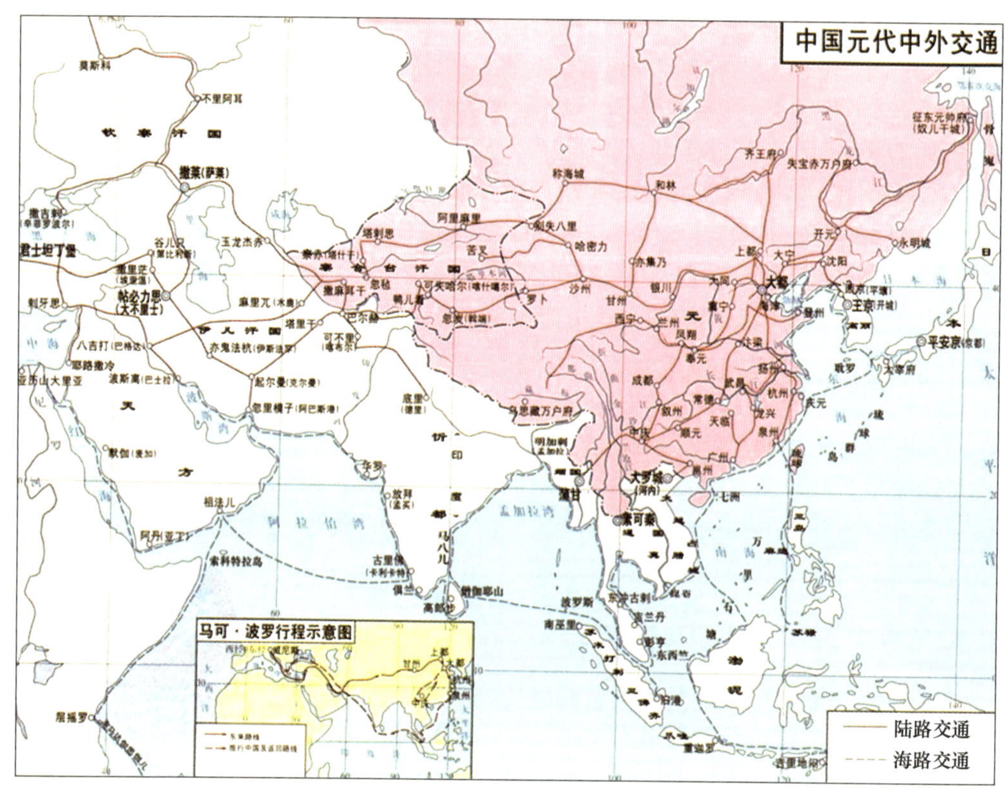

图 17-2 中国元代中外交通[①]

此外，元朝政府还实行过“官本船”的办法，即由政府资助船只货物，选民间商人出海贸易，所得利润由官府和商人按比例分成，一般由官府获其大部分利润。最初实行这个办法是在至元二十二年（1285 年），元朝政府想用这种办法杜绝民户下海从而垄断海外贸易的利益，但禁止私商下海之法没有行通，而“官本船”则一直存在。元代后期，市舶司在一度取消后重新恢复时，泉州曾“买旧有之船，以付舶商”，这些船当然也成了“官本船”。拿国家本钱从事海外贸易的商人，叫做“斡脱”。元朝政府设置的发放高利贷机构斡脱总管府发放给“海蕃市诸蕃者”贷款的利息为八厘，比一般贷款利息要轻 3/4。由此可见，政府对于海外贸易采取了积极的推动政策。但也有学者认为，元代以斡脱为代表的特权官商对海商的压迫和侵夺，严重地挫伤了海商经营的积极性，阻碍了海外贸易的正常发展。

① 张芝联，刘学荣：《世界历史地图集》，北京：中国地图出版社，2002 年。

2. 宋代海外贸易的勃兴

宋代海外贸易盛况空前，主要表现在以下方面：一是同海外的联系比前代更广。宋代人对海外的地理概念比前人更加清晰，专门记载海外情况的著作就有《海外诸蕃地理图》《诸蕃图》《诸蕃志》《岭外代答》等好几部，其中对非洲的记述比前代更为广博，如东非的层拨国（今桑给巴尔）、中理国（今索马里），北非的木兰皮国（实指柏柏尔人在摩洛哥建立的阿尔摩拉维王朝）、默伽国（今摩洛哥）、勿斯里国（今埃及）等。宋代与中南半岛、南海诸国、大食诸国、西亚诸国的贸易比前代更为红火，与高丽、日本的来往也比前更为密切，高丽和日本都辟有专门对宋贸易的港口。二是进出口货物的种类、数量比前代更多。宋代进出口货物达410种以上。按性质可分为宝物、布匹、香货、皮货、杂货、药材等，单是进口香料，其名色就不下百种。进出口货物还有不同的来源和市场。如南海地区主要进口香料、宝物、皮货、食品；精刻的典籍主要销往高丽和日本。三是贸易港口更多，政府对海外贸易的管理更细。宋代对外贸易港口有20余处，设有广州、泉州、明州、杭州、密州5个市舶司，市舶司下有的还设有市舶务、市舶场等下属机构。宋神宗元丰三年（1080年），政府正式修订“广州市舶条（法）”，委官推行，并援用于各市舶司。四是海外贸易的规模更大，经营者身份更复杂。据吴自牧《梦粱录》记述，宋代海船可乘五六百人以上。海船很多，据推断，福州一地就有300余艘宽一丈二尺以上的海船。大批海外蕃客来华贸易且“住唐”，也有中国海商、水手住蕃的现象。宋代海外贸易接经营者身份可分官营和私营2类。官府经营又分2种：一种是国家之间的以交换礼物形式的所谓“贡”“赐”贸易。这种“贡”“赐”贸易是很频繁的。据《宋史》《宋会要》等不完全统计，高丽向宋朝派出使臣达30多次；另一种是宋朝政府派使臣到海外贸易。私商经营也分2种：一种是权贵和官僚；一种是民间商人，包括豪家大姓和中小商人。

在宋朝的海上贸易发展中，除上文所及海上贸易的制度性创新这一重要原因之外，航海科技进步的推动作用也不容忽视。宋代是中国历史上航海科技取得突破性进展的一个历史时期。东南沿海主要海港都有发达的造船业，所造海船载重量大，速度快，船身稳，能调节航向，船板厚，船舱密隔。载重量之大，抗风涛性能之佳，处于当时世界领先地位。海员能熟练运用信风规律出海或返航，通过天象来判断潮汛、风向和阴晴。舟师还掌握了“牵星术”、深水探测技术，使用罗盘导航，指南针引路，并编制了海道图。这些都大大促成了宋代海外贸易的兴盛。

3. 元代海上丝绸之路的繁荣

与宋朝相比，元朝的大一统局面、强大综合国力无疑为海上丝绸之路的进一步繁荣提供了有利条件。元代的税收和海外贸易额、通商口岸数量以及通商国家数量都有较大增长。如成书于南宋后期的《诸蕃志》，记载的南海国家有53个国家和地区。而元代前期成书的《大德南海志》，记录与广州通商的海外国家和地区有143个。元代末年成书的《岛夷志略》，记载海外地名达200多个，其中99个国家和地区是作者汪大渊“身以游览，耳目所亲见”，范围遍及东南亚和印度洋沿岸。后来郑和下西洋所经历的30多个国家和地区，也并未超出元代华商活动的区域。元代海上丝绸之路的拓展，给予中外文化交流以极大推动，如意大利人马可·波罗远涉重洋来到元朝各地游历，直接或间接地开辟了中西方直接联系和接触的新时代。其留下的《马可·波罗游记》脍炙人口，打开了欧洲的地理和心灵视野，也给中世纪的欧洲带来了东方文明的曙光。指南针、印刷术与火药技术的西传，也极大地改变了世界的面貌。

（三）海上丝绸之路的辉煌巅峰

海上丝绸之路的发展在明代达到巅峰。明初以郑和下西洋为代表，国家为主推动的朝贡贸易到达顶峰的时期；明代中期以后，民间海上贸易不断突破海禁政策的限制，与不断东来的西方海上贸易形成交汇之势，使得传统的海上丝绸之路发展到新的高峰。

1. 明初郑和下西洋与朝贡贸易的巅峰

关于郑和下西洋的原因，众说纷纭。但其重要原因之一是建立“朝贡宗藩”关系，开拓一个“万国咸宾”的盛世局面，强化专制皇权并巩固封建统治。期间的贸易活动亦仅是借以招徕海外诸国称藩朝贡的手段，并以此作为纽带，运用怀柔羁縻、恩威并举的外交手腕，建立大明皇朝的宗主国地位。

郑和下西洋首要之务就是“昭示恩威”“普赉天下”，因此每到一国便开读赏赐实行招徕。《明史》载郑和“以次遍历诸番国，宣天子诏，因给赐其君长，不服则以武慑之”。这种外交手腕确实在一定的时间范围内起到一定效果，但它终是一种消极的策略，不可能一劳永逸。故为维持这种断断续续的朝贡，就必须不断地兴师动众，派遣有强大武装的船队督促威服、赏赐招徕各国。这就是郑和要七下西洋，其间还不断派遣大量专使往各国进行开读赏赐的原因之一。

郑和下西洋的另一任务，就是确保朝贡的便利，护送使节贡物的往返，“送往迎来，嘉善而矜不能，所以柔远人”。《瀛涯胜览》记载，满剌加“国王亦自采办方物，挈妻子带领头目驾船跟随宝船赴阙进贡”。锡兰“王常差人赍宝石等物，随同回洋宝船进贡中国”。柯枝“国王亦差头目随同回洋宝船将方物进贡中国”。祖法儿“国王于钦差回日，亦差其头目将乳香、驼鸡等物，跟随宝船以进贡于朝廷焉”。忽鲁谟斯国王

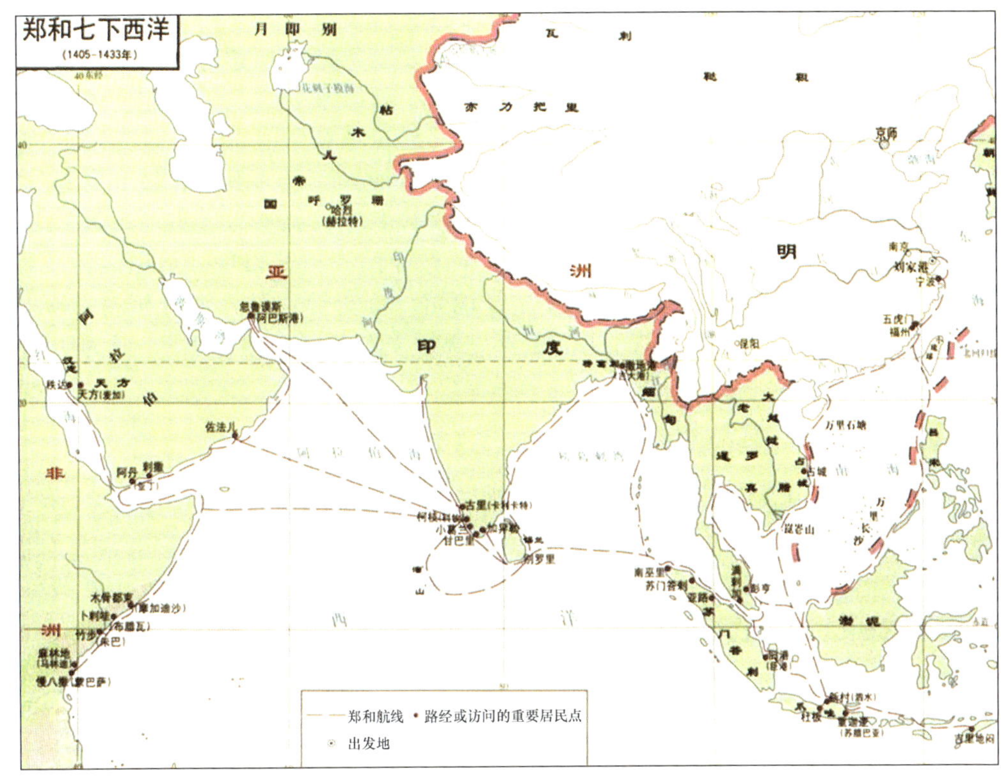

图 17－3　郑和七下西洋图

“差其头目跟随钦差西洋回还宝船赴阙进贡”，等等。在当时海道险阻的航海中，诸国使节货物回返国家亦需要宝船队的护卫迎送。郑和每次下西洋往返，既是一次朝贡贸易的高潮，又是一次规模巨大的藩国朝贡盛会。

2. 大航海时代的来临与东西丝路的交汇

明初郑和下西洋象征着明朝政府主导的朝贡贸易达到顶峰，但与此相伴随的是海禁政策的施行，民间商人私自出海贸易被严厉禁止。郑和下西洋的结束意味着明朝政府放弃了海上丝绸之路的主导权，却间接地促成民间海上贸易的逐渐兴起。

明代中叶以来，东南滨海地域的民间海上私贩呈现日益活跃的迅猛态势。明嘉靖二年（1523 年）发生在宁波的争贡之役，使得日本武装商人窥见明朝海防的废弛状态。而 15 世纪末到 16 世纪中期，正值以西班牙、葡萄牙为代表的海上殖民势力探索全球航线的大航海时代。到 16 世纪中叶，西班牙、葡萄牙已经占据了东亚冲要位置的各个港口。种种因缘际会，导致东西海上贸易力量在东亚形成合奏，从根本上动摇了朝贡贸易体制。例如位于今宁波六横岛的双屿港、福建海澄县的月港、与今珠海、香港隔海相望的澳门，原本都是在明代中叶以来朝贡贸易体制之外崛起的私商贸易港口，这些港口当时已经与马六甲、马尼拉等东南亚贸易港口连接成为贸易网络，日本浪人、犯禁出海贸易的华商以及西方商人都卷入其中，展开交易。私人海上贸易蓬勃发展的形势迫使明王朝不得不因势利导，调整海上贸易政策。明隆庆元年（1567 年）明朝中央政府接受福建巡抚涂泽民“请开市舶，易私贩为公贩”的建议，以月港为治所设立海澄县，设立督饷馆，负责管理私人海外贸易并征税。自此月港“所贸金钱，岁无虑数十万，公私并赖，其殆天子之南库也”，成为明朝财政所倚重的重要来源。

（四）海上丝绸之路的没落衰退

自明代起，海禁政策就成为海上丝绸之路进一步发展的制约因素，清代继续沿袭明代的海禁政策，并上升到全面闭关锁国，从而丧失了与世界同步发展的最佳时机。鸦片战争爆发后，中国逐步被动接受西方主导的条约体系的宰制，这也意味着传统的海上丝绸之路开始其近代转型。

1. 嘉靖倭寇与明代海上贸易政策的变迁

明初实行海禁，中外贸易基本限定在“朝贡贸易”的框架之内进行，私人海上贸易则被严厉禁止。“朝贡贸易”是一种由政府统治的对外商业交往形式，即政府特许外国“贡舶”附带一定数量的商货，在指定地点与中国官民交易。朝贡贸易的政治色彩远重于经济色彩。明初政府从朝贡贸易中所得经济利益有限，而财政负担却日益沉重。为减轻财政负担，自明永乐时起渐对朝贡的国家和地区实行颁给“勘合”的制度，没有“勘合”的外国船只不许入港。明代中期以后，更对贡期、贡船数目、随船人数、进境路线及停泊口岸等也都做出限制性规定。明中期日趋严重的东南沿海倭患也促使明王朝的对外政策趋于内向保守，最终导致了明嘉靖年间的全面海禁。

倭寇之患肇始于元末，明初也甚为猖獗。15 世纪后期日本进入战国时代，其国内大小诸侯争遣商船前来明朝沿海，同时还有诸多浪人集团纠集亡命之徒掠夺滨海地区，倭患从此严重起来。嘉靖时期的海禁并未能有效防止倭患，徒使正常的海外贸易受阻。东南的富商势豪便乘机大搞走私获取厚利，甚至勾结日本浪人、海盗劫掠沿海，骚扰内地。明王朝禁海而不修武备，对倭寇袭扰束手无策。尤其嘉靖二十九年（1550 年）

主张打击倭寇的朱纨被诬陷自杀后，十数年间，“中外摇手，不敢复言海禁事”[①]，致使东南一带滨海地区倭寇横行，沿海工商业受害匪浅，因此市舶的罢与复、开与闭的争论时起。嘉靖末年随着沿海倭患基本肃清，明政府在隆庆初接受了福建巡抚涂泽民的建言，部分开放海禁，本国商船准赴除日本以外的东西洋国家贩货，日本以外国家的商船也被允许进入中国口岸贸易[②]。明万历二十七年（1599 年），又恢复广州、宁波二市舶司，算是正式开放了海禁，民间私人海上贸易乘机蓬勃发展起来，成为当时对外商业交往中十分突出的景观。浙、闽、广沿海一些府县人民及徽州商帮造船出海，走洋成风，“富家以财，贫人以躯，输中华之产，驰异域之邦”[③]。中国海商足迹遍及日本、吕宋及南洋各地，许多人长期侨居国外，形成华人聚落。福建前往吕宋贸易的华商“至数万人，往往久居不返，至长子孙”[④]。在今马来半岛，华人流寓者“踵相接”，更南边的爪哇也有华人客居成聚[⑤]。

开放海禁是明朝海外贸易政策的一个积极转变，但是为时已晚。其时明王朝面临日趋严峻的国内矛盾和外部形势，无法赋予这种转变以更加积极的意义。私人海外贸易丧失了国家力量的有力后盾，仅由民间商业力量独自向前推进，政府除了消极地予以控制，就只有出于财政税收的盘剥榨取，兼之明代后期的腐败吏治，对海外贸易的发展有害而无利。

2. 清初海禁政策与海上贸易的衰落

中国的海禁政策由来已久，时断时续，从元、明到清朝都实施过不同程度的海禁政策。元代“官本船”贸易就同时辅以海禁措施，以期达到垄断海外贸易利润的目的，但是元代从未一以贯之地严格执行，民间海外贸易仍然蓬勃发展，与“官本船”贸易并行不悖。明朝建立之后，逐渐开始施行严厉的海禁政策，并上升到国家层面。从明太祖洪武元年（1368 年）发布第一个禁海令，到明穆宗隆庆元年（1567 年）废止海禁时止，历经两百年之久，期间正值葡萄牙、西班牙开始大航海的历史时期。1557 年葡萄牙人已经来到大明国门口，获得在澳门居住的权利。

清廷入关之后，为了禁止和截断东南沿海的抗清势力与据守台湾的郑成功、郑经的联系，曾于清顺治十二年（1655 年）、顺治十三年（1656 年）、康熙元年（1662 年）、康熙五年（1666 年）、康熙十四年（1675 年）五次颁布禁海令；并于顺治十七

---

① 《明史》卷 205《朱纨传》。
② 张燮《东西洋考》卷 7。
③ 清乾隆《海澄县志》卷 15《风俗》。
④ 《明史》卷 323《外国传四・吕宋》。
⑤ 张燮《东西洋考》卷 3。

年（1660 年）、康熙元年（1662 年）、康熙十七年（1678 年）三次颁布“迁海令”，禁止人民出海贸易。1683 年，康熙接受东南沿海的官员请求，停止了清代前期的海禁政策。但是康熙的开海禁是有限制的，其中最大的限制就是不许与西方贸易。康熙曾口谕大臣除东洋外不许与他国贸易，“海外如西洋等国，千百年后中国恐受其累，此朕逆料之言”。而且此时日本的德川幕府为了防止中国产品对日本的冲击，对与清廷的贸易也采取严格的限制。因此，此时的海外贸易与明末相比，已经大为衰弱。

清乾隆末期，清廷开始实行全面的闭关锁国政策，一开始设立江、浙、闽、粤四口通商，后来只只保留广州一口对外通商，且由“十三行”垄断其进出贸易。清廷的闭关锁国政策完全阻碍了中国与西方世界的接触，从而丧失了与世界同步发展的最佳时期，为后来的百年积弱落后埋下伏笔。

3. 朝贡体系、条约体系冲突背景下的海上丝绸之路

朝贡体系是自公元前3 世纪始至19 世纪末期，存在于东亚、东南亚和中亚地区的，以中国中原帝国为主要核心的等级制网状政治秩序体系。常与条约体系、殖民体系并称，是世界主要国际关系模式之一。

朝贡体系的雏形是古代中国（大陆地区）的畿服制度。即中原王朝的君主（或君王）是内服和外服的共主（“天子”），君主在王国的“内服”（中心地区）进行直接行政管理，对直属地区之外“外服”（边缘地区）则由中原王朝册封地方统治者进行治理，内服和外服相互保卫。由此形成“普天之下，莫非王土”的世界共主的“天下”概念。在历史发展和文化传播过程中，中心“内服”统治区域不断扩展，许多“外服”地区在接受“内服”地区的社会组织和思想文化观念后，慢慢变成“内服”的一部分，而不断形成新的“外服”地区。在这种内、外服之间的不断转化就形成所谓的“华夷之辨”。在朝贡体系影响下，东亚地区逐渐形成一个以汉字、儒家、佛教为纽带的东亚文化圈。

1648 年，随着威斯特伐利亚条约的签订，条约体系逐渐成为欧洲国家之间处理战、和关系的唯一准绳。同时，殖民体系成为欧洲国家在与其他弱小部族交往时的主导体系。随着欧洲国家逐渐同东方世界直接接触，条约体系与朝贡体系之间的冲突便开始发生。欧洲势力逐渐蚕食中国周边的各小国，使得朝贡体系内的成员大幅减少。到清代中期，朝贡国减少到七个：朝鲜、越南、南掌、缅甸、苏禄、暹罗、琉球。但是，这并没有动摇朝贡体系的基础。直到 1793 年，随着英国乔治·马戛尔尼使团正式到访中国，条约体系和朝贡体系方才发生了全面碰撞。马戛尔尼提出的互派使节、签订通商条约等要求，均被乾隆帝以“不可更张定制”为由拒绝。但进入 19 世纪，两种不同体制之间的摩擦终于达到了不可调和的程度，导致了鸦片战争的爆发。1842 年，战败

的清王朝被迫与英国签订了《中英南京条约》，首次以文字规定了中国和外国平等往来，朝贡体系的基础遭到了不可挽回的动摇。

在接下来的数十年中，朝贡体系被一个又一个条约削弱。1871 年，中国清朝政府虽然一再以“大信不约”为借口拒绝同日本签订平等条约，但是最后仍然被迫签订了《中日修好条规》，朝贡体系开始破裂。随着中法战争和中日甲午战争爆发后《中法新约》和《马关条约》的签订，朝贡体系内最后的成员越南和朝鲜也脱离了这一体系，朝贡体系彻底崩溃。

自第一次鸦片战争后签订条约直到清朝灭亡，就东亚地区的地缘政治格局而言，是以中国为中心的朝贡体系崩溃并被动纳入西方列强主导的条约体系的过程，中国被迫面临“从天下到万国”的近代转型。就经济层面而言，中国被迫向西方资本开放越来越多的通商口岸，从五口（广州、厦门、福州、宁波、上海）通商直到江河腹地港口直接洞开，开放范围渐次扩大，自给自足的自然经济体系遭到强烈冲击，日益成为世界资本主义市场的一部分。如果单就中外交往的幅度与烈度而言，远超传统海上丝绸之路时代。但是这一过程伴随中国主权的渐次沦丧，也就意味着这期间海上丝绸之路的发展使中国丧失了主导权，被动接受西方主导的条约体系的宰制，中国并未因开放程度扩大而在经济上获取应得利益，而是沦为西方资本的原料产地和商品倾销市场。

表 17－1　古代海上丝绸之路兴衰演替的时代表

历史时段	代表性路线	重要始发港	总体特征	主要贸易物品
秦汉时期	从徐闻、合浦等地起航后，沿着印度支那半岛的海岸线航行，渡过暹罗湾后，再南下至马来半岛东岸登陆，步行越过克拉地峡，到西岸今缅甸的一个港口再乘船，然后绕孟加拉湾海岸线航行，抵印度半岛东南隅，南下斯里兰卡返航	徐闻（今广东徐闻县）、合浦（今广西合浦）港、番禺（今广州）	海上丝绸之路的发轫期。中国开始经由海上与西方文明中心东罗马帝国发生直接联系	丝绸、铁器、铜镜、漆器、象牙、犀角、玳瑁、宝石、玻璃等
三国、魏晋、南北朝	自建康（今南京）北上辽东、高句丽（今朝鲜），南下夷州（今台湾）和东南亚今越南、柬埔寨等国，西至印度	建康、广州	海上丝绸之路的拓展期。经由海上与中国交往的国家增多，伴随而来的中外文化交流的内容与形式均超越前代	丝绸、瓷器、纸张、铜器、玉器、药材、茶叶、琉璃、葡萄、马匹、珊瑚、香料等

续表

历史时段	代表性路线	重要始发港	总体特征	主要贸易物品
隋、唐、五代	自广州出发，经越南沿海、通往东南亚、印度洋北部诸国、红海沿岸、东北非和波斯湾诸国	广州、泉州、扬州、登州	海上丝绸之路的拓展期。海上丝绸之路在国家对外交往方面的地位大幅上升，中央政府开始派员充任市舶使以管理海外贸易	丝绸、瓷器、药材、书籍、香料等
宋代	自泉州、广州诸港出发，经越南沿海、通往东南亚、印度洋北部诸国、红海沿岸、东北非和波斯湾诸国	广州、杭州、宁波、泉州、胶州、嘉兴府（秀州）华亭县（今松江）、镇江府、苏州、温州、江阴、海盐	海上丝绸之路的繁荣期。设置市舶司机构，海外贸易管理体制进一步完备，航海科技高度发达	丝绸、瓷器、药材、书籍、铜钱、香料等
元代	自泉州、广州诸港出发，经越南沿海、通往东南亚、印度洋北部诸国、红海沿岸、东北非和波斯湾诸国，通商国家和地区大大增加	泉州、庆元（宁波）、广州	海上丝绸之路的繁荣期。政府大力推动海外贸易，创立“官本船”贸易制度，海外通商国家进一步增多	瓷器、丝绸、药材、书籍、珠宝等
明代	自太仓、泉州、广州诸港出发，经越南沿海、通过马六甲海峡、经马尔代夫群岛、至孟加拉湾、斯里兰卡及南印度东部诸邦、红海沿岸、东北非和波斯湾诸国；自泉州经马尼拉至南美	太仓刘家港、宁波双屿、漳州月港、澳门、泉州、广州	海上丝绸之路的辉煌巅峰。朝贡贸易达到巅峰，民间海上贸易蓬勃兴起，但海禁体制制约了海上丝绸之路的发展	瓷器、茶叶、丝绸、药材、书籍、珠宝、动物、美洲农作物等
清代	除明代旧有航线外，开辟了自沿海诸港经马尼拉、雅加达、香港、新加坡等新兴港市抵达美洲的航线	上海、宁波、厦门、广州、香港、澳门	海上丝绸之路的没落衰退。海禁延续并发展成为全面的闭关锁国政策，阻碍了中外交往的发展，中国丧失对于海上丝绸之路的主导权	茶叶、瓷器、药材、书籍等

三、古代海上丝绸之路兴衰的历史经验与现实启示

海上丝绸之路是东西方交流合作的象征，是世界各国共有的历史文化遗产。在秦汉至明清期间古代海上丝绸之路的发展历史中，国家权力与民间力量的博弈、陆上丝绸之路与海上丝绸之路的主次转换、海上丝绸之路兴衰的内外因素、推动海上丝绸之路的缓急迟速等都是建设“21 世纪海上丝绸之路”进程中值得借鉴的历史经验。

（一）古代海上丝绸之路兴衰的历史经验

一是国家对外贸易政策是决定海上丝绸之路兴衰的决定因素。宋朝和元朝政府鼓励民间的海上贸易活动，这使得中国商人成功地参与到以往穆斯林商人垄断的海洋贸易，并取代了穆斯林在东亚和东南亚的海上优势。在 12—15 世纪间，中国商人遍布东南亚及印度港口，基本垄断了中国到印度间的航运，并主导着海上丝绸之路沿线的国际贸易。元代更进一步加大对海外贸易的支持，甚至建立管理海外贸易的专门机构如行泉府司、斡脱总管府等，官府权贵直接参与海外贸易，极大推动了海上丝绸之路的蓬勃发展。明初政府鉴于倭寇活动的猖獗，错误施行严厉的海禁政策，屡屡下旨禁止民众出海贸易。郑和下西洋是官方的海洋活动，通过耀威异域，从而最终达到万邦来朝，重塑朝贡体制的政治目的。朝贡贸易与海禁体制两个因素的共同作用，导致国家成为海洋活动的唯一主体，而完全压抑民间海上力量的发展，使得中国渐渐丧失了对于海上丝绸之路的主导权。这种海禁体制被清朝所继承，并进一步发展成为闭关锁国的刚性政策，直到 19 世纪中期国门被西方的炮舰外交所洞开。

二是海上丝绸之路是东西方先民互为推动、双向努力的结果。海上丝绸之路的兴衰与否，并不能简单归结到自身因素，也牵涉极其复杂的外部因素。海上丝绸之路并非中国人民在唱独角戏，其沿线各国与各民族均起过重要作用，只是主次有别。很多证据表明，海上丝绸之路的开辟并不是古代中国单向的历史壮举。在海上丝绸之路的发展史上，希腊人、罗马人、埃及人、印度人、波斯人、阿拉伯人等在经营海上交通和东西方贸易上都做出过重大贡献，有力地推动了海上丝绸之路的兴起。大体而言，由于中国综合国力在唐宋至明初的世界上具有举足轻重的地位，因此能够主导海上丝绸之路的发展进程，并从中获取相应国家利益；而明中期以降到清代，中国在科技、军事、文化等领域日益落后于西方诸国，在海洋经略方面日趋封闭保守，也就渐次丧失对于海上丝绸之路的主导能力。海上丝绸之路不仅是中国的，更是世界的，是人类智慧的共同结晶。

三是古代推动海上丝绸之路发展进程缓急迟速的历史经验非常值得注意。总体而

言，南宋到元代海上丝绸之路的进程与节奏较为合理，官方、民间参与的力度与进度相对匹配，形成国家与利益协调共进持续发展的局面。明初到清代则提供了反面教训，尤其是明初郑和下西洋表面看轰轰烈烈，但由于推动朝贡贸易的政治动机过于强烈，缺乏弹性的海禁政策扼杀了宋元以来民间海上力量的参与活力，结果是欲速不达，难以为继。

四是区域的安全稳定是陆上丝绸之路与海上丝绸之路兴衰的外部因素。陆上丝绸之路与海上丝绸之路在中国的不同历史时期，在国家对外交往方面的重要程度也有所不同。早在20世纪90年度初，陈高华先生在其《海上丝绸之路》一书中提到，唐代中期以前，“陆上丝绸之路是丝绸外销的主要渠道，骆驼和马是运输丝绸的主要交通工具。海上丝绸之路虽不断发展，但总的说来还处于比较次要的地位。唐代中期以后，西域交通受阻，中国的经济重心逐渐南移，陆上丝绸之路自此急剧衰落下去；后来时断时续，始终不能恢复原来的盛况。于是海上丝绸之路取而代之，并日趋兴盛，成为丝绸外销的主要途径”。

（二）对21世纪海上丝绸之路建设的启示

一是建设21世纪海上丝绸之路必须综合施策。从古代海上丝绸之路的兴衰经验来看，必须统筹考虑国家政权和民间力量如何合力应对国际竞争以及如何创造一个合理的制度来维持长久的繁荣。在21世纪海上丝绸之路建设中，国家海上力量必须能够维护中国和平发展的海洋安全环境，保证海上航道的安全；经济层面需要鼓励国有企业及民间资本走出去，与沿线国家共同发展，两者缺一不可。

二是“一带一路”建设必须互相促进、互为补充。从历史经验看，古代海上丝绸之路兴盛，是根据国际形势变化灵活运用的结果。当代的一带一路建设，也必须海陆兼顾，不可偏废。陆上丝绸之路经济带是促进我国与周边国家政治、经济、贸易和文化交流与合作的重要发展区域，21世纪海上丝绸之路则是其重要支撑和保障，二者均不可或缺。

三是建设21世纪海上丝绸之路必须维护周边环境安全。古代海上丝绸之路的繁荣与否，不仅牵涉到国内的经济发展程度及统治阶层和普通国民的对外交往意愿等国内因素，也与国际格局的风云变幻息息相关。两者相权，国内因素总是起主要作用，这是由于中国的综合国力曾经在世界上具有举足轻重的地位，并且是国际秩序的主导者以及国际规则的制定者，能够主导海上丝绸之路的发展进程，这种历史上曾经拥有的国家能力和国际格局实际上今天并不完全具备。当下中国实际仍然处于以欧美主导的条约体系之下，如何对内继续深化改革以增强国家能力，对外加大国际游戏规则制定的参与力度，逐渐掌握中外交往的节奏感与主导权，是当下中国亟待解决的战略问题。

四是要加强海洋合作，稳步推进21世纪海上丝绸之路建设。推进21世纪海上丝绸之路建设是一个长期且曲折的过程，是一项系统工程，必须根据国内、国际政治经济形势的变化，适时调整节奏，总体上忌盲动躁进，要坚持共商、共建、共享原则，积极推进沿线国家发展战略的相互对接。妥善因应海上战略竞争对手的堵截与挑衅；但可以利用国际格局瞬息万变、稍纵即逝的机遇，加紧改革以提升国家的海洋治理能力，以新的形式使亚洲、欧洲、非洲各国联系更加紧密，互利合作迈向新的历史高度，让古丝绸之路焕发新的生机活力。

四、小结

海上丝绸之路作为古代中外贸易的海上重要通道，早在中国秦汉时代就已经出现，到宋元时期达到鼎盛，自明朝海禁后逐渐趋向衰落。海上丝绸之路一直是沟通东西方经济、文化交流的重要桥梁。回顾古代海上丝绸之路的历史变迁，可以看出海洋贸易对大国竞争和文明兴衰的深刻影响，商业力量如何推动国家政策的变化，国家和民间如何合力应对国际间的竞争以及如何创造一个合理的制度来维持长久的繁荣，等等。这些历史经验在经济全球化、区域一体化深入发展的今天，对当前21世纪海上丝绸之路建设，顺利实施“一带一路”战略，仍然有着深刻的现实意义。

第十八章　建设 21 世纪海上丝绸之路

2013 年，习近平主席提出共同建设丝绸之路经济带和 21 世纪海上丝绸之路的合作倡议。共建“一带一路”战略，为沿线各国共谋发展、共同繁荣提供了新的重大契机，得到了国际社会特别是沿线各国的高度关注和积极响应。① 2015 年 3 月 28 日，国家发展改革委、外交部、商务部发布了《推动共建丝绸之路经济带和 21 世纪海上丝绸之路的愿景与行动》（下称《愿景与行动》），标志着海上丝绸之路建设已从战略构想进入到实施阶段。《愿景与行动》的时代背景、基本内涵和合作重点是未来推进 21 世纪海上丝绸之路建设的重要指导性文件。

一、建设 21 世纪海上丝绸之路的时代背景

当前，世界经济重心加速向亚太地区转移，各国以海洋为纽带，更加密切地开展市场、技术、信息等方面的交流，一个更加注重海洋合作与发展的新时代已经到来。21 世纪海上丝绸之路是中国提出的适应经济全球化新形势、扩大同各沿海国家和地区利益汇合点的重大战略，是构建开放型经济新体制的重要举措，将其放在全球时代大背景下去考察，具有多重意义。

（一）国际背景

当今世界正发生复杂深刻的变化，国际金融危机深层次影响继续显现，世界经济缓慢复苏、发展分化，国际投资贸易格局和多边投资贸易规则酝酿深刻调整，各国面临的发展问题依然严峻。在以和平、发展、合作、共赢为主题的新时代，面对复苏乏力的全球经济形势，纷繁复杂的国际和地区局面，传承和弘扬古代丝绸之路精神、建设 21 世纪海上丝绸之路尤为重要。

从全球看，第一，世界多极化、经济全球化深入发展，以中国为代表的新兴经济体成为世界经济增长的引擎，全球合作向多层次全方位拓展。中国正在走向世界舞台的中心，在重塑全球经济治理结构中有了更大的话语权，也将承担更多的责任和义务。

① 2015 年 2 月 12 日，中共中央政治局委员、中央书记处书记、中宣部部长刘奇葆在 21 世纪海上丝绸之路国际研讨会高峰论坛上发表主旨演讲。

第二，国际投资贸易领域出现竞争加剧的新趋势。美国主导推进的跨太平洋伙伴关系协定（TPP）和跨大西洋贸易与投资伙伴关系协定（TTIP）谈判对中国构成现实压力，迫切要求中国加快推进多双边投资贸易自由化，增强中国在国际经贸规则制定中的主动权。第三，全球能源版图出现重心转移新调整。美国对中东油气资源依赖程度明显下降，减轻了其对全球能源格局及地缘政治施加影响的后顾之忧。中国在增加能源供给渠道的同时，也相应增加了风险，要求我们合理布局能源进口来源，加快构建海陆能源安全通道，提升国家能源安全水平。

从周边看，中国近年来正在努力构建和平、合作的周边环境，包括倡导“互信、互利、平等、协作”的亚洲新安全观，推进中国－东盟自贸区建设等一系列措施。但是，近年来围绕东亚、东南亚特别是中国周边政治、经济、外交、军事等博弈日益激烈，这些因素对中国构建和平、合作的周边环境产生了不利的影响，“一带一路”建设正是中国通过努力消除和化解这一系列不利影响的新的方式和手段。共建“一带一路”将致力于亚欧非大陆及附近海洋的互联互通，建立和加强沿线各国合作伙伴关系，实现沿线各国多元、自主、平衡、可持续的发展，增进沿线各国人民的人文交流与文明互鉴，让各国人民相逢相知、互信互敬，共享和谐、安宁、富裕的生活。

（二）国内需求

中国经济和世界经济高度关联。推进“一带一路”建设，构建全方位开放新格局，深度融入世界经济体系，既是中国扩大和深化对外开放的需要，也是加强和亚欧非及世界各国互利合作的需要。

一是有利于开启面向海洋的全方位对外开放新格局，通过开放的区域海洋合作，维护全球自由贸易体系和开放型世界经济。目前，中国经济改革进入攻坚期，深度开放需要从战略全局关注海洋，走向更广阔的海洋。党的十八届三中全会决议提出，“加快沿边开放步伐，加快同周边国家和区域基础设施互联互通建设，形成全方位开放新格局”。21 世纪海上丝绸之路是一条以和谐海洋为愿景、以合作共赢为目标、以开放创新为路径，与周边国家共建的“人海和谐、和平发展、安全便利、合作共赢”之路。其建设近期将立足于夯实与东盟及其他国家的经济合作基础，通过海上互联互通、港口城市合作以及海洋经济合作等途径，将把中国和东南亚国家的临海港口城市串起来，互通有无。这一方面将深化与沿线国家的经济合作，推动中国加快走向深远海，形成面向海洋、联通欧亚大陆的全方位对外开放新格局；另一方面也利于中国东盟自由贸易区建设的升级和区域全面经济伙伴关系（RCEP）建设，造福中国与东盟，辐射带动东南亚及中东、东非和欧洲。

二是有利于构建和平与稳定的周边海洋环境，共同打造开放、包容、均衡、普惠的区域合作架构。目前，亚太地缘政治经济格局步入深度调整期，竞争与合作并存。其总体趋势是世界和区域海洋大国努力建立和巩固陆上支点，拓展和延伸海上布势，以谋求海洋优势地位来争取地缘战略优势，亚太海洋权益之争日趋激烈。与此同时，亚太地区经济合作呈现多框架并存、交错重叠和竞争性合作的态势。亚太政治军事经济力量对比变化迫切需要我们积极作为，建构符合时代特征，顺应地区各国人民共同期待的区域合作框架，为塑造和平稳定、合作发展、互利共赢、平等互信的亚太新格局提供积极导向和正能量支持。21 世纪“海上丝绸之路”建设，将进一步促进中国与周边国家合作，激发各国发展活力，构建更广阔领域的共赢关系，有利于打造稳定的合作环境，为地区的长远稳定与繁荣发展创造新的机遇。

三是顺应世界多极化、经济全球化、文化多样化、社会信息化的潮流，有利于形成中国与沿线国家经济发展和文化交流的大通道，保障海上贸易和运输通道的安全畅通，促进经济要素有序自由流动、资源高效配置和市场深度融合。经过 30 多年的经济高速发展，中国已进入中等收入国家之列以及工业化和城镇化的“中后期”发展阶段，中国当前所面临的资源、能源和环境安全之间的矛盾越来越突出。当前中国重要能源资源对国际市场的依赖程度越来越高。2012 年，中国成为全球最大的能源消费国，原油进口量达 2.7 亿吨，对外依存度突破 60%，其中从中东进口原油量占总进口量的 45%。欧洲和非洲也是海上丝绸之路重要的节点和目的地。目前欧洲是中国第二大贸易伙伴，中国已成为非洲最大贸易伙伴国，非洲成为中国重要的进口来源地、第二大海外工程承包市场和第四大投资目的地。①“一带一路”建设将以亚洲国家为重点方向，扩展辐射至欧洲和非洲，以陆上和海上经济合作走廊为依托，以人文交流为纽带，以共商、共建、共享为原则，积极探索国际合作以及全球治理新模式，推动沿线各国实现经济政策协调，形成中国同沿线各国经贸和文化交流的大通道。

（三）基本内涵

“丝绸之路”是古代中国与西方所有政治、经济、文化往来通道的统称，是具有历史意义的文明传播之路，它开拓于陆上，又发展于海上。中国提出建设 21 世纪海上丝绸之路，是希望发掘古代海上丝绸之路特有的价值和理念，并为其注入新的时代内涵，积极主动地发展与沿线国家的经济伙伴关系。用“丝绸之路”的理念和精神把现在正在进行的各种各样的合作，整合起来，使它们相互连接，相互促进，产生“一加一大于二”的整合效应，共同打造政治互信、经济融合、文化包容、互联互通的利益共同体和命运共同体，以实现地区各国的共同发展、共同繁荣。

---

① 中华人民共和国国务院新闻办公室：《中国与非洲的经贸合作（2013）》，2013 年 8 月。

建设21世纪海上丝绸之路的构想虽然是中国提出来的，但它不是一个实体和机制，而是合作发展的理念和倡议，秉持开放包容精神；不是从零开始，而是现有合作的延续和升级；更不是由中国一家主导的地缘经济计划，更非一些西方学者所称，中国试图通过重建海上丝绸之路来恢复历史上中国主导的、建立在朝贡制度基础上的“华夷秩序”。21世纪海上丝绸之路建设将多个国家和地区连接起来，将广泛的合作领域统合起来，是以经济合作为中心，照顾各方关切，扩大利益汇合点，利用现有合作机制和平台，由沿线各国共同推进的务实合作进程。

2013年，习近平主席在印度尼西亚国会发表演讲时表示，中国愿同东盟国家加强海上合作，发展好海洋合作伙伴关系，共同建设21世纪海上丝绸之路。发展好海洋伙伴关系既是21世纪海上丝绸之路建设的题中要义，更是实现其长远目标的“先手棋”和“突破口”。

二、建设21世纪海上丝绸之路的愿景蓝图

自国家主席习近平2013年9月5日在哈萨克斯坦和印度尼西亚访问时提出建设“丝绸之路经济带”和“21世纪海上丝绸之路”以来，中国开始大力推进“一带一路”建设。2013年11月15日，党的十八届三中全会审议通过了《中共中央关于全面深化改革若干重大问题的决定》（以下简称《决定》），《决定》提出，同周边国家和区域基础设施互联互通建设，推进丝绸之路经济带、海上丝绸之路建设，形成全方位开放新格局。2015年“两会”期间，李克强总理在《政府工作报告》中介绍今年重点工作时指出，将“抓紧规划建设丝绸之路经济带、21世纪海上丝绸之路，推进孟中印缅、中巴经济走廊建设，推出一批重大支撑项目，加快基础设施互联互通，拓展国际经济技术合作新空间”。3月发布的《推动共建丝绸之路经济带和21世纪海上丝绸之路的愿景与行动》全面阐释了中国与沿线各国推动“一带一路”构想的背景、基本原则和行动计划，是沿线国家乃至世界各国深入、全面了解“一带一路”战略、积极参与“一带一路”战略的纲领性文件。

表18－1　《推动共建丝绸之路经济带和21世纪海上丝绸之路的愿景与行动》主要内容

章节	主要内容
时代背景	共建“一带一路”符合国际社会的根本利益，彰显人类社会共同理想和美好追求，是国际合作以及全球治理新模式的积极探索，将为世界和平发展增添新的正能量

续表

章节	主要内容
框架思路	“一带一路”是促进共同发展、实现共同繁荣的合作共赢之路，是增进理解信任、加强全方位交流的和平友谊之路 21 世纪海上丝绸之路重点方向是从中国沿海港口过南海到印度洋，延伸至欧洲；从中国沿海港口过南海到南太平洋
共建原则	坚持开放合作、坚持和谐包容、坚持市场运作、坚持互利共赢
合作重点	政策沟通、设施联通、贸易畅通、资金融通、民心相通
中国积极行动	高层引领推动、签署合作框架、推动项目建设、完善政策措施、发挥平台作用
共创美好未来	“一带一路”是一条互尊互信之路，一条合作共赢之路，一条文明互鉴之路。只要沿线各国和衷共济、相向而行，就一定能够谱写建设丝绸之路经济带和 21 世纪海上丝绸之路的新篇章，让沿线各国人民共享“一带一路”共建成果

（一）总体思路

建设 21 世纪海上丝绸之路的倡议符合沿线国家发展经济、改善民生的根本利益。21 世纪“海上丝绸之路”建设要坚持以“平等合作、互利共赢、开放包容、和谐和睦”为基本原则的新型价值观、合作观、发展观。要坚持“政策沟通、道路连通、贸易畅通、货币流通、民心相通”的“五通”原则，按照“以点带面，从线到片，逐步形成区域大合作”的工作思路，充分发挥比较优势，找准与沿线国家海洋合作利益契合点，发展好海洋合作伙伴关系，统筹规划、长远布局、分步实施。

（二）基本原则

一是坚持开放包容、合作共赢的原则。将中国的需求与沿线国家的发展战略、产业布局相结合，照顾各方利益关键，扩大利益汇合点，广泛吸纳各方共同参与，共同建设，共同发展，打造普惠海洋产业经济带与海洋合作之路。

二是坚持政府引导、市场运作的原则。21 世纪海上丝绸之路建设，要遵循国际通行规则，充分发挥市场配置资源的决定性作用以及企业的主体作用，找准与沿线国家的契合点，通过国内引导、国际合作，按照商业原则和运作方式，将中国优势海洋产业与沿线国家更好对接。

三是坚持分类施策、重点突破的原则。根据沿线国家情况和中国需求，对不同国家采取不同的合作策略，增强针对性和可行性。选择优先国家、优先领域、优先突破，坚持海洋产业合作和其他海洋领域合作并举，形成示范带动效应。

四是坚持立足当前、着眼长远的原则。坚持要依靠中国与有关国家既有的双、多边海洋合作机制和框架，借助区域既有的、行之有效的海洋合作平台，发展和完善海洋合作伙伴关系网络，使沿线各国的联系更加紧密和便捷，实现区域内海洋能源资源、海洋产业和文化合理布局、互相补充，逐步形成区域海洋合作大格局。

（三）重点方向

21世纪海上丝绸之路建设重点方向有两个，一是从中国沿海港口过南海到印度洋，延伸至欧洲/北非；二是从中国沿海港口过南海到南太平洋。

1. 中国－南海－印度洋－欧洲/北非方向

21世纪海上丝绸之路的中国－南海－印度洋－欧洲/北非方向大致可分为两个次区域：① 中国－东盟及次区域。东南亚地区自古以来就是海上丝绸之路的重要枢纽。中国－东盟及次区域是中国－东盟自贸易区、区域全面经济伙伴关系协定（RCEP）以及孟中印缅经济走廊等合作机制的覆盖区域，涉及南海周边的越南、菲律宾、马来西亚、文莱、印度尼西亚、老挝、柬埔寨、泰国、缅甸、印度等国家，区域发展潜力大，海港、海运、海洋经济发展基础好，是21世纪海上丝绸之路建设的核心区域。② 中国－西亚－欧洲/北非地区。该区域涉及西亚地区、北非国家至欧洲的希腊、土耳其等国家。西亚地区是中巴经济走廊的重要出海口，同时也是中国能源的重要进口地，对于中国的经济发展至关重要。北非的埃及扼苏伊士运河，是中国通往欧洲的重要海上通道。土耳其是新亚欧大陆桥经济走廊、中伊土经济走廊的重要出海口，是陆上丝绸之路经济带的关键节点。希腊是陆上丝绸之路经济带和海上丝绸之路进入欧洲的重要桥头堡，2014年6月，李克强总理访问希腊时，希方表示，愿与中方全面深化各领域友好互利合作和人文交流，将支持并积极参与中方提出的21世纪海上丝绸之路建设，与中方合作建设好比雷埃夫斯港，搭建东西方交流合作的桥梁。[①] 2014年12月，李克强总理出席第三次中国－中东欧国家领导人会议，达成了建设从希腊比雷埃夫斯港至匈牙利布达佩斯的中欧陆海快线铁路协议，“吹响‘一带一路’外交全面推进的号角”[②]这一方向的海上丝绸之路涉及贸易、能源、安全等多个领域，是21世纪海上丝绸之路建设的关键区域。

---

① http://www.fmprc.gov.cn/mfa_chn/gjhdq_603914/gj_603916/oz_606480/1206_607544/xgxw_607550/t1167184.shtml.

② 香港《星岛日报》，2014年12月18日。

2. 中国－南海－南太平洋国家

太平洋岛国是亚太大家庭成员，海洋资源丰富，区位优势明显，是建设21世纪海上丝绸之路的自然延伸和亚太区域一体化的重要组成部分。2014年11月14—23日，国家主席习近平应邀赴布里斯班出席二十国集团领导人第九次峰会，对澳大利亚、新西兰、斐济进行国事访问并同太平洋建交岛国领导人举行集体会晤。与会岛国领导人高度评价中方提出的加强双方合作、帮助岛国发展的政策，认为中方同岛国的合作举措实实在在、雪中送炭，契合岛国需要。岛国希望搭乘中国发展的快车，积极参与21世纪海上丝绸之路和亚洲基础设施投资银行建设。① 目前，斐济、密克罗尼西亚联邦、萨摩亚、巴布亚新几内亚、瓦努阿图、库克群岛、汤加、纽埃已明确表示支持21世纪海上丝绸之路建设，澳大利亚和新西兰两国表示愿意参与中国提出的亚洲基础设施开发银行。

三、21世纪海上丝绸之路建设的优先领域及其发展

发展海洋合作伙伴关系，重点推动互联互通基础设施、蓝色经济，海洋公益服务和海洋文化合作是建设21世纪海上丝绸之路的重点领域。

为推进中国与沿线国家的海洋合作，中国将2015年设立为中希海洋合作年和中国－东盟海洋合作年。中希海洋合作年的主题是“深化海洋合作，共建蓝色文明”，活动期间，双方将在海洋科技、海洋人文、海洋经贸等方面开展多项合作。此外，中国－东盟海洋合作年将成为中国－东盟合作的新起点，未来中国与东盟国家将在海洋经济、海上联通、科研环保、海上安全、海洋人文等领域开展务实合作，包括成立中国－东盟海洋合作中心，建设中国－东盟海上紧急救助热线，设立中国－东盟海洋合作学院。

（一）加强沿线各国之间的海上互联互通

基础设施互联互通是21世纪海上丝绸之路建设的优先领域。近期主要任务是促进海上交通互联互通，要抓住关键通道、关键节点和重点工程，与周边国家共建海上公共服务设施及加强执法能力建设，提供海上安全公共服务产品，保障海上通道安全；支持相关国家港口和码头建设以及信息网络等骨干通道建设，促进海上物流和信息流的有效衔接；加强海洋合作政策交流沟通，促进海上贸易投资便利化。

① 外交部长王毅谈习近平主席出席G20峰会并访问澳大利亚等三国，http://www.fmprc.gov.cn/mfa_chn/gjhdq_603914/gj_603916/dyz_608952/1206_608954/xgxw_608960/t1213832.shtml。

中国政府为促进互联互通建设，加大了资金和政策支持力度。2014年11月，李克强总理在出席第17次中国－东盟（10＋1）领导人会议时表示，中方已宣布成立丝路基金，优先支持基础设施建设。中方将向东盟国家提供100亿美元优惠性质贷款，并启动中国－东盟投资合作基金二期30亿美元的募集。中国国家开发银行还将设立100亿美元的中国－东盟基础设施专项贷款。这些举措都有助于加快地区互联互通建设。"政策沟通、道路连通、贸易畅通、货币流通、民心相通在内的互联互通已成为广泛共识，其中初始阶段交通基础设施的互联互通是重点。同时，陆、海丝绸之路建设各具特色，应齐头并进、相互支持，陆上的口岸、道路和海上的港口、航路，都是新时期丝绸之路建设的支点和重点"①。

2013年10月，习近平主席和李克强总理在先后出访东南亚时提出了筹建亚洲基础设施投资银行（下称"亚投行"）的倡议。中国提出的筹建"亚投行"的倡议得到广泛支持，许多国家反响积极。2014年10月24日，在北京APEC会议期间，21个国家正式签署《筹建亚洲基础设施投资银行备忘录》。根据这一备忘录，"亚投行"的法定资本为1000亿美元，中国出资50%，为最大股东。"亚投行"的建立，将为亚洲乃至"一带一路"沿线国家搭建一个专门的基础设施投融资平台，对于未来"一带一路"国家的互联互通建设具有重大的意义。

表18－2　亚洲基础设施投资银行和丝路基金大事记

时间	事件
2013年10月	习近平主席和李克强总理在先后出访东南亚时提出了筹建"亚投行"的倡议
2014年10月24日	包括孟加拉国、文莱、柬埔寨、中国、印度、哈萨克斯坦、科威特、老挝、马来西亚、蒙古国、缅甸、尼泊尔、阿曼、巴基斯坦、菲律宾、卡塔尔、新加坡、斯里兰卡、泰国、乌兹别克斯坦和越南的21个国家在北京正式签署《筹建亚洲基础设施投资银行备忘录》
2014年11月4日	习近平主席主持召开中央财经领导小组第八次会议，研究丝绸之路经济带和21世纪海上丝绸之路规划、发起建立亚洲基础设施投资银行和设立丝路基金
2014年11月8日	习近平主席在出席"加强互联互通伙伴关系对话会"时宣布，中国将出资400亿美元成立丝路基金。丝路基金是开放的，欢迎亚洲域内外的投资者积极参与
2014年11月9日	习近平主席在2014年APEC工商领导人峰会上表示，丝路基金将为"一带一路"沿线国基础设施建设、资源开发、产业合作等有关项目提供投融资支持
2014年12月25日	印度尼西亚正式成为"亚投行"意向创始成员国

① 外交部副部长张业遂在2014年3月24日中国发展高层论坛年会的讲话，http://world.people.com.cn/n/2014/0324/c157278－24723099.html。

续表

时间	事件
2014 年 12 月 29 日	丝路基金有限责任公司完成工商注册，金琦出任公司董事长
2014 年 12 月 31 日	马尔代夫正式成为“亚投行”意向创始成员国
2015 年 1 月 1 日	新西兰正式成为“亚投行”意向创始成员国
2015 年 1 月 13 日	沙特阿拉伯和塔吉克斯坦正式成为“亚投行”意向创始成员国
2015 年 2 月 9 日	约旦正式成为“亚投行”意向创始成员国
2015 年 2 月 10 日	习近平主席在主持召开中央财经领导小组第九次会议时指出，亚洲基础设施投资银行的主要任务是为亚洲基础设施和“一带一路”建设提供资金支持，是在基础设施融资方面对现有国际金融体系的一个补充，要抓紧筹建。丝路基金要服务于“一带一路”战略，按照市场化、国际化、专业化的原则，搭建好公司治理构架，尽快开展实质性项目投资
2015 年 3 月 13 日	英国向中方提交了作为意向创始成员国加入亚投行的确认函，正式申请加入“亚投行”
2015 年 3 月 18 日	法国、德国和意大利同意加入“亚投行”，卢森堡已正式提交加入“亚投行”申请
2015 年 3 月 20 日	瑞士正式宣布申请作为意向创始成员国加入“亚投行”
2015 年 3 月 26 日	土耳其宣布申请作为意向创始成员国加入“亚投行”
2015 年 3 月 27 日	韩国、奥地利宣布申请作为意向创始成员国加入“亚投行”
2015 年 3 月 28 日	荷兰、巴西、格鲁吉亚宣布申请作为意向创始成员国加入“亚投行”
2015 年 3 月 29 日	丹麦、澳大利亚宣布申请作为意向创始成员国加入“亚投行”
2015 年 3 月 30 日	埃及、芬兰、俄罗斯宣布申请作为意向创始成员国加入“亚投行”
2015 年 3 月 31 日	吉尔吉斯斯坦、瑞典、冰岛宣布申请作为意向创始成员国加入“亚投行”
2015 年 3 月 31 日	“亚投行”创始截止日，已有 30 个国家成为“亚投行”意向创始成员国，另有 18 个国家和地区已提交加入“亚投行”申请
2015 年 4 月 15 日	“亚投行”意向创始成员国增至 57 个，包括奥地利、澳大利亚、阿塞拜疆、孟加拉国、巴西、文莱、柬埔寨、中国、丹麦、埃及、法国、芬兰、格鲁吉亚、德国、冰岛、印度、印度尼西亚、伊朗、以色列、意大利、约旦、哈萨克斯坦、韩国、科威特、吉尔吉斯斯坦、老挝、卢森堡、马来西亚、马尔代夫、马耳他、蒙古、缅甸、尼泊尔、荷兰、新西兰、挪威、阿曼、巴基斯坦、菲律宾、波兰、葡萄牙、卡塔尔、俄罗斯、沙特阿拉伯、新加坡、南非、西班牙、斯里兰卡、瑞典、瑞士、塔吉克斯坦、泰国、土耳其、阿联酋、英国、乌兹别克斯坦和越南

（二）促进与沿线各国蓝色经济合作

互联互通是“一带一路”的基础，可以向外扩展打造经济走廊、开发园区、自贸区等合作项目。[①] 据统计，截至2014年12月31日，中国已在“一带一路”23个沿线国家设立了77个境外经贸合作区，其中42个处在21世纪海上丝绸之路的沿线国家[②]，这些园区已成为“一带一路”经贸合作的重要载体。

深化海洋经济与产业合作，既契合沿线国家实现现代化的诉求，又可带动我产业结构优化升级，是促进中国与沿线国家经济深度融合的重要途径，是21世纪海上丝绸之路建设大有可为的重点领域。

未来中国政府将积极推进与沿线国家产业合作园区建设，加强海洋产业投资合作，合作建立一批海洋经济示范区、海洋科技合作园、境外经贸合作区和海洋人才培训基地等，辐射带动区域海洋合作的进一步深化。2014年11月开幕的厦门国际海洋周主题定为“海上丝绸之路与蓝色经济合作”，探讨密切海洋国家间合作、促进全球海洋经济发展的方式和途径，对于未来打造21世纪海上丝绸之路经济共同体具有重要意义。

（三）推进沿线各国海洋公益服务合作

近年来，海盗、海上恐怖主义、海上跨国犯罪、海洋灾害等非传统安全问题日益凸显。海上丝绸之路沿线国家在应对非传统安全问题方面具有广泛的共同利益和诉求。为沿线国家提供海上公共服务和产品，共同应对非传统安全，是21世纪海上丝绸之路建设另一重要目标。

中国将围绕共建21世纪海上丝绸之路，进一步发展和深化与沿线发展中海洋国家的友好合作关系。推动落实《南海及其周边海洋国际合作框架计划》，实施好与有关国家签署的海洋合作协议。不断推进与东南亚、南亚、西非、南太平洋等沿线国家在海洋与气候变化、海洋环境保护、海洋生态系统与生物多样性、海洋防灾减灾、区域海洋学研究等领域的交流与合作，增强共同应对气候变化、减少海洋灾害风险、保护海洋环境以及维护海洋生态系统健康的能力，推动更多国家与我国开展海洋合作。[③]

（四）拓展沿线各国海洋人文领域交流与合作

海洋人文领域合作是海上丝绸之路建设的基本内容。习近平主席在谈到建设丝绸

---

① 中国社科院亚太所所长李向阳解读习近平主席在加强互联互通伙伴关系对话会上的讲话，http：//news. xinhuanet. com/2014－11/09/c_1113170980. htm。

② http：//gb. cri. cn/42071/2014/12/30/2225s4824563. htm.

③ 张海文：《加强海洋合作推动海上丝绸之路建设》，载《中国海洋报》，2015年3月26日A3版。

之路经济带时，特别强调了“民心相通”，“国之交在于民相亲”。海上丝绸之路的建设应当使沿线国家的民众受益，应当得到沿线国家民众的支持。坚持弘扬和传承海上丝绸之路友好合作基础，把我方倡议变成国际共识，为深化海洋合作、发展海洋合作伙伴关系奠定坚实民意基础。

2015 年 2 月 11 日，由中国国务院新闻办公室主办的“21 世纪海上丝绸之路国际研讨会”在福建泉州召开，会议以“海上丝绸之路：价值理念与时代内涵”“共同建设、共同发展、共同繁荣”“抓住发展新机遇，拓展合作新空间”为主题，来自中国、俄罗斯、日本、韩国、印度、泰国、巴基斯坦、新加坡、印度尼西亚、澳大利亚、埃及、土耳其、英国、美国等 30 个国家的 280 余名专家学者，围绕上述议题展开广泛对话、深入交流。本次研讨会对于国际社会对 21 世纪海上丝绸之路了解认知、凝聚共识、增信释疑奠定了重要基础。

图 18－1 “21 世纪海上丝绸之路国际研讨会”
于 2015 年 2 月 11 日在福建省泉州市开幕

博鳌亚洲论坛“共建 21 世纪海上丝绸之路”分论坛暨中国－东盟海洋合作年启动仪式 2015 年 3 月 28 日下午举行，聚焦“蓝色经济与合作共赢”。分论坛以博鳌亚洲论坛为平台，探讨在地区间和国际间进行蓝色经济等方面的合作，让更多国家更好地了解共建 21 世纪海上丝绸之路的重要战略意义，并商讨具体的合作措施。①

① 《中国海洋报》，2015 年 3 月 28 日 1 版。

图 18－2　博鳌亚洲论坛“共建 21 世纪海上丝绸之路”分论坛

四、小结

建设 21 世纪海上丝绸之路既是中国的倡议，也是中国与沿线国家的共同愿望。站在新的起点上，在创新传承古代海上丝绸之路的精神基础上，中国愿与沿线国家依靠既有的双边、多边海洋合作机制和框架，借助区域既有的、行之有效的海洋合作平台，发展和完善海洋合作伙伴关系网络，积极开展务实的海洋合作，优先推进海上互联互通、海洋经济、海洋环保与防灾减灾、海洋文化等领域合作，提升沿线国家民众的海洋福祉，分享共建“海上丝绸之路”惠益。秉承团结互信、平等互利、包容互鉴、合作共赢的理念，中国愿与沿线国家携手推动更大范围、更高水平、更深层次的大开放、大交流、大融合，逐步实现区域内海洋能源资源、海洋产业和文化合理布局、互相补充，逐步形成区域海洋合作大格局，打造利益共同体、责任共同体和命运共同体，共同谱写 21 世纪海上丝绸之路的新篇章！

附　件

附件 1

中国领海基线示意图

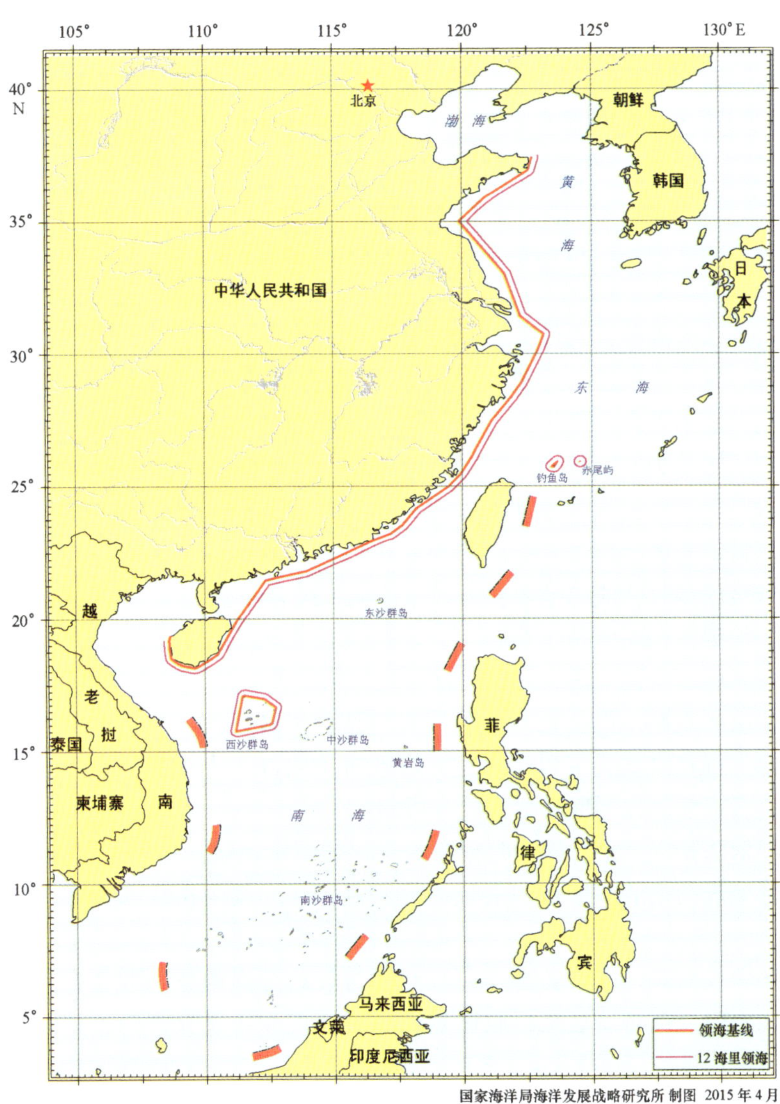

国家海洋局海洋发展战略研究所 制图 2015 年 4 月

附件 2

十八届四中全会关于全面推进依法治国的规定

中国共产党第十八届中央委员会第四次全体会议，于 2014 年 10 月 20—23 日在北京举行。全会听取和讨论了习近平受中央政治局委托作的工作报告，审议通过了《中共中央关于全面推进依法治国若干重大问题的决定》。

全面推进依法治国，总目标是建设中国特色社会主义法治体系，建设社会主义法治国家。

全面推进依法治国的重大任务：完善以宪法为核心的中国特色社会主义法律体系，加强宪法实施；深入推进依法行政，加快建设法治政府；保证公正司法，提高司法公信力；增强全民法治观念，推进法治社会建设；加强法治工作队伍建设；加强和改进党对全面推进依法治国的领导。

建设中国特色社会主义法治体系，必须坚持立法先行，发挥立法的引领和推动作用。深入推进科学立法、民主立法，完善立法项目征集和论证制度，健全立法机关主导、社会各方有序参与立法的途径和方式，拓宽公民有序参与立法途径。

坚持依法治国首先要坚持依宪治国，坚持依法执政首先要坚持依宪执政。健全宪法实施和监督制度，完善全国人大及其常委会宪法监督制度，健全宪法解释程序机制。

健全依法决策机制，把公众参与、专家论证、风险评估、合法性审查、集体讨论决定确定为重大行政决策法定程序，建立行政机关内部重大决策合法性审查机制，建立重大决策终身责任追究制度及责任倒查机制。

完善确保依法独立公正行使审判权和检察权的制度，建立领导干部干预司法活动、插手具体案件处理的记录、通报和责任追究制度，建立健全司法人员履行法定职责保护机制。

优化司法职权配置，推动实行审判权和执行权相分离的体制改革试点，最高人民法院设立巡回法庭，探索设立跨行政区划的人民法院和人民检察院，探索建立检察机关提起公益诉讼制度。

法律的权威源自人民内心拥护和真诚信仰。人民权益要靠法律保障，法律权威要靠人民维护。必须弘扬社会主义法治精神，建设社会主义法治文化，增强全社会厉行法治积极性和主动性，形成守法光荣、违法可耻社会氛围，使全体人民都成为社会主义法治忠实崇尚者、自觉遵守者、坚定捍卫者。

推进法治专门队伍正规化、专业化、职业化，完善法律职业准入制度，建立从符合条件的律师、法学专家中招录立法工作者、法官、检察官制度，健全从政法专业毕业生中招录人才的规范便捷机制，完善职业保障体系。

提高党员干部法治思维和依法办事能力，把法治建设成效作为衡量各级领导班子和领导干部工作实绩重要内容、纳入政绩考核指标体系，把能不能遵守法律、依法办事作为考察干部重要内容。

附件 3

亚洲新安全观

习近平总书记强调与邻为善、以邻为伴，倡导亚洲新安全观。亚洲国家是个大家庭，其兴与衰、安与危、治与乱，攸关所有国家的命运，攸关各国人民的福祉。只有以合作谋和平、以合作促安全，才能实现亚洲的长治久安。

2014 年 5 月 21 日，习近平总书记在亚洲相互协作与信任措施会议第四次峰会上发表主旨讲话时提出：

“今天的亚洲，区域经济合作方兴未艾，安全合作正在迎难而上，各种合作机制更加活跃，地区安全合作进程正处在承前启后的关键阶段。”

“‘明者因时而变，知者随事而制。’形势在发展，时代在进步。要跟上时代前进步伐，就不能身体已进入 21 世纪，而脑袋还停留在冷战思维、零和博弈的旧时代。我们认为，应该积极倡导共同、综合、合作、可持续的亚洲安全观，创新安全理念，搭建地区安全和合作新架构，努力走出一条共建、共享、共赢的亚洲安全之路。”

2013 年 4 月 7 日，习近平总书记在博鳌亚洲论坛年会开幕式发表主旨演讲时提出：

“国际社会应该倡导综合安全、共同安全、合作安全的理念，使我们的地球村成为共谋发展的大舞台，而不是相互角力的竞技场，更不能为一己之私把一个地区乃至世界搞乱。”

2015 年 3 月 28 日，习近平总书记在博鳌亚洲论坛年会开幕式发表主旨演讲时提出：

“当今世界，安全的内涵和外延更加丰富，时空领域更加宽广，各种因素更加错综复杂。各国人民命运与共、唇齿相依。当今世界，没有一个国家能实现脱离世界安全的自身安全，也没有建立在其他国家不安全基础上的安全。我们要摒弃冷战思维，创新安全理念，努力走出一条共建、共享、共赢的亚洲安全之路。”

附件 4

努力建设和平合作和谐之海

——李克强在中希海洋合作论坛上的讲话

（2014 年 6 月 20 日，雅典）

中国国务院总理李克强 2014 年 6 月 20 日在中希海洋合作论坛发表演讲，这是中国领导人首次在海外系统阐述中国“海洋观”，向世界呈现出中国“共建和平、合作、和谐之海”的大国海洋经略。演讲全文如下。

今天，中国和希腊，一个位于太平洋西岸的国家和一个位于地中海北岸的国家，共同举办中希海洋合作论坛，这在两国交往史上还是第一次，有着十分丰富的内涵，具有特殊深远的意义。

中国和希腊都是毗邻大海的古老国家，都有悠久的航海历史。2 500 多年前，当中国春秋时期的齐景公在渤海和黄海海域留下航行记录时，古希腊城邦雅典的商船穿梭于地中海沿岸。爱琴海孕育了伟大的古希腊文明，也塑造了希腊人包容乐观向上的精神和理性勇敢的性格。希腊人还创造了先进的航海技术，促进了海洋文化的发展。

中华文明的发展历程中也没有离开过海洋，正是以大海为主要纽带，我们同其他国家互通有无，古代的海上丝绸之路与陆上丝绸之路南北呼应。600 多年前，中国航海家郑和率领庞大的船队，把中华文化带到了东南亚、西亚、非洲东海岸。20 世纪 70 年代末，中国开启了改革开放的伟大事业，沿海城市率先对外开放，中国再次通过海洋走向世界。

海洋与人类发展息息相关。世界进入大航海时代后，随着新大陆的发现和新航线的开辟，商品、资本、人力突破地域限制，逐步形成全球贸易网络。不断发展的海洋交通，为经济全球化和贸易自由化提供了有力支撑。开发利用海洋空间、海上资源，已成为沿海国家发展的重要依托。当然，海洋既为人类增添福祉，也带来诸多共同挑战。无论是维护海洋安全，还是保护海洋生态，任务都相当艰巨。我们愿同世界各国一道，通过发展海洋事业带动经济发展、深化国际合作、促进世界和平，努力建设一个和平、合作、和谐的海洋。

——共同建设和平之海。历史反复昭示人们，向海而兴，背海而衰，为开发海洋而进行的合作，给各国带来发展；但是为争夺海洋发生的战争，则给人类带来灾难。第二次世界大战后，特别是《联合国海洋法公约》缔结以来，国际社会在联合国框架下，逐步建立和完善了全球海洋新秩序。中国是《公约》缔约国，为维护《公约》宗旨原则做出了积极努力。我们将坚定不移走和平发展道路，坚决反对海洋霸权，致力于在尊重历史事实和国际法的基础上，通过当事方直接对话谈判解决双边海洋争端和纠纷。对维护海上和平秩序的行为，我们都会坚定支持；对破坏海上和平秩序的行为，我们都会坚决反对。中国坚定维护国家主权和领土完整，致力于维护地区的和平与秩序。我们愿同相关国家加强沟通与合作，完善双边和多边机制，共同维护海上航行自由与通道安全，共同打击海盗、海上恐怖主义，应对海洋灾害，构建和平安宁的海洋秩序。

——共同建设合作之海。海洋占地球面积的70%，承载着世界经济发展与合作共赢的希望。目前，遍布各大洋、连接各大洲的众多航线构成了全球经济一体化的大通道，海洋承载着国际贸易最活跃的部分。世界上众多城市和人口分布在沿海，大多数的发达城市也分布在沿海，大部分经济活动集中在沿海，一半以上的对外贸易量依靠海运，一半左右的石油通过海上运输。中国愿同海洋国家一道，积极构建海洋合作伙伴关系，共同建设海上通道、发展海洋经济、利用海洋资源、探索海洋奥秘，为扩大国际海洋合作做出贡献。

——共同建设和谐之海。海洋是全人类的共同财富，应当建成绿色家园。人类已经进入21世纪，海洋不仅不是隔断各国沟通联系的障碍，而且日益成为不同文明间开放兼容、交流互鉴的桥梁和纽带。人们走向宽阔的海洋，就会拥有宽广的胸怀。海纳百川是中国文化传统的精华之一，体现了包容并蓄的美德，这与古希腊哲人所说“和谐会促进正义、美和善”异曲同工。人海合一是人与自然和谐相处的大道。各国都应坚持在开发海洋的同时，善待海洋生态，保护海洋环境，让海洋永远成为人类可以依赖、可以栖息、可以耕耘的美好家园。

中国和希腊两国的友谊始于大海，又超越大海。建交42年来，双方理解日益加深，政治互信不断增强。尤其在各自困难时彼此患难与共、相互帮扶。希腊曾三次协助中国大规模海外撤员。1.3万名中国人顺利撤出利比亚的情景，至今深深铭刻在中国人民的心中。当希腊面临主权债务危机时，中国也毫不犹豫提供了支持。中国始终是欧洲债券，特别是好朋友希腊的国债长期和负责任的投资者。患难见真情，两国人民以海结缘的友谊经受了岁月和风雨考验，值得倍加珍惜。此访期间，我们看到，在希腊人民的辛勤努力下，主权债务危机的阴影正在逐步消散，结构性改革已经取得新的成效，各方面对希腊经济前景的信心明显增强。中方对希腊取得的成就感到高兴，并将继续采取合作的措施支持贵国经济复苏。

中国和希腊的传统友谊基于我们的理念有许多相似之处，中希在和谐、正义、公平等方面是心灵相通的。刚才萨马拉斯总理提到中国的老子、孔子。中国人也十分熟悉贵国先哲的名字，像苏格拉底、柏拉图、亚里士多德。希腊很多神话故事在中国家喻户晓。中国古老的传说也为希腊人津津乐道。我听说希腊有这样一个说法，“一位希腊人的骨子里可能藏着一位中国人，一位中国人的骨子里可能藏着一位希腊人”。它表达了一种非常值得我们珍视的情感，就是中希友谊牢不可破。

此次是我担任中国政府总理后首访南欧国家，就选择了希腊。我们不仅开展了深入交流，更要推动务实合作。昨天，我同萨马拉斯总理进行了深入会谈，达成广泛共识。两国签署了海洋合作谅解备忘录，决定将 2015 年定为中希海洋年，成立中希政府间海洋合作委员会，加强在海洋科技、环保、防灾减灾和海上执法等领域务实合作。

今天上午，我同萨马拉斯总理一同考察了比雷埃夫斯港，在那里中国的中远集团同贵国企业进行了富有成果的合作。需要指出的是，从中国的沿海通过苏伊士运河经地中海到达比港，是中国到欧洲最短的航运距离。比港有着十分优越的地理位置，中国和欧盟的贸易规模巨大，欧盟是中国第一大贸易伙伴，每时每刻都有大量货物往来，其中 80% 通过海上运输。如果我们把中国到比港的这条航线建设好，它就能成为中欧贸易发展十分重要的又一条大通道，正像萨马拉斯总理所说，比港就会成为中国到欧洲的重要门户。中希在比港合作，也会使比港成为欧洲乃至世界上最具竞争力的港口。

我们还规划围绕比港发展修船业、船舶制造业，并从比港开始逐步改造从希腊通向欧洲腹地的铁路干线。这样做不仅有利于两国，有利于中欧，也有利于欧洲的繁荣发展，实现平衡可持续增长。我们愿与希方共同努力，把比港打造成为双方合作的亮点。今天的论坛不是坐而论道，而是要真正做些实事，争取结出硕果。

与此同时，中希要深入推进航运产业合作。希腊是世界船舶运力第一大国，中国是世界船舶制造和货物进出口第一大国，也是希腊船东最主要的造船基地。双方合作正在向以航运为龙头的全产业链扩展，覆盖工业和服务业诸多方面。包括设计、营销、运输、物流仓储、金融保险等多个环节，两国在这些领域合作互有优势，需要我们着力开拓。

两国还要拓展贸易投资合作领域。希腊的橄榄油、葡萄酒、大理石等农矿产品和加工制品在世界享有盛誉。我们将优化贸易结构，增加从希进口，欢迎希腊企业到中国推销优质产品。中方还愿扩大在希投资，鼓励本国企业以多种方式同希方合作，在机场、铁路、公路、水电等领域，不断拓展双方互利互惠合作。去年中国公民出境近 1 亿人次，如果有 1% 到希腊，就是 100 万人次，扩大中希两国旅游等人文合作潜力巨大。

中希合作是中欧关系发展的组成部分。希腊是欧盟重要一员，是中国在欧盟的友好合作伙伴之一。目前希腊还在担任欧盟轮值主席国。中方愿与希方共同推动落实《中欧合作 2020 战略规划》，推动中欧深化海洋合作，为拓展中欧全面战略伙伴关系，构建和平、增长、改革、文明四大伙伴发挥积极作用。

生活在海边的民族最懂得海的启示。大海有潮起潮落，一个国家的经济发展也会有起有伏，建设现代海洋文明同样需要我们有勇气乘风破浪。大海可以海纳百川，国与国之间也应相互包容、开展对话、交流互鉴。同时，中希两国是有着古老文明和智慧的国家。我们要在未来的航程中携手同行，以大海般的胸怀和历久弥新的智慧，让古老的中华文明与希腊文明绽放出时代的光彩，为塑造根植传统、面向未来的现代海洋文明做出两国特殊的贡献！

附件 5

推进海上丝绸之路建设　向海洋强国目标迈进

——李克强在第十二届全国人民代表大会第三次会议所做政府工作报告（摘录）

2015 年 3 月 5 日，李克强在第十二届全国人民代表大会第三次会议上对海洋工作作出指示：

三、把改革开放扎实推向纵深

……

构建全方位对外开放新格局。推进丝绸之路经济带和 21 世纪海上丝绸之路合作建设。加快互联互通、大通关和国际物流大通道建设。构建中巴、孟中印缅等经济走廊。扩大内陆和沿边开放，促进经济技术开发区创新发展，提高边境经济合作区、跨境经济合作区发展水平。积极推动上海、广东、天津、福建自贸试验区建设，在全国推广成熟经验，形成各具特色的改革开放高地。

……

四、协调推动经济稳定增长和结构优化

……

拓展区域发展新空间。统筹实施“四大板块”和“三个支撑带”战略组合。在西部地区开工建设一批综合交通、能源、水利、生态、民生等重大项目，落实好全面振兴东北地区等老工业基地政策措施，加快中部地区综合交通枢纽和网络等建设，支持东部地区率先发展，加大对老少边穷地区支持力度，完善差别化的区域发展政策。

把“一带一路”建设与区域开发开放结合起来，加强新亚欧大陆桥、陆海口岸支点建设。推进京津冀协同发展，在交通一体化、生态环保、产业升级转移等方面率先取得实质性突破。推进长江经济带建设，有序开工黄金水道治理、沿江码头口岸等重大项目，构筑综合立体大通道，建设产业转移示范区，引导产业由东向西梯度转移。加强中西部重点开发区建设，深化泛珠等区域合作。

我国是海洋大国，要编制实施海洋战略规划，发展海洋经济，保护海洋生态环境，提高海洋科技水平，加强海洋综合管理，坚决维护国家海洋权益，妥善处理海上纠纷，积极拓展双边和多边海洋合作，向海洋强国的目标迈进。

附件 6

2014 年中央领导对海洋工作的指示

2014 年 11 月 4 日，习近平总书记在中央财经领导小组第八次会议中强调，丝绸之路经济带和 21 世纪海上丝绸之路倡议顺应了时代要求和各国加快发展的愿望，提供了一个包容性巨大的发展平台，具有深厚历史渊源和人文基础，能够把快速发展的中国经济同沿线国家的利益结合起来。要集中力量办好这件大事，秉持亲、诚、惠、容的周边外交理念，近睦远交，使沿线国家对我们更认同、更亲近、更支持。习近平在讲话中指出，“一带一路”倡议，有利于扩大和深化对外开放。推进“一带一路”建设，要诚心诚意对待沿线国家，做到言必信、行必果。推进“一带一路”建设，要抓住关键的标志性工程，力争尽早开花结果。“一带一路”建设是一项长期工程，要做好统筹协调工作，正确处理政府和市场的关系，发挥市场机制作用，鼓励国有企业、民营企业等各类企业参与，同时发挥好政府作用。要以创新思维办好亚洲基础设施投资银行和丝路基金，遵守国际惯例，充分借鉴现有多边金融机构长期积累的理论和实践经验，制定和实施严格的规章制度，提高透明度和包容性，确定开展好第一批业务。①

2014 年 1 月 26 日，国务院副总理张高丽在国家海洋局与极地大洋科技工作者座谈时强调，要认真学习贯彻落实党中央、国务院建设海洋强国的决策部署和习近平总书记系列重要讲话精神，大力弘扬中国载人深潜精神和南极精神，勇于改革创新，努力把极地大洋工作提高到新水平，为建设海洋强国、实现中华民族伟大复兴的中国梦作出新的贡献。②

2014 年 4 月 24 日，国务院副总理张高丽在中南海紫光阁与第 30 次南极考察队员座谈时强调，要认真学习贯彻落实中央关于建设海洋强国的战略决策和习近平总书记系列重要讲话，弘扬“爱国、求实、创新、拼搏”极地精神，再接再厉，顽强拼搏，推动我国极地科学考察事业不断迈上新台阶。当前我国的极地科学考察事业正面临实现跨越发展的难得机遇。要进一步提升极地考察能力建设水平，推动极地科考事业向深度和广度拓展。要从精神上、物质上和待遇上关心一线科考人员，吸引更多人才投身科考事业，培育一支作风顽强、业务精湛、能打硬仗的科考队伍。深入开展极地科

① http：//news. xinhuanet. com/politics/2014 - 11/06/c_1113146840. htm.

② http：//news. xinhuanet. com/politics/2014 - 01/26/c_119141800. htm.

学考察研究，取得更多高水平的研究成果。更加广泛地参与国际极地事务，有效争取和维护国家的极地权益。有关部门要继续加强指导、管理和服务，为极地考察事业发展提供坚强有力的保障。①

2014 年 7 月 17—19 日，国务院副总理张高丽在福建调研时强调，要认真贯彻落实党中央、国务院的决策部署，抓住机遇，科学规划，重在落实，扎实推进“一带一路”建设，在新阶段推动福建改革开放科学发展。要全面加强与海上丝绸之路沿线国家和地区的经贸往来，进一步扩大双向投资规模。要建好港口、铁路等重大基础设施，构筑沿海地区连接中西部地区的快速运输大通道。要大力发展海洋经济，提高海洋经济质量效益。要用好多边双边等多种合作机制，促进各领域务实合作。②

2014 年 10 月 10 日，国务院副总理张高丽在西安主持召开推进“一带一路”建设工作座谈会时强调，要把思想行动统一到党中央、国务院的决策部署上来，科学规划，积极作为，重在落实，扎实实施“一带一路”重大战略，努力打造全方位对外开放新格局。张高丽表示，实施“一带一路”重大战略，首先要统一思想认识，搞好顶层设计，科学制定规划，明确重点方向，有力有序稳妥推进。要突出工作重点，搞好互联互通，深化与沿线国家交流合作，强化国内支撑，努力打造对外开放新高地。要加强统筹协调，用好合作机制，凝聚“一带一路”建设的强大推动力。要抓好重大项目，发挥示范效应，推动产业深度对接，加强能源资源、现代农业、先进制造业、现代服务业、海洋经济等领域合作。要突出核心理念，促进互利共赢，建设利益共同体、命运共同体和责任共同体。要抓住重大机遇，做到远近结合，培育新的经济增长点，推动经济社会持续健康发展。③

2014 年 12 月 8 日，国务院副总理张高丽主持 2014 年中国生物多样性保护国家委员会会议时要求，各地区各部门要以抓铁有痕、踏石留印的精神狠抓落实，加强保障措施，确保生物多样性保护取得实实在在的成效。要加快推进自然保护区立法，抓紧制定生物遗传资源管理条例，建立健全生物多样性保护法律法规体系。把生物多样性保护任务在经济社会发展规划中进一步细化实化。建立生物多样性保护目标考核制度，加强对《中国生物多样性保护战略与行动计划》实施情况的监督、检查和问责。中国生物多样性保护国家委员会要充分发挥统筹协调和指导作用，推动我国生物多样性保护再上新水平。④

---

① http：//news. xinhuanet. com/politics/2014 – 04/24/c_1110399662. htm.

② http：//news. xinhuanet. com/politics/2014 – 07/19/c_1111698629. htm.

③ http：//news. xinhuanet. com/politics/2014 – 10/10/c_1112771270. htm.

④ http：//news. xinhuanet. com/politics/2014 – 12/08/c_1113565567. htm.

附件 7

推动共建丝绸之路经济带和 21 世纪海上丝绸之路的愿景与行动

国家发展改革委 外交部 商务部

（经国务院授权发布）

2015 年 3 月

前　言

2000 多年前，亚欧大陆上勤劳勇敢的人民，探索出多条连接亚欧非几大文明的贸易和人文交流通路，后人将其统称为“丝绸之路”。千百年来，“和平合作、开放包容、互学互鉴、互利共赢”的丝绸之路精神薪火相传，推进了人类文明进步，是促进沿线各国繁荣发展的重要纽带，是东西方交流合作的象征，是世界各国共有的历史文化遗产。

进入 21 世纪，在以和平、发展、合作、共赢为主题的新时代，面对复苏乏力的全球经济形势，纷繁复杂的国际和地区局面，传承和弘扬丝绸之路精神更显重要和珍贵。

2013 年 9 月和 10 月，中国国家主席习近平在出访中亚和东南亚国家期间，先后提出共建“丝绸之路经济带”和“21 世纪海上丝绸之路”（以下简称“一带一路”）的重大倡议，得到国际社会高度关注。中国国务院总理李克强参加 2013 年中国 – 东盟博览会时强调，铺就面向东盟的海上丝绸之路，打造带动腹地发展的战略支点。加快“一带一路”建设，有利于促进沿线各国经济繁荣与区域经济合作，加强不同文明交流互鉴，促进世界和平发展，是一项造福世界各国人民的伟大事业。

“一带一路”建设是一项系统工程，要坚持共商、共建、共享原则，积极推进沿线国家发展战略的相互对接。为推进实施“一带一路”重大倡议，让古丝绸之路焕发新的生机活力，以新的形式使亚欧非各国联系更加紧密，互利合作迈向新的历史高度，中国政府特制定并发布《推动共建丝绸之路经济带和 21 世纪海上丝绸之路的愿景与行动》。

一、时代背景

当今世界正发生复杂深刻的变化，国际金融危机深层次影响继续显现，世界经济缓慢复苏、发展分化，国际投资贸易格局和多边投资贸易规则酝酿深刻调整，各国面临的发展问题依然严峻。共建“一带一路”顺应世界多极化、经济全球化、文化多样化、社会信息化的潮流，秉持开放的区域合作精神，致力于维护全球自由贸易体系和开放型世界经济。共建“一带一路”旨在促进经济要素有序自由流动、资源高效配置和市场深度融合，推动沿线各国实现经济政策协调，开展更大范围、更高水平、更深层次的区域合作，共同打造开放、包容、均衡、普惠的区域经济合作架构。共建“一带一路”符合国际社会的根本利益，彰显人类社会共同理想和美好追求，是国际合作以及全球治理新模式的积极探索，将为世界和平发展增添新的正能量。

共建“一带一路”致力于亚欧非大陆及附近海洋的互联互通，建立和加强沿线各国互联互通伙伴关系，构建全方位、多层次、复合型的互联互通网络，实现沿线各国多元、自主、平衡、可持续的发展。“一带一路”的互联互通项目将推动沿线各国发展战略的对接与耦合，发掘区域内市场的潜力，促进投资和消费，创造需求和就业，增进沿线各国人民的人文交流与文明互鉴，让各国人民相逢相知、互信互敬，共享和谐、安宁、富裕的生活。

当前，中国经济和世界经济高度关联。中国将一以贯之地坚持对外开放的基本国策，构建全方位开放新格局，深度融入世界经济体系。推进“一带一路”建设既是中国扩大和深化对外开放的需要，也是加强和亚欧非及世界各国互利合作的需要，中国愿意在力所能及的范围内承担更多责任义务，为人类和平发展作出更大的贡献。

二、共建原则

恪守联合国宪章的宗旨和原则。遵守和平共处五项原则，即尊重各国主权和领土完整、互不侵犯、互不干涉内政、和平共处、平等互利。

坚持开放合作。“一带一路”相关的国家基于但不限于古代丝绸之路的范围，各国和国际、地区组织均可参与，让共建成果惠及更广泛的区域。

坚持和谐包容。倡导文明宽容，尊重各国发展道路和模式的选择，加强不同文明之间的对话，求同存异、兼容并蓄、和平共处、共生共荣。

坚持市场运作。遵循市场规律和国际通行规则，充分发挥市场在资源配置中的决定性作用和各类企业的主体作用，同时发挥好政府的作用。

坚持互利共赢。兼顾各方利益和关切，寻求利益契合点和合作最大公约数，体现各方智慧和创意，各施所长，各尽所能，把各方优势和潜力充分发挥出来。

三、框架思路

“一带一路”是促进共同发展、实现共同繁荣的合作共赢之路，是增进理解信任、加强全方位交流的和平友谊之路。中国政府倡议，秉持和平合作、开放包容、互学互鉴、互利共赢的理念，全方位推进务实合作，打造政治互信、经济融合、文化包容的利益共同体、命运共同体和责任共同体。

“一带一路”贯穿亚欧非大陆，一头是活跃的东亚经济圈，一头是发达的欧洲经济圈，中间广大腹地国家经济发展潜力巨大。丝绸之路经济带重点畅通中国经中亚、俄罗斯至欧洲（波罗的海）；中国经中亚、西亚至波斯湾、地中海；中国至东南亚、南亚、印度洋。21 世纪海上丝绸之路重点方向是从中国沿海港口过南海到印度洋，延伸至欧洲；从中国沿海港口过南海到南太平洋。

根据“一带一路”走向，陆上依托国际大通道，以沿线中心城市为支撑，以重点经贸产业园区为合作平台，共同打造新亚欧大陆桥、中蒙俄、中国—中亚—西亚、中国—中南半岛等国际经济合作走廊；海上以重点港口为节点，共同建设通畅安全高效的运输大通道。中巴、孟中印缅两个经济走廊与推进“一带一路”建设关联紧密，要进一步推动合作，取得更大进展。

“一带一路”建设是沿线各国开放合作的宏大经济愿景，需各国携手努力，朝着互利互惠、共同安全的目标相向而行。努力实现区域基础设施更加完善，安全高效的陆海空通道网络基本形成，互联互通达到新水平；投资贸易便利化水平进一步提升，高标准自由贸易区网络基本形成，经济联系更加紧密，政治互信更加深入；人文交流更加广泛深入，不同文明互鉴共荣，各国人民相知相交、和平友好。

四、合作重点

沿线各国资源禀赋各异，经济互补性较强，彼此合作潜力和空间很大。以政策沟通、设施联通、贸易畅通、资金融通、民心相通为主要内容，重点在以下方面加强合作。

政策沟通。加强政策沟通是“一带一路”建设的重要保障。加强政府间合作，积极构建多层次政府间宏观政策沟通交流机制，深化利益融合，促进政治互信，达成合作新共识。沿线各国可以就经济发展战略和对策进行充分交流对接，共同制定推进区域合作的规划和措施，协商解决合作中的问题，共同为务实合作及大型项目实施提供政策支持。

设施联通。基础设施互联互通是“一带一路”建设的优先领域。在尊重相关国家主权和安全关切的基础上，沿线国家宜加强基础设施建设规划、技术标准体系的对接，共同推进国际骨干通道建设，逐步形成连接亚洲各次区域以及亚欧非之间的基础设施网络。强化基础设施绿色低碳化建设和运营管理，在建设中充分考虑气候变化影响。

抓住交通基础设施的关键通道、关键节点和重点工程，优先打通缺失路段，畅通瓶颈路段，配套完善道路安全防护设施和交通管理设施设备，提升道路通达水平。推进建立统一的全程运输协调机制，促进国际通关、换装、多式联运有机衔接，逐步形成兼容规范的运输规则，实现国际运输便利化。推动口岸基础设施建设，畅通陆水联运通道，推进港口合作建设，增加海上航线和班次，加强海上物流信息化合作。拓展建立民航全面合作的平台和机制，加快提升航空基础设施水平。

加强能源基础设施互联互通合作，共同维护输油、输气管道等运输通道安全，推进跨境电力与输电通道建设，积极开展区域电网升级改造合作。

共同推进跨境光缆等通信干线网络建设，提高国际通信互联互通水平，畅通信息丝绸之路。加快推进双边跨境光缆等建设，规划建设洲际海底光缆项目，完善空中（卫星）信息通道，扩大信息交流与合作。

贸易畅通。投资贸易合作是“一带一路”建设的重点内容。宜着力研究解决投资贸易便利化问题，消除投资和贸易壁垒，构建区域内和各国良好的营商环境，积极同沿线国家和地区共同商建自由贸易区，激发释放合作潜力，做大做好合作“蛋糕”。

沿线国家宜加强信息互换、监管互认、执法互助的海关合作，以及检验检疫、认证认可、标准计量、统计信息等方面的双多边合作，推动世界贸易组织《贸易便利化协定》生效和实施。改善边境口岸通关设施条件，加快边境口岸“单一窗口”建设，降低通关成本，提升通关能力。加强供应链安全与便利化合作，推进跨境监管程序协调，推动检验检疫证书国际互联网核查，开展“经认证的经营者”（AEO）互认。降低非关税壁垒，共同提高技术性贸易措施透明度，提高贸易自由化便利化水平。

拓宽贸易领域，优化贸易结构，挖掘贸易新增长点，促进贸易平衡。创新贸易方式，发展跨境电子商务等新的商业业态。建立健全服务贸易促进体系，巩固和扩大传统贸易，大力发展现代服务贸易。把投资和贸易有机结合起来，以投资带动贸易发展。

加快投资便利化进程，消除投资壁垒。加强双边投资保护协定、避免双重征税协定磋商，保护投资者的合法权益。

拓展相互投资领域，开展农林牧渔业、农机及农产品生产加工等领域深度合作，积极推进海水养殖、远洋渔业、水产品加工、海水淡化、海洋生物制药、海洋工程技术、环保产业和海上旅游等领域合作。加大煤炭、油气、金属矿产等传统能源资源勘探开发合作，积极推动水电、核电、风电、太阳能等清洁、可再生能源合作，推进能源资源就地就近加工转化合作，形成能源资源合作上下游一体化产业链。加强能源资源深加工技术、装备与工程服务合作。

推动新兴产业合作，按照优势互补、互利共赢的原则，促进沿线国家加强在新一代信息技术、生物、新能源、新材料等新兴产业领域的深入合作，推动建立创业投资合作机制。

优化产业链分工布局，推动上下游产业链和关联产业协同发展，鼓励建立研发、生产和营销体系，提升区域产业配套能力和综合竞争力。扩大服务业相互开放，推动区域服务业加快发展。探索投资合作新模式，鼓励合作建设境外经贸合作区、跨境经济合作区等各类产业园区，促进产业集群发展。在投资贸易中突出生态文明理念，加强生态环境、生物多样性和应对气候变化合作，共建绿色丝绸之路。

中国欢迎各国企业来华投资。鼓励本国企业参与沿线国家基础设施建设和产业投资。促进企业按属地化原则经营管理，积极帮助当地发展经济、增加就业、改善民生，主动承担社会责任，严格保护生物多样性和生态环境。

资金融通。资金融通是“一带一路”建设的重要支撑。深化金融合作，推进亚洲货币稳定体系、投融资体系和信用体系建设。扩大沿线国家双边本币互换、结算的范围和规模。推动亚洲债券市场的开放和发展。共同推进亚洲基础设施投资银行、金砖国家开发银行筹建，有关各方就建立上海合作组织融资机构开展磋商。加快丝路基金组建运营。深化中国－东盟银行联合体、上合组织银行联合体务实合作，以银团贷款、银行授信等方式开展多边金融合作。支持沿线国家政府和信用等级较高的企业以及金融机构在中国境内发行人民币债券。符合条件的中国境内金融机构和企业可以在境外发行人民币债券和外币债券，鼓励在沿线国家使用所筹资金。

加强金融监管合作，推动签署双边监管合作谅解备忘录，逐步在区域内建立高效监管协调机制。完善风险应对和危机处置制度安排，构建区域性金融风险预警系统，形成应对跨境风险和危机处置的交流合作机制。加强征信管理部门、征信机构和评级机构之间的跨境交流与合作。充分发挥丝路基金以及各国主权基金作用，引导商业性股权投资基金和社会资金共同参与“一带一路”重点项目建设。

民心相通。民心相通是“一带一路”建设的社会根基。传承和弘扬丝绸之路友好合作精神，广泛开展文化交流、学术往来、人才交流合作、媒体合作、青年和妇女交往、志愿者服务等，为深化双多边合作奠定坚实的民意基础。

扩大相互间留学生规模，开展合作办学，中国每年向沿线国家提供 1 万个政府奖学金名额。沿线国家间互办文化年、艺术节、电影节、电视周和图书展等活动，合作开展广播影视剧精品创作及翻译，联合申请世界文化遗产，共同开展世界遗产的联合保护工作。深化沿线国家间人才交流合作。

加强旅游合作，扩大旅游规模，互办旅游推广周、宣传月等活动，联合打造具有丝绸之路特色的国际精品旅游线路和旅游产品，提高沿线各国游客签证便利化水平。推动21世纪海上丝绸之路邮轮旅游合作。积极开展体育交流活动，支持沿线国家申办重大国际体育赛事。

强化与周边国家在传染病疫情信息沟通、防治技术交流、专业人才培养等方面的合作，提高合作处理突发公共卫生事件的能力。为有关国家提供医疗援助和应急医疗救助，在妇幼健康、残疾人康复以及艾滋病、结核、疟疾等主要传染病领域开展务实合作，扩大在传统医药领域的合作。

加强科技合作，共建联合实验室（研究中心）、国际技术转移中心、海上合作中心，促进科技人员交流，合作开展重大科技攻关，共同提升科技创新能力。

整合现有资源，积极开拓和推进与沿线国家在青年就业、创业培训、职业技能开发、社会保障管理服务、公共行政管理等共同关心领域的务实合作。

充分发挥政党、议会交往的桥梁作用，加强沿线国家之间立法机构、主要党派和政治组织的友好往来。开展城市交流合作，欢迎沿线国家重要城市之间互结友好城市，以人文交流为重点，突出务实合作，形成更多鲜活的合作范例。欢迎沿线国家智库之间开展联合研究、合作举办论坛等。

加强沿线国家民间组织的交流合作，重点面向基层民众，广泛开展教育医疗、减贫开发、生物多样性和生态环保等各类公益慈善活动，促进沿线贫困地区生产生活条件改善。加强文化传媒的国际交流合作，积极利用网络平台，运用新媒体工具，塑造和谐友好的文化生态和舆论环境。

五、合作机制

当前，世界经济融合加速发展，区域合作方兴未艾。积极利用现有双多边合作机制，推动“一带一路”建设，促进区域合作蓬勃发展。

加强双边合作，开展多层次、多渠道沟通磋商，推动双边关系全面发展。推动签署合作备忘录或合作规划，建设一批双边合作示范。建立完善双边联合工作机制，研究推进“一带一路”建设的实施方案、行动路线图。充分发挥现有联委会、混委会、协委会、指导委员会、管理委员会等双边机制作用，协调推动合作项目实施。

强化多边合作机制作用，发挥上海合作组织（SCO）、中国－东盟“10+1”、亚太经合组织（APEC）、亚欧会议（ASEM）、亚洲合作对话（ACD）、亚信会议（CICA）、中阿合作论坛、中国—海合会战略对话、大湄公河次区域（GMS）经济合作、中亚区域经济合作（CAREC）等现有多边合作机制作用，相关国家加强沟通，让更多国家和地区参与“一带一路”建设。

继续发挥沿线各国区域、次区域相关国际论坛、展会以及博鳌亚洲论坛、中国－东盟博览会、中国－亚欧博览会、欧亚经济论坛、中国国际投资贸易洽谈会，以及中国－南亚博览会、中国－阿拉伯博览会、中国西部国际博览会、中国－俄罗斯博览会、前海合作论坛等平台的建设性作用。支持沿线国家地方、民间挖掘“一带一路”历史文化遗产，联合举办专项投资、贸易、文化交流活动，办好丝绸之路（敦煌）国际文化博览会、丝绸之路国际电影节和图书展。倡议建立“一带一路”国际高峰论坛。

六、中国各地方开放态势

推进“一带一路”建设，中国将充分发挥国内各地区比较优势，实行更加积极主动的开放战略，加强东中西互动合作，全面提升开放型经济水平。

西北、东北地区。发挥新疆独特的区位优势和向西开放重要窗口作用，深化与中亚、南亚、西亚等国家交流合作，形成丝绸之路经济带上重要的交通枢纽、商贸物流和文化科教中心，打造丝绸之路经济带核心区。发挥陕西、甘肃综合经济文化和宁夏、青海民族人文优势，打造西安内陆型改革开放新高地，加快兰州、西宁开发开放，推进宁夏内陆开放型经济试验区建设，形成面向中亚、南亚、西亚国家的通道、商贸物流枢纽、重要产业和人文交流基地。发挥内蒙古联通俄蒙的区位优势，完善黑龙江对俄铁路通道和区域铁路网，以及黑龙江、吉林、辽宁与俄远东地区陆海联运合作，推进构建北京－莫斯科欧亚高速运输走廊，建设向北开放的重要窗口。

西南地区。发挥广西与东盟国家陆海相邻的独特优势，加快北部湾经济区和珠江－西江经济带开放发展，构建面向东盟区域的国际通道，打造西南、中南地区开放发展新的战略支点，形成21世纪海上丝绸之路与丝绸之路经济带有机衔接的重要门户。发挥云南区位优势，推进与周边国家的国际运输通道建设，打造大湄公河次区域经济合作新高地，建设成为面向南亚、东南亚的辐射中心。推进西藏与尼泊尔等国家边境贸易和旅游文化合作。

沿海和港澳台地区。利用长三角、珠三角、海峡西岸、环渤海等经济区开放程度高、经济实力强、辐射带动作用大的优势，加快推进中国（上海）自由贸易试验区建设，支持福建建设21世纪海上丝绸之路核心区。充分发挥深圳前海、广州南沙、珠海横琴、福建平潭等开放合作区作用，深化与港澳台合作，打造粤港澳大湾区。推进浙江海洋经济发展示范区、福建海峡蓝色经济试验区和舟山群岛新区建设，加大海南国际旅游岛开发开放力度。加强上海、天津、宁波—舟山、广州、深圳、湛江、汕头、青岛、烟台、大连、福州、厦门、泉州、海口、三亚等沿海城市港口建设，强化上海、广州等国际枢纽机场功能。以扩大开放倒逼深层次改革，创新开放型经济体制机制，加大科技创新力度，形成参与和引领国际合作竞争新优势，成为“一带一路”特别是21世纪海上丝绸之路建设的排头兵和主力军。发挥海外侨胞以及香港、澳门特别行政区独特优势作用，积极参与和助力“一带一路”建设。为台湾地区参与“一带一路”建设作出妥善安排。

内陆地区。利用内陆纵深广阔、人力资源丰富、产业基础较好优势，依托长江中游城市群、成渝城市群、中原城市群、呼包鄂榆城市群、哈长城市群等重点区域，推动区域互动合作和产业集聚发展，打造重庆西部开发开放重要支撑和成都、郑州、武汉、长沙、南昌、合肥等内陆开放型经济高地。加快推动长江中上游地区和俄罗斯伏尔加河沿岸联邦区的合作。建立中欧通道铁路运输、口岸通关协调机制，打造“中欧班列”品牌，建设沟通境内外、连接东中西的运输通道。支持郑州、西安等内陆城市建设航空港、国际陆港，加强内陆口岸与沿海、沿边口岸通关合作，开展跨境贸易电子商务服务试点。优化海关特殊监管区域布局，创新加工贸易模式，深化与沿线国家的产业合作。

七、中国积极行动

一年多来，中国政府积极推动“一带一路”建设，加强与沿线国家的沟通磋商，推动与沿线国家的务实合作，实施了一系列政策措施，努力收获早期成果。

高层引领推动。习近平主席、李克强总理等国家领导人先后出访20多个国家，出席加强互联互通伙伴关系对话会、中阿合作论坛第六届部长级会议，就双边关系和地区发展问题，多次与有关国家元首和政府首脑进行会晤，深入阐释“一带一路”的深刻内涵和积极意义，就共建“一带一路”达成广泛共识。

签署合作框架。与部分国家签署了共建“一带一路”合作备忘录，与一些毗邻国家签署了地区合作和边境合作的备忘录以及经贸合作中长期发展规划。研究编制与一些毗邻国家的地区合作规划纲要。

推动项目建设。加强与沿线有关国家的沟通磋商，在基础设施互联互通、产业投资、资源开发、经贸合作、金融合作、人文交流、生态保护、海上合作等领域，推进了一批条件成熟的重点合作项目。

完善政策措施。中国政府统筹国内各种资源，强化政策支持。推动亚洲基础设施投资银行筹建，发起设立丝路基金，强化中国－欧亚经济合作基金投资功能。推动银行卡清算机构开展跨境清算业务和支付机构开展跨境支付业务。积极推进投资贸易便利化，推进区域通关一体化改革。

发挥平台作用。各地成功举办了一系列以“一带一路”为主题的国际峰会、论坛、研讨会、博览会，对增进理解、凝聚共识、深化合作发挥了重要作用。

八、共创美好未来

共建“一带一路”是中国的倡议，也是中国与沿线国家的共同愿望。站在新的起点上，中国愿与沿线国家一道，以共建“一带一路”为契机，平等协商，兼顾各方利益，反映各方诉求，携手推动更大范围、更高水平、更深层次的大开放、大交流、大融合。“一带一路”建设是开放的、包容的，欢迎世界各国和国际、地区组织积极参与。

共建“一带一路”的途径是以目标协调、政策沟通为主，不刻意追求一致性，可高度灵活，富有弹性，是多元开放的合作进程。中国愿与沿线国家一道，不断充实完善“一带一路”的合作内容和方式，共同制定时间表、路线图，积极对接沿线国家发展和区域合作规划。

中国愿与沿线国家一道，在既有双多边和区域次区域合作机制框架下，通过合作研究、论坛展会、人员培训、交流访问等多种形式，促进沿线国家对共建“一带一路”内涵、目标、任务等方面的进一步理解和认同。

中国愿与沿线国家一道，稳步推进示范项目建设，共同确定一批能够照顾双多边利益的项目，对各方认可、条件成熟的项目抓紧启动实施，争取早日开花结果。

“一带一路”是一条互尊互信之路，一条合作共赢之路，一条文明互鉴之路。只要沿线各国和衷共济、相向而行，就一定能够谱写建设丝绸之路经济带和21世纪海上丝绸之路的新篇章，让沿线各国人民共享“一带一路”共建成果。

附件 8

中国与沿线国家共建 21 世纪海上丝绸之路达成的初步意向

时间	地点	事件	涉及国家	内容
2014 年 12 月 23 日	北京	埃及总统塞西访华	埃及	塞西总统表示，习近平主席提出共建“一带一路”的倡议为埃及的复兴提供了重要契机，埃方愿意积极参与并支持。埃方希望同中方合作开发苏伊士运河走廊和苏伊士经贸合作区等项目，创造更好条件，吸引中国企业赴埃及投资
2014 年 11 月 22 日	斐济	中国与太平洋岛国会晤	斐济、密克罗尼西亚联邦、萨摩亚、巴布亚新几内亚、瓦努阿图、库克群岛、汤加、纽埃	中方提出建设 21 世纪海上丝绸之路倡议，希望同各岛国分享发展经验和成果，真诚欢迎岛国搭乘中国发展快车，愿同岛国深化经贸、农渔业、海洋、能源资源、基础设施建设等领域合作，将为最不发达国家 97% 税目的输华商品提供零关税待遇。中方将继续支持岛国重大生产项目以及基础设施和民生工程建设
2014 年 11 月 20 日	惠灵顿	习近平出访新西兰	新西兰	习近平表示，南太平洋地区也是中方提出的 21 世纪海上丝绸之路的自然延伸，我们欢迎新方参与进来，使中新经贸合作取得更大发展 新西兰总理约翰·基表示，新方重视亚洲基础设施投资银行的作用，将积极参与银行建设
2014 年 11 月 18 日	安卡拉	土耳其总统埃尔多安会见习近平主席特使孟建柱	土耳其	埃尔多安表示，土方高度重视发展土中战略合作关系，全力支持习近平主席提出的“一带一路”倡议，愿在此框架内不断提升土中务实合作水平

续表

时间	地点	事件	涉及国家	内容
2014 年 11 月 17 日	堪培拉	习近平在澳国会演讲和会见澳大利亚总理阿博特	澳大利亚	习近平指出，大洋洲地区是古代海上丝绸之路的自然延伸，中方对澳大利亚参与21 世纪海上丝绸之路建设持开放态度。中澳两国应该加强人道主义救灾、反恐、海上安全等方面合作，共同应对地区各类安全挑战 阿博特表示，澳方愿意同中方加强在亚太事务及重大国际地区问题上沟通和协调，积极研究加入亚洲基础设施投资银行
2014 年 11 月 15 日	内比都	李克强总理访问缅甸与吴登盛总理会谈	缅甸	《中华人民共和国与缅甸联邦共和国关于深化两国全面战略合作的联合声明》指出，缅方欢迎中方提出的“共建丝绸之路经济带和 21 世纪海上丝绸之路”的倡议。双方同意将继承和弘扬和平合作、开放包容、互学互鉴、互利共赢的丝路精神，加强海洋经济、互联互通、科技环保、社会人文等各领域务实合作，推动中缅及与其他沿线国家间的合作共赢、共同发展
2014 年 11 月 10 日	吉隆坡		马来西亚	马来西亚总理纳吉布对建设 21 世纪海上丝绸之路的提议表示欢迎，称海上丝绸之路的复兴将为马中两国带来巨大商机。马方已同意加入亚洲基础设施投资银行
2014 年 11 月 10 日	北京	APEC 会议会见文莱苏丹哈桑纳尔	文莱	文莱苏丹哈桑纳尔高度评价习近平主席提出的建设丝绸之路经济带和 21 世纪海上丝绸之路的倡议，赞赏中方为维护地区和平稳定作出的重要贡献，支持中方制定的本次亚太经合组织领导人非正式会议议程，愿意同中方一道，促进东盟同中国团结合作，推进亚太一体化进程。作为创始成员国，文方将积极参与亚洲基础设施投资银行建设

续表

时间	地点	事件	涉及国家	内容
2014 年 11 月 9 日	北京	APEC 会议会见新加坡总理李显龙	新加坡	习近平指出，中国愿意同新方共同推进丝绸之路经济带和 21 世纪海上丝绸之路倡议，与各方共同建设好亚洲基础设施投资银行，携手建设更为紧密的中国－东盟命运共同体，促进地区和平、稳定、繁荣 李显龙表示，新方以更加积极、长远眼光发展新中合作，契合“一带一路”建设，不断创新合作理念，丰富合作内涵。亚洲基础设施投资银行是现有多边开发机构的有益补充，新方大力支持
2014 年 11 月 9 日	北京	APEC 会议会见泰国总理巴育	泰国	巴育表示，泰方希望借助丝绸之路经济带和 21 世纪海上丝绸之路建设，推进农业、铁路合作，促进地区互联互通，扩大泰国农产品对华出口，促进民间交往，加强人才培训。泰方已经积极参与亚洲基础设施投资银行，赞赏中方成立丝路基金
2014 年 11 月 9 日	北京	APEC 会议会见印度尼西亚总统佐科	印度尼西亚	习近平指出，佐科总统提出的建设海洋强国理念和我提出的建设 21 世纪海上丝绸之路倡议高度契合，我们双方可以对接发展战略，推进基础设施建设、农业、金融、核能等领域合作，充分发挥海上和航天合作机制作用，推动两国合作上天入海 佐科表示，双方要以海上和基础设施建设等领域为重点，带动两国整体合作。印度尼西亚支持成立亚洲基础设施投资银行，希望早日加入。印度尼西亚方希望早日在该国设立中国文化中心

续表

时间	地点	事件	涉及国家	内容
2011 年 11 月 8 日	北京		孟加拉、柬埔寨、老挝、蒙古、缅甸、巴基斯坦、伊朗、塔吉克斯坦	《加强互联互通伙伴关系对话会联合新闻公报》指出，我们支持丝绸之路经济带和 21 世纪海上丝绸之路（“一带一路”）倡议。该倡议深受历史启迪又有鲜明时代特色，与亚洲互联互通建设相辅相成，将为沿线国家增进政治互信、深化经济合作和密切民间往来及文化交流注入强大动力，具有巨大合作潜力和广阔发展前景。我们欢迎并赞赏中国宣布成立丝路基金，为亚洲国家参与互联互通合作提供投融资支持 我们致力于共商、共建、共享“一带一路”。“一带一路”源于亚洲，应以亚洲国家为重点方向，优先关注和实现亚洲的互联互通；以陆路经济走廊和海上经济合作为依托，建立亚洲互联互通基本框架；以交通基础设施为突破，实现亚洲互联互通早期收获；以人文交流为纽带，夯实亚洲互联互通的社会根基
2014 年 11 月 03 日	北京	卡塔尔国埃米尔塔米姆·本·哈马德·阿勒萨尼谢赫访华	卡塔尔	《中华人民共和国和卡塔尔国关于建立战略伙伴关系的联合声明》指出，双方强调共同建设“丝绸之路经济带”和“21 世纪海上丝绸之路”。中方欢迎卡塔尔国积极参与“一带一路”建设，实现互利双赢
2014 年 9 月 18 日	新德里	习近平应邀对印度进行国事访问	印度	会见莫迪时，习近平表示，双方要加快推进孟中印缅经济走廊建设，开展在丝绸之路经济带、21 世纪海上丝绸之路、亚洲基础设施投资银行等框架内的合作，推动区域经济一体化和互联互通进程。双方要共同致力于在亚太地区建立开放、透明、平等、包容的安全和合作架构。印度总理莫迪表示，印方将研究参与中方关于建设孟中印缅经济走廊和亚洲基础设施投资银行的倡议，愿意同中方加强在人文领域合作
2014 年 9 月 17 日	科伦坡	习近平应邀对斯里兰卡进行国事访问	斯里兰卡	斯里兰卡总理贾亚拉特纳表示，我们愿意学习借鉴中国的成功经验，积极参与 21 世纪海上丝绸之路建设，携手共同发展

续表

时间	地点	事件	涉及国家	内容
2014年9月15日	马累	习近平应邀对马尔代夫进行国事访问	马尔代夫	马尔代夫总统亚明表示，建设21世纪海上丝绸之路的倡议富有远见，马方完全支持并愿抓住机遇，积极参与
2014年6月19日	雅典	国务院总理李克强在雅典同希腊总理萨马拉斯举行会谈	希腊	萨马拉斯表示，希方愿与中方全面深化各领域友好互利合作和人文交流，将支持并积极参与中方提出的21世纪海上丝绸之路建设，与中方合作建设好比雷埃夫斯港，搭建东西方交流合作的桥梁
2014年4月15日	北京	外交部长王毅在北京会见来华参加中国与阿曼外交部第八轮战略磋商的阿曼外交部秘书长巴德尔	阿曼	巴德尔表示，阿方高度赞赏并愿积极参与中国领导人提出的建设“一带一路”和筹建亚洲基础设施投资银行的倡议

根据公开资料整理，资料截止日期为2014年12月31日。

附件 9

中国主要海洋法律文件

内容分类	序号	名称	发布机关	发布日期	施行日期	备注
基本海洋法律制度	1	中华人民共和国领海及毗连区法	全国人大常委会	1992 年 2 月 25 日	1992 年 2 月 25 日	
	2	中华人民共和国专属经济区和大陆架法	全国人大常委会	1998 年 6 月 26 日	1998 年 6 月 26 日	
	3	全国人大常委会关于批准《联合国海洋法公约》的决定	全国人大常委会	1996 年 5 月 15 日	1996 年 5 月 15 日	1996 年 7 月 7 日对中国生效
	4	中华人民共和国政府关于领海的声明	中华人民共和国政府	1958 年 9 月 4 日	1958 年 9 月 4 日	
	5	中华人民共和国政府关于领海基线的声明	中华人民共和国政府	1996 年 5 月 15 日	1996 年 5 月 15 日	
	6	中华人民共和国政府关于钓鱼岛及其附属岛屿领海基线的声明	中华人民共和国政府	2012 年 9 月 10 日	2012 年 9 月 10 日	
海域使用管理	7	中华人民共和国海域使用管理法	全国人大常委会	2001 年 10 月 27 日	2002 年 1 月 1 日	
	8	国务院关于国土资源部《报国务院批准的项目用海审批办法》的批复（国函〔2003〕44 号）	国务院	2003 年 4 月 19 日	2003 年 4 月 19 日	
	9	关于印发《临时海域使用管理暂行办法》的通知（国海发〔2003〕18 号）	国家海洋局	2003 年 8 月 20 日	2003 年 8 月 20 日	

续表

内容分类	序号	名称	发布机关	发布日期	施行日期	备注
海域使用管理	10	关于印发《海域使用论证资质管理规定》的通知（国海发〔2004〕21号）	国家海洋局	2004年6月29日	2004年6月29日	
	11	财政部、国家海洋局关于印发《海域使用金减免管理办法》的通知（财综〔2006〕24号）	财政部、国家海洋局	2006年7月5日	2006年10月1日	
	12	关于印发《海域使用权管理规定》的通知（国海发〔2006〕27号）	国家海洋局	2006年10月13日	2007年1月1日	
	13	国家海洋局关于印发《海域使用权登记办法》的通知（国海发〔2006〕28号）	国家海洋局	2006年10月13日	2007年1月1日	
	14	关于印发《海洋功能区划管理规定》的通知（国海发〔2007〕18号）	国家海洋局	2007年7月12日	2007年8月1日	
	15	关于印发《海域使用论证管理规定》的通知（国海发〔2008〕4号）	国家海洋局	2008年1月23日	2008年3月1日	
	16	关于印发《海域使用权证书管理办法》的通知（国海发〔2008〕24号）	国家海洋局	2008年9月18日	2009年1月1日	
	17	国家发展改革委、国家海洋局关于印发《围填海计划管理办法》的通知（发改地区〔2011〕2929号）	国家发改委、国家海洋局	2011年12月5日	2011年12月5日	
海洋环境保护	18	中华人民共和国海洋环境保护法	全国人大常委会	1982年8月23日	1983年3月1日	1999年12月25日修订、2013年12月28日修正
	19	中华人民共和国环境影响评价法	全国人大常委会	2002年10月28日	2003年9月1日	

续表

内容分类	序号	名称	发布机关	发布日期	施行日期	备注
海洋环境保护	20	中华人民共和国海洋石油勘探开发环境保护管理条例	国务院	1983年12月29日	1983年12月29日	
	21	中华人民共和国海洋倾废管理条例	国务院	1985年3月6日	1985年4月1日	2011年1月8日修正
	22	防止拆船污染环境管理条例	国务院	1988年5月18日	1988年6月1日	
	23	中华人民共和国防治陆源污染物污染损害海洋环境管理条例	国务院	1990年6月22日	1990年8月1日	
	24	中华人民共和国防治海岸工程建设项目污染损害海洋环境管理条例	国务院	1990年6月25日	1990年8月1日	2007年9月25日修订
	25	中华人民共和国自然保护区条例	国务院	1994年10月9日	1994年12月1日	2011年1月8日修正
	26	防治海洋工程建设项目污染损害海洋环境管理条例	国务院	2006年9月19日	2006年11月1日	
	27	防治船舶污染海洋环境管理条例	国务院	2009年9月9日	2010年3月1日	2013年7月18日、2013年12月7日、2014年7月29日部分修改
	28	中华人民共和国船舶及其有关作业活动污染海洋环境防治管理规定	交通运输部	2010年11月16日	2011年2月1日	2013年8月31日、2013年12月24日两次修正
	29	中华人民共和国船舶污染海洋环境应急防备和应急处置管理规定	交通运输部	2011年1月27日	2011年6月1日	2013年12月24日、2014年9月5日两次修正
	30	关于发布《海洋自然保护区管理办法》的通知（国海法发〔1995〕251号）	国家海洋局	1995年5月29日	1995年5月29日	

续表

内容分类	序号	名称	发布机关	发布日期	施行日期	备注
海洋环境保护	31	关于印发《海洋石油平台弃置管理暂行办法》的通知（国海发〔2002〕21 号）	国家海洋局	2002 年 6 月 24 日	2002 年 6 月 24 日	
	32	关于印发《倾倒区管理暂行规定》的通知（国海发〔2003〕23 号）	国家海洋局	2003 年 11 月 14 日	2004 年 1 月 1 日	
	33	关于印发《海洋工程环境影响评价管理规定》的通知（国海环字〔2008〕367 号）	国家海洋局	2008 年 7 月 1 日	2008 年 7 月 1 日	
	34	海洋特别保护区管理办法（国海发〔2010〕21 号）	国家海洋局	2010 年 8 月 31 日	2010 年 8 月 31 日	
	35	海洋生态损害国家损失索赔办法	国家海洋局	2014 年 10 月 21 日	2014 年 10 月 21 日	
海岛保护	36	中华人民共和国海岛保护法	全国人大常委会	2009 年 12 月 26 日	2010 年 3 月 1 日	
	37	关于全国海岛保护规划的批复（国函〔2012〕11 号）	国务院	2012 年 2 月 29 日	2012 年 2 月 29 日	
	38	财政部、国家海洋局关于印发《无居民海岛使用金征收使用管理办法》的通知（财综〔2010〕44 号）	财政部、国家海洋局	2010 年 6 月 13 日	2010 年 6 月 13 日	
	39	关于印发《海岛名称管理办法》的通知（国海发〔2010〕16 号）	国家海洋局	2010 年 6 月 28 日	2010 年 6 月 28 日	
	40	关于印发《无居民海岛使用权登记办法》的通知（国海岛字〔2010〕775 号）	国家海洋局	2010 年 12 月 7 日	2010 年 12 月 7 日	
	41	关于印发《无居民海岛使用权证书管理办法》的通知（国海岛字〔2010〕776 号）	国家海洋局	2010 年 12 月 7 日	2010 年 12 月 7 日	

续表

内容分类	序号	名称	发布机关	发布日期	施行日期	备注
海岛保护	42	关于印发《无居民海岛使用申请审批试行办法》的通知（国海岛字〔2011〕225号）	国家海洋局	2011年4月20日	2011年4月20日	
	43	关于印发《无居民海岛使用测量规范》的通知（国海岛字〔2011〕365号）	国家海洋局	2011年6月9日	2011年6月9日	
	44	关于印发《无居民海岛保护和利用指导意见》的通知（海岛字〔2011〕44号）	国家海洋局海岛办	2011年8月22日	2011年8月22日	
	45	关于印发《钓鱼岛及其部分附属岛屿标准名称》的通知（国海发〔2012〕13号）	国家海洋局	2012年3月2日	2012年3月2日	
	46	关于印发全国海岛保护规划的通知（国海发〔2012〕22号）	国家海洋局	2012年4月18日	2012年4月18日	
	47	国家海洋局关于印发《领海基点保护范围选划与保护办法》的通知	国家海洋局	2012年9月11日	2012年9月11日	
海洋资源开发与保护	48	中华人民共和国渔业法	全国人大常委会	1986年1月20日	1986年7月1日	2000年10月31日、2004年8月28日、2009年8月27日、2013年12月28日四次修正
	49	中华人民共和国矿产资源法	全国人大常委会	1986年3月19日	1986年10月1日	1996年8月29日修订、2009年8月27日修正
	50	中华人民共和国野生动物保护法	全国人大常委会	1988年11月8日	1989年3月1日	2004年8月28日修订
	51	中华人民共和国可再生能源法	全国人大常委会	2005年2月28日	2006年1月1日	2009年12月26日修订

续表

内容分类	序号	名称	发布机关	发布日期	施行日期	备注
海洋资源开发与保护	52	中华人民共和国对外合作开采海洋石油资源条例	国务院	1982年1月30日	1982年1月30日	2001年9月23日修订、2011年1月8日、2011年9月30日、2013年7月18日修正
	53	中华人民共和国渔业法实施细则	国务院批准，农牧渔业部发布	1987年10月20日	1987年10月20日	
	54	中华人民共和国水生野生动物保护实施条例	国务院批准，农业部发布	1993年10月5日	1993年10月5日	
	55	中华人民共和国矿产资源法实施细则	国务院	1994年3月26日	1994年3月26日	
海洋科学研究	56	中华人民共和国测绘法	全国人大常委会	1992年12月28日	1993年7月1日	2002年8月29日修订
	57	中华人民共和国涉外海洋科学研究管理规定	国务院	1996年6月18日	1996年10月1日	
	58	地质资料管理条例	国务院	2002年3月19日	2002年7月1日	
	59	基础测绘条例	国务院	2009年5月12日	2009年8月1日	
	60	地质资料管理条例实施办法	国土资源部	2003年1月3日	2003年3月1日	
	61	外国的组织或者个人来华测绘管理暂行办法	国土资源部	2007年1月19日	2007年3月1日	2011年4月27日修正
水上交通安全	62	中华人民共和国海上交通安全法	全国人大常委会	1983年9月2日	1984年1月1日	
	63	中华人民共和国港口法	全国人大常委会	2003年6月28日	2004年1月1日	
	64	中华人民共和国航道法	全国人大常委会	2014年12月28日	2015年3月1日	

续表

内容分类	序号	名称	发布机关	发布日期	施行日期	备注
水上交通安全	65	中华人民共和国打捞沉船管理办法	国务院批准，交通部发布	1957 年 10 月 11 日	1957 年 10 月 11 日	
	66	外国籍非军用船舶通过琼州海峡管理规则	国务院	1964 年 6 月 8 日	1964 年 6 月 8 日	
	67	中华人民共和国对外国籍船舶管理规则	国务院批准，交通部公布	1979 年 9 月 18 日	1979 年 9 月 18 日	
	68	中华人民共和国航道管理条例	国务院	1987 年 8 月 22 日	1987 年 10 月 1 日	2008 年 12 月 27 日修正
	69	中华人民共和国渔港水域交通安全管理条例	国务院	1989 年 7 月 3 日	1989 年 8 月 1 日	2011 年 1 月 8 日修正
	70	中华人民共和国海上交通事故调查处理条例	国务院批准，交通部公布	1990 年 3 月 3 日	1990 年 3 月 3 日	
	71	中华人民共和国海上航行警告和航行通告管理规定	国务院批准，交通部发布	1993 年 1 月 11 日	1993 年 2 月 1 日	
	72	中华人民共和国船舶和海上设施检验条例	国务院	1993 年 2 月 14 日	1993 年 2 月 14 日	
	73	中华人民共和国船舶登记条例	国务院	1994 年 6 月 2 日	1995 年 1 月 1 日	2014 年 7 月 29 日部分修改
	74	国际航行船舶进出中华人民共和国口岸检查办法	国务院	1995 年 3 月 21 日	1995 年 3 月 21 日	
	75	中华人民共和国航标条例	国务院	1995 年 12 月 3 日	1995 年 12 月 3 日	2011 年 1 月 8 日修正
	76	中华人民共和国国际海运条例	国务院	2001 年 12 月 11 日	2002 年 1 月 1 日	2013 年 7 月 18 日修正
	77	中华人民共和国渔业船舶检验条例	国务院	2003 年 6 月 27 日	2003 年 8 月 1 日	
	78	中华人民共和国船员条例	国务院	2007 年 4 月 14 日	2007 年 9 月 1 日	2013 年 7 月 18 日、2013 年 12 月 7 日、2014 年 7 月 29 日部分修改

续表

内容分类	序号	名称	发布机关	发布日期	施行日期	备注
水上交通安全	79	中华人民共和国航道管理条例实施细则	交通运输部	1991年8月29日	1991年10月1日	2009年6月23日修正
	80	中华人民共和国国际海运条例实施细则	交通运输部	2003年1月20日	2003年3月1日	2013年8月29日修正
	81	沿海航标管理办法	交通运输部	2003年7月10日	2003年9月1日	
	82	中华人民共和国港口设施保安规则	交通运输部	2007年12月17日	2008年3月1日	
	83	中华人民共和国船舶安全检查规则	交通运输部	2009年11月30日	2010年3月1日	1997年11月5日《中华人民共和国船舶安全检查规则》同时废止
	84	中华人民共和国水上水下活动通航安全管理规定	交通运输部	2011年1月27日	2011年3月1日	1999年10月8日《中华人民共和国水上水下施工作业通航安全管理规定》同时废止
海底电缆保护	85	铺设海底电缆管道管理规定	国务院	1989年2月11日	1989年3月1日	
	86	海底电缆管道保护规定	国土资源部	2004年1月9日	2004年3月1日	
	87	铺设海底电缆管道管理规定实施办法	国家海洋局	1992年8月26日	1992年8月26日	
其他	88	海洋观测预报管理条例	国务院	2012年3月1日	2012年6月1日	
	89	关于印发《海洋督察工作管理规定》的通知（国海发〔2011〕27号）	国家海洋局	2011年7月5日	2011年7月5日	

续表

内容分类	序号	名称	发布机关	发布日期	施行日期	备注
其他	90	关于印发《海洋督察员管理办法》的通知（国海发〔2011〕51 号）	国家海洋局	2011 年 10 月 31 日	2011 年 12 月 1 日	
	91	关于印发《海洋督察工作规范》的通知（国海发〔2011〕52 号）	国家海洋局	2011 年 10 月 31 日	2011 年 12 月 1 日	
	92	关于印发《海上船舶和平台志愿观测管理规定》的通知（国海预字〔2014〕38 号）	国家海洋局	2014 年 1 月 10 日	2014 年 1 月 10 日	
	93	南极考察活动行政许可管理规定	国家海洋局	2014 年 5 月 30 日	2014 年 5 月 30 日	

资料来源：根据中国法律法规检索系统、北大法宝法律信息网、国家海洋局网站资料编辑而成。

附件 10

中国海军赴索马里海域护航情况

批次	力量	起航日期	开始执行任务日期	结束任务日期	护航情况
第 1 批	由南海舰队“武汉”号、“海口”号导弹驱逐舰和“微山湖”号综合补给舰组成，并搭载 2 架舰载直升机和部分海军特战队员，整个编队共 800 余人	2008 年 12 月 26 日	2009 年 1 月 6 日	2009 年 4 月 16 日	共为 212 艘船舶护航，其中伴随护航 41 批 166 艘、区域护航 46 艘。此外，首批护航编队还解救了 3 艘遇袭船舶，接护 1 艘渔船（“天裕 8 号”）
第 2 批	由南海舰队“深圳”号导弹驱逐舰、“黄山”号导弹护卫舰和首批护航编队留下来的“微山湖”号综合补给舰以及 2 架舰载直升机和部分特战人员组成，整个编队共 800 余人	2009 年 4 月 2 日	2009 年 4 月 16 日	2009 年 8 月 1 日	完成了 45 批 393 艘船舶的护航任务，解救遭海盗袭击的外国商船 4 艘，接护获释外国商船 1 艘
第 3 批	由东海舰队“舟山”号和“徐州”号导弹护卫舰及“千岛湖”号综合补给舰以及 2 架舰载直升机和数十名特战队员组成，整个编队共 800 余人	2009 年 7 月 16 日	2009 年 8 月 1 日	2009 年 11 月 27 日	完成了 52 批 568 艘中外商船的护航任务，首次成功组织了中俄舰艇编队联合护航、联合军演等
第 4 批	由东海舰队“马鞍山”号、“温州”号新型导弹护卫舰和第 3 批护航编队中的“千岛湖”号综合补给舰以及 2 架舰载直升机、数十名特战队员组成，整个编队共 700 多人	2009 年 10 月 30 日	2009 年 11 月 27 日	2010 年 3 月 18 日	完成了 46 批次 600 多艘中外船舶的护航任务，累计航程近 4 万海里，改写了多项中国海军亚丁湾、索马里海域执行护航任务的纪录①

① http：//news. xinhuanet. com/mil/2010 －03/21/content_13217010. htm.

续表

批次	力量	起航日期	开始执行任务日期	结束任务日期	护航情况
第5批	由南海舰队“广州”号导弹驱逐舰、“微山湖”号综合补给舰、2架舰载直升机和数十名特战队员以及先期到达亚丁湾、索马里海域执行护航任务的“巢湖”号导弹护卫舰组成，整个编队共800余人	2010年3月4日	2010年3月18日	2010年7月16日	安全护送商船41批588艘，编队3艘舰艇累计安全航行68 254海里，护送中外船舶总吨位超过3 096万吨，创造了中国海军单批护航船舶总数量最多等多项纪录①
第6批	由南海舰队“昆仑山”号舰坞登陆舰、“兰州”号导弹驱逐舰和正在执行第5批护航任务的“微山湖”号综合补给舰以及4架舰载直升机和部分特战队员组成，整个编队共1 000余人	2010年6月30日	2010年7月16日	2010年11月24日	航程81 500海里，共为49批615艘次船舶实施安全护航，总吨位3 988万吨，驱离可疑船只190艘次，实施解救行动3次②
第7批	由东海舰队“舟山”号、“徐州”号导弹护卫舰和“千岛湖”号综合补给舰以及2架舰载直升机组成。整个编队780余人，包括数十名特战队员和担负医疗救护、心理咨询、通信值班等任务的25名女舰员	2010年11月2日	2010年11月24日	2011年3月19日	完成38批578艘中外船舶的护航任务，接护遭海盗袭击船舶1艘，营救遭海盗登船袭击船舶1艘，解救被海盗追击的船舶7艘，“徐州”舰还到地中海执行了为撤离中国在利比亚人员船只提供支持和保护任务③

① http：//military. people. com. cn/gb/172467/12194617. html.

② http：//mil. news. sina. com. cn/2010－11－24/0652620492. html.

③ http：//gb. cri. cn/27824/2011/03/19/3365s3191693. htm.

续表

批次	力量	起航日期	开始执行任务日期	结束任务日期	护航情况
第8批	由东海舰队“温州”号和“马鞍山”号以及第7批护航编队中的“千岛湖”舰组成，编队含舰载直升机2架、特战队员数十名。随舰官兵共800余人	2011年2月21日	2011年3月19日	2011年7月24日	共完成46批507艘船舶伴随护航任务，接护被海盗释放船舶1艘，解救被海盗追击船舶7艘，救助外国船舶2艘①
第9批	由南海舰队导弹驱逐舰“武汉”舰、导弹护卫舰“玉林”舰、大型综合补给舰“青海湖”舰以及2架舰载直升机和数十名特战队员组成，整个编队共878人	2011年7月2日	2011年7月24日	2011年11月18日	圆满完成了41批280艘中外船舶的护航任务。两批护航编队完成任务交接后，在第10批护航编队指挥下共同完成第392批护航任务后分航②
第10批	由南海舰队“海口”舰、“运城”舰以及正在亚丁湾、索马里海域执行第9批护航任务的“青海湖”舰组成，共800余名官兵。其中“海口”舰曾执行第1批护航任务	2011年11月2日	2011年11月18日	2012年3月17日	共完成40批240艘中外船舶护航任务。在完成护航任务后，编队先后对莫桑比克、泰国进行了友好访问，并停靠香港向市民开放③
第11批	由北海舰队“青岛”号导弹驱逐舰、“烟台”号导弹护卫舰和“微山湖”号综合补给舰组成，携带舰载直升机2架，特战队员数十名，整个编队共800余人	2012年2月27日	2012年3月17日	2012年7月20日	编队安全护送43批184艘中外船舶，驱离可疑海盗船只58批126艘，并对乌克兰、罗马尼亚、土耳其、保加利亚和以色列等五国进行了正式友好访问④

① http：//mil. news. sina. com. cn/2011 －08 －29/0342663319. html.
② http：//news. 163. com/11/1119/02/7J6L5DOE00014JB6. html.
③ http：//news. ifeng. com/mil/2/detail_2012_05/06/14344690_0. shtml.
④ http：//www. chinanews. com/tp/hd2011/2012/09 －13/132645. shtml.

续表

批次	力量	起航日期	开始执行任务日期	结束任务日期	护航情况
第12批	由东海舰队“益阳”号、“常州”号导弹护卫舰和“千岛湖”号综合补给舰组成，编队官兵共790余人	2012年7月2日	2012年7月20日	2012年11月27日	圆满完成了46批204艘中外船舶护航任务，查证、驱离可疑船只35批62艘次①
第13批	由南海舰队导弹护卫舰“黄山”号、“衡阳”号，综合补给舰“青海湖”号以及2架舰载直升机和部分特战队员组成，编队官兵近800人，3艘舰艇此前都曾在亚丁湾执行过护航任务	2012年11月9日	2012年11月21日	2013年3月18日	完成了37批次、166艘商船的护航任务②
第14批	由北海舰队导弹驱逐舰“哈尔滨”号、导弹护卫舰“绵阳”号和综合补给舰“微山湖”号组成，编队含2架舰载直升机、数十名特战队员，共730余人	2013年2月16日	2013年3月18日	2013年8月26日	完成了63批次181艘中外船舶的护航任务，是中国海军执行护航任务以来，编队执行任务时间最长的一次③
第15批	由南海舰队两栖船坞登陆舰“井冈山”号、导弹护卫舰“衡水”号和综合补给舰“太湖”号以及3架舰载直升机和部分特战队员组成，整个编队800余人。这三艘舰艇均是首次执行护航任务	2013年8月8日	2013年8月26日	2013年12月22日	完成46批181艘中外船舶的护航任务，护送联合国粮食计划署船舶1艘④

① http://mil. news. sina. com. cn/2013-01-19/1602713163. html.

② 中国海军第13批护航编队指挥员李晓岩少将在编队访问时讲话，http://chn. chinamil. com. cn/jwjj/2013-04/10content_5294860. htm。

③ http://news. xinhuanet. com/world/2013-09/05/c_117249360. htm.

④ http://gb. cri. cn/42071/2013/12/23/6351s4365323. htm.

续表

批次	力量	起航日期	开始执行任务日期	结束任务日期	护航情况
第16批	由北海舰队导弹护卫舰“盐城”号和“洛阳”号和第15批护航编队的综合补给舰“太湖”号组成，编队含2架舰载直升机和部分特战队员，共660余人，是海军舰艇编队执行亚丁湾、索马里护航任务以来人员数量最少的一次	2013年11月30日	2013年12月22日	2014年4月19日	共完成40批132艘中外船舶护航任务，先后派出特战队员53人次，为18艘次船舶实施随船护卫，解救遭海盗袭扰商船1艘。首次与欧盟护航舰艇编队进行反海盗联合演练，特别是临时受命紧急派遣“盐城”舰赶赴地中海，出色完成了叙利亚化学武器海运阶段性护航，为顺利销毁叙利亚化学武器、维护地区安全稳定做出了突出贡献 护航任务后，首次实现对非洲8国的连续访问，加深了与到访国之间的相互了解和信任，促进了对外关系深入发展，对于巩固深化中非传统友谊，具有历史性意义①
第17批	由导弹驱逐舰“长春”舰、导弹护卫舰“常州”舰以及综合补给舰“巢湖”舰组成，编队搭载舰载直升机2架、特战队员数十名，任务官兵810余人。其中，“长春”舰和“巢湖”舰是首次执行护航任务	2014年3月24日	2014年4月19日	2014年8月23日	编队共完成43批115艘中外船舶护航任务，为17艘次船舶实施特殊护航，为1艘世界粮食计划署船舶护航，先后参与了搜救韩国海军舰艇失踪船员、营救意大利失火商船、搜救马来西亚航空公司失事飞机等行动，与欧盟海军465编队在亚丁湾海域举行了联合反海盗演练，并同美盟151编队指挥官进行了交流会晤。护航任务结束后，编队先后对约旦、阿联酋、伊朗、巴基斯坦四国进行了友好访问②

① http：//www. chinanews. com/mil/2014/10－22/6707067. shtml.

② http：//www. chinanews. com/mil/2014/10－22/6707067. html.

续表

批次	力量	起航日期	开始执行任务日期	结束任务日期	护航情况
第18批	由两栖登陆舰“长白山”舰、导弹护卫舰“运城”舰以及综合补给舰“巢湖”舰组成，编队携带舰载直升机3架、特战队员近百名，任务官兵800多人。其中，“长白山”舰是首次执行护航任务，“巢湖”舰将继续执行第18批护航任务	2014年8月1日	2014年8月23日	2014年12月19日	先后完成47批133艘中外船舶护航任务，特殊护航任务8次，并为“远望3”号测量船提供了护卫，保证了被护船舶的安全①
第19批	由导弹护卫舰“临沂”舰、“潍坊”舰和综合补给舰“微山湖”舰组成，编队含2架舰载直升机、数十名特战队员，共700余人。其中，“临沂”舰、“潍坊”舰是首次执行护航任务	2014年12月2日	2014年12月19日		

中国海军自2008年开始执行护航任务。6年来，海军连续、不间断、常态化地派出了19批舰艇编队远赴亚丁湾、索马里海域执行护航任务。广大官兵以祖国、人民利益高于一切的坚定信念，牢记使命、无私奉献、顽强拼搏、开拓进取，为5 820余艘中外船舶安全实施护航，成功解救、接护和救助了60余艘遇险的中外船舶，保持着被护船舶和编队自身“两个百分之百安全”的纪录，并与世界各国海军务实交流、密切合作，有效遏制了海盗的猖狂活动，有效履行了我国大国责任，有效保证了国家海上战略通道安全。护航6年实践，我们不仅有效维护了国家海洋权益，全面检验锤炼和提升了部队应对多种安全威胁、遂行多样化军事任务的能力，而且充分展示了我国负责大国的良好形象和人民海军过硬的军政素质。②

根据公开资料整理，资料截止至2015年3月9日。

① http://news.qq.com/a/20141220/017334.htm.

② 2014年12月2日海军副司令员杜景臣在欢送第19批护航编队仪式上的讲话，http://military.people.com.cn/n/2014/1203/c1011-26138563.html。

附件 11

200 海里以外大陆架划界案和初步信息情况

（一）提交划界案情况

序号	国家	递交日期	全部、部分或联合划界案	作出建议日期	提出照会的国家	审议结果
1	俄罗斯	2001 年 12 月 20 日	全部	2002 年 6 月 27 日作出建议	加拿大、丹麦、日本、挪威、美国	总共 4 块，3 块获得通过，1 块重新提交修订划界案
1a	俄罗斯（关于鄂霍次克海）	2013 年 2 月 28 日	部分	2014 年 3 月 11 日作出建议	日本	总共 1 块，1 块获得通过
2	巴西	2004 年 5 月 17 日 2006 年 2 月 1 日增编	全部	2007 年 4 月 4 日作出建议	美国	总共 4 块，4 块通过，并要求提交增编信息（暂未见委员会建议摘要）
3	澳大利亚	2004 年 11 月 15 日	全部（南极不采取行动）	2008 年 4 月 9 日作出建议	美国、俄罗斯、日本、东帝汶、法国、荷兰、德国、印度	总共 10 块，9 块获得通过，1 块（南极区域）澳大利亚请求委员会暂不就划界案中有关附属于南极洲的大陆架的资料采取任何行动
4	爱尔兰（关于波丘派恩深海平原区域）	2005 年 5 月 25 日	部分	2007 年 4 月 5 日作出建议	丹麦、冰岛	总共 1 块，1 块获得通过

续表

序号	国家	递交日期	全部、部分或联合划界案	作出建议日期	提出照会的国家	审议结果
5	新西兰	2006 年 4 月 19 日	部分	2008 年 8 月 22 日作出建议	斐济、日本、法国、荷兰、汤加	总共 4 块，4 块获得通过
6	法国、英国、爱尔兰和西班牙（关于凯尔特海和比斯开湾区域）	2006 年 5 月 19 日	联合	2009 年 3 月 24 日作出建议	—	总共 1 块，1 块通过
7	挪威（关于东北大西洋和北极区域）	2006 年 11 月 27 日	部分	2009 年 3 月 27 日作出建议	丹麦、冰岛、俄罗斯、西班牙	总共 3 块，1 块与邻国协商后继续提交，2 块通过
8	法国（关于法属圭亚那和新喀里多尼亚）	2007 年 5 月 22 日	部分	2009 年 9 月 2 日作出建议	瓦努阿图、新西兰、苏里南	总共 3 块，2 块获得通过，1 块（新喀里多尼亚东南方向）法国请求委员会不予审议
9	墨西哥（关于墨西哥湾西部多边形区域）	2007 年 12 月 13 日	部分	2009 年 3 月 31 日作出建议	—	总共 1 块，1 块获得通过
10	巴巴多斯	2008 年 5 月 8 日	部分	2010 年 4 月 15 日作出建议	苏里南、特立尼达和多巴哥、委内瑞拉	总共 1 块，1 块获得通过
10a	巴巴多斯（修订后的划界案）	2011 年 7 月 25 日	部分	2012 年 4 月 13 日作出建议	苏里南、特立尼达和多巴哥、委内瑞拉	总共 1 块，1 块获得通过
11	英国（关于阿松森岛）	2008 年 5 月 9 日	部分	2010 年 4 月 15 日作出建议	荷兰、日本	总共 1 块，1 块未获通过
12	印度尼西亚（关于苏门答腊岛西北）	2008 年 6 月 16 日	部分	2011 年 3 月 28 日作出建议	印度	总共 1 块，1 块获得通过

续表

序号	国家	递交日期	全部、部分或联合划界案	作出建议日期	提出照会的国家	审议结果
13	日本	2008 年 11 月 12 日	部分	2012 年 4 月 19 日作出建议	美国、中国、韩国、帕劳	总共 7 块，4 块通过，2 块未通过，1 块未审议
14	毛里求斯和塞舌尔（关于马斯克林海台）	2008 年 12 月 1 日	部分联合	2011 年 3 月 30 日作出建议	—	总共 1 块，1 块获得通过
15	苏里南	2008 年 12 月 5 日		2011 年 3 月 30 日作出建议	法国、特立尼达和多巴哥、巴巴多斯	总共 1 块，1 块获得通过
16	缅甸	2008 年 12 月 16 日		被搁置	斯里兰卡、印度、肯尼亚、孟加拉国	
17	法国（关于法属安的列斯和凯尔盖朗群岛）	2009 年 2 月 5 日	部分	2012 年 4 月 19 日作出建议	荷兰、日本	总共 2 块，2 块获得通过
18	也门（关于索科特拉岛东南）	2009 年 3 月 20 日		被搁置	索马里	
19	英国（关于哈顿·罗卡尔区域）	2009 年 3 月 31 日	部分	被搁置	冰岛、丹麦	
20	爱尔兰（关于哈顿·罗卡尔区域）	2009 年 3 月 31 日	部分	被搁置	冰岛、丹麦	
21	乌拉圭	2009 年 4 月 7 日	全部	审议中	阿根廷	
22	菲律宾（关于本哈姆海隆区域）	2009 年 4 月 8 日	部分	2012 年 4 月 12 日作出建议	—	1 块获得通过
23	库克群岛（关于马尼希基海台）	2009 年 4 月 16 日	部分	审议中	新西兰	
24	斐济	2009 年 4 月 20 日	部分	审议中	新西兰、瓦努阿图	

续表

序号	国家	递交日期	全部、部分或联合划界案	作出建议日期	提出照会的国家	审议结果
25	阿根廷	2009 年 4 月 21 日	全部	审议中	英国、美国、俄罗斯、印度、荷兰、日本	
26	加纳	2009 年 4 月 28 日	全部	2014 年 9 月 5 日作出建议	尼日利亚	总共 2 块，2 块获得通过
27	冰岛（关于埃吉尔海盆地地区和雷克雅内斯海脊西部和南部）	2009 年 4 月 29 日	部分	审议中	丹麦、挪威	
28	丹麦（关于法罗群岛以北区域）	2009 年 4 月 29 日	部分	2014 年 3 月 12 日作出建议	冰岛、挪威	总共 1 块，1 块获得通过
29	巴基斯坦	2009 年 4 月 30 日		审议中	阿曼	
30	挪威（关于布韦岛和德龙宁毛德地）	2009 年 5 月 4 日	部分	审议中	美国、俄罗斯、印度、荷兰、日本	
31	南非（关于其大陆领土）	2009 年 5 月 5 日	部分	审议中	—	
32	密克罗尼西亚、巴布亚新几内亚和所罗门岛（关于翁通爪哇海台）	2009 年 5 月 5 日	部分联合	审议中	—	
33	马来西亚和越南（关于南海南部）	2009 年 5 月 6 日	部分联合	等待审议	中国、菲律宾、印度尼西亚	
34	法国和南非（关于克罗泽群岛和爱德华王子群岛）	2009 年 5 月 6 日	部分联合	审议中	—	
35	肯尼亚	2009 年 5 月 6 日	全部	等待审议	斯里兰卡、索马里	

续表

序号	国家	递交日期	全部、部分或联合划界案	作出建议日期	提出照会的国家	审议结果
36	毛里求斯（关于罗德里格斯岛）	2009年5月6日	部分	审议中	—	
37	越南（关于北部区域VNM-N）	2009年5月7日	部分	等待审议	中国、菲律宾	
38	尼日利亚	2009年5月7日	全部	等待审议	加纳	
39	塞舌尔（关于北部海台区）	2009年5月7日	部分	等待审议	—	
40	法国（关于留尼汪岛和圣保罗和阿姆斯特丹群岛）	2009年5月8日	部分	等待审议	—	
41	帕劳	2009年5月8日		等待审议	菲律宾	
42	科特迪瓦	2009年5月8日	部分	等待审议	加纳	
43	斯里兰卡	2009年5月8日		等待审议	马尔代夫、印度、孟加拉国国	
44	葡萄牙	2009年5月11日	部分	等待审议	摩洛哥、西班牙	
45	英国（关于福克兰群岛、南乔治亚群岛和南桑威奇群岛）	2009年5月11日	部分	等待审议	阿根廷	
46	汤加	2009年5月11日	部分	等待审议	新西兰	
47	西班牙（关于加利西亚地区）	2009年5月11日	部分	等待审议	摩洛哥、葡萄牙	
48	印度	2009年5月11日	部分	等待审议	缅甸、孟加拉国、阿曼	

续表

序号	国家	递交日期	全部、部分或联合划界案	作出建议日期	提出照会的国家	审议结果
49	特立尼达和多巴哥	2009年5月12日		等待审议	苏里南	
50	纳米比亚	2009年5月12日	全部	等待审议	—	
51	古巴	2009年6月1日	部分	等待审议	美国、墨西哥	
52	莫桑比克	2010年7月7日		等待审议	—	
53	马尔代夫	2010年7月26日		等待审议	英国、毛里求斯	
54	丹麦（法罗·罗卡尔高原地区）	2010年12月2日	部分	等待审议	冰岛	
55	孟加拉国	2011年2月25日		等待审议	缅甸、印度	
56	马达加斯加	2011年4月9日		等待审议		
57	圭亚那	2011年9月6日		等待审议	委内瑞拉	
58	墨西哥（墨西哥湾东部区域）	2011年12月19日	部分	等待审议		
59	坦桑尼亚	2012年1月18日		等待审议	塞舌尔	
60	加蓬	2012年4月10日		等待审议	安哥拉、刚果	
61	丹麦（格林兰南部陆架区域）	2012年6月14日		等待审议	加拿大、冰岛	
62	图瓦卢—法国—新西兰（托克劳），罗比海脊	2012年12月7日		等待审议		

续表

序号	国家	递交日期	全部、部分或联合划界案	作出建议日期	提出照会的国家	审议结果
63	中国（东海）	2012 年 12 月 14 日	部分	等待审议	日本	
64	基里巴斯	2012 年 12 月 24 日		等待审议	美国	
65	韩国	2012 年 12 月 26 日	部分	等待审议	日本	
66	尼加拉瓜	2013 年 6 月 24 日	部分	等待审议	—	
67	密克罗尼西亚	2013 年 6 月 24 日		等待审议	—	
68	丹麦	2013 年 12 月 7 日		等待审议	—	
69	安哥拉	2013 年 12 月 14 日	全部	等待审议	—	
70	加拿大	2013 年 12 月 24 日	部分	等待审议	丹麦	
71	巴哈马	2014 年 2 月 6 日	部分	等待审议	美国	
72	法国	2014 年 4 月 16 日	部分	等待审议	加拿大	
73	汤加	2014 年 4 月 23 日	部分	等待审议	—	
74	索马里	2014 年 7 月 21 日	全部	等待审议	坦桑尼亚、也门	
75	佛得角、冈比亚、几内亚、几内亚比绍、毛里塔尼亚、塞内加尔和塞拉利昂（毗邻西非海岸的大西洋区域）	2014 年 9 月 25 日	部分联合	等待审议	—	

续表

序号	国家	递交日期	全部、部分或联合划界案	作出建议日期	提出照会的国家	审议结果
76	丹麦（格陵兰北部大陆架）	2014年12月15日	部分	等待审议	挪威、加拿大	
77	西班牙（加纳利群岛西部区域）	2014年12月17日	部分	等待审议	—	

资料来源：在国家海洋局海洋发展战略研究所课题组编撰的《中国海洋发展报告（2014）》基础上，根据联合国海洋和海洋法网站资料更新整理，http://www.un.org/Depts/los/clcs_new/commission_submissions.htm，截至2014年12月31日。

（二）提交初步信息情况

序号	国家	递交日期	对初步信息提出照会国
1	贝宁、多哥	2009年4月2日	—
2	索马里	2009年4月14日	—
3	阿曼	2009年4月15日	巴基斯坦、阿曼
4	斐济	2009年4月21日	—
5	斐济、所罗门	2009年4月21日	—
6	斐济、所罗门、瓦努阿图	2009年4月21日	—
7	赞比亚	2009年5月4日	—
8	密克罗尼西亚	2009年5月5日	—
9	巴布亚新几内亚	2009年5月5日	—
10	所罗门群岛	2009年5月5日	—
11	毛里求斯	2009年5月6日	—
12	墨西哥	2009年5月6日	—
13	佛得角	2009年5月7日	—
14	坦桑尼亚	2009年5月7日	—
15	智利	2009年5月8日	秘鲁

续表

序号	国家	递交日期	对初步信息提出照会国
16	法国（法属波利尼西亚和法属瓦利斯和富图纳群岛）	2009 年 5 月 8 日	—
17	法国（圣皮埃尔和密克隆群岛）	2009 年 5 月 8 日	加拿大
18	几内亚比绍	2009 年 5 月 8 日	—
19	塞舌尔	2009 年 5 月 8 日	—
20	多哥	2009 年 5 月 8 日	—
21	喀麦隆	2009 年 5 月 11 日	赤道几内亚
22	中国	2009 年 5 月 11 日	日本
23	哥斯达黎加	2009 年 5 月 11 日	尼加拉瓜
24	刚果民主共和国	2009 年 5 月 11 日	安哥拉
25	几内亚	2009 年 5 月 11 日	—
26	毛里塔尼亚	2009 年 5 月 11 日	摩洛哥
27	莫桑比克	2009 年 5 月 11 日	—
28	新西兰（托克劳）	2009 年 5 月 11 日	—
29	韩国	2009 年 5 月 11 日	日本
30	西班牙（西加那利群岛）	2009 年 5 月 11 日	摩洛哥
31	安哥拉	2009 年 5 月 12 日	民主刚果共和国
32	巴哈马	2009 年 5 月 12 日	—
33	贝宁	2009 年 5 月 12 日	—
34	文莱	2009 年 5 月 12 日	—
35	刚果	2009 年 5 月 12 日	—
36	古巴	2009 年 5 月 12 日	—
37	加蓬	2009 年 5 月 12 日	—
38	圭亚那	2009 年 5 月 12 日	—
39	塞内加尔	2009 年 5 月 12 日	—
40	塞拉利昂	2009 年 5 月 12 日	—
41	圣多美和普林西比	2009 年 5 月 13 日	—

续表

序号	国家	递交日期	对初步信息提出照会国
42	赤道几内亚	2009 年 5 月 14 日	—
43	科摩罗	2009 年 6 月 2 日	—
44	瓦努阿图	2009 年 8 月 10 日	—
45	尼加拉瓜	2010 年 4 月 7 日	—
46	加拿大	2013 年 12 月 6 日	—

资料来源：根据大陆架界限委员会网站资料编制整理，http：//www. un. org/Deps/los/clcs new/clcs home. htm，统计截至 2014 年 12 月 31 日。

附件 12

主要涉海国际条约和协定

领域	条约名称	生效日期	中国参加情况
	1982 年联合国海洋法公约	1994 年 11 月 16 日	1982 年 12 月 10 日签署 1996 年 6 月 7 日 交存批准书 1996 年 7 月 7 日 对中国生效
国际海事组织	1974 年国际海上人命安全公约	1980 年 5 月 25 日	1975 年 6 月 20 日签署 1980 年 1 月 7 日交存核准书
	2009 年经修正的《1974 年国际海上人命安全公约》的修正案	2011 年 1 月 1 日	2010 年 7 月 1 日默认接受 同日对中国生效
	1966 年国际载重线公约	1968 年 7 月 21 日	1973 年 10 月 5 日交存加入书 对公约附则二第 49 条和第 50 条持有保留
	1971 年特种业务客船协定	1974 年 1 月 2 日	—
	1973 年特种业务客船舱室要求议定书	1977 年 6 月 2 日	—
	1972 年国际海上避碰公约	1977 年 7 月 15 日	1980 年 1 月 7 日交存加入书 同日对中国生效
	1972 年国际集装箱安全公约	1977 年 9 月 6 日	1980 年 9 月 23 日交存加入书 1981 年 9 月 23 日对中国生效
	1976 年国际海事卫星组织公约	1979 年 7 月 16 日	1979 年 7 月 13 日签署 1979 年 7 月 16 日对中国生效
	1977 年托列莫利诺斯国际渔船安全公约	—	—
	1978 年国际海员培训、发证和值班标准公约	1984 年 4 月 28 日	1979 年 6 月 3 日签署 1984 年 4 月 28 日对中国生效
	1995 年渔船人员培训、发证和值班标准国际公约	—	—
	1979 年国际海上搜寻救助公约	1985 年 6 月 22 日	1980 年 9 月 11 日签署 1985 年 6 月 24 日交存核准书

续表

领域	条约名称	生效日期	中国参加情况
国际海事组织	经1978年议定书修正的1973年国际防止船舶造成污染公约	1983年10月2日	1983年7月1日交存加入书 1983年10月2日对中国生效
	1969年国际干预公海油污事故公约	1975年5月6日	1990年2月23日交存加入书 1990年5月24日对中国生效
	1972年防止倾倒废物及其他物质污染海洋的公约	1975年8月30日	1985年11月14日交存加入书
	1996年防止倾倒废物及其他物质污染海洋的议定书	2006年3月24日	2006年6月29日批准议定书 交存批准书后30天对我国生效 暂不适用于澳门特区
	1990年国际油污防备、反应和合作公约	1995年5月13日	1998年3月30日交存加入书 1998年6月30日对中国生效
	2000年有毒有害物质污染防备、响应和合作协议	2007年6月14日	—
	2001年国际控制船舶有害船底防污系统公约	2008年9月17日	—
	2004年控制管理船舶压载水和沉积物国际公约	—	—
	1969年国际油污损害民事责任公约	1975年6月19日	1980年1月30日交存接受书 1980年4月30日对中国生效
	1971年设立国际油污损害赔偿基金国际公约	1978年10月16日	—
	1971年有关海上载运核材料民事责任协定	1975年7月15日	—
	1974年海上旅客及其行李运输雅典公约	1987年4月28日	—
	1976年海事索赔责任限制公约	1986年12月1日	—
	1996年国际载运有毒有害物质损害的责任和赔偿公约	—	—
	2001年国际燃油污染损害民事责任公约	2008年11月21日	2008年12月9日递交加入书 2009年3月9日对中国生效
	1965年便利国际海上运输公约	1967年3月5日	1995年1月16日交存加入书 1995年3月16日对中国生效
	1969年国际船舶吨位丈量公约	1982年7月18日	1980年4月8日交存加入书 1982年7月18日对中国生效

续表

领域	条约名称	生效日期	中国参加情况
国际海事组织	1988 年制止危及海上航行安全非法行为公约	1992 年 3 月 1 日	1988 年 10 月 25 日签署 1991 年 8 月 20 日提交批准通知书 1992 年 3 月 1 日开始对中国生效 不受公约第 16 条第 1 款规定约束
	2008 年国际海运固体散货规则	2011 年 1 月 1 日	2010 年 7 月 1 日默认接受 同日对中国生效
	1989 年国际救助公约	1996 年 7 月 14 日	1994 年 3 月 30 日交存加入书 1996 年 7 月 14 日 对中国生效
海洋渔业	1993 年促进公海渔船遵守国际养护和管理措施的协定	2003 年 4 月 24 日	—
	1995 年执行 1982 年 12 月 10 日联合国海洋法公约有关养护和管理跨界鱼类种群和高度洄游鱼类种群的规定的协定	2001 年 12 月 11 日	1996 年 11 月 6 日签署了该协定
	1946 年国际管制捕鲸公约	1948 年 11 月 10 日	1980 年 9 月 24 日通知加入 同日对中国生效
	1994 年中白令海峡狭鳕资源养护和管理公约	1995 年 12 月 8 日	1994 年 6 月 16 日签署
	1966 年养护大西洋金枪鱼国际公约	1969 年 3 月 21 日	1996 年 10 月 2 日交存批准书 同日对中国生效
	2000 年中西部太平洋高度洄游鱼类养护与管理公约	2004 年 6 月 19 日	2004 年 7 月 9 日国务院决定加入 暂不适用于香港特区 2004 年 11 月 2 日交存加入书 2004 年 12 月 2 日对中国生效
	2009 年南太平洋公海渔业资源养护和管理公约	2012 年 8 月 24 日	2010 年 8 月 19 日签署 2013 年 1 月 19 日批准， 适用于澳门特区， 暂不适用于香港特区
文物	2001 年保护水下文化遗产公约	2009 年 1 月 2 日	—
海道	1967 年国际海岛测量组织公约	1970 年 9 月 22 日	中国是创建国之一
	2005 年修正《国际海岛测量组织公约》议定书	—	2013 年 12 月 5 日接受 声明不受议定书第 16 条约束 该保留也适用于香港和澳门

续表

领域	条约名称	生效日期	中国参加情况
海洋生物多样性	1992 年生物多样性公约	1993 年 12 月 29 日	1992 年 6 月 11 日签署 1993 年 1 月 5 日交存批准书
	2000 年卡塔赫纳生物安全议定书	2003 年 9 月 11 日	2000 年 8 月 8 日签署 2005 年 9 月 6 日对中国生效
	2010 年关于获取遗传资源和公正和公平分享其利用所产生惠益的名古屋议定书	2014 年 10 月 12 日	中国尚未参加该议定书
	1979 年养护野生动物移栖物种公约	1983 年 12 月 1 日	—
	1973 年濒危野生动植物种国际贸易公约	1975 年 7 月 1 日	1981 年 1 月 8 日交存加入书 1981 年 4 月 8 日对中国生效
	1971 年关于特别是作为水禽栖息地的国际重要湿地公约	1975 年 12 月 21 日	1992 年 3 月 31 日 交存加入书 1992 年 7 月 31 日对中国生效
	1959 年南极条约	1961 年 6 月 23 日	1983 年 6 月 8 日交存加入书 同日对中国生效
	1980 年南极海洋生物资源养护公约	1982 年 4 月 7 日	2006 年 9 月 8 日国务院决定加入 2006 年 9 月 19 日交存加入书 2006 年 10 月 19 日对中国生效
气候变化	1992 年联合国气候变化框架公约	1994 年 3 月 21 日	1992 年 6 月 11 日签署 1993 年 1 月 5 日 交存批准书
	1997 年京都议定书	2005 年 2 月 16 日	1992 年 6 月 11 日签署 1993 年 1 月 5 日交存批准书

附件 13

中国历次南北极科学考察任务及成果

南极

次	日期	任务及成果
第 1 次	1984 年 11 月 20 日至 1985 年 4 月 10 日	建立南极长城站
第 2 次	1986 年 3 月 30 日至 1987 年 1 月 2 日	对长城站上设施进行了维护和装修，并开展了陆上科学考察活动；建成了长城站通信房并安装了卫星通信设备
第 3 次	1986 年 10 月 31 日至 1987 年 5 月 17 日	完成了长城站的扩建、陆上科学考察，开展了中国首次环球航行及海上科学考察
第 4 次	1987 年 11 月 8 日至 1988 年 3 月 19 日	对长城站上设施进行了维护和装修。冰川学、地貌学和生物学是这次考察的重点学科
第 5 次	1988 年 11 月 20 日至 1989 年 4 月 10 日	首次东南极考察，建成中国第二个南极考察基地——中国南极中山站，实现了中国人在东南极建站的夙愿
第 6 次	1989 年 10 月 30 日至 1990 年 1 月	首次实施了“一船两站”的方案，开辟了联结长城站和中山站的新航线，完成了中山站二期工程和长城站改造工程，同时开展了陆上和海上科学考察活动
第 7 次	1990 年 10 月 25 日至 1991 年 4 月	以科学考察和环境调查为主，进行“两船两站”的科学考察，首次开展了南极南大洋地质地球物理综合考察
第 8 次	1991 年 11 月至 1992 年 4 月	长城站完成柯林斯冰盖的钻取冰芯和考察任务；对菲尔德斯海峡断层运动形变进行监测。中山站进行了气象、地磁、高空物理、电离层等常规观测，开展了地质地貌、测绘、地理环境、固体潮及淡水生物生态的研究。南大洋科学考察以磷虾资源调查为中心

续表

次	日期	任务及成果
第9次	1992年	长城站的科学考察包括岩石圈采样项目、土壤微生物采样项目、海上采样项目等。中山站的科学考察包括固体地球物理、空间物理、极隙区动力学、气象等6个课题的常规观测分析研究。开展东南极克拉通资源潜力分析和地壳演化两个课题的现场考察。重点踏勘了拉斯曼丘陵的12个岛屿或半岛。总计采集岩矿标本400余块，进行了中、俄、澳 三国大地原点的GPS联测。对站区水准原点、基准点和大地原点进行了水准测量。建设安装了臭氧总量探测系统，并开展正常观测工作。成功地安装了高分辨率极轨气象卫星资料接收和处理系统，开展正常工作。南大洋考察队以走航观测和测区定点观测两种方式较圆满地完成了“八五”“磷虾项目”观测，并完成了“气候项目”和“晚更新项目”中与大洋有关的课题观测与采样
第10次	1993年	长城站的科学考察包括4项常规观测；4项“南极菲尔德斯半岛及其附近地区生态系统研究”项目的现场考察；3项“南极大陆、陆架盆地岩石团结构、形成、演化和地球动力学以及重要矿产资源潜力的研究”项目的现场考察；2项“南极环境对人体生理、心理健康及劳动能力的影响和医学保障”项目的现场考察。中山站科学考察包括6项常规观测
第11次	1994年10月28日至1995年3月5日	长城站的科学考察包括4项常规观测，5项“南极菲尔德斯半岛及其附近地区生态系统研究”项目的现场考察，1项“南极大陆、陆架盆地岩石圈结构、形成、演化和地球动力学以及重要矿产资源潜力的研究”项目的现场考察，1项“晚更新晚期以来南极气候与环境演变及现代环境背景研究”项目，1项“南极环境对人体生理、心理健康及劳动能力的影响和医学保障”项目的现场考察。中山站科学考察包括5项常规观测，2项“南极大陆、陆架盆地岩石圈构、形成、演化和地球动力学以及重要矿产资源潜力的研究”项目的现场考察，1项“南极与全球气候环境的相互作用和影响”项目现场考察，4项“南极地区日地系统整体行为研究”项目现场观测（其中包括1项中日合作观测）。南大洋考察包括“南大洋磷虾资源开发与综合利用预研究”项目现场调查和“晚更新晚期以来南极气候与环境演变及现代环境背景研究”项目中的海底沉积物取样工作
第12次	1995年11月20日至1996年4月	在长城站进行常规地面气象观测、电离层常规观测、地震常规观测；在中山站进行常规地面气象观测、天气预报、臭氧观测、高空大气物理观测、地磁观测
第13次	1996年11月18日至1997年4月20日	进行中国首次内陆冰盖考察

续表

次	日期	任务及成果
第14次	1997年11月15日至1998年4月	国际GPS联测；NOAA气象卫星接收系统改进和更新；国际98GPS会战观测；南极内陆冰盖考察；拉斯曼丘陵地质构造事件关系考察；南大洋科学考察；船载气象卫星云图接收系统航行实验及使用；长城站和中山站附近海域锚地水深测量；97/98赴西班牙南极考察站地质考察
第15次	1998年11月5日至1999年4月	长城站地区环境考察和国际GPS联测及气象、高分辨卫星云图接收和地震常规观测等科学考察工作。中山站自然环境过程与环境指示研究，中山站水体、冰藻类的UVB生态效应现场考察、中山站区环境专题研究及气象、极光、臭氧等科学考察项目。成功抵达Dome－A（冰穹A）地区。南大洋考察共完成29个综合站和两个48小时生物、化学、海洋水文要素的连续站的调查任务
第16次	1999年11月1日至2000年4月5日	进行GPS国际联测、地质与生态环境考察以及长城站环境影响评价，进行了气象及高分辨率卫星云图接收等观测项目
第17次	分别于2000年12月初和2001年1月在长城站和中山站执行度夏和越冬的科学考察任务	在长城站进行国际GPS联测、人类活动对南极乔治王岛海岛生态的影响、气象常规观测；在中山站进行气象常规和臭氧观测、中日合作高空大气物理观察、国际GPS联测与海平面监测
第18次	2001年11月15日至2002年4月	此次南极考察的主要任务包括长城站和中山站的度夏考察、越冬考察，南大洋考察和南极内陆考察等6个方面的专项科研课题，涉及的具体科研项目有长城站GPS观测、生态环境观测、湖泊环境研究、气象观测、卫星云图接收；中山站臭氧观测、GPS观测、地磁观测、验潮观测、自动气象站和冰盖研究、拉斯曼热变质事件研究、拉斯曼冰盖变迁、湖泊沉积事件、重力考察、气象观测、卫星云图接收以及南大洋重点海域综合调查、国际合作研究项目中的长城站中德合作海鸟观测、中山站中日合作空间物理激光观测等

续表

次	日期	任务及成果
第19次	2002年11月20日至2003年3月20日	首次对南极三大冰架之一——埃默里冰架进行了深入考察，在国际上率先成功钻取了一支301.8米连续完整的冰芯样品，取得钻孔测温资料，顺利完成了对埃默里冰架冰川学综合断面的调查工作和冰架前缘断面海水温度、盐度、深度和流场观测任务。这一成果具有重大的社会和科学意义，使我国在国际极地科学研究领域中的地位显著上升。利用自行设计的海冰观测仪器，中国考察队员在世界上首次对南极海冰的厚度变化进行了跟踪监测，获得了海冰变化的第一手资料，在海冰生长消融整体过程的研究方面填补了国际空白。在南极格罗夫山地区，收集到2 000多块陨石，从而使中国的陨石拥有量跃升至世界第三位。对南极3 200平方千米的格罗夫山进行了1:10万全面遥感测图，这是人类在南极格罗夫山首次进行的大范围全面遥感测图，为科学界今后进行多学科考察提供了准确的地理区域信息。大洋考察获得各类采样700多个，投放抛弃式测温探头120个，是历次南极航线上投放探头最多的一次，为多学科研究提供了大量的观测资料和样品
第20次	2004年12月4日至2005年1月16日	开展了极地环境生态研究；普里兹湾水团和环流特征与冰架相互作用过程研究
第21次	2004年10月25日至2005年2月18日	对南极冰盖的最高点、海拔4 039米的“DOME－A”（冰穹A）进行考察
第22次	2006年1月18日至2006年3月28日	共收集陨石5 354块，其中包括中国科学家发现的第一块月球陨石，并绘出了格罗夫山地区的准确地图
第23次	2006年12月3日至2007年4月	主要任务包括国际GPS联测、法尔兹半岛生物群落时空分异现场信息采集、工程地形图绘制等。利用我国自主创新的地理信息系统（GIS）平台软件SuperMapGIS，在南极长城站绘制1:1 000数字化大比例尺地形图，并将这些成果建成空间数据库
第24次	2007年11月12日至2008年4月	登上南极最高点冰穹A，开展冰川、天文、地质地球物理学考察和第三个南极考察站建设的选址工作
第25次	2008年10月20日至2009年4月10日	成功建立南极内陆考察站——中国南极昆仑站；完成“长城”“中山”两站改造；顺利实施国际极地年中国PANDA计划（该计划包括普里兹湾海洋综合考察、埃默里冰架综合考察、站基协同观测、格罗夫山综合考察以及中山站－冰穹A断面综合考察等五部分）

续表

次	日期	任务及成果
第26次	2009年10月11日至2010年4月10日	在南极“冰盖之巅”——海拔4 093米的冰穹A地区钻取了一支超过130米长的冰芯，创造了冰穹A地区浅冰芯钻探的新纪录。在昆仑站的天文观测站成功安装了一台频谱范围更宽的太赫兹傅里叶频谱仪，为我国在冰穹A地区开展天文观测开辟了新窗口。共采集陨石1 618块，总重量约为17千克，首次探测出格罗夫山局部地区的冰下地形，测得格罗夫山地区冰雪最厚处超过1 200米。在中国南极中山站附近海域建立了一座数据实时传输永久性验潮站，这是我国首次独立建成的南极永久性验潮站。首次应用无人机开展大范围南极海冰观测。中山站极区空间环境实验室基本建成。首次开展大范围南极地物光谱采集。首次在南大洋自主成功布放和回收潜标系统
第27次	2010年11月11日至2011年4月1日	在长城站主要开展了地震观测与研究、法尔兹半岛生态环境监测与研究等9个项目的考察，采集了大批富有科研价值的样品和数据。在中山站主要开展了鱼类多样性调查和样品采集、验潮站基准标定及维护升级、南极拉斯曼丘陵及邻区地壳演化研究、大气臭氧观测等研究项目。在南极冰穹A地区，完成了天文台址测量和天文考察、近现代冰雪化学与生态指示计研究和冰川学考察；在零下58℃的极端低温下，完成了冰芯钻探场地的地板铺设和冰芯钻探槽的开挖任务，搭建了具有国际领先水平的天文科考自动支撑平台系统
第28次	2011年11月3日至2012年4月8日	完成47项科学考察、工程建设和后勤保障任务，开展了长城站、中山站、昆仑站、南大洋科学考察、极地环境综合考察专项调查，在冰川、天文、大洋等科学领域取得了多项突破性进展。其中，在昆仑站，深冰芯项目取得了重要进展，完成了昆仑站深冰芯钻探孔100米导向管的安装，并钻取了顶部120米的冰芯，这标志着昆仑站深冰芯钻探前期准备工作中，最为关键的环节已经完成。顺利安装并成功调试了中国自主研发的南极巡天望远镜，这是南极内陆首台可远程遥控、具备指向跟踪和自动调焦功能的天文望远镜。在南极半岛海域，首次进行了中国“南北极环境综合考察专项”试点，进行了物理海洋学、海洋地质、海洋地球物理、海洋化学、海洋生物生态等多学科大洋综合考察
第29次	2012年11月5日至2013年4月9日	在长城站、中山站及附近地区，完成生物、生态、地质、地球物理、空间物理、海洋、大气和环境、冰川、冰架等现场科学考察。在南极冰盖最高点冰穹A地区，多个科考领域取得突破性的成果。其中包括：成功试钻深冰芯，在世界上率先获得第一批南极地区最大口径天文学光学望远镜观测数据；深冰探测取得重要发现，寻找到冰盖由底部快速“生长”的三维雷达图像证据；在冰盖测绘、冰—气现代过程和生态地质学考察方面取得重要成果

续表

次	日期	任务及成果
第30次	2013年11月7日至2014年4月15日	建立了中国第四个科学考察站——泰山站，进一步拓展了中国南极考察的广度和深度。成功实现了中国极地科考的首次环南极大陆航行。成功救援俄罗斯“绍卡利斯基院士”号船，并自行脱困，赢得了广泛的国际赞誉，极大地提升了中国作为负责任的极地考察大国的形象。格罗夫山考察队共发现陨石样品583块，获得陨石富集规律信息；初步摸清格罗夫山中心地带哈丁山地区的冰下地形；安装了10台地震仪，并对格罗夫山地质与矿产资源进行了调查。填补南大洋断面大纵深综合观测空白。南大洋考察队以南极半岛海域、普里兹湾海域为重点，完成了南极半岛调查的6个断面33个站点和普里兹湾调查2个断面14个站点及罗斯海总长度为300千米的地球物理测线调查任务，为全面认识南极周边海洋环境、地球物理场与地质构造、气候特征及其演变规律，收集了大量一手资料。初步开展了南极磷虾、油气等重要资源潜力考察与评估，填补了南大洋断面大纵深综合观测的空白。考察站里科考成果丰硕。第30次南极考察队在长城站开展了植被观测、南极鸟类保护与管理问题研究、海洋和陆地生物生态资源的本底调查等16项科考任务和4个调研项目，获取大量的研究数据和样品。考察队在中山站开展了有机物污染分布状况、中山站站基冰冻圈综合考察、GPS常年跟踪站观测和验潮等7项科考项目
第31次	2014年11月30日至2015年3月5日	筹备建立我国在南极地区的第5个考察站。新站址选在维多利亚地特拉诺湾的难言岛上。考察队员获取了该区域平均海平面观测数据，确定维多利亚地高程基准；获取了GNSS参考站观测数据，精确维多利亚地平面基准；获取了相片控制点观测数据，为后期完成维多利亚地站多种测绘产品提供定位基础数据；获取了建站重点区域1:100比例尺地形图，满足施工设计要求；制作了码头建设区域海岸线及礁石分布图、近岸水深分布图、海底底质勘察报告等；还在罗斯海海域开展了海洋地球物理考察和海洋地质考察，并与新西兰、韩国南极考察队开展了国际合作项目。考察队在南纬74°54.7′、东经163°46.0′的罗斯海首次发现新锚地，海水深度在40～50米之间，距离难言岛最近处不足1千米；制作了难言岛附近12平方千米的1:5 000大比例尺海图，修复了2座自动气象站，完成了码头选址施工，布设了8个永久锚点；同时对码头建设区域海岸线及礁石分布、近岸水深分布进行了勘查，并采集水样、测定噪声、收集土壤和植物等。此外，考察队还实现了在南极腹地开展科学工作的梦想，在昆仑站成功安装了一台南极巡天望远镜AST3－2，并修复了此前在昆仑站运行的一台南极巡天望远镜AST3－1，这让我国在南极拥有两台正常工作的巡天望远镜，为研究超新星、宇宙暗能量、搜寻系外行星和变星提供了观测设备。内陆队还安装了最新可精确指向跟踪CSTAR望远镜，实现天文精确测光和系外行星搜寻；维护了望远镜能源支撑和通信平台PLATO－A；安装了15米高的自动气象站，提供昆仑站地区温度、风速、风向和湿度实时数据，为准确掌握昆仑站地区气候环境，提供了第一手资料。中国第31次南极科考队还在南极内陆最高点——海拔4 093米的冰穹A地区成功钻取了172米的深冰芯，这标志着中国从2009年开始筹备的极地深冰芯项目已进入正式钻取阶段

北极科学考察

次	日期	任务及成果
第1次	1999年7月1日至1999年9月9日	获得大批珍贵样品和数据资料，其中包括北冰洋3 000米深海底的沉积物和3 100米高空大气探测资源数据及样品；最大水深达3 950米的水文综合数据；5.19米长的沉积物岩芯以及大量的冰芯、表层雪样、浮游生物、海水样品等。我国科学家通过此次考察，首次确认了“气候北极”的地理范围，科学家们还发现北极地区的对流层偏高。此次北极科考的研究任务包括北极在全球变化中的作用和对我国气候的影响；北冰洋与北太平洋水团交换对北太平洋环流的变异影响；北冰洋邻近海域生态系统与生物资源对我国渔业发展影响等
第2次	2003年7月15日至2003年9月26日	此次科学考察任务主要分两大部分：了解北极对全球变化的响应和反馈；了解北极变化对我国气候环境的影响。围绕这两大科学目标，中国第2次北极科学考察初步建立北冰洋海洋和气象观测系统。结合历史资料，分析研究北极海洋－大气－海冰系统变异与北极气候变化的关系以及对我国气候系统的影响
第3次	2008年7月11日至2008年9月24日	对北极地区进行的一次更加深入、更为全面的综合性科学考察，考察以进一步研究北极快速变化过程中海洋、海冰和大气系统发生的耦合变化以及对中国产生的影响等问题为主要科学目标，对白令海、楚科奇海、加拿大海盆的大面积海域和冰区，进行了涉及海洋、海冰、生物、大气、地质等多学科的综合观测
第4次	2010年7月1日至2010年9月20日	首次实现了中国考察队依靠自己力量达到北极点开展科学考察的愿望，实现了历史性突破；首次在北极点冰面上布放了冰浮标，发射了抛弃式温盐深剖面探测仪，进行了生态学观测，采集了大量海冰和海水样品；首次获得2.5米长的北极点冰芯；首次在白令海海盆3 742米水深处完成24小时连续站位海洋学观测；首次将中国海洋考察站延伸到北冰洋高纬度的深海平原，并获得全航程大气物理、大气化学观测的宝贵资料。在世界范围内，考察队首次利用浮游生物多通道采集器在北纬88°26′的近极点区进行了3 000米的深水精确分层采样；共完成了135个站位的海洋学调查、1个长期冰站的海冰气综合观测和8个短期冰站的观测、1个北极点站位观测，进行研究工作的考察站位数量及范围均超过了原计划；顺利回收了中国第3次北极科学考察队布放的综合观测潜标系统，这是中国在极地布放的第1套线长超过1 300米的深水潜标，同时也是中国第1套观测周期超过1年以上的极地长期潜标
第5次	2012年7月2日至2012年9月27日	首次实现北极和亚北极五大区域准同步考察，为深入了解北极快速变化积累了较全面的现场观测数据；首次实施了系统的地球物理学观测；首次在极地海域布放大型海－气耦合观测浮标，在北极高纬地区布放极地长期现场自动气象观测站；新增了海洋湍流、甲烷含量等调查内容，为深入了解北冰洋地球物理特征和环境变化积累了重要资料

续表

次	日期	任务及成果
第 6 次	2014 年 7 月 11 日至 2014 年 9 月 22 日	在白令海、楚科奇海、楚可奇海台、加拿大海盆等重点海域，开展了北极海洋水文与气象、海冰、海洋地质、地球物理、海洋生物与生态、海洋化学等多学科海洋综合考察和冰站多要素立体协同观测。共完成 12 条断面累计 90 个站位的多学科综合观测、监测和采样作业，以及 1 个为期 10 天的长期冰站和 7 个短期冰站的冰基气 - 冰 - 海界面多要素立体协同观测。考察队首次在北纬 55°以北太平洋海域布放一套海气界面锚碇浮标；首次在极地海域开展了近海底磁力测量，获得了 2 条测线 592 千米的高精度、高分辨率的地磁探测数据；通过中美国际合作，首次在北纬 80°左右及以北的加拿大海盆波弗特环流区布放了 3 套深水冰基拖曳浮标；完成国内首次海冰浮标阵列布放

资料来源：根据中国极地考察网（http：//www. chinare. gov. cn/caa/）资料整理。

附件 14

国家社会科学基金涉海项目

年度	项目名称	负责人	承担单位	项目类别
2008	我国沿海地区海洋循环经济发展模式与布局研究	韩增林	辽宁师范大学	一般项目
	沿海地区海洋强省（市）综合实力测评研究	殷克东	中国海洋大学	一般项目
	海岛旅游可持续发展模式研究	刘康	山东社会科学院	一般项目
	我国滨海湿地旅游和谐发展的机制研究	吴江	南京师范大学	青年项目
	我国海洋渔业保险制度与渔民社会保障问题研究	王艳玲	大连海事大学	一般项目
	海洋法视角下的北极法律问题研究	刘惠荣	中国海洋大学	一般项目
	北极航线问题的国际协调机制研究	李振福	大连海事大学	一般项目
	地缘政治与南海争端	郭渊	黑龙江大学	青年项目
2009	资源环境约束下中国海洋产业发展对策研究	姜旭朝	中国海洋大学	一般项目
	我国港口防治海洋外来生物入侵的法律对策研究	李志文	大连海事大学	一般项目
	海上恐怖主义犯罪及海盗犯罪的刑事规制对策研究	童伟华	海南大学	青年项目
	南海问题国际化走向与中国的对策	凌云志	广西社会科学院	一般项目
	中国远洋航线安全保障能力研究	史春林	大连海事大学	一般项目
	全球化时代的新型海权与当代中国海权	毕玉蓉	92857 部队	青年项目
2010	我国南海主权战略的海洋行政管理对策研究	安应民	海南大学	一般项目
	主要国家海洋战略调整对我国影响研究	李双建	国家海洋信息中心	青年项目
	两岸四地海岛旅游资源开发利用与安全管理研究	陈金华	华侨大学	一般项目
	我国海洋渔业转型的运行机制研究	同春芬	中国海洋大学	一般项目
	钓鱼岛问题与中日争端对策研究	谢必震	福建师范大学	重大项目
	南海地区国家核心利益的维护策略研究	傅崐成	上海交通大学	重大项目
2011	中国海洋战略性新兴产业发展问题研究	韩立民	中国海洋大学	重点项目
	中国海洋经济周期波动监测预警研究	殷克东	中国海洋大学	重点项目
	海洋经济战略下我国沿海地区产业转型升级问题研究	晏维龙	淮海工学院	重点项目
	我国海洋战略性新兴产业选择、培育的理论与实证研究	宁凌	广东海洋大学	一般项目

续表

年度	项目名称	负责人	承担单位	项目类别
2011	我国海洋渔业经济低碳化实现机制研究	邵桂兰	中国海洋大学	一般项目
	我国海洋渔业的生态转型模式及对策研究	许罕多	中国海洋大学	青年项目
	和平崛起视阈下的中国海洋软实力研究	王琪	中国海洋大学	一般项目
	中国在南海U形线内的历史性权利研究	黄伟	武汉大学	青年项目
	海洋社会学的基本概念与体系框架研究	崔凤	中国海洋大学	一般项目
	我国海洋意识及其建构研究	赵宗金	中国海洋大学	青年项目
	新世纪以来周边国家“经略”海洋的重大战略举措及我应对之策研究	冯梁	海军指挥学院	一般项目
	冷战时期南海地缘形势与中国海疆政策研究	郭渊	黑龙江大学	一般项目
	东南亚国家处理海域争端的方式研究	邵建平	云南大学	青年项目
	中国海外利益问题研究案例库建设研究	汪段泳	上海外国语大学	青年项目
	我国南海开发对策研究	周伟	海南大学	青年项目
	辽代海事与辽海地区社会经济、文化的海陆互动研究	田广林	辽宁师范大学	一般项目
	基于中国石油安全视角的海外油气资源接替战略研究	罗东坤	中国石油大学	重大项目
2012	围填海造地资源环境价值损失评估及补偿研究	李京梅	中国海洋大学	一般项目
	海洋文化旅游本土模式的动力机制研究	张璟	上海海事大学	一般项目
	基于区域一体化背景下的长三角海洋经济整合及路径研究	李娜	上海社科院	青年项目
	我国政府海洋管理体制创新研究	崔旺来	浙江海洋学院	一般项目
	我国海洋环境管理运行机制构建研究	吕建华	中国海洋大学	一般项目
	海上钻井平台油污损害赔偿责任机制研究	何丽新	厦门大学	一般项目
	南海油气资源开发的法律困境及对策研究	张丽娜	海南大学	一般项目
	南沙群岛领海基线划定问题研究	周江	西南政法大学	一般项目
	无居民海岛使用权研究	马得懿	东北财经大学	一般项目
	我国权益视角下的北极航行法律问题研究	白佳玉	中国海洋大学	青年项目
	海域使用权流转法律制度研究	林全玲	上海海洋大学	青年项目
	中日东海大陆架划界国际法问题研究	孙传香	邵阳学院	青年项目
	国际海底区域矿产资源开发法律问题研究	张辉	武汉大学	青年项目
	海洋发展战略中填海造地的法律规制研究	杨华	上海政法学院	青年项目
	海洋油气开发污染损害赔偿原理与机制研究	李天生	大连海事大学	青年项目

续表

年度	项目名称	负责人	承担单位	项目类别
2012	环渤海城市群海洋文化软实力研究	谭业庭	青岛理工大学	一般项目
	北部湾地区中越京族海洋民俗研究	黄安辉	海南省委党校	青年项目
	俄罗斯与邻国的海洋划界争端解决及其对中国的启示研究	匡增军	武汉大学	一般项目
	历史主权与南海传统文化资源保护与开发研究	赵康太	海南师范大学	一般项目
	我国开发南沙的最佳方式及风险防控研究	谭健苗	南华大学	一般项目
	南海诸岛渔业史研究	赵全鹏	海南大学	一般项目
	和平发展进程中的边海防战略问题研究	常伟	军事科学院	重点项目
	海域资源市场化配置中的政府规制研究	陈书全	中国海洋大学	一般项目
	周边敏感海区涉外纠纷应对策略研究	潘长鹏	海军航空工程学院	一般项目
	海洋装备制造企业战略转型路径和机制研究	贾晓霞	上海海事大学	青年项目
	海上通道安全与国家利益拓展研究	冯梁	海军指挥学院	重大项目
	中国海洋文化理论体系研究	曲金良	中国海洋大学	重大项目
	深海采矿规章制定与海洋强国研究	刘少军	中南大学	重大项目
2013	中国现代海洋经济史问题研究	姜旭朝	中国海洋大学	重点项目
	和平发展大战略下中国的海洋强国建设与海洋权益维护问题研究	曹文振	中国海洋大学	重点项目
	建设海洋强国的地缘政治效应与对策研究	庄从勇	海军指挥学院	重点项目
	秦汉时期的海洋探索与早期海洋学研究	王子今	中国人民大学	重点项目
	冷战以来南海地缘形势与中国维护海洋权益研究	孙晓光	曲阜师范大学	重点项目
	新中国成立以来党维护国家领海主权和海洋权益的历史进程和经验研究	刘杰	海军大连舰艇学院	一般项目
	基于南海战略资源安全的中国与东盟海洋国经贸合作的模式与政策研究	陈秀莲	广西财经学院	一般项目
	基于碳足迹理论的我国滨海旅游业低碳化发展途径与政策研究	刘明	国家海洋局海洋发展战略研究所	一般项目
	我国渔民南海生产的激励与保障政策研究	王国红	钦州学院	一般项目
	维护国家海洋权益的政府管理体制研究	于耀东	上海海事大学	一般项目
	海洋行政体制改革的法律保障研究	阎铁毅	大连海事大学	一般项目
	海上非传统安全犯罪的刑事规制对策研究	阎二鹏	海南大学	一般项目
	海外利益法律保护的中国模式研究	刘敬东	中国社科院	一般项目

续表

年度	项目名称	负责人	承担单位	项目类别
2013	国际海洋法在南海争端中的适用及其局限问题研究	吴继陆	国家海洋局海洋发展战略研究所	一般项目
	南海岛礁在海域争端中的划界作用研究	王萍	海南大学	一般项目
	国际法视野下二氧化碳海洋封存问题及规则研究	吴益民	上海政法学院	一般项目
	我国南海权益维护及其两岸合作机制的法律研究	江河	中南财经政法大学	一般项目
	我国国际水上运输通道安全保障关键问题研究	王军	大连海事大学	一般项目
	《海洋法公约》与中国海洋争端解决政策的选择研究	孙立文	天津师范大学	一般项目
	我国深海采矿环境保护对策研究	颜敏	中南大学	一般项目
	明代广东海防体制转变研究	陈贤波	广东省社科院	一般项目
	渤黄海区域无居民海岛的史地研究	赵成国	中国海洋大学	一般项目
	南海海洋文明发展史研究	阎根齐	海南大学	一般项目
	基于地图文献与GIS技术的南海地名汇释与考证	许盘清	三江学院	一般项目
	海洋强国科研实力的情报学分析及海洋学领域学科导航的构建	华薇娜	南京大学	一般项目
	维护我国海洋权益背景下的中国所涉自贸区原产地规则与企业对策研究	徐进亮	对外经济贸易大学	一般项目
	维护国家海洋权益与建设海洋强国战略研究	高之国	国家海洋局海洋发展战略研究所	重大项目
2014	南海通道对中国经济安全的影响与对策研究	蔡幸	广西财经学院	重点项目
	系统论视野下的中国南海管辖海域权益维护研究	巩建华	广东海洋大学	重点项目
	建设海洋强国的法制保障研究	金永明	上海社会科学院	重点项目
	台美日法东海、南海外交档案及其海洋维权与国际法应用研究	鞠海龙	暨南大学	重点项目
	东海、南海等涉及我国领土主权和海洋权益争端相关问题研究	肖天亮	国防大学	重点项目
	21世纪海上丝绸之路战略研究	贾宇	国家海洋局	重点项目
	美日返还琉球群岛和大东群岛施政权谈判与钓鱼岛归属问题研究	崔丕	华东师范大学	重点项目
	中国海洋古文献总目提要	程继红	浙江海洋学院	重点项目
	南海通道对中国经济安全的影响与对策研究			

续表

年度	项目名称	负责人	承担单位	项目类别
2014	马克思恩格斯的海权理论与海洋强国建设研究	张峰	上海海事大学	重点项目
	我国沿海五大港口群港口产业联动研究	蹇令香	大连海事大学	一般项目
	滨海湿地保护和开发的生态补偿模式及政策制度研究	马涛	复旦大学	一般项目
	基于“脆弱性—能力”视角的海上运输通道安全动态评价研究	马晓雪	大连海事大学	一般项目
	海上交通事故刑法规制研究	赵微	大连海事大学	一般项目
	填海造地中的物权法律制度研究	唐俐	海南大学	一般项目
	基于生态系统的海洋陆源污染防治立法研究	戈华清	南京信息工程大学	一般项目
	北极航线与中国国家利益的法学研究	韩立新	大连海事大学	一般项目
	海上防空识别区理论与实践的法律研究	陈敬根	上海大学	一般项目
	面向国际争端管控的南海资源共同开发的国际法问题研究	孔庆江	中国政法大学	一般项目
	南海无居民海岛开发与保护法律问题研究	刘登山	海南社科院	一般项目
	中越南海主权争议的法理研究	吴远负	广西民族大学	一般项目
	我国海洋渔村生态环境变迁的环境社会学研究	唐国建	哈尔滨工程大学	一般项目
	新中国成立以来中国共产党的南海战略研究	杨娜	海南大学	青年项目
	非传统安全视阈下我国海上警察权实施研究	王倩	公安海警学院	青年项目
	海洋强国战略与中日东海争端冲突中的法律问题研究	刘涛	海军军事学术研究所	青年项目
	印度海洋安全战略及其对华影响与对策研究	曾祥裕	四川大学	青年项目
	北极地区国际组织建章立制及中国参与路径研究	肖洋	北京第二外国语学院	青年项目
	东盟国家对南海问题的主体间认知差异及政策反应研究	顾强	广西大学	青年项目
	南海方向战备物资储备优化研究	王帅	后勤工程学院	青年项目
	蒙元时期的“海上丝绸之路”研究	李鸣飞	中国社会科学院	青年项目
	明清华南沿海盐场社会变迁研究	李晓龙	中国社会科学院	青年项目
	清代广东海岛管理研究	王潞	广东省社会科学院	青年项目

主要参考文献

1. 高之国，贾兵兵．论南海九段线的历史、地位和作用．北京：海洋出版社，2014.
2. ［澳］维克托·普雷斯科特，克莱夫·斯科菲尔德．世界海洋政治边界．吴继陆，张海文译．北京：海洋出版社，2014.
3. 纪云飞．中国“海上丝绸之路”研究年鉴（2013）．杭州：浙江大学出版社，2014.
4. 联合国秘书长．海洋和海洋法报告．A/69/71/Add. 1. 2014.
5. 国家海洋局．2013 年海水利用报告，2014.
6. 国家海洋局．2013 年海域使用管理公报，2014.
7. 交通运输部．2013 年交通运输行业发展统计公报，2014.
8. 农业部．2013 年全国渔业经济统计公报，2014.
9. 中国海洋石油总公司．中国海洋石油总公司 2013 年度报告，2014.
10. 中国海洋石油总公司．中国海洋石油总公司 2013 可持续发展报告，2014.
11. Nii Allotey Odunton. Agenda Item 74（a）Oceans and Law of the Sea. 69th Session of the General Assembly of the United Nations. 2014.
12. International Tribunal for the Law of the Sea. Statement by President of The International Tribunal for the Law of the Sea on the Report of the Tribunal at the Twenty – Fourth Meeting of States Parties to the United Nations Convention on the Law of the Sea，9 June 2014.
13. 赵锐．中国海上风电产业发展主要问题及创新思路．生态经济，2013（03）.
14. 国家海洋局．中国海洋统计年鉴 2012，2013.
15. 国家海洋局．海洋可再生能源发展纲要（2013—2016 年），2013.
16. 粮农组织渔业委员会的水产养殖小组委员会．Global Aquaculture Advancement Partnership（GAAP）Programme. 粮农组织 COFI：AQ/2013/SBD. 2 号文件.
17. 刘亮等．我国海洋生物医药产业发展及用海管理政策研究．海洋开发与管理，2012（11）.
18. 李明杰，李军．国外深层海水开发利用现状及未来我国开发设想．海洋开发与管理，2012（05）.
19. 贾桂德，尹文强．国际海洋法发展的一些重要动向．太平洋学报，2012（1）.
20. 国家海洋局．全国海洋功能区划（2011—2020），2012.
21. 国家海洋局．全国海岛保护规划（2011—2020），2012.
22. 龚缨晏．中国“海上丝绸之路”研究百年回顾．杭州：浙江大学出版社，2011.
23. 龚缨晏．20 世纪中国“海上丝绸之路”研究集萃．杭州：浙江大学出版社，2011.
24. 施伟勇，王传崑，沈家法．中国的海洋能资源及其开发前景展望．太阳能学报，2011（06）.

26. 中国科学院海洋领域战略研究组．中国至 2050 年海洋科技发展路线图．北京：科学出版社，2009：113－124.
27. 上海水务编辑部．深层海水的开发与利用．上海水务，2008（03）.
28. 傅秀云，王长云，王亚楠．海洋生物资源可持续利用对策研究．中国生物工程杂志，2006（07）.
29. 李纯厚，贾晓平．中国海洋生物多样性保护研究进展与对策研究．南方水产，2005（02）.
30. 孙岩，韩昌普．我国滨海砂矿资源的开发和分布．海洋地质与第四纪地质，1999（01）.
31. 王传崑．中国自然资源丛书（海洋卷）．北京：中国环境出版社，1995：189－225.
32. 刘迎胜．丝路文化（海上卷）．杭州：浙江人民出版社，1995.
33. 联合国教科文组织海上丝绸之路综合考察泉州国际学术讨论会组织委员会．中国与海上丝绸之路（上、下册）．福州：福建人民出版社，1991、1994.